CHRISTIAN PISKULLA

DAS
STAHLWERK

Dies ist ein Roman. Ähnlichkeiten mit lebenden oder toten Personen sind rein zufällig.

Das Stahlwerk
Copyright 2020 Christian Piskulla
ISBN: 978-3-944755-22-9

Druck: Grafisches Centrum Cuno GmbH & Co. KG
Titelbild: Uli Staiger, Die Licht gestalten, Berlin, nach einer Idee von Christian Piskulla

Umschlaggestaltung und Satz: Christian Piskulla

Verlag:
Cleverprinting
Sonnenberg 13
31188 Holle

Fon: 05062/9656-875
E-Mail: info@cleverprinting.de

Inhalt

Vorabend

Es war kurz vor acht Uhr abends, als sie ihn abholten. Er lag auf seiner harten Holzpritsche in der Häftlingsbaracke, die Hände hinter dem Kopf verschränkt. Er war erschöpft, müde und hungrig.

Zwei Männer betraten die Baracke, einer in Wehrmachtsuniform, der andere mit schwarzem Ledermantel, Schirmmütze, in der Hand einen Gehstock. Der Soldat war noch jung, vielleicht siebzehn Jahre, über seiner Schulter hing ein Karabiner. Der mit dem Gehstock war deutlich älter, etwa Mitte fünfzig, groß, stämmig. An seinem Arm trug er eine Binde: WS, Werkschutz.

„Kruppa, Jarek", rief der Werkschutzmann in das Halbdunkel der Baracke. Der Ausruf hatte einen fragenden Unterton, als sei er sich nicht sicher, den gesuchten Kruppa hier zu finden. Alle Gespräche in der Baracke verstummten. Stille.

Jarek blieb das Herz stehen. Er spürte, wie ein Druck sich auf seine Brust legte, Angst ihn erfasste. Würde die SS jetzt beenden, was vor zwei Jahren in Warschau begann und ihn in diese Hölle gebracht hatte? Kamen sie, um ihn zu erschießen?

„Kruppa, Jarek, vortreten!" Der Ausruf war jetzt deutlich lauter und energischer. Jarek richtete sich auf, hob die Hand. „Hier!", meldete er sich. Der mit dem Ledermantel sah ihn an: „Los, ziehen Sie sich an, mitkommen." Jarek warf seine gestreifte Häftlingsjacke über, setzte seine Mütze auf, seine Hände zitterten dabei. In der Baracke lebten 120 Männer, alle Blicke richteten sich auf ihn. Keiner sprach. Er sah niemanden an, eilte zur Tür.

Vor der Baracke stand ein dunkler, großer Mercedes. Am Steuer ein Fahrer in Uniform. Jarek stieg hinten ein, neben ihm nahm der junge Soldat Platz. Jarek sah ihm kurz ins Gesicht. Er konnte einen Bartflaum sehen, Pickel, einen unsicheren Blick.

Wie das Mitglied eines Erschießungskommandos sah der Junge nicht aus. Der Wagen fuhr an, der Ledermantel auf dem Beifahrersitz drehte sich zu ihm um: „Die Werksleitung möchte sich mit Ihnen unterhalten, Herr Doktor von Kessel persönlich." Er zog dabei die Augenbrauen hoch, nickte bedächtig. „Mein Name ist Schöppke, ich bin der Leiter vom Werkschutz." Er sah Jarek in die Augen: „Was haben Sie denn angestellt, dass die Werksleitung sich mit Ihnen befasst?" Schöppke lächelte bei dieser Frage, zeigte ein paar große, vom Rauchen vergilbte Zähne. Seine Stimme war tief, angenehm.

Auch Schöppke machte nicht den Eindruck, als ob er Jarek Böses wollte. Er war entspannt, wirkte gelassen. Sein Gesicht war fleischig, er hatte dicke Lippen, aber sein Blick und seine Mimik ließen auf eine gewisse Intelligenz schließen. Beim Gang von der Baracke zum Auto konnte Jarek sehen, dass er das linke Bein leicht nachzog, den Stock jedoch nicht benutzte.

Jarek entspannte sich langsam. Der Druck auf der Brust nahm ab, er konnte wieder atmen. Was immer die Werksleitung von ihm wollte, er wusste es nicht. Er sah Schöppke an, räusperte sich: „Keine Ahnung. Ich bin hier seit zwei Jahren inhaftiert, arbeite als Übersetzer, Dolmetscher, und ich erstelle Lieferpapiere." Er blickte nach unten, schüttelte den Kopf. „Ich mache meine Arbeit, will keinen Ärger." Jarek war unsicher. Mit der Verhaftung und Deportation war viel seines einstigen Selbstvertrauens verloren gegangen.

Der Wagen hatte die unbefestigte Straße vor der Baracke verlassen. Sie fuhren jetzt durch dunkle Straßen, fast ohne Beleuchtung. Auch die Scheinwerfer des Wagens waren verdunkelt, nur zwei schmale Schlitze beleuchteten den Fahrweg.

Das Stahlwerk hatte die Ausmaße einer mittelgroßen Stadt. Es gab zwei Bahnhöfe, fast zweihundert Kilometer Straße, ein Kraftwerk, ein Wasserwerk.

An der Westseite gab es einen Kanal, an dem Frachter Eisenerz und Koks anlieferten, Stahl an Bord nahmen.

Rechts und links der Straße erstreckten sich riesige Hallen, einige mehrere hundert Meter lang. Überall dampfte, qualmte und rauchte es, dicke Rohre und Kabelkanäle verliefen zwischen den Hallen. Im Westen des Stahlwerks war bei Nacht ein rotes Leuchten zu sehen, hier lagen die Hochöfen, hier wurde der Stahl gekocht. Acht riesige Schornsteine rauchten unentwegt, verdreckten die umliegenden Ortschaften mit Ruß und Staub. Der Stahl wurde in Gießereien und Walzstraßen weiterverarbeitet, per Zug an Rüstungsbetriebe ausgeliefert. Rund um die Uhr arbeiteten bis zu zwanzigtausend Menschen im Stahlwerk.

Vom ersten Tag an war Jarek vom Stahlwerk fasziniert, auch wenn es sein Gefängnis war. Das Stahlwerk glich einer riesigen Maschine, in deren Inneren man arbeitete. Man wurde Teil der Maschine, verschmolz mit ihr. Das Stahlwerk hatte seinen eigenen Geruch, seinen eigenen Geschmack. Die dem Werk eigene Geräuschkulisse lag Tag und Nacht über dem Gebiet und war noch in vielen Kilometern Entfernung zu hören.

Bei Tag war das Stahlwerk grau, dreckig, staubig. Überall sah man rostiges Metall, Schlacke, Halden von Erz und Koks. Die Hallen bestanden aus dunklen Ziegeln oder waren mit schwarzen Eisenplatten verkleidet.

Die Menschen, die sich außerhalb der Hallen bewegten, trugen verdreckte dunkelblaue oder schwarzgraue Arbeitskleidung. Die Gesichter oft verrußt, dunkelbraune Helme aus Bakelit auf den Köpfen. Wessen Schicht zu Ende war, der ging oft gebeugt, müde.

Bei Nacht wurde das Stahlwerk zur unheimlichen, gespenstischen Kulisse. Wegen der Luftangriffe waren die meisten Lichtquellen und Fenster verdunkelt. Schwarz ragten die Hallen in den Himmel. Kaum jemand war zu Fuß oder mit dem Fahrrad unterwegs. Zwischen den unbeleuchteten Hallen gab es zwar Wege, es war jedoch gefährlich, diese in der Dunkelheit zu benutzen. Überall lag scharfkantiger Schrott, lagerten Bleche, Maschinenteile. Dazwischen gab es Lüftungsschächte, Kellertreppen, Baugruben. Nachts war es abseits der Straßen lebensgefährlich.

Jarek blickte aus dem Fenster, sah das rote Leuchten am Nachthimmel. Abstich, jetzt wurde das Roheisen aus dem Hochofen gelassen, Funken spritzten meterhoch. Männer mit Hitzeschutzanzügen und Visieren vor den Gesichtern standen im roten Rauch und kontrollierten den Ablauf.

Der Wagen war kein gewöhnliches Auto. Es war ein Mercedes der Luxusklasse, wahrscheinlich das Auto des Werksleiters. Leder, Holz, verchromte Zierleisten. Es musste einen Grund geben, dass sie ihn mit diesem Wagen abholten, nicht mit einem herkömmlichen Pkw. Nein, zur Hinrichtung hätten sie keinen Mercedes mit Fahrer geschickt. Jarek fiel ein, dass er seit zwei Jahren kein Auto mehr gefahren war. Die letzte Fahrt war in einem Lkw gewesen, bewacht von vier SS-Männern, vom Amtsgericht Warschau zum Güterbahnhof. Sechs Tage später kam er im Stahlwerk Duisburg an.

Nach zehn Minuten war die Fahrt zu Ende. Der Wagen stoppte vor einem großen, hässlichen Gebäude, das eher wie ein Bunker aussah als wie eine Hauptverwaltung. Schöppke stieg aus, öffnete ihm die Tür. „Da sind wir, Herr Kruppa. Endstation." Endstation, das wollte Jarek nicht hoffen.

◆

Schöppke und Jarek gingen vom Parkplatz zum Eingang. Vor den schweren, großen Toren aus Metall standen zwei bewaffnete Wehrmachtssoldaten. Es waren keine unrasierten Jünglinge. Sie wirkten deutlich entschlossener und bedrohlicher.

Sie kannten Schöppke, nickten kurz, ließen die beiden Männer ungehindert passieren. Jarek, in seinem Häftlingsanzug, schien die beiden nicht zu interessieren. Sie würdigten ihn keines Blickes.

Die Eingangshalle wirkte wesentlich nobler als der Außenbereich. Der Fußboden aus Marmor, Leuchter aus Messing, Tische und Stühle aus edlen Hölzern. Die Halle sah eher aus wie eine Hotellobby, nicht wie ein Verwaltungsbau. Hier wurde scheinbar vor dem Krieg noch richtig Geld verdient.

Schöppke und Jarek stiegen gemeinsam in eine Paternosterkabine. Wie in Zeitlupe bewegte sich die Kabine nach oben. Schöppke öffnete seinen Mantel, rückte darunter Jackett, Weste und Krawatte zurecht. Er zog eine goldene Taschenuhr hervor, acht Uhr fünfzehn. Er nahm die Mütze ab, strich sich die Haare glatt. Sie waren zu lang, strähnig, wirkten ungepflegt. Er war wohl aus Zeitmangel schon länger nicht mehr beim Frisör gewesen, dachte Jarek.

Schöppke blickte Jarek ernst an, nickte. „Keine Ahnung, warum Sie hier sind, was gleich passiert", sagte er leise zu ihm. „Aber ich wette mit Ihnen, dass Sie ab morgen keinen Häftlingsanzug mehr tragen." Wieder nickte er, zog die Augenbrauen hoch, beugte sich näher zu Jarek. „Warum Doktor von Kessel einen Übersetzer benötigt, das erschließt sich mir momentan noch nicht. Aber, er ist überaus intelligent. Er denkt stets voraus, handelt immer sehr besonnen." Seine Stimme wurde noch leiser. „Was immer er mit Ihnen vorhat, es wird nicht zu Ihrem Schaden sein." Er richtete sich wieder auf, drückte sein Kreuz durch. „Ich arbeite seit zwanzig Jahren für ihn, er hat mich nie enttäuscht." Warum machte Schöppke Werbung für von Kessel? Jarek hatte das Gefühl, Schöppke wusste mehr, als er vorgab.

Der Paternoster schlich unendlich langsam durch die Stockwerke nach oben. Jarek sah lange, düstere, leere Gänge. Die Verwaltung war in der Nachtschicht nicht besetzt.

Schließlich kamen sie oben an, Schöppke und Jarek stiegen aus. Der Paternoster stieg auf, drehte weiter seine langsamen Runden.

Das Büro von Doktor von Kessel lag am Ende des Ganges. Wortlos gingen sie nebeneinander den Gang entlang. Die Angst war gewichen, aber Jarek war angespannt. Der gebohnerte Linoleumboden quietschte unangenehm laut unter Schöppkes Sohlen.

Vor der Bürotür saß ebenfalls ein bewaffneter Wehrmachtssoldat. Auch er kannte Schöppke. Die beiden nickten sich kurz zu. Der Soldat stand auf, klopfte an die große, hölzerne Tür, steckte den Kopf hinein. „Herr Doktor, Schöppke und der Pole sind jetzt da." Der Soldat drehte sich um: „Meine Herren, Sie können eintreten."

♦

Der Raum war imposant, etwa sechzig Quadratmeter groß, die Decken mindestens fünf Meter hoch. Parkettfußboden, dicke Teppiche. Vier große Art-Deco-Leuchter hingen von der Decke herab, tauchten den Raum in ein angenehmes, warmes Licht. Die Fenster wurden durch lange, dunkelrote Samtvorhänge verdeckt, vor denen ein goldgelbes Sofa stand.

An einer Wand ein Kamin, in dem ein Feuer brannte und vor dem ein flacher Tisch nebst Sesseln stand. Etwas entfernt davon ein zweiter, größerer Besprechungstisch. Auf dem Tisch eine Cognacflasche, mehrere Gläser. In einer Ecke stand ein Flügel, schwarz, riesig. An den Wänden geschmackvolle, moderne Bilder. Jarek glaubte, darunter einen Chagall zu erkennen. Jarek bemerkte weder Hakenkreuzfahne noch Hitler-Porträt. Ein großer Nationalsozialist schien von Kessel nicht zu sein.

Dem Eingang gegenüber stand ein wuchtiger, dunkelbrauner Schreibtisch, auf dem zwei grüne Schreibtischlampen für ausreichend Licht sorgten. Dahinter saß ein Mann, Doktor Hermann von Kessel, der Leiter des Stahlwerks. Von Kessel erhob sich, kam langsam auf sie zu. „Guten Abend, meine Herren, nehmen Sie Platz." Er zeigte mit der Hand auf den größeren Besprechungstisch. Er kam näher, reichte jedoch weder Schöppke noch Jarek die Hand zur Begrüßung. Schöppke hatte scheinbar nicht damit gerechnet, an dem Gespräch teilzunehmen. Er sah von Kessel fragend an, dieser erwiderte den Blick und antwortete: „Ja, ja, auch Sie, Schöppke."

Der Leiter des Stahlwerks war eine beeindruckende Erscheinung. Mitte fünfzig, knapp einsneunzig groß, schlank, tadelloser, dunkelblauer Maßanzug. Er hatte ein längliches, markantes Gesicht mit einem Grübchen am Kinn. Dazu eine hohe Stirn mit tiefen Geheimratsecken. Jarek bemerkte eine leichte Sonnenbräune, für Mitte November ungewöhnlich.

„Kann ich ihnen etwas zu trinken anbieten, einen guten, französischen Cognac vielleicht?" Er sah erst Schöppke an, der verneinte, dann Jarek. „Ich habe seit zwei Jahren keinen Tropfen Alkohol mehr getrunken", schüttelte Jarek den Kopf. „Sie wollen doch nicht, dass ich hier zusammenbreche, oder?" Von Kessel lächelte. „Ich kann Ihnen auch gern ein Glas Soda anbieten, kein Problem."

Sie saßen zusammen am Tisch, es herrschte kurzzeitig ein unangenehmes Schweigen. Von Kessel musterte Jarek ausgiebig. „Wie geht es Ihnen, Herr Kruppa?", fragte er.

Jarek antwortete, ohne lange zu überlegen: „Ich bin seit zwei Jahren Kriegsgefangener und Zwangsarbeiter. Was denken Sie, wie es mir geht?" Er wollte von Kessel nicht provozieren, fand die Frage jedoch unpassend.

Von Kessel lächelte wieder, ihm schien die ehrliche Antwort zu gefallen. „Entschuldigen Sie, es war nicht so gemeint. Natürlich bin ich mir Ihrer Lage bewusst, Herr Kruppa." Er beugte sich nach vorn, stellte die Ellenbogen auf den Tisch, stützte seinen Kopf auf die Fäuste. „Mich interessiert vielmehr, wie Sie sich jetzt im Moment fühlen, und ob Sie bereit für eine außergewöhnliche Aufgabe sind, Herr Kruppa." Er sah Jarek an, beugte sich noch etwas weiter nach vorn. „Eine Aufgabe, die Ihr Leben, so wie es jetzt ist, beenden kann." Jarek antwortete nicht, erwiderte den Blick, wartete auf weitere Informationen.

Von Kessel lehnte sich zurück, zog ein goldenes Zigarettenetui aus dem Jackett, zündete sich eine Zigarette an. Er blies den Rauch genussvoll zur Decke. Das aufgeklappte Etui ließ er auf dem Tisch liegen, benutzte den Deckel als Aschenbecher.

„Sie sind Jarek Kruppa, zweiundvierzig Jahre alt, Witwer." Von Kessel sah ihn an. „Ihr Vater war Pole, Mathematikprofessor, Ihre Mutter war Deutsche, eine überaus erfolgreiche Chemikerin." Von Kessel nahm einen tiefen Zug, blies den Rauch wieder zur Decke. „Ihre Frau und ihre vierjährige Tochter kamen 1935 bei einem Autounfall ums Leben." Jarek reagierte nicht, hörte weiter zu. „Sie selbst haben nach dem Abitur sechs Jahre in der Polnischen Armee gedient, unter anderem als Nahkampf-Ausbilder. Danach sind Sie zur Warschauer Polizei gegangen." Schöppke, bis hierhin fast regungslos, hob die Augenbrauen. „Die Armee wollte Sie eigentlich nicht gehen lassen, denn sie sprechen ja fließend fünf Sprachen, richtig?" Jarek antwortete: „Ja, ich spreche Polnisch, Russisch, Deutsch, Englisch und Französisch. Wer zweisprachig aufwächst, der lernt auch andere Sprachen schnell. Mein Vater konnte zudem sehr gut Englisch, meine Mutter perfekt Französisch."

Von Kessel lächelte: „Nicht so bescheiden, Herr Kruppa." Er lehnte sich wieder zurück. „Bei der Polizei haben Sie kurz nach der Ausbildung bei der Abteilung für Schwerverbrechen angefangen, richtig?" Jarek nickte nur langsam. „Und hier haben Sie sich sehr schnell einen guten Ruf gemacht. Ob Mord, Vergewaltigung, Raubüberfall – der Kruppa galt als harter Hund, dem kein Fall zu schwer ist." Von Kessel nahm noch einen Zug, setzte seine Ausführungen fort: „Sie galten als gerissen, ausdauernd, intelligent. Ihre Methoden oft unkonventionell, Ihre Verhöre oft brutal. Ihre Zeit als Nahkampf-Ausbilder kam Ihnen da wohl häufig zupasse?" Von Kessel blickte Jarek an, neigte fragend den Kopf. „Ich kann mir nicht vorstellen, dass Sie das alles aus meiner Akte haben", antwortete Jarek trocken.

„Im Jahr Ihrer Verhaftung und Deportation zählten Sie zu den besten Kriminalpolizisten Polens. Keiner hat mehr Morde aufgeklärt, keiner mehr Schwerverbrecher hinter Gitter gebracht als der Kruppa." Schöppke blickte von der Seite erstaunt auf Jarek, konnte nicht glauben, was er da hörte. Von Kessel nahm noch einen tiefen Zug, blies den Rauch erneut zur Decke, drückte anschließend die Kippe aus. Er ließ sich Zeit. „Aber dann haben Sie den Zuhälter ermordet. Was war denn da mit Ihnen los?"

♦

Mit der Frage hatte Jarek nicht gerechnet. Er dachte an die Ereignisse von damals zurück. 1939 war in Warschau die Leiche einer jungen Frau gefunden worden. Die Leiche war nackt, sie wies Spuren von massiver Gewalt auf. Das Gesicht, der Oberkörper, der Bauch, alles war von Blutergüssen, Prellungen und Quetschungen übersät. Das Gesicht war zertrümmert, Jochbein und Kiefer waren gebrochen. Es gab mehrere Rippenbrüche, eine der gebrochenen Rippen war ins Herz eingedrungen, was die Todesursache gewesen war. Der Gerichtsmediziner ging davon aus, dass der Täter kein Schlaginstrument benutzt hatte, sondern die bloßen Fäuste, eventuell mit Handschuhen.

Eine Identifizierung der entstellten Leiche erwies sich als unmöglich. Allerdings hatte die Frau eine Tätowierung auf der rechten Hüfte, einen kleinen blauen Kolibri. Tätowierungen waren extrem ungewöhnlich, kamen ausschließlich bei Seeleuten, Häftlingen und im Rotlichtmilieu vor. Kruppa hatte seine

Spur. Prostitution war in Polen zwar offiziell verboten, wurde in unauffällig geführten Häusern jedoch geduldet – auch unter der deutschen Besatzung.

Er hörte sich um. Bei den Mädchen, die er kannte, und auch bei den Kollegen auf dem Revier. Der Rotlichtbezirk von Warschau war überschaubar, und so dauerte es nicht lange, bis er einen Hinweis bekam. Ein Mädchen vermisste seine Freundin, Zofia Kowalski. Größe, Gewicht und Haarfarbe stimmten – und auch die Tätowierung.

Der Lude von Zofia Kowalski war ein gewisser Lukasz Danowski. Er war bekannt dafür, dass er die Freier beklaute, während diese mit den Mädchen im Bett waren. Gewalttaten waren von ihm nicht bekannt. Er galt im Milieu eher als einer, der seine Mädchen mit Lügen und Versprechungen bei der Stange hielt.

Jarek ging davon aus, dass ein Freier das Mädchen ermordet hatte. Und da die Freier die Mädchen nicht selbst ansprachen und bezahlten, sondern zunächst den Luden, musste Danowski den Mörder kennen.

Jarek lockte Danowski in eine Falle, in ein abgelegenes Haus am Stadtrand. Hier konnte er den Luden in Ruhe vernehmen. Er hielt nichts davon, Kriminelle mit Samthandschuhen anzufassen. Er wusste, wie Zofia gestorben war, hatte ihre Leiche mit eigenen Augen gesehen. Danowski war zwar nicht der Mörder, aber er deckte ihn. Danowski konnte von ihm keine Gnade erwarten.

Kruppa setzte seine Fäuste gekonnt ein. Es dauerte jedoch eine halbe Stunde, bis Danowski mit dem Namen herausrückte. Der letzte Freier war ein gewisser Josef Huber, ein deutscher SS-Soldat.

Huber war nicht bei der kämpfenden Truppe, er war Fahrer. Sein Chef war der SS-Sturmbannführer Horst Brandl. Brandl war seit der Besetzung Polens in Warschau, er galt als eiskalter

Nazi. Besonders seine Maßnahmen gegen Mitglieder des polnischen Widerstands in Warschau hatten ihm den Ruf eines Sadisten eingebracht.

Jarek wusste, dass es unmöglich war, einen SS-Offizier in Polen vor Gericht zu bringen. Schon bei einem einfachen Wehrmachtssoldaten wäre die Sache schwierig gewesen. Dennoch ermittelte er weiter. Brandl und Huber kamen beide aus München. Über Umwege zog Jarek Erkundigungen bei der Münchner Polizei ein. Gegen Brandl war vor dem Krieg ermittelt worden. Versuchte Vergewaltigung einer Sechzehnjährigen, einhergehend mit schwerer Körperverletzung. Vor Gericht zog das Mädchen seine Aussage zurück, die Klage wurde mangels Beweisen fallen gelassen.

Jarek war sich sicher: Huber hatte das Mädchen organisiert, Brandl war der Täter. Brandl die Tat nachzuweisen war schier unmöglich. Jarek beschloss also, die Sache zunächst ruhen zu lassen. Vielleicht ergab sich irgendwann die Möglichkeit, einem Vorgesetzten Brandls die Akte zukommen zu lassen und ihn so der Gerechtigkeit zuzuführen.

Als er abends nach Hause kam, warteten sie bereits in seiner Wohnung auf ihn. Vier SS-Männer, zwei Wehrmachtssoldaten. In seiner Wohnung wurde eine Druckerpresse gefunden, angeblich sollte er kommunistische Propaganda verbreitet haben.

Jarek überlegte, wer seine Ermittlungen verraten haben könnte, eventuell die Münchener Polizei? Später kam heraus: Es war Danowski. Er hatte sich der SS anvertraut, darauf gehofft, dass man ihm für seine Kooperation Schutz gewährte. Doch er täuschte sich, die SS liquidierte ihn. Später wurde auch der Tod Danowskis Jarek zur Last gelegt. Angeblich waren seine Verhörmethoden schuld am Tod des Luden.

Er wurde wegen Hochverrats und Totschlag angeklagt. Der Staatsanwalt beantragte die Todesstrafe. Jareks Vorgesetzte, von seiner Unschuld überzeugt, ließen hinter den Kulissen ihre Beziehungen spielen. Mit Erfolg. Jarek wurde zu fünfzehn Jahren Arbeitslager verurteilt.

♦

„Ich habe niemanden ermordet", antwortete Jarek auf die Frage von Kessels. „Wenn Sie so gut informiert sind, wie es scheint, dann sollten Sie das eigentlich wissen." Er sah erst von Kessel, dann Schöppke an. „Die SS hat mir den Mord untergeschoben. Sie war es, die Danowski ermordet hat!" Er war erregt, seit seiner Verurteilung hatte er mit niemandem über die Vorgänge in Warschau gesprochen.

„Bitte, regen Sie sich nicht auf", beruhigte ihn von Kessel. „Ich weiß, dass Sie den Mord nicht begangen haben." Sein Blick wanderte langsam von Jarek zu Schöppke. „Noch bevor Herr Kruppa hier eingetroffen ist, nahmen seine Freunde aus Warschau Kontakt zu mir auf." Er lächelte verschmitzt, wie jemand, der ein gut gehütetes Geheimnis preisgab. „Ich bin seit Langem über die Vorgänge in Warschau informiert."

An Schöppke gewandt sagte er, ohne Details preis zu geben „Herr Kruppa hat seine Nase zu tief in die Angelegenheiten der SS gesteckt." Schöppke sah Jarek eindringlich an, lehnte sich zurück. „Da brat mir einer einen Storch. Der beste Kriminalkommissar Polens wird von der SS in ein Deutsches Arbeitslager gesteckt. Und wir lassen ihn Hilfsarbeiten ausführen. Was für eine Verschwendung." Er zog die Augenbrauen hoch, schüttelte den Kopf.

Jarek war erstaunt. Er hatte nicht gewusst, dass seine Freunde in Polen so gute Beziehungen hatten. Aber rückblickend wurde ihm jetzt einiges klar. Sein Einsatz als Übersetzer und

Dolmetscher war kein Zufall gewesen. Von Kessel hatte wohl von Anfang an seine schützende Hand über ihn gehalten.

„Richtig. Der beste Kriminalkommissar Polens. Womit wir beim Thema sind, Herr Kruppa." Von Kessel lehnte sich zurück, zog das Zigarettenetui zu sich, zündete sich eine Zigarette an. „In den vergangenen sechs Monaten hat es zehn Morde in meinem Stahlwerk gegeben." Er nahm einen tiefen Zug, blies den Rauch durch die Nase wieder aus. „Zuerst wurde ein Waschkauenwärter erwürgt. Vier Wochen später wurde einem Schlosser in der Umkleide das Genick gebrochen." Von Kessel blickte ins Leere, überlegte kurz. „Weitere vier Wochen später der nächste Mord. Einem Schweißer wurde mit einem Schraubenschlüssel der Schädel eingeschlagen. Der Mann saß gerade in einem Pausenraum und trank Kaffee."

Von Kessel sah Jarek an. „Bis dahin konnten wir die Sache noch gut unter der Decke halten. Aber alle drei Männer kamen aus Duisburg. Und so etwas spricht sich dann doch herum in der Stadt." Er verzog sein Gesicht, so, als ob ihm die Tatsache, dass über sein Stahlwerk schlecht geredet wurde, Schmerzen bereitete.

„Dann wurde es blutig. Keine zwei Wochen nach dem Schweißer erwischte es einen Elektriker, morgens um halb sechs. Der Täter stach ihm erst in den Rücken, schnitt ihm dann die Kehle durch. Das Ganze kurz vor dem Schichtwechsel, direkt vor der Werkstatt." Von Kessel schüttelte den Kopf. „Seine Kollegen fanden den Toten. Die Sache machte die Runde wie ein Lauffeuer." Er sah Schöppke an. „Nummer fünf war einer von Schöppkes Männern."

Jarek blickte zu Schöppke, der sich zwischenzeitlich einen Cognac eingeschenkt hatte. „Heinz Wittek war schon in Rente, er war über siebzig. Aber da alle einsatzfähigen Männer an die Front geschickt werden, müssen wir beim Werkschutz auf Rentner und Kriegsversehrte zurückgreifen." Schöppke drehte das Cognacglas zwischen den Fingern, blickte in das Glas: „Wittek erwischte es hinten am Wasserturm, ebenfalls in der Nachtschicht. Der Mörder rammte ihm eine Brechstange in den Bauch. So ließ er ihn liegen. Hat wohl ein bisschen gedauert, bis er dann tot war." Er hob das Glas, so als ob er auf den Verstorbenen anstoßen wollte, trank einen Schluck.

Von Kessel hatte zwischenzeitlich eine Karaffe Wasser von seinem Schreibtisch geholt, schenkte Jarek und sich selbst ein Glas ein. Er sprach im Stehen weiter. „Nummer sechs wurde eine Woche nach Wittek ermordet. Waldemar Botzki, ein Zwangsarbeiter, Pole, genau wie Sie. Er arbeitete in der Küche von Kantine vier. Der Mörder schlug ihm mit einem Hammer den Schädel ein. Genauer gesagt, er schlug ihm den Schädel zu Brei. Er muss wohl so zehnmal zugeschlagen haben. Und das am helllichten Tage, so um halb fünf."

Schöppke übernahm wieder. „Spätestens jetzt war klar, dass wir es mit einem Serientäter zu tun haben. Aber die Duisburger Polizei hat das gleiche Problem wie wir. Alle guten Männer wurden eingezogen, die arbeiten quasi mit Notbesetzung. Der Kommissar von denen hat dann auch die tolle Idee gehabt, es könnte sich um einen englischen Spion handeln, der hier Sabotage betreibt. So ein Schwachsinn!" Schöppke nahm einen Schluck aus seinem Glas. „Ein Saboteur würde wohl keine Hilfsarbeiter oder Kriegsgefangenen ermorden, sondern eher Führungskräfte. Außerdem wäre es viel effektiver, Maschinen oder die Energieversorgung zu stören, ein Feuer zu legen."

Von Kessel, der sich ein wenig vom Tisch entfernt hatte und den vermeintlichen Chagall betrachtete, sprach in Richtung des Bildes. „Dennoch hat die Saboteur-Theorie ihre Anhänger gefunden. Tatsächlich rumort es in der Belegschaft, in entlegenen Werksteilen haben die Arbeiter nachts Angst. Sogar die Werkschutz-Männer gehen nachts nur noch zu zweit auf Streife. Und seit den Morden stehen unten und vor meinem Büro rund um die Uhr bewaffnete Soldaten. Das gab es früher nicht."

Er kehrte zum Tisch zurück, setzte sich wieder an seinen Platz. „Nummer sieben war eine ganz unangenehme Sache. Eine Putzfrau, Henrietta Ackermann, wurde gegen elf Uhr abends in einer Toilette rücklings mit einem Strick erwürgt. Der Täter verging sich anschließend an der Toten. Man fand sie halb bekleidet über ein Waschbecken gelegt."

Jarek war voll konzentriert. Er nahm alle Details auf, hatte sich mit Fragen bisher zurückgehalten. „Lagen die Tatorte beieinander oder über das Stahlwerk verteilt?" Schöppke antwortete: „Betrachtet man alle zehn Tatorte, dann lässt sich keine örtliche Häufung feststellen. Der Täter schlägt überall zu. Was auffällt, er mordet überwiegend nachts. Wir denken, es ist ein Arbeiter des Stahlwerks, der hier sein Unwesen treibt."

Jarek dachte nach. Was ihm auffiel, war, dass der Täter brutaler wurde. Die ersten Opfer wurden noch ohne Blutvergießen getötet. Die letzten hingegen verstümmelt, sexuell missbraucht. Nein, das war kein Saboteur, das war ein Psychopath.

Von Kessel übernahm wieder. „Nummer acht und neun wurden kurz nacheinander getötet. Der Maschinenführer Harald Wessler wurde von hinten erstochen, im Führerstand seiner Anlage. Sein Kollege Eugen Bangemann, der zwei Stunden zu früh zur Nachtschicht kam, überraschte den Mörder wohl. Es kam zu einem Handgemenge, Bangemann hatte Schnittwunden an beiden Händen. Dann erhielt mehrere Stiche in die Brust und in den Hals." Er nahm einen großen Schluck aus dem Wasserglas, blickte zu Jarek. „Wir brauchten zwei Tage, um den Führerstand vom Blut zu reinigen. Keiner wollte da arbeiten, solange man die Spuren an den Wänden sah und das Blut riechen konnte. Verständlich."

Von Kessel machte eine kurze Pause, fuhr fort. „Nummer zehn ist gerade einmal zwei Tage her. Wir konnten das bisher geheim halten. Es erwischte wieder einen Waschkauenwärter, einen Kriegskrüppel namens Gustav Glaser. Hat mit erst siebzehn Jahren im ersten Weltkrieg ein Bein verloren, das arme Schwein. Ist morgens gegen fünf von hinten niedergeschlagen worden. Der Täter hat ihm dann den Schädel eingetreten." Von Kessel sah Jarek an. „Da Glaser keine Familie hatte und sogar auf dem Werksgelände wohnte, haben wir die Leiche erstmal verschwinden lassen. Wir haben den Mord auch nicht der Polizei gemeldet." Von Kessel machte eine Pause, sammelte sich.

„Zehn ermordete Mitarbeiter in knapp sechs Monaten, dazu noch zwei Tote durch Arbeitsunfälle. Ein Kranführer fällt vom Kran und ein Mann stürzt in ein Becken mit glühender Schlacke. Was braucht man mehr als Werksleiter?" Von Kessel rieb sich mit den Händen über das Gesicht, als würde er sich waschen. Er lehnte sich zurück, zündete sich erneut eine Zigarette an, stellte sein goldenes Feuerzeug hochkant vor sich auf den Tisch. „So was bleibt natürlich auch dem Rüstungsministerium nicht verborgen. Die Produktion sollte eigentlich steigen, was im Krieg sowieso schon schwierig ist. Bei uns sinkt sie durch die Vorfälle." Er sah Jarek eindringlich an. „Schaffen wir es nicht, den Mörder zu stoppen, dann werden hier bald Köpfe rollen. Meiner zuerst." Er stieß das Feuerzeug um, welches mit einem lauten Geräusch auf dem Tisch zum Liegen kam.

Von Kessel stand wieder auf, ging zum Kamin, legte zwei Holzscheite nach. „Und hier kommen Sie ins Spiel, Kruppa. Trauen Sie sich zu, in der Sache die Ermittlungen zu übernehmen? Ein Serienmörder, das ist doch ganz nach Ihrem Geschmack, oder?"

Von Kessel kam langsam zurück zum Tisch, blies genüsslich eine dicke Rauchwolke in Richtung Decke. Jarek schüttelte den Kopf. „Nein, Herr Doktor von Kessel, da muss ich leider passen. Aus einem Arbeitslager heraus, in Häftlingsuniform, kann ich nicht ermitteln. Und überhaupt, so eine Sache kann Monate dauern, Jahre."

Von Kessel legte seine Zigarette in das Etui, ohne sie auszumachen. Rauch stieg kerzengerade empor. Er beugte sich nach vorn, sah Jarek an. „Sie bekommen natürlich für die Zeit der Ermittlungen einen Sonderstatus, Herr Kruppa. Dazu ein eigenes Büro, in dem Sie auch schlafen können, gute Verpflegung, Zivilkleidung. Und sollten Ihre Bemühungen von Erfolg gekrönt sein, dann garantiere ich Ihnen, werde ich mich für Sie einsetzen. Sollte keine Begnadigung möglich sein, dann werde ich Ihnen im Stahlwerk eine Stellung schaffen, die sicherstellt, dass Sie bis Kriegsende überleben." Er nahm noch einen tiefen Zug von der Zigarette, drückte die Kippe aus.

„Außerdem ist es in Ihrem eigenen Interesse, den Mörder zu finden, Herr Kruppa." Von Kessel lehnte sich zurück, öffnete sein Jackett, sah zu Schöppke herüber. „Ich bin kein Mitglied der NSDAP, Schöppke übrigens auch nicht. Im Rüstungsministerium stößt das vielen übel auf. Man hätte hier lieber ein Parteimitglied auf dem Chefsessel." Er nahm einen Schluck Wasser, fuhr fort. „Ich bin hier seit fast 20 Jahren, habe das Werk in Teilen mit aufgebaut, kenne jede Schraube. Mich auszutauschen, das würde für Probleme sorgen, die Produktion würde sinken. Und das mitten im Krieg. Aber, wenn die Morde weitergehen, dann wird man mich ersetzen, so viel ist sicher." Von Kessel senkte die Stimme, beugte sich wieder nach vorn zu Jarek. „Und wenn hier erstmal ein SS-Mann auf dem Chefsessel sitzt, Herr Kruppa, dann wird der lange Arm der SS von Warschau bis nach Duisburg reichen."

Auch von Kessel goss sich jetzt einen Cognac ein. Schöppke sah neugierig zu Jarek herüber, schwenkte langsam sein Glas. Stille, nur das leise Knacken des Holzes im Kaminfeuer war zu hören. Von Kessel hatte recht. Der Krieg konnte noch Jahre dauern. Selbst mit von Kessels Hilfe würde er im Arbeitslager vielleicht nicht überleben. Eine Position außerhalb des Lagers könnte sein Überleben jedoch sichern. Würde ein SS-Mann die Werksleitung übernehmen, wäre das für ihn und viele andere Zwangsarbeiter ein Todesurteil.

„Mir ist klar, dass Sie mir den Täter nicht herbeizaubern können, Herr Kruppa. Aber wenn Sie uns nicht helfen, dann werden weitere Menschen sterben, und Sie wahrscheinlich ebenfalls. Fassen wir den Mörder, dann besteht für uns alle eine gute Chance, das Kriegsende zu erleben. Und so Gott will, haben wir dann noch ein paar gute Jahre." Von Kessel sah Jarek an, wartete auf eine Antwort. Man sah ihm seine Anspannung an.

Jarek atmete tief ein. „Gut, ich bin dabei. Aber ich habe Bedingungen. Haben Sie etwas zu schreiben?" Von Kessel stand auf, ging zu seinem Schreibtisch und kam mit einem Notizblock nebst Füller zurück. „Schießen Sie los, Herr Kruppa."

„Ein zentral gelegenes Büro mit Schlafgelegenheit wurde bereits angesprochen. Ich muss mich unauffällig unter die Arbeiter mischen können. Neben Zivilkleidung benötige ich einen kompletten Satz Arbeitskleidung, Helm, Schutzbrille, Handschuhe, alles was dazugehört. Ich brauche auch ein Waschbecken, Spiegel, Waschlappen, Seife, Rasierzeug und so weiter." Von Kessel schrieb mit, nickte. „Gut, geht klar."

„Außerdem brauche ich einen Ausweis, der mich als Mitarbeiter des Werkschutzes mit einer gewissen Autorität ausstattet. Einem Häftling beantwortet niemand Fragen." Von Kessel sah Schöppke an, der nickte: „Kein Problem." „Dann brauche ich einen kompletten Satz Pläne vom gesamten Stahlwerk, dazu farbige Reißzwecken." Von Kessel schrieb, Jarek überlegte weiter. „Das Büro braucht einen Telefonanschluss, ich muss dort jederzeit erreichbar sein. Sie müssen mich sofort informieren, sollte sich etwas ereignen."

Jarek sah Schöppke an. „Gibt es so etwas wie einen Fahrdienst, den ich in Anspruch nehmen kann? Das Werk ist riesig. Auch ein Fahrrad wäre gut." Schöppke nickte „Ja, einen Fahrdienst kann ich Ihnen organisieren, aber der ist nicht nur für Sie da. Da müssen Sie manchmal schon etwas warten. Aber, sollte ein weiterer Mord passieren, dann holen wir Sie sofort ab. Ein Fahrrad besorge ich Ihnen ebenfalls."

Jarek fuhr fort: „Ich brauche eine zuverlässige Armbanduhr. Schreibzeug, Papier und Bleistift. Dazu einen roten Buntstift. Und Geld. Was kostet eine Schachtel Zigaretten momentan?" Von Kessel blickte verwirrt. „Wollen Sie das Rauchen anfangen? Davon rate ich Ihnen ab. Die Schachtel kostet 40 Pfennige." Jarek lächelte. „Nein, nein, aber was verdient denn ein Arbeiter im Durchschnitt?" „So zwischen 160 und 200 Reichsmark, je nach Stunden und Schichtzulage", antwortete von Kessel. „Gut, dann brauche ich erstmal 200 Reichsmark in kleinen Scheinen." Er blickte zu von Kessel, der mit dem Schreiben zögerte, auf eine Erklärung wartete. „Viele Zeugen erinnern sich erst, wenn man ihnen etwas Geld zusteckt. Und ein kleines Trinkgeld oder eine Schachtel Zigaretten öffnet Münder und Türen, meine Herren." „Da haben Sie recht", von Kessel notierte die Summe.

„Des Weiteren benötige ich sämtliche Ermittlungsakten der Polizei, mit allen Fotos, Skizzen, Zeugenbefragungen und was sonst noch existiert. Wenn möglich im Original." Von Kessel blickte zu Schöppke, der seine Stirn kräuselte. „Das wird nicht einfach. Aber ich kümmere mich morgen früh darum. Eventuell brauche ich da auch 200 Reichsmark, Herr Doktor von Kessel." Von Kessel verstand den Wink, nickte. Geld war nicht das Problem.

Jarek fuhr fort. „Gibt es eine Auswertung aller Schichtpläne seit dem Beginn der Mordserie? Ist feststellbar, ob es Personen gibt, die an allen Tagen, an denen es einen Mord gab, im Werk waren?" Wieder blickten Jarek und von Kessel auf Schöppke.

„Oha, da fragen Sie mich was. Ich werde das ebenfalls morgen im Lohnbüro anfragen, aber das kann ein paar Tage dauern. Ich kann nichts versprechen."

„Was brauchen Sie noch, Herr Kruppa?", fragte von Kessel. Jarek sah in an, ließ sich Zeit. „Ein Waffe, Herr Doktor von Kessel, eine Pistole." Von Kessel schwieg, sah irritiert zu Schöppke. Er lehnte sich zurück, antwortete: „Herr Kruppa, nicht mal der Werkschutz hat hier Schusswaffen. Die Männer von Schöppke haben Gummiknüppel und eine Trillerpfeife, sonst nichts. Nur Wehrmacht und SS sind auf dem Werksgelände bewaffnet. Ich kann Ihnen keine Pistole überlassen, es tut mir leid." Von Kessel schüttelte den Kopf, wartete auf Jareks Reaktion. Jarek fuhr unbeirrt fort. „Meine Herren, wir jagen einen Serienmörder, der mehrere Menschen mit bloßen Händen getötet hat. Der wird sich nicht so ohne Weiteres festnehmen lassen. Ich brauche eine Waffe", sagte Jarek entschlossen. „Und es wäre dringend ratsam, den gesamten Werkschutz mit Pistolen zu bewaffnen. Ihr Kollege Wittek wäre dann vielleicht noch am Leben, Herr Schöppke."

„Eventuell haben Sie da recht. Die Regel mit den Gummiknüppeln stammt noch aus der Vorkriegszeit", antwortete Schöppke. „Die Mordserie hat ebenfalls etwas verändert, aber viele meiner Männer sind nicht an Schusswaffen ausgebildet oder trainiert. Das geht nicht auf die Schnelle." Von Kessel blieb hart. „Zivilkleidung, einen Werksausweis, Bargeld und dazu noch eine Schusswaffe. Weder das Rüstungsministerium noch die Duisburger Polizei würden zustimmen, dass wir einen Zwangsarbeiter mit Mordermittlungen beauftragen. Wenn Sie verschwinden, und rauskommt, dass wir Sie so ausgestattet haben, dann landen ich und Schöppke am Strick, Herr Kruppa. Ich besorge Ihnen einen Kampfdolch, Handschellen und einen Totschläger, aber eine Pistole ist nicht drin. Außerdem sind Sie doch Boxer, oder?"

Jarek schüttelte den Kopf. „Ich verstehe Ihre Bedenken. Aber mit einem Psychopathen, der nichts zu verlieren hat, steigt man nicht in den Ring. Mordermittlungen sind immer lebensgefährlich, und was haben Sie davon, wenn ich Leiche Nummer elf bin? Aber gut, wir fangen erst einmal an, und ich begnüge mich zunächst mit einem Dolch. Vergessen Sie die Handschellen." Von Kessel nickte. „Ist notiert. So etwas haben die sicher unten in der Kaserne." Er blickte auf: „Sonst noch etwas?"

„Nein, das war es erstmal. Mir fällt sicher noch etwas ein, ich gebe es dann durch. Wann soll ich anfangen?", fragte Jarek. „Schöppke bringt Sie sofort in Ihr neues Büro. Da steht auch schon ein Feldbett. Alles Weitere bringt er Ihnen morgen früh gegen acht Uhr. Schöppke, denken Sie an Essensmarken, sodass Herr Kruppa sich jederzeit in einer der Kantinen oder am Verkaufswagen versorgen kann." Von Kessel stand auf, Jarek und Schöppke ebenfalls.

Von Kessel reichte ihm die Hand, anders als bei der Begrüßung. Sein Händedruck war fest, aber nicht übertrieben. „Normalerweise verzichte ich auf derlei Banalitäten. Man steckt sich nur mit Grippe an." Er lächelte, ließ Jareks Hand wieder los. „Aber dies ist ein besonderer Moment. Unser Schicksal liegt in Ihrer Hand, Herr Kruppa. Ich wünsche Ihnen viel Erfolg, aber vor allem auch Glück. Sie werden es brauchen." Er sah zu Schöppke herüber. „Schöppke wird Ihnen vierundzwanzig Stunden am Tag zur Verfügung stehen. Wenn Sie etwas brauchen, Unterstützung oder Ausrüstung, dann wenden Sie sich an ihn. Er wird zudem unser Kontaktmann sein und mich über alles unterrichten." Er begleitete die beiden zur Tür. „Wenn es zwingend notwendig ist, werden wir uns noch einmal treffen. Ansonsten sehen wir uns erst wieder, wenn der Fall geklärt ist. Meine Herren, ich wünsche Ihnen eine gute Nacht." Sie waren schon aus der Tür, da rief er ihnen hinterher: „Ach, und Schöppke, gehen Sie mal zum Frisör, Sie sehen ja unmöglich aus."

♦

Schöppke und Jarek standen wieder in der Kabine des Paternosters, der langsam nach unten glitt. Das Licht in der Kabine war defekt und flackerte. Schöppke setzte sich seine Mütze auf, sah Jarek an. „Ich habe es Ihnen ja gesagt. Ab morgen keine Häftlingskleidung mehr. Aber dass Sie so ein Polizei-Ass sind und ab sofort de facto mein Vorgesetzter, da wäre ich nicht drauf gekommen", lächelte er verschmitzt. „Davon hat der Doktor gestern kein Wort erwähnt. Dass Sie ein Büro brauchen und einen Schlafplatz, das hat er schon vorausgeplant. Ich habe Ihnen daher bereits gestern ein Büro unter der Hochstraße vorbereitet, da fahren wir jetzt hin. Morgen früh bringe ich Ihnen die gewünschten Sachen, mittags die Akten." Sie gingen durch die Halle Richtung Ausgang. „Womit werden Sie anfangen, Herr Kruppa?" Jarek antwortete trocken: „Erst mal Aktenfressen. Und dann geht es auf die Jagd."

Tag 1

In den vergangenen zwei Jahren war Jarek jeden Morgen pünktlich um fünf Uhr von den Wachmannschaften des Arbeitslagers geweckt worden. Heute sorgte seine innere Uhr dafür, dass er genau um fünf Uhr wach wurde.

Die Augen noch geschlossen, fiel ihm der Traum ein, den er vergangene Nacht hatte. Der Leiter des Stahlwerks, Doktor von Kessel, hatte ihn mit Mordermittlungen beauftragt, verrückt. Doch irgendetwas stimmte nicht. Er lag nicht, wie sonst, auf einer harten Holzpritsche. Er spürte angenehm weichen Stoff unter sich. Auf ihm lag keine dünne, muffig riechende Decke. Er lag unter einer dicken, warmen Wolldecke. Er erinnerte sich, diese Decke am Abend zuvor auf Ungeziefer kontrolliert zu haben. Sie war absolut sauber.

Das Einzige, was ihn an der Decke störte, war die in den Stoff eingewebte Aufschrift: EIGENTUM DER DEUTSCHEN WEHRMACHT.

Er schlug die Augen auf, war schlagartig wach. Er hatte nicht geträumt. Es war real. Über Nacht hatte sein Leben sich verändert. Er war leitender Ermittler in einer Mordsache, ein Serienmörder trieb sein Unwesen im Werk. Er blieb zunächst noch liegen, es war stockdunkel im Raum. Er erinnerte sich. Nach dem Gespräch bei von Kessel waren sie wortlos durch das Werk gefahren. Jarek hatte erneut hinten gesessen und durch das Seitenfenster auf die finsteren Gebäude geblickt. Alles wirkte verlassen, während der gesamten Fahrt sah er keinen Menschen.

Der Wagen hielt, Schöppke stieg aus. „So, Herr Kruppa, da wären wir, Ihr neues Zuhause." Sie standen vor einem Büro unter der Hochstraße. Für seine Zwecke lag es perfekt, zentral, inmitten des Stahlwerks. „Das war mal das Gewerkschaftsbüro, als es noch eine Gewerkschaft gab," sagte Schöppke.

Schöppke schloss auf, drückte Jarek den Schlüssel in die Hand: „Nicht verbusseln, es ist der einzige Schlüssel, den wir noch haben. Der andere ist mit dem Gewerkschaftsboss verschwunden." Schöppke ging zuerst hinein, schaltete das Licht ein. „Der Herr Genosse war auch ein hohes Tier bei der KPD. Den werden wir wohl nicht wiedersehen."

Jarek betrat den Raum, sah sich um. Sechs mal Sechs Meter im Quadrat, die Decken vier Meter hoch. Die Wände waren weiß gekalkt, der Fußboden aus grauem Waschbeton. An der Seite zur Straße, wo auch die Tür lag, gab es keine Fenster, dafür zwei raumhohe Bänder aus Glasbausteinen. Tagsüber würden diese Licht in den Raum lassen. Jetzt spendete eine Hängelampe mit schwarzem Metallschirm ausreichend Licht. Links an der Wand sah Jarek ein Feldbett, darauf eine zusammengelegte Wolldecke. Rechts an der Wand ein Heizkörper, daneben ein leeres Regal.

An der hinteren Stirnseite des Raumes hing eine weitere Hängelampe, darunter stand ein Schreibtisch. Dieser war nicht so groß wie der, der in von Kessels Büro stand, er war aber ebenfalls durchaus imposant. Ein massives Stück, Eiche, eine schöne Tischlerarbeit. An der Tischkante stand eine Schreibtischlampe aus Messing. Drei einfache Bürostühle umringten den Schreibtisch. Rechts hinten im Raum eine Tür, die Aufschrift WC sprach für sich.

Schöppke, der ein ganzes Stück größer war als Jarek, sah von oben auf ihn herab. Sein Blick war dabei freundlich, wohlwollend. „Jetzt hauen Sie sich mal aufs Ohr. Ich organisiere heute noch ein paar von den bestellten Sachen. Morgen so gegen acht bin ich hier, ich bringe Ihnen dann auch was zu futtern mit. Falls Sie noch was trinken wollen, im Klo gibt es einen Wasserhahn."

Schöppke reichte ihm zum Abschied die Hand, die Jarek gern ergriff. „Ich freue mich auf die Zusammenarbeit mit Ihnen. Wollte früher selbst zur Kripo, bin aber durch den Eignungstest gefallen." Schöppke grinste breit, er lies Jareks Hand los. „War damals schon ein bisschen zu fett, aber für den Werkschutz hat es noch gereicht. Dicke und Doofe können se hier immer gebrauchen." Schöppke lachte, Jarek grinste jetzt ebenfalls. Schöppke wurde wieder ernst. „Lese ja schon seit Jahren Kriminalromane, und jetzt darf ich einem echten Kriminaler zur Hand gehen. Ich bin gespannt, wie Sie die Sache angehen." Er erwartete keine Antwort, drehte sich um, murmelte: „Gute Nacht dann noch", ging hinaus und schloss die Tür hinter sich.

Jarek verschloss zunächst die Tür. Er war allein. Für ihn, der seit zwei Jahren Gefangener war, ein seltsamer, ja unheimlicher Moment. Er ging zum WC, öffnete die Tür, schaltete das Licht ein. Ein Klo, ein Waschbecken. Neben der Kloschüssel ein Stapel alter Zeitungen zum Abwischen. Es stank nach abgestandenem Urin, vermutlich, weil lange nicht gespült wurde und das Wasser im Klo ausgetrocknet war. An der Wand über dem Waschbecken ein Spiegel. Jarek ging langsam darauf zu, spürte, wie ihm die Knie zitterten.

Seit fast zwei Jahren hatte Jarek sein eigenes Spiegelbild nicht mehr gesehen. In den Latrinen und Waschräumen der Häftlingsbaracken gab es keine Spiegel. Kein Häftling durfte ein Rasiermesser oder Rasierklingen besitzen. Jede Woche wurden die Häftlinge daher von einem anderen Häftling rasiert, unter Aufsicht der Wachen. Alle vier Wochen wurde ihnen zudem der Kopf geschoren, eine entwürdigende Prozedur. Jarek blickte in den Spiegel.

Was er sah, erschreckte ihn. Er war in den vergangenen zwei Jahren um Jahre gealtert. Er sah nicht aus wie zweiundvierzig, eher wie fünfzig. Das Gesicht grau, unter den Augen dunkle Ringe. Die kurzen Haare an den Seiten ergraut, aber immer noch sehr dicht. Ein dunkler Stoppelbart war deutlich sichtbar, erst in drei Tagen wäre wieder eine Zwangsrasur fällig.

Er war kein hübscher Mann, aber durchaus interessant. Ovale Kopfform, hohe Stirn, ein markantes Kinn. Kalte, eisblaue Augen, die Nase vom Boxen etwas in die Breite gedrückt. Er hatte schmale Lippen, wenn er lächelt wurden ebenmäßige Zähne sichtbar.

Beim Anblick seines gealterten Spiegelbildes traten ihm Tränen in die Augen. Aber er riss sich zusammen, atmete durch, hielt seinem eigenen Blick stand. Körperlich war er in relativ guter Verfassung. Er war zwar nur einen Meter einundsiebzig groß, aber seine breiten Schultern und sein drahtiger Oberkörper waren das Ergebnis jahrelangen Trainings als Boxer und Ringer.

Er ging zum Feldbett, prüfte die Wolldecke auf Ungeziefer, sie war sauber. EIGENTUM DER DEUTSCHEN WEHRMACHT stand in großen Lettern darauf. Wenigstens muss ich mich nicht mit einem Hakenkreuz zudecken, dachte Jarek.

Das alles war gestern gewesen. Jetzt war Jarek wieder wach, hellwach. Eine innere Unruhe erfasste ihn, er stand auf, schaltete das Licht ein.

Er ging zunächst zum Schreibtisch, setzte sich, knipste die Lampe an. Er durchsuchte den Schreibtisch, fand einen abgenutzten Bleistift, der aber noch zu gebrauchen war, dazu einige Blatt vergilbtes Papier. Er dachte darüber nach, was er gestern über die Morde erfahren hatte. Er notierte stichwortartig:

Fakten Mordserie Germania Stahlwerk:
10 Morde in sechs Monaten
9 Männer, 1 Frau
Zunächst unblutig, dann brutaler
Vermehrt unter Verwendung von Tatwerkzeugen
1 Sexualvergehen post mortem
Abstände zwischen den Taten zunächst 4 Wochen,
dann kürzer
Opfer: 5 Arbeiter, 1 Werkschutzmann, 1 Häftling, 1 Putzfrau,
2x Waschkauenwärter
1x „Doppelmord" am gleichen Ort, fast zeitgleich
Tatorte über das Werk verteilt, keine örtliche Häufung
Taten überwiegend nachts, aber auch tagsüber
Motivlage völlig unklar

Was Jarek suchte, war ein Muster, aber hier war zunächst keines erkennbar. Er brauchte die Akten, musste die Tatorte sichten, mit Zeugen sprechen. Einige Dinge waren jedoch bereits jetzt auffällig.

Wer ermordete einen Waschkauenwärter, und dann gleich zwei von der Sorte? Das waren doch in der Regel ganz arme Schweine, dachte Jarek, Behinderte oder Frührentner. Die beiden Waschkauenwärter, da war er sich sicher, waren kein Zufall. Dann die Putzfrau, die so gar nicht ins Schema passte.

Der Mörder war kein Triebtäter. Und dass sich an Toten vergangen wurde, kam auch bei Sexualmördern nur selten vor. Hier, spürte Jarek, stimmte etwas nicht.

Es klopfte an der Tür, Jarek schreckte auf. Draußen war ein Motorengeräusch zu hören. Schöppke? Es war doch erst halb sechs. Jarek ging zur Tür, schloss auf. Dunkelheit, dichter Nebel. Im Nebel die Silhouette eines schwarzen Wagens, die Scheinwerfer zu Schlitzen abgeklebt. Vor seiner Tür stand ein Mann, dieser noch einen Kopf kleiner als Jarek, fast ein Zwerg. „Guten Morgen, Herr Kruppa. Mein Name ist Kruck, bin vom Werkschutz, Schöppke schickt mich." Der Mann hatte eine piepsige Stimme, es war schwer zu sagen, wie alt er war. Nur schemenhaft konnte Jarek in der Dunkelheit sein Gesicht erkennen. „Herr Schöppke lässt ausrichten, er schafft es erst gegen halb neun. Ich soll Ihnen das hier in seinem Namen übergeben." Er reichte Jarek eine braune Thermoskanne, dazu eine Brotdose aus Aluminium. Bevor Jarek sich bedanken konnte, drehte der Kleine sich um und verschwand in der Dunkelheit, ging zurück zum Wagen.

Jarek setzte sich an den Schreibtisch. Er drehte den Becher von der Isolierkanne, schenkte sich ein. Eine hellbraune, dampfende Flüssigkeit strömte in den Becher. Jarek probierte. Heißer Ersatzkaffee, mit Zucker und Milch. Köstlich. Er öffnete die Brotdose. Vier zusammengelegte Graubrote, zwei mit einer fettigen Rotwurst, zwei mit einem herzhaften Käse.

Er hatte Hunger, aß zunächst ein Wurst-, dann ein Käsebrot. Jarek war eigentlich niemand, der nah am Wasser gebaut war, aber er spürte, wie ihm erneut zum Heulen zumute war. Er hatte seit zwei Jahren keinen Kaffee mehr getrunken. Das Essen der Zwangsarbeiter war eine Zumutung, Fraß, Dreck. Diese kleine Mahlzeit war das Beste, was er seit zwei Jahren verzehrt hatte. Hungrig verschlang er die beiden anderen Stullen, trank noch einen Becher Kaffee.

Jarek dachte an Schöppke. Dieser wusste, dass Jarek seit mindestens zwölf Stunden nichts mehr gegessen hatte. Dass er sich um die Verpflegung Jareks sorgte, war etwas, das Jarek ihm hoch anrechnete.

Aber beim Gedanken an Schöppke kam in Jarek auch die Frage auf, welche Rolle der Werkschutz in dieser Sache spielte. Denn anders als bei einer regulären Ermittlung konnte Jarek nicht auf ausgebildete, polizeiliche Hilfskräfte zurückgreifen.

Die Werkschutz-Truppe setzte sich größtenteils aus ehemaligen Arbeitern zusammen, die durch einen Arbeitsunfall oder Krankheit zu körperlich schwerer Arbeit nicht mehr fähig waren. Hinzu kamen Rentner und Kriegsversehrte. Insgesamt waren es ausschließlich Männer, die für den Kriegseinsatz untauglich waren.

Der Werkschutz kontrollierte an den Werkstoren, wer in das Werk ein- und ausfuhr. Er prüfte Lieferpapiere, durchsuchte Lkws und Kofferräume. Im Werk selbst war der Werkschutz kaum präsent. Die Männer wurden von den Arbeitern nicht ernst genommen, hatten kaum Autorität. Jarek wurde klar, dass er vom Werkschutz keinerlei Unterstützung erwarten konnte.

Aber plötzlich wurde Jarek an dieser Stelle auch etwas anderes bewusst: Für einen Serienmörder waren das ideale Bedingungen. Im Werk gab es keine Polizei, keine Ausweiskontrollen, nichts. Einmal im Werk, konnte sich der Mörder ungestört und frei bewegen. Die Werkschutz-Männer waren keine ernstzunehmenden Gegner, zumal sie unbewaffnet waren. Diese Erkenntnis elektrisierte Jarek. Hatte sich der Mörder das Gebiet des Stahlwerks bewusst ausgesucht, da hier die Chancen auf eine Verhaftung durch die Polizei gleich null waren? Oder war es vielleicht doch ein Saboteur, der auf eine subtile Art die Moral der Arbeiter schwächen wollte?

Wie auch immer, Jarek wurde klar, dass er bei dieser Ermittlung weitestgehend auf sich allein gestellt war. Gut, er konnte auf Schöppke zurückgreifen. Aber er war sich noch nicht sicher, inwieweit er sich auf Schöppke verlassen konnte. Er wusste nichts über ihn.

Jarek lehnte sich zurück, goss sich noch einen Becher Kaffee ein. Bis Schöppke kam, war noch etwas Zeit, das Gespräch von gestern Abend noch einmal Revue passieren zu lassen. Er würde Schöppke schon noch auf den Zahn fühlen.

♦

Jarek hörte ein lautes Hupen. Er eilte zur Tür, öffnete. Vor ihm stand Schöppke, einen großen, vollbepackten Wäschekorb in den Armen. Er betrat das Büro, drückte Jarek den Wäschekorb entgegen. „Hier, nehm se mal. Vorsicht, is schwer." Im Mundwinkel hatte Schöppke eine qualmende, halb heruntergerauchte Zigarre. Er nuschelte daher ein wenig.

Jarek übernahm den Korb, erschrak über dessen Gewicht. Er wog schätzungsweise zwanzig Kilo. Schöppke hatte den Korb wie Spielzeug getragen, die Arme dabei fast ausgestreckt. Er musste über eine außergewöhnliche Körperkraft verfügen. Jarek trug den Korb zum Schreibtisch, setzte ihn dort ab.

Schöppke zog seinen Mantel aus, warf ihn auf das Feldbett. Dann nahm er die Mütze ab. Jarek zog erstaunt die Augenbrauen hoch. Schöppke war beim Frisör gewesen. Eine typische Nazifrisur zierte sein Haupt. An den Seiten fast Glatze, oben einen kurzen, zackigen Seitenscheitel. Er war kaum wiederzuerkennen. Jarek konnte sich einen Spruch nicht verkneifen. „Heil Hitler, Herr Schöppke." Schöppke grinste schief, nickte. „Sehr witzig, Herr Kruppa, sehr witzig." Er ging zum Schreibtisch, zeigte auf den Korb. „Ich war die ganze Nacht wegen Ihrem Krempel unterwegs. Was glauben Sie, was das für eine Arbeit war!" Er drehte sich zu Jarek um. „Ich hatte meinen Fahrer geschickt, den kleinen Kruck. Der sollte mein Frühstück hier abliefern, habe einen Bärenhunger. Wo ist es?" Jarek blickte Schöppke ungläubig an. Das Frühstück? Die Brote, der Kaffee? Hatte der Fahrer nicht gesagt, das Essen sei für ihn?

Schöppke legte den Kopf in den Nacken, lachte laut. „Haha, Ihre Fresse hätten se gerade mal sehen müssen." Er lachte erneute, zog an der Zigarre, schüttelte den Kopf. „Wer austeilt, der muss auch einstecken können, Herr Kruppa. Versuchen Sie besser nicht, mich ungestraft zu verarschen, das haben schon andere versucht." Auch Jarek musste grinsen, der Scherz war nicht schlecht. Schöppke schien das Herz am rechten Fleck zu haben.

„Hoffe, meine Alte hat Ihnen ein paar leckere Kniften geschmiert. Leider haben wir momentan nur Blümchenkaffee, aber ich gebe mein Bestes. Ich gebe Ihnen gleich das Geld und die Essensmarken, denn ab morgen gibt es keinen Zimmerservice mehr." Schöppke ging zur Toilette, wo er seinen Zigarrenstummel in das Klo schmiss. Er kam zurück zum Schreibtisch, wo der vollgepackte Wäschekorb stand. „Kommen Sie, Kruppa, wir schauen mal, was ich Ihnen alles Schönes in die Schultüte gepackt habe."

Jarek stellte sich zu ihm. „Hier, ein dunkler Anzug, gestern Abend bei meinem Schwager beschlagnahmt." Schöppke übergab ihm ein Bündel, obenauf eine Weste. „Ist sein Sonntagsanzug. Hab ihm gesagt, muss sein, ist für Führer, Volk und Vaterland. Was will er da sagen?" Schöppke grinste breit. „Der ist in etwa genauso breitschultrig wie Sie, probieren Sie mal." Jarek zog seine Sträflingsjacke aus, darunter hatte er nur ein Unterhemd an. Er zog die Jacke über, sie saß wie für ihn gemacht. „Na also, da wird der Rest wohl auch passen", sagte Schöppke und überreichte ihm noch ein graues Hemd. Jarek beschloss, die Sachen sofort anzuziehen. In Schöppkes Beisein zog er Hemd, Hose und Weste an, dann das Jackett. Schöppke musterte ihn von oben bis unten, nickte, griff in den Korb. „Hier, noch eine schicke, karierte Mütze. Aufsetzen!" Auch die Mütze passte Jarek auf Anhieb. Schöppke betrachtete ihn erneut, nickte. „Ganz passabel. Hätte Herrenausstatter werden sollen. Hier noch ein paar Schuhe aus unserem Fundbüro." Er überreichte Jarek ein Paar schwarze Halbschuhe. Jarek setzte sich aufs Bett, probierte die Schuhe an, sie waren etwas zu groß ohne Socken. Aber das ließ sich ändern.

Er stand auf, zeigte sich Schöppke. „Naja, da hätte ich Ihnen vielleicht was mit hohen Hacken besorgen sollen. Aber fürs Erste nicht schlecht." Jarek überlegte, ob er Schöppkes Humor auf Dauer ertragen würde. Er zog das Jackett zunächst wieder aus und legte es auf das Bett.

„Der Mantel hier sollte Ihnen auch passen, vielleicht ist er etwas zu groß. Aber den werden Sie eh nicht oft brauchen, in den Werkshallen reicht Ihnen die Jacke." Er legte den Mantel beiseite, kramte weiter im Korb. „Hier noch zwei Paar Socken, zwei Unterhosen, zwei Unterhemden. Alles aus der Kleiderkammer vom Werk. Riecht bisschen muffig, aber alles sauber." Jarek legte die Sachen in das Regal neben der Heizung. „Und hier noch die gewünschten Waschutensilien sowie ein Handtuch. Dabei ist auch ein Stück Kernseife, das können Sie auch zum Zähneputzen verwenden." Jarek legte die Sachen ebenfalls in das Regal. Er überlegte, ob Schöppke das mit der Kernseife ernst meinte. Wahrscheinlich.

Schöppke packte das nächste Bündel aus. „Hier ein blauer Arbeitsanzug, wie ihn die meisten Arbeiter tragen. Nicht mehr ganz neu, aber noch gut in Schuss. Wenn er zu lang ist, dann die Ärmel und Beine einfach umkrempeln." Jarek sah sich die Sachen an, er würde sie später anprobieren. „Und dazu können Sie diesen schwarzen Wollpullover anziehen." Schöppke kramte weiter. „Hier noch ein Helm, dazu ein paar Arbeitshandschuhe, eine Schutzbrille. So ausgestattet hält Sie jeder für einen echten Malocher."

Jarek nahm ihm die Sachen ab, wollte sie ebenfalls ins Regal legen. Aber er stockte. „Wissen Sie, Schöppke, daran habe ich vorhin schon gedacht. Hier im Werk sehen alle irgendwie gleich aus. Alle tragen Arbeitskleidung, Helm, Schutzbrille. Wie eine Uniform. Wenn der Täter ein Arbeiter ist, dann können Sie sich vorstellen, wie ein Zeuge ihn beschreiben würde: ein Mann, dunkelblauer Arbeitsanzug, Helm, Handschuhe, Schutzbrille. Die perfekte Tarnung."

Er legte die Sachen ins Regal, wandte sich wieder Schöppke zu. „Draußen in Duisburg, da finden Sie noch Männer, die zumindest vom Ansatz her individuell gekleidet sind. Aber hier im Werk, da sind die Arbeiter alle gleich angezogen. Der Helm verdeckt die Frisur und Kopfform, die Brille das Gesicht. Dann noch ein bisschen Ruß auf die Wangen, fertig. So sehen hier in der Nachtschicht mindestens fünftausend Mann aus."

Schöppke überlegte, nickte. Er sah Jarek an. „Da haben Sie recht, verdammt. Mit Zivilkleidung fallen Sie im Werk eher auf als mit Arbeitskleidung. Sollte unser Mann ein Arbeiter sein, einen Steckbrief können wir nicht aushängen."

Jarek zeigte auf den Korb. „Was haben Sie noch für mich?" Schöppke zog eine braune Umhängetasche aus Leder aus dem Korb. „Die Tasche wird Ihnen hier gute Dienste leisten. Sie müssen ja mal was mitnehmen, Akten, Schreibzeug, ne Flasche Wasser oder was zu beißen. So ne Tasche hat hier fast jeder." Er öffnete sie, gab Jarek daraus einen Umschlag. „Hier sind Essensmarken für die Kantine, 50 Reichsmark in kleinen Scheinen sowie ein paar Münzen." Jarek nahm den Umschlag. „50 Reichsmark?" Er sah Schöppke an. „Ja, von Kessel war der Meinung, wir sollten Ihnen nicht so viel Geld geben, dass Sie da gleich einen Fahrschein nach New York von kaufen können. Fürs Erste reichen 50 Mark, wenn Sie mehr brauchen, dann sagen Sie Bescheid." Jarek steckte sich den Umschlag wortlos in die Gesäßtasche.

Schöppke machte weiter. „Hier, Ihr Werksausweis. Sie sind jetzt Jan Kruppa, Mitarbeiter des Werkschutzes." Jarek nahm den Ausweis, klappte ihn auf. Das Foto kannte er nicht, es war wohl vom Tag seiner Verhaftung durch die SS. Es stammte aus seiner Akte, zeigte ihn mit grimmigem Blick. „Soso, da war Ihnen der Jarek wohl nicht deutsch genug, was?" Er sah Schöppke an, der fragend die Arme hob, sich entschuldigte. „Es war nicht meine Idee. Das hat der Kollege, der die Pässe ausstellt, so entschieden. Wenn es Ihnen nicht gefällt, können wir aber auch einen anderen Vornamen eintragen: Adolf Kruppa, Heinrich Kruppa, Josef Kruppa, Sie haben freie Auswahl." Schöppke lachte, die Idee schien ihm zu gefallen.

Scherzkeks, dachte Jarek. „Was haben Sie noch für mich in Ihrer Wundertüte?" Schöppke lachte immer noch, er griff in die Tasche und reichte Jarek einen Kampfdolch. „Grabendolch, Deutsche Wehrmacht. So im Einsatz seit dem ersten Weltkrieg. Tausendfach bewährt und todsicher!" Schöppkes Stimme imitierte dabei den typischen Tonfall der Nazipropaganda. Das R gerollt, zackig und abgehackt gesprochen.

Jarek nahm den Dolch. Er schätzte den Dolch auf rund fünfundzwanzig Zentimeter, wobei zehn davon auf den Griff entfielen. Die Scheide war aus Metall, schwarz lackiert, mit deutlichen Kratzern und Abnutzungsspuren. Um die Scheide war ein längerer Ledergürtel gewickelt. Er ermöglichte es, den Dolch vielseitig anzulegen.

Der Griff war aus Holz, im 45-Grad-Winkel waren beidseitig neun tiefe Rillen in den Griff gefräst. Das unbehandelte Holz und die Rillen machten den Griff extrem rutschfest. Eine kurze Parierstange schützte die Finger vor einem Abgleiten in die Klinge. Jarek zog die Klinge aus der Scheide. Eine Seite der fünfzehn Zentimeter langen Klinge war in voller Länge rasiermesserscharf angeschliffen. Die andere Seite war nur von der Mitte bis zur Spitze angeschliffen. Eine gefährliche, tödliche Waffe.

Jarek war beeindruckt. Das war kein Spielzeug, wie die Ehrendolche der SS. Dieser Grabendolch war das Werkzeug eines Soldaten, der im Nahkampf sein Leben verteidigen musste. Nicht zu schwer, perfekt von der Länge, die Klinge beidseitig geschliffen. Jarek steckte die Klinge wieder zurück in die Scheide. „Perfekt, Herr Schöppke, vielen Dank. Wo haben Sie den her?" Schöppke sah auf den Dolch in Jareks Hand. „Der Dolch und ein paar Abzeichen sind das Einzige, was von meinem Vater übriggeblieben ist. Er fiel 1916 in Verdun. Ich hoffe, er bringt Ihnen mehr Glück als meinem Alten."

Jarek legte den Dolch langsam auf den Tisch. Er sah Schöppke durchdringend an. „Sie waren doch 1916 auch schon alt genug für den Krieg. Und auch jetzt sind Sie nicht an der Front. Wie kommt es?" Schöppke blickte kalt zurück. Die Frage schien ihm nicht zu gefallen. „Im ersten Weltkrieg habe ich gedient, wurde aber 1915 durch ein Schrapnell am Bein verwundet." Unbewusst griff er sich ans Knie, verzog das Gesicht, als ob er Schmerzen hätte. „Nach meiner Genesung war mit Marschieren nicht mehr viel, ich bin dann Fahrer und Kurier geworden. Hab den Krieg so gut überstanden. Anders als mein Alter und mein Bruder."

Er sah Jarek tief in die Augen, machte eine Pause, überlegte. „Nach dem Krieg hab ich beschlossen, nie wieder in den Kampf zu ziehen. Hab den Werksarzt bestochen, mich dauerhaft kampfunfähig zu schreiben. War nicht schwer, hatte ja nen Verwundetenorden." Er nickte Jarek zu, war gespannt auf dessen Reaktion.

Jarek war klar, dass dieses Geständnis ein großer Vertrauensbeweis war. „Und Ihr Gehstock, ist das alles nur Scharade? Ich frage so direkt, weil ich wissen muss, inwieweit ich mich auf Sie verlassen kann. Wir jagen immerhin einen Mörder. Können Sie rennen, laufen, kämpfen?"

Schöppke blickte wütend auf den Tisch, nickte. „Es ist so. Das Knie ist kaputt. Ich kann gehen, aber rennen ist nicht drin. Ich kann Treppen steigen, aber irgendwo runterspringen, und wenn es nur ein halber Meter ist, geht nicht. Für die Front bin ich tatsächlich nicht mehr geeignet. Aber die Nazis würden mich wohl dennoch irgendwo einsetzen und verheizen." Er richtete sich auf, blickte Jarek direkt an. „Wir haben hier Wehrmacht und SS auf dem Werksgelände. Daher ist es ganz hilfreich, hin und wieder mal am Stock zu gehen. Nennen Sie es ruhig Scharade, Herr Kruppa."

Schöppke wartete auf Jareks Reaktion, diese kam prompt: „Ganz ruhig, Herr Schöppke, es war nicht böse gemeint. Ich bin da ganz auf Ihrer Seite. Nur sind wir jetzt so etwas wie Partner. Und da muss ich wissen, woran ich mit Ihnen bin. Vielen Dank, dass Sie so offen zu mir sind!" Er reichte Schöppke die Hand über den Tisch. Schöppke ergriff sie wortlos, sie sahen sich kurz in die Augen.

Schöppke fuhr fort. „Nach dem Krieg habe ich mich mit Gewichtgeben fit gehalten. Bankdrücken, Liegestütz, Klimmzüge, alles, was nicht auf die Knie geht. 1939 war ich Meister im Armdrücken hier in Duisburg. Da war ich bereits achtundvierzig Jahre alt." Schöppke lächelte, sah Jarek selbstbewusst an. „Ich kann niemandem hinterherrennen. Aber wen ich zu fassen kriege, dem gnade Gott."

Auch Jarek lächelte, erinnerte sich, wie Schöppke den schweren Wäschekorb getragen hatte. „Kraft und Ausdauer sind eine Sache. Aber haben Sie keine Waffe? Unser Feind wird vielleicht bewaffnet sein, wenn wir auf ihn treffen. Und er wird nicht zögern, seine Waffe einzusetzen."

Schöppke griff in seine Hosentasche, lächelte, zog die Hand wieder heraus. „Wir sind ja noch nicht fertig mit Ihrer Ausstattung, Herr Kruppa. Ich habe da noch ein Geschenk für Sie. Etwas, was auch ich immer am Mann habe." Er öffnete die Hand.

Darauf lag ein kleines, unscheinbares Klappmesser. Silberne Backen, mit messingfarbenen Nieten. Schwarze Griffschalen. In der Mitte der Griffschale ein kleiner, silberner Knopf. Schöppke nahm das Messer zwischen Finger und Daumen, drückte mit dem Daumen den Knopf. Aus der Seite sprang mit einem satten Klack eine glänzende, silberne Klinge hervor. Spitz, beidseitig rasiermesserscharf geschliffen. Ein unscheinbares Mordinstrument.

„Ein italienisches Ludenmesser, Stiletto automatico. Diese Dinger haben schon Etliche getötet und verstümmelt. Sie können das so in der Hand halten, dass man glaubt, Ihre Hand sei leer. Ein Druck mit dem Daumen, und im nächsten Moment haben Sie ein Skalpell in der Hand." Schöppke übergab ihm vorsichtig das Messer.

Jarek war beeindruckt. So etwas hatte er in Polen noch nicht gesehen. Er drehte das Messer und betrachtete es von beiden Seiten. Schöppke zeigte auf die Parierstange. „Wenn Sie hier ziehen, dann lösen Sie die Arretierung und Sie können die Klinge wieder einklappen. Achtung, ist scharf. Probieren Sie mal." Jarek klappte die Klinge vorsichtig zurück, spürte, wie dabei ein Widerstand gespannt wurde. Zusammengeklappt war das Messer keine acht Zentimeter lang. Es verschwand in seiner Hand. Er drückte auf den Knopf, Klack, die Klinge schoss heraus. „Herr Schöppke, dieses Geschenk nehme ich gern an. Vielen Dank. Leider habe ich nichts, womit ich mich bei Ihnen revanchieren kann." Jarek klappte die Klinge wieder ein, ließ das Messer in seiner Hosentasche verschwinden.

Jetzt war es an Schöppke, Jarek ein paar Fragen zu stellen. „Wozu brauchen Sie denn überhaupt eine Waffe? Sie waren doch Nahkampf-Ausbilder bei der Armee."

Jarek setzte sich auf den Tisch, Schöppke auf einen Stuhl. Jarek holte tief Luft. „Das ist eine lange Geschichte. Als Kind hatte ich es in Polen nicht leicht. Meine Mutter war Deutsche und dazu noch vermögend. Sie war eine brillante Chemikerin, besaß mehrere Patente, die ihr viel Geld einbrachten. Auf einem Kongress in Warschau lernte sie meinen Vater kennen, die beiden heirateten sehr schnell. Meine Mutter zog nach Polen, kaufte in Warschau eine stattliche Villa." Schöppke hatte sich derweil eine Zigarre angezündet, blies den Rauch unter den Lampenschirm. Er nahm sich vor, morgen einen Aschenbecher mitzubringen.

Jarek fuhr fort. „Ich war das einzige Kind, wuchs behütet auf. Aber in der Schule fing der Ärger an. Die Deutschen waren in Polen nicht gerade beliebt. Eine vermögende, selbstbewusste deutsche Frau schon gar nicht. Meine Mutter war Naturwissenschaftlerin, mein Vater Mathematiker. Beide waren Atheisten. Selbst zu Weihnachten zog es sie nicht in die Kirche. Im streng gläubigen Polen kam das nicht gut an. In der Schule gab es viele Neider, ich wurde als ungläubiger, deutscher Bastard schnell zum Freiwild." Jarek machte eine kurze Pause, dachte nach.

„Mein Vater entschied, dass Angriff die beste Verteidigung sei. Ich lernte Boxen und bekam Unterricht im Ringen. Ich lernte schnell, es zeigte sich, dass ich für das Boxen ein außergewöhnliches Talent besaß. Bereits ein Jahr, nachdem ich mit dem Boxsport begonnen hatte, wurde ich Amateur. Ich war damals zehn Jahre alt. Nach ein paar gebrochenen Nasen auf dem Schulhof war schnell Schluss mit den Angriffen gegen mich. An der Schule wagten es selbst die Jungs aus den höheren Klassen nicht mehr, mich anzufassen."

Schöppke, der angeregt zuhörte, unterbrach Jarek. „Moment einmal, ich habe da noch etwas für Sie." Er holte zwei Gläser aus dem Wäschekorb, dazu zwei Flaschen mit Apfelsaft. „Selbstgemacht, von meiner Alten. Habe Ihnen auch noch ein Dutzend

Äpfel eingepackt, gebe ich Ihnen später." Er goss beiden ein Glas ein, sie prosteten sich wortlos zu. Jarek fuhr fort.

„In den folgenden Jahren bin ich dem Boxsport und auch dem Ringen treu geblieben. Mit achtzehn, gleich nach dem Abitur, bin ich zur Armee. Hier wurde ich schnell Unteroffizier. Unter dem Eindruck des Ersten Weltkriegs dachte man damals in Polen, auch zukünftige Kriege würden noch in Schützengräben ausgefochten. Ich wurde daher damit beauftragt, ein Programm zu entwickeln, Soldaten für den Nahkampf auszubilden." Der Raum hatte keine Fenster. Jarek stand auf, ging zur Tür, öffnete sie, ließ Frischluft herein. Er blieb zunächst an der Tür stehen.

„Natürlich bringen wir den Männern weder Boxen oder Ringen bei. Es geht vielmehr darum, wie man sich auf engstem Raum, zum Beispiel in einem Schützengraben, effektiv verteidigt. Wir zeigten den Männern daher Griffe, Hiebe und Schläge, die extrem schmerzhaft oder auch tödlich sind." Jarek setzte sich wieder auf den Tisch, nahm einen Schluck aus seinem Glas.

Er fuhr fort. „Dazu zählen zum Beispiel Schläge auf den Kehlkopf oder wie man jemandem das Nasenbein von unten in das Hirn treibt. Es geht ja nicht um Sport, sondern wie man einem feindlichen Soldaten möglichst schnell den Garaus macht." Jarek sah Schöppke an, der die ganze Zeit wortlos zuhörte. „Bei der Polizei lernte ich dann schnell, dass meine Tricks nichts Neues waren. Die wirklich harten Jungs haben nur vor einer Schusswaffe Respekt."

Er ging erneut zur Tür, schloss diese wieder, kehrte zurück an den Tisch, setzte sich. Er sah Schöppke eindringlich an: „Wenn Sie es als Polizist je mit einem Serienmörder zu tun haben, dann sind Sie gut beraten, es niemals zu Körperkontakt kommen zu lassen. Ein Serienmörder ist kein normaler Mensch, er ist eher ein Raubtier. Seine kranke Gedankenwelt unterscheidet sich grundlegend von der eines geistig gesunden Menschen. Ihre Argumente oder Drohungen, Ihre Körpersprache, all das nimmt er nicht so wahr wie ein normaler Mensch. Ein vorgehaltenes Messer schreckt ihn nicht ab, er wird Sie angreifen. Selbst sein Schmerzempfinden kann anders ausgeprägt sein." Jarek machte eine Pause, überlegte.

Schöppke hörte fasziniert zu. So etwas stand nicht in seinen Kriminalromanen. Jarek fuhr mit leiser Stimme fort. „Ein Serienmörder hält sich für Gott. Er entscheidet über Leben und Tod. Gnade oder Erbarmen sind ihm fremd. Der Tod seines Opfers ist sein einziges Ziel. Er verhandelt nicht. Er hat nichts zu verlieren. Wenn er an Sie herankommt, dann wird er versuchen, Sie zu töten. Mit aller Gewalt."

Jarek zog das Springmesser aus der Tasche, ließ die Klinge herausschnellen. „Daher habe ich von Kessel gesagt, er kann seine Handschellen behalten. Sollten wir unserem Freund je begegnen, dann gebe ich Ihnen nur einen einzigen Rat: Versuchen Sie, ihn sofort und so schnell wie möglich zu töten. Sonst tötet er Sie."

Schöppke sah Jarek entgeistert an. Er hatte aufgehört zu rauchen, gefesselt von Jareks Ausführungen. Vor seinem geistigen Auge sah er sich dem Serienmörder gegenüberstehen, einer dunklen, gesichtslosen Gestalt in Arbeitskleidung. Er ging auf ihn zu, sein Springmesser, welches ihm jetzt winzig erschien, in der Hand. Die finstere, bedrohliche Gestalt breitete die Arme aus, gleich so, als wolle er Schöppke umarmen. Um einen Stich anzubringen, musste Schöppke ganz nah ran an den Mann. Er musste sich in die Arme des Mörders begeben.

„Donnerwetter!" Schöppke sah Jarek erschrocken an. „Jetzt verstehe ich, warum Sie so auf eine Pistole gedrängt haben." Schöppke blickte auf seine Zigarre, die zwischenzeitlich erloschen war. Er hatte Jarek nicht verraten, dass er im Ersten Weltkrieg keinen einzigen Schuss abgefeuert hat. Er wurde zwei

Tage nach seinem Eintreffen an der Front verwundet. Er hatte weder im Krieg noch danach je einen Menschen getötet. Er galt unter seinen Freunden und Kollegen als umgänglicher, humorvoller Mensch. Bei dem Gedanken, jemanden zu erstechen, und sei es auch ein Mörder, wurde ihm schwindelig.

Draußen dämmerte es langsam. Licht drang durch die beiden Streifen aus Glasbausteinen in den Raum, fiel auf Schöppke. Jarek blickte von seinem Sitz auf dem Schreibtisch auf Schöppke hinab. Er hatte am Abend zuvor wenig Gelegenheit gehabt, sich Schöppke genauer anzusehen. Das holte er jetzt nach. Schöppke wog sicherlich so um die hundertzwanzig Kilo, er sah dabei aber nicht fett aus, eher massig. Er hatte große, behaarte Hände, trug einen dicken, goldenen Siegelring am rechten Ringfinger, den Ehering links. Sein fleischiges Gesicht wirkte heute müde, leer. Er hatte buschige, braune Augenbrauen. Die Augen selbst waren dunkel, mit Tränensäcken darunter. Seine dicken Lippen waren rissig, auf seiner ebenfalls recht dicken Nase konnte Jarek einige Haare erkennen. Er hatte eine hohe, fliehende Stirn, Geheimratsecken. Die Nazifrisur stand ihm nicht gut, über den Ohren und im Nacken bildeten sich einige Hautfalten. Er hatte zudem recht große Ohren, mit auffallend großen Ohrläppchen. Insgesamt kein schöner Mann, dem man das Alter, die Zigarren und den Cognac ansah, dachte Jarek. Aber, wenn Schöppke lächelte, was er oft tat, dann strahlte sein Gesicht eine Wärme aus, die ihn sympathisch machte.

Jarek sah, was in Schöppke vor sich ging. „Ja, Herr Schöppke, so sieht das aus. Vergessen Sie mal die Geschichten aus Ihren Groschenromanen. Wir suchen hier keinen Hühnerdieb, es geht um einen eiskalten Serienmörder. Wer immer der Kerl ist, es ist lebensgefährlich, nach ihm zu suchen. Das sollten Sie nie vergessen." Schöppke sah Jarek unsicher an, Jarek fuhr fort. „Wir haben keine Unterstützung durch ausgebildete, bewaffnete Polizisten, sind auf uns allein gestellt. Was immer in den kommenden Tagen passiert, wir müssen aufpassen wie die Schießhunde!"

Jarek zeigte auf den Wäschekorb. „So, was haben Sie mir noch zu bieten?" Schöppke gab sich einen Ruck, stand wieder auf. Er wirkte unsicher. „Hier habe ich die Armbanduhr, um die Sie gebeten haben. Ist die beste, die ich im Fundbüro auftreiben konnte, ein schönes Stück." Er gab sie Jarek, der sie betrachtete. „Eine Junghans, oha. Was Feines." Die Uhr zeigte fünf vor neun, Jarek legte sie an. „Hier noch ein Beutel mit Äpfeln, damit Sie ein Paar Vitamine bekommen. Mit besten Grüßen von meiner Frau." Schöppke reichte ihm einen Stoffsack, der wohl aus einem alten Küchenhandtuch zusammengenäht worden war. „Herr Schöppke, das weiß ich zu schätzen, vielen Dank."

Jarek nahm einen Apfel heraus, prall, grün. Er biss knackend hinein, nahm gleich einen zweiten Bissen hinterher. „Köstlich. Den letzten Apfel habe ich vor zwei Jahren gegessen. Ein Wunder, dass mir bei dem Fraß im Arbeitslager die Zähne nicht ausgefallen sind." Schöppke wirkte peinlich berührt. „Herr Kruppa, es tut mir wirklich leid, was Sie durchmachen mussten. Wie Sie gestern gehört haben, bin ich kein Parteimitglied, ich lehne Hitlers Politik ab." Er sah Jarek eindringlich an. „Dass Deutschland jetzt gegen die halbe Welt Krieg führt, für den Tod von Millionen Menschen verantwortlich ist, das ist entsetzlich." Er rang nach Worten, wollte fortfahren. Jarek bremste ihn. „Ist schon gut, Herr Schöppke, ich mache Sie nicht für meine Verhaftung und die Verbrechen der Nazis verantwortlich. Was haben Sie noch?"

Schöppke schien erleichtert. Er griff in den Korb, holte einen Stapel Papier hervor. „Die Pläne des Stahlwerks, wie bestellt." Er breitete einen der Pläne aus, dieser war gut einen Quadratmeter groß. „Es sind insgesamt drei Pläne. Wollen Sie die an die Wand hängen? Da im Korb sind die Reißzwecken." Jarek und Schöppke hängten die drei Pläne nebeneinander an die

Wand hinter dem Schreibtisch. Sie traten zurück, betrachteten ihr Werk. Schöppke erklärte gestenreich: „Der linke Plan zeigt die Hochofenanlagen im Detail. Der rechte ist so etwas wie eine detaillierte Straßenkarte. Wir brauchen eigentlich nur den mittleren Plan, auf dem alle Gebäude dargestellt werden sowie die wichtigsten Straßen und Schienenwege."

„Mannomann, das Stahlwerk ist ja riesig. Über welche Fläche sprechen wir hier?", fragte Jarek. Schöppke antwortete: „Das Werksgelände umfasst momentan rund einhundert Quadratkilometer. Was auf dem Plan verwirrend aussieht, ist eigentlich ganz einfach aufgebaut. Ich erkläre Ihnen das Ganze mal." Schöppke ging an die Karte heran, drehte sich zu Jarek. „Hier sehen Sie eine Straße, die das Werk nahezu mittig von oben nach unten teilt. Das ist die sogenannte Nord-Süd-Straße, die wichtigste Straße im Werk. Hier in der Horizontalen sehen Sie die Hauptstraße, die von den Malochern auch der Äquator genannt wird. Diese beiden Straßen teilen das Werk in vier Viertel. Oben links ist das Viertel eins, daneben zwei, unten links Viertel drei, daneben Viertel vier."

Schöppke drehte sich zu Jarek. „Und so lässt sich schon einfach beschreiben, wo sich etwas im Stahlwerk befindet. Im Osten bedeutet rechts der Nord-Süd-Straße, oberhalb des Äquators bedeutet oberhalb der Hauptstraße. Sagt Ihnen jemand, sein Arbeitsplatz liegt im Viertel vier, dann ist das irgendwo hier unten rechts, verstanden?" Jarek nickte. „Logisch. Ist ja nicht schwer."

Schöppke sprach weiter: „Sehen Sie diese Linie, die etwas oberhalb des Äquators verläuft? Das ist die Hochstraße. Sie ist nur wenige hundert Meter lang, unter ihr befinden sich viele Meisterbüros, die Krankenstation, das Lohnbüro. Die Hochstraße selbst besteht aus einem halben Meter Stahlbeton. Die Büros darunter gelten daher als bombensicher." Jarek blickte nach oben, zog die Mundwinkel nach unten. „Wollen wir mal nicht hoffen, dass da was runterkommt." Schöppke zeigte auf einen Punkt am rechten Ende der Hochstraße. „Zu Ihrer Information: Wir befinden uns übrigens hier, fast genau in der Werksmitte."

Schöppke stellte sich jetzt links neben die Karte, fuhr fort. „Hier ganz links im Westen haben wir den Kanal. Er versorgt das Werk mit Kühlwasser. Über ihn werden Erz und Koks angeliefert, Stahl abtransportiert." Schöppke ging an die Karte heran, zeigte Jarek mit der Hand, wo der Kanal lag. Es war eine lange, breite dunkle Linie, die sich von oben nach unten über die gesamte Karte zog. Er fuhr fort. „Rechts daneben in Viertel drei sehen Sie die Koks- und Erzlager, die gleich neben den Hochöfen liegen. Hier wird zunächst Roheisen, und später daraus dann der Stahl gekocht." Er ging einen Schritt zur Seite, beschrieb einen Kreis mit der Hand über der Karte. „In diesem Gebiet hier befindet sich die Gießerei, gleich daneben die Walzwerke eins und zwei. Im Viertel drei steht also quasi alles, was direkt mit der Stahlproduktion selbst zu tun hat." Jarek fiel auf, dass es in diesem Viertel dicht gedrängt zuging. Halle reihte sich an Halle. Kurze Wege waren in der Stahlproduktion wichtig. Schöppke ging auf die andere Seite der Karte.

„In der Mitte des Stahlwerks, am linken Rand von Viertel vier, liegt der Hauptbahnhof. Er ist von zentraler Bedeutung, denn innerhalb des Werks transportieren wir den Stahl vorwiegend auf der Schiene. Die fertigen Bleche und Brammen werden dann auch mit dem Zug zu den Rüstungsbetrieben geliefert." Jarek konnte sehen, dass sich auf der Karte die Gleise und Straßen wie Adern in einem Organismus durch das Werk zogen. Schöppke fuhr fort: „Was Sie nicht sehen können, auch innerhalb der meisten Hallen gibt es Schienen. Das Schienennetz ist also weitaus größer, als hier abgebildet," Er fuhr fort. „Rechts vom Bahnhof sehen Sie eine größere Ansammlung von Hallen. Hier finden wir die Walzwerke drei bis sechs, die Bleche feinerer Qualität herstellen. Daneben etliche Lagerhallen, die Schweißerei und hier mehrere Elektrowerkstätten." Schöppke räusperte sich, überlegte. „Im Viertel vier ist, vereinfacht ausgedrückt, alles untergebracht, was etwas mehr Feinarbeit benötigt. Und daneben auch alles, was zur Wartung und Pflege des Werks notwendig ist."

Schöppke nahm eine blaue Reißzwecke vom Tisch, steckte sie unten rechts an das Ende der Nord-Süd-Straße. „Hier befindet sich übrigens das wichtigste Gebäude im gesamten Stahlwerk: Die Werkschutz-Zentrale." Schöppke grinste voller Stolz, zeigte seine gelben Zähne. „Wenn sie mich mal besuchen wollen, hier ist mein Büro. Direkt neben Tor eins, der Haupt-Zufahrt zum Werk."

Schöppke zeigte anschließend in den oberen, linken Bereich der Karte. „Ganz im Norden im Viertel eins finden wir die Hauptverwaltung, daneben den sogenannten kleinen Bahnhof. Darunter finden sich das Wasserwerk, unser Kraftwerk, zwei Kühltürme, Teile der Verwaltung. In diesem Bereich links neben der Hauptverwaltung befinden sich viele leerstehende Gebäude, die alte Hauptverwaltung. Diese Geisterstadt will man abreißen, aber momentan fehlt dazu das Personal." Schöppke drehte sich wieder zu Jarek. „Im Viertel eins sitzen also Hirn und Herz des Stahlwerks. Das Kraftwerk produziert so viel Strom, dass wir einen Teil davon nach Duisburg abgeben können."

Schöppke fuhr fort. „Hier im Osten im Viertel zwei befinden sich die Lager der Zwangsarbeiter, daneben die Kasernen der Wachmannschaften." Jarek nickte. „Ja, da kenn ich mich aus." Schöppke, etwas peinlich berührt, erklärte weiter: „Hier ist das Holzlager, hier das Kalkwerk, hier liegen die Schlackenhalden. Die Schlacke wird auf Güterzüge aufgeladen, zum Straßenbau verwendet. Im Viertel zwei sind also die gröberen Gewerke angesiedelt. Viel Frei- und Außengelände, kaum Hallen."

Schöppke sah zu Jarek. „Neben den zig Werkshallen haben wir dann noch Hunderte, kleinerer Gebäude, die sich über das ganze Werk verteilen: Garagen, Waschkauen, Kantinen, Pausenräume, Büros, kleinere Außenlager und so weiter. Alles ist verbunden über ein Straßennetz und Gehwege, zwischen den Hallen gibt es auch Gleiswege und Straßen, die in dieser Karte nicht vermerkt sind." Jarek sah sich die Karte an, runzelte die Stirn. „Herr Schöppke, ist Ihnen und von Kessel eigentlich klar, was es bedeutet in diesem riesigen Gebiet einen Serienmörder zu suchen? Sehen Sie sich das mal an, wir sprechen hier von einem Gelände mit den Ausmaßen einer Kleinstadt." Er schüttelte den Kopf. „Wie viele Menschen arbeiten hier? Zwanzigtausend? Fünfundzwanzigtausend? Die berühmte Nadel im Heuhaufen zu finden ist einfacher. Aber fahren Sie fort."

Schöppke räusperte sich, erklärte weiter: „Die Arbeiter werden mit dem Zug und mit Bussen ins Werk gebracht, möglichst bis in die Nähe ihres Arbeitsplatzes. Dort geht es zuerst in die Waschkaue zum Umziehen, dann zu Fuß weiter zum Arbeitsplatz. Für einige Kollegen bedeutet das noch mal einen Fußmarsch von bis zu zwanzig Minuten." Er setzte sich wieder auf den Stuhl neben dem Schreibtisch, schenkte sich noch ein Glas Saft ein. „Zweimal am Tag haben wir großen Schichtwechsel, morgens um sechs, abends um sechs. Aber natürlich gibt es auch Arbeiter und Angestellte, die das Werk zu anderen Zeiten betreten und verlassen. Es geht hier zu wie in einem Bienenstock."

Jarek lehnte sich zurück. Er hatte während Schöppkes Ausführungen den Apfel fast aufgegessen. Jetzt aß er das Gehäuse mit den Kernen, ließ nur den Stiel übrig. Er warf ihn in einem hohen Bogen in den Wäschekorb. Schöppke zündete derweil seine Zigarre wieder an. Im Raum war es still, nur wenn ein Auto über die Hochstraße fuhr, dann rauschte es leise über ihren Köpfen. Schöppke blies drei schöne Rauchringe in Richtung der Lampe.

Jarek rieb sich mit beiden Händen über das Gesicht. Er legte den Kopf in den Nacken, dachte laut nach, fasste zusammen. „Das hat sich unser Freund schön ausgesucht, das muss man ihm lassen. Ein riesiges, verschachteltes Gelände. Unzählige Hallen, Hunderte entlegene Werkstätten und Büros. Tausende Arbeiter, die alle die gleichen Klamotten tragen. Dazu ein unbewaffneter Werkschutz, der aus Rentnern und Kriegsversehrten besteht. Bei Nacht ist es wegen der Fliegerangriffe stockdunkel. Aber auch bei Tag kann man sich innerhalb des Werksgeländes weitestgehend ungestört bewegen." Er sah Schöppke an. „Ich muss Ihnen ja wohl nicht erklären, dass das ideale Bedingungen für einen Serienmörder sind. Wenn er keine Fehler macht, auf frischer Tat erwischt wird oder einfach keine Lust mehr hat, dann kann das noch Monate oder sogar Jahre so weitergehen." Jarek stand auf, ging zur Wand mit der Karte. „Wo sind denn die farbigen Reißzwecken, Herr Schöppke?"

Schöppke reichte ihm einen Briefumschlag aus dem Korb. Jarek kippte die Reißzwecken auf dem Tisch aus, es waren zirka 30 Stück, mit roten und blauen Köpfen. Er nahm eine blaue, steckte sie an die Stelle, wo sich das Büro unter der Hochstraße befand. „Hier sind wir. Jetzt zeigen Sie mir mal der Reihe nach, wo die Morde passiert sind. Rot für tot, Herr Schöppke."

♦

Schöppke stand auf und sammelte einige rote Reißzwecken zusammen. Er blickte Jarek eindringlich an, dann drehte er sich zur Karte. Zu Jareks Erstaunen steckte er die erste unmittelbar neben die blaue. Die beiden Reißzwecken berührten sich. „Hier hat es den ersten Waschkauenwärter erwischt. Horst Schneider, zweiundsechzig Jahre alt. Er wurde erwürgt, so wie es aussieht von vorn. Der Täter hat ihm mit den Daumen den Kehlkopf eingedrückt. Der Tatort liegt gut zwanzig Meter von hier entfernt, es ist die Waschkaue acht." Jarek konnte es nicht glauben. „Der erste Mord geschah genau neben diesem Büro, in dem wir jetzt sitzen?" Schöppke nickte, grinste, zeigte seine vergilbten Zähne. „Jupp. Wenn Sie die Hand auf die Wand mit der Heizung legen, dann werden Sie merken, dass diese Wand recht warm ist. Dahinter befinden sich die Duschräume der Waschkaue. An manchen Tagen werden Sie das auch hören, wenn die Kumpels da nach der Schicht noch einen drauf machen. Der Eingang zur Waschkaue ist übrigens auf der anderen Seite der Hochstraße, deswegen ist es hier so ruhig."

Jarek starrte auf die Wand. Der Gedanke, dass sein Büro und Schlafplatz unmittelbar neben einem Tatort lag, behagte ihm nicht. Er war nicht abergläubisch, aber zu Serienmördern und ihren Tatorten hielt er am liebsten Abstand. Zu Schöppke gewandt sagte er: „Ist das Zufall, oder haben Sie das Büro deshalb ausgesucht?" Schöppke hob die Arme hoch, als ob er sich ergeben wollte. Er antwortete ernst: „Absoluter Zufall. Von Kessel sagte mir, er braucht ein ruhiges Büro mit Schlafplatz für einen ‚Spezialisten'. Das es um die Morde geht, wusste ich an dem Tag nicht. Als ich Sie abgeholt habe, dachte ich nicht im Traum daran, dass Sie ein Spezialist für Mordfälle sind."

„Naja, dann können wir da nachher gleich mit unserer Spurensuche anfangen. Weiter, wo hat es den nächsten erwischt?" Schöppke trat ein wenig zurück, orientierte sich auf der Karte, steckte die Reißzwecke an ein Viereck unten rechts im Viertel vier. Er zog seine Hose hoch, kratzte sich mit der rechten Hand erst am Hintern, dann am Kopf. „Hier, in der sogenannten kleinen Elektrowerkstatt. Da gibt es keine Waschkaue, nur eine Umkleide mit ein paar Spinden. Fritz Könneke kam gerade zur Nachtschicht, hatte sich noch nicht umgezogen, da hat ihn jemand von hinten gepackt und ihm das Genick gebrochen. Er war nur so eine halbe Portion, seine Kumpel nannten ihn immer ‚der Kleene mitte Sebelbeene'. Da brauchte es nicht viel Kraft."

Jarek wiederholte, machte dabei den Berliner Dialekt nach: „Der Kleene mitte Sebelbeene, lustig. Interessant, dass auch dieser Mord im Bereich einer Umkleide passiert ist. Wurde irgendetwas entwendet?" Schöppke schüttelte den Kopf. „Nee, was wollen Sie da auch klauen. Das sind Malocher, die kommen zur Arbeit. Die haben nix dabei, was es zu klauen lohnt. Und aus der Werkstatt selbst ist nichts verschwunden. Da lagert eine Menge Kupferdraht, der ist schon was Wert, aber es fehlte nichts."

Mittlerweile hatte die Sonne den Nebel verdrängt, gelbes, warmes Sonnenlicht strahlte durch die schmutzigen Glasbausteine in den Raum. Die Glasbausteine erzeugten auf dem Boden ein interessantes Lichtspiel, fast ein Kunstwerk. Der Rauch von Schöppkes Zigarre waberte noch immer durch die Luft, auch hier zeichnete das Licht gleißende Spuren. Jarek sah in das Licht, dachte nach. Zwei Tote in Umkleidekabinen. Das war kein Zufall. Es wurde den Toten nichts gestohlen. „Kannten die Toten sich?" Schöppke schloss die Augen, schüttelte den Kopf. „Unwahrscheinlich. Kamen beide aus Duisburg, hatten hier im Werk aber nichts miteinander zu tun. Könneke war zwanzig Jahre jünger als Schneider. Ein strammer Nazi. Daher bei den meisten Kollegen nicht gerade beliebt."

Jarek blickte in den Korb. „Hatten Sie mir das Schreibzeug mitgebracht? Ich muss mir mal ein paar Notizen machen." Schöppke nahm die Ledertasche vom Stuhl, griff hinein, zog einen kleinen Block nebst Dreh-Bleistift hervor. „Tada! An alles Gedacht. Während Sie hier schön geschlummert haben, ist der Schöppke auf Achse gewesen. Kleiderkammer geplündert, um zwei Uhr nachts jemanden gefunden, der den Schlüssel zum Werks-Fundbüro hat. Dann noch nach Hause, Klamotten konfisziert, Stullen in Auftrag gegeben, Äpfel gepflückt. Drei Stunden Schlaf, dann den Frisör aus dem Bett geholt. Und heute morgen schon einen Telefonanschluss beauftragt und ein Fahrrad organisiert. So sieht das aus, Herr Kruppa."

Kruppa lachte. „Ja ja, Sie sahen heute morgen auch tatsächlich ein bisschen verpennt aus." Er machte sich Notizen, Schöppke fuhr fort. „Das Telefon wird heute Vormittag irgendwann angeschlossen. Das Fahrrad bringt der kleine Kruck, er stellt es Ihnen vor die Tür. Passen Sie gut darauf auf." Er streckte sich, gähnte ausgiebig. „Früher, vor dem Krieg, da hatten wir hier beim Werkschutz ein gutes Leben. Aber dann haben sie alle guten Männer eingezogen. Und seit die Morde angefangen haben, komme ich fast nicht mehr aus dem Werk raus. Daher auch die lange Matte. Kann mir ja nicht selbst die Haare schneiden."

Jarek hatte seine Notizen beendet. „So, weiter geht es. Wer und wo war Nummer drei?" Schöppke ging zur Karte, steckte ohne lange zu überlegen zielstrebig einen roten Punkt in die Karte. Er lag oberhalb von Punkt zwei, oben rechts im Viertel vier. „Hier ist die Autoschlosserei des Werks. Wir haben hier gut zweitausend Fahrzeuge, vom Kübelwagen bis zum Zwanzigtonner. Da muss immer mal was gemacht werden. Die Autoschlosserei ist daher rund um die Uhr besetzt." Schöppke machte die zweite Flasche Apfelsaft auf, goss sich ein Glas ein. „Muss morgen mal eine Kiste Bier mitbringen. Von dem ganzen süßen Saft werde ich noch dick." Er grinste Jarek schief an, fuhr fort.

„Bruno Altbauer war fünfundfünfzig Jahre alt, hatte am Tag davor Geburtstag. Es war so gegen drei Uhr nachts, er saß im Pausenraum, ahnte nichts Böses. Unser Freund hat ihm von hinten eins über Schädel gezogen, mit einem siebziger Maulschlüssel. So einen benutzt man zum Lösen von Radmuttern bei Schaufelladern. Das Ding ist knapp einen halben Meter lang und wiegt fast zwei Kilo. Brunos Schädel platzte wie ein Ei. Kein schöner Anblick." Schöppke verzog das Gesicht bei der Erinnerung an den Tatort. Bevor Jarek fragen konnte, fuhr er fort: „Auch hier wurde nichts gestohlen, obwohl es in der Autowerkstatt reichlich zu stibitzen gibt. Teures Werkzeug vor allem." Schöppke holte seine Taschenuhr heraus, blickte darauf, schüttelte den Kopf, steckte sie wieder ein. Er blickte zu Jarek, der sich etwas notierte. Schöppke beugte sich nach vorn, konnte aber nicht erkennen was. Er fuhr fort.

„Wir haben die Leiche und alles weggeräumt, bevor die Kollegen von der Frühschicht eintrudelten. In der Nachtschicht sind die da nur mit fünf Mann zugange, aber von denen hat keiner was gesehen. Der Pausenraum liegt am anderen Ende der Halle, der Bruno hat da alleine gesessen." Er sah zu Jarek, der immer noch schrieb. „Um wie viel Uhr hat es den Waschkauenwärter erwischt?", fragte Jarek.

„Warten Sie, das war nach dem Wechsel zur Nachtschicht, so gegen zweiundzwanzig Uhr." Jarek war etwas verwirrt, schaute auf seinen Zettel. „Wie sind denn die Schichtzeiten hier im Werk?", fragte er. Schöppke verzog das Gesicht, kratzte sich wieder am Kopf. „Oha, das ist schwer. Die Hauptverwaltung schiebt größtenteils Normalschicht, von sieben Uhr früh bis um fünf nachmittags. Manchmal machen die auch länger, so bis um sechs."

Er nahm einen Stuhl, drehte ihn um, sodass die Lehne zum Schreibtisch zeigte. Er setzte sich breitbeinig darauf, verschränkte die Arme über der Lehne, sah zu Jarek herüber. „Bei den Malochern sieht das jetzt gemischt aus. Vor dem Krieg hatten alle Früh- und Nachtschicht, jeweils 12 Stunden, von sechs bis um sechs. Jetzt gibt es in vielen Bereichen Personalmangel. Die Männer werden an der Front verheizt, statt den Hochofen anzuheizen." Ihm gefiel sein Wortspiel. Er grinste, zwinkerte Jarek zu. Schöppke legte die Hände in den Nacken, schaute nach oben, dehnte sich. „Aber das gilt nicht für alle Arbeiter. In einigen Bereichen gibt es keine Nachtschicht, da bleibt es bei Früh- und Spätschicht. Die geht dann jeweils zehn Stunden. Und auch viele ältere Kollegen, denen man die zwölf Stunden nicht mehr zumuten kann, machen kürzere Schichten zu acht Stunden. Ich sach es ja, es ist kompliziert".

Jarek kräuselte die Stirn, war mit den Ausführungen nicht zufrieden. „Können Sie mir sagen, wer von den Toten in welchem Schichtsystem war?", fragte er. Schöppke antwortete prompt: „Nee, nicht so ohne Weiteres. Da müssten wir in die Lohnabrechnungen schauen."

Schöppke ächzte, stand wieder auf, ging erneut zur Karte. „Nummer vier, den erwischte es hier," reimte Schöppke, wohl unbeabsichtigt. Er setzte die rote Reißzwecke ungefähr in die Mitte des vierten Viertels. „Knut Zelinski, zweiunddreißig Jahre alt. Kriegswichtig, daher nicht an der Front. Ein erstklassiger Elektriker, der so ziemlich alles reparieren konnte, was mit Strom funktioniert. Egal ob Radio oder Kran, der Knut hat es wieder zum Laufen gebracht." Schöppke stellte seinen linken Fuß auf den Stuhl, rieb sich das Knie. Dann beugte er sich nach vorn, stützte sich mit den Ellenbogen auf seinen Oberschenkel, sah Jarek an. „Er kam gerade zur Frühschicht, schloss die Werkstatt auf. In dem Moment hat ihm der Mörder in den Rücken gestochen, mitten zwischen die Schulterblätter. Zack. Schon der Stich war wohl tödlich, sagte der Arzt. Er ist dann auf die Knie gesunken, lehnte mit der Brust an der Tür." Schöppke richtete sich auf, holte tief Luft, sah nach unten. Seine Stimme wurde leise. „So hat ihm der Täter dann die Kehle durchgeschnitten. Angelehnt an die Tür haben wir ihn gefunden. Die Tür voller Blut, der Boden voller Blut." Schöppke war sichtlich berührt, sprach leise weiter. „Er war sehr beliebt, ein Pfundskerl, jeder mochte ihn. Verheiratet, vier Kinder. Seine Kollegen haben ihn entdeckt, sie kamen kurz nach ihm an der Halle an."

Jarek sagte zunächst nichts, wartete. Schöppke kannte jetzt Jareks Fragen. „Auch hier wurde nichts gestohlen. Der Täter ist nicht in die Elektrowerkstatt, er hätte ja die Tür öffnen müssen. Keine Fußabdrücke in der riesigen Blutlache, nix. Er hat den Bengel abgestochen und ist dann sofort abgehauen. Das Messer hat er neben der Leiche fallen gelassen."

Schöppke drehte den Stuhl wieder in die richtige Richtung, setzte sich. „Jetzt hatten wir die Gerüchteküche am Brodeln, jetzt fing es an. Serienmörder, neuer Fritz Haarmann, die Leute überschlugen sich mit Geschichten. Wer nachts alleine auf Schicht war oder in entlegenen Teilen des Werks arbeiten musste, dem ging natürlich die Muffe. Wir konnten die Leute kaum beruhigen. Haben dann versucht, mit dem Werkschutz verstärkt Präsenz zu zeigen. Aber mit den paar alten Männern kann man natürlich nicht viel anfangen."

Es klopfte an der Tür. „Herein", rief Schöppke laut. Ein kleiner, pummeliger Mann mit Glatze betrat das Büro. Er trug einen grauen Overall, ein schwarzer Gürtel spannte sich um seinen Bauch, schnitt tief in das Fleisch ein. Er wackelte in den Raum hinein, in der einen Hand ein schwarzes Telefon, in der anderen eine kleine Werkzeugtasche aus Leder. „Bin ich hier richtig wegen dem Telefonanschluss?" Er hatte eine schnarrende, raue Stimme. Er blickte zuerst zu Jarek, dann zu Schöppke. „Meine Fresse, der Schöppke! Paul, du alter Saukopp, was versteckst du dich denn hier vor der Arbeit?" Schöppke stand auf, ging um den Tisch herum und umarmte den Glatzkopf herzlich. „Wilhelm, du lebst noch? Dachte, dich hätten se an der Front abgeknallt! Wie kommt's?" Jarek musterte die beiden, registrierte, dass Schöppke mit Vornamen Paul hieß. „Was soll ich sagen? Die Wehrmacht wollte mich nicht mehr haben, wohl wegen meinem Zucker. Ist schlimmer geworden. Jetzt bin ich wieder hier. Gott sei Dank." Schöppke stellte Jarek und Wilhelm vor. „Das ist Jan Kruppa, neu bei uns im Werkschutz. Wilhelm hier war bis vor einem Jahr bei uns im Werk tätig, dann haben sie ihn trotz seiner fetten Plauze eingezogen. Die machen auch vor nichts mehr halt. Wenn das der Führer wüsste!" Schöppke und der Dicke lachten.

„Wilhelm, schau mal, wo der Anschluss ist, und mach hin, wir quatschen dann mal später. Weißt ja, wo du mich findest."

Schöppke zeigte in die linke hintere Ecke, wo er den Anschluss vermutete. „Ja, hier ist die Buchse. Das sollte kein Problem sein. Geht fix." Nach zwei Minuten war die Sache erledigt. Wilhelm stellte den Apparat auf dem Tisch ab. „Ihre Nummer im Werk ist die 435. Hier habe ich Ihnen noch eine Liste mit den wichtigsten Sprechstellen mitgebracht." Jarek schaute auf die Liste. Von Kessels Nummer war nicht aufgeführt. „Wie erreiche ich Sie denn, Herr Schöppke?", fragte Jarek. „331, die Werkschutz-Zentrale, ist rund um die Uhr besetzt. Die können mich auch zu Hause erreichen."

Nachdem der Glatzkopf wieder weg war, setzten Jarek und Schöppke ihre Besprechung fort. Sie saßen sich wieder am Schreibtisch gegenüber, Schöppke die Karte im Rücken. „Wo waren wir stehengeblieben? Ach ja, beim Werkschutz. Womit wir bei Mord Nummer fünf sind." Schöppke kramte zunächst ein Taschentuch hervor, schnäuzte sich aus. Er überlegte, wo er seinen Zigarrenstummel abgelegt hatte. Er entschloss sich dann, eine neue anzuzünden. Den Rauch blies er in einer dicken Wolke unter die Decke.

„Ich kannte Heinz Wittek schon seit über zwanzig Jahren. Er war erst Kranführer, als es dann mit dem Rücken nicht mehr ging, kam er zu uns zum Werkschutz. Er war nicht der Hellste, aber ein netter Kerl. Er war schon ein paar Jährchen in Rente, aber dann haben wir ihn zurückgeholt. Er war nicht böse drum. Im Gegenteil. Paar Mark extra, weg von der Alten, die Kumpels von früher treffen, bisschen schnacken. Schichten konnte er sich aussuchen." Schöppke schaute bei seinen Ausführungen in die Ferne, so, als ob er in die Vergangenheit blickte. Er zog an seiner Zigarre, verblüffte Jarek mit einem perfekten Rauchring.

Er fuhr fort. „Es erwischte ihn hinten am Wasserturm." Schöppke stand auf, platzierte eine weitere rote Reißzwecke in der Mitte der oberen linken Hälfte der Karte, im Viertel eins. Er nahm wieder Platz, zögerte. Er war scheinbar nicht scharf darauf, die Geschichte weiter zu erzählen. „Wittek war allein, so gegen zwei Uhr nachts. Er war mit dem Fahrrad unterwegs, drehte seine Runde. Da hinten am Wasserturm ist eigentlich nicht viel los, auch nachts nicht. Aber dann muss er was gesehen haben. Er ist abgestiegen und zu Fuß weiter. Keine Ahnung, was den da geritten hat." Schöppke sah nach unten auf den Fußboden, seine Stimme klang gepresst. Jarek spürte seine Anspannung. „Er hatte ja nur ne Taschenlampe, Trillerpfeife und nen Gummiknüppel dabei. Und er wusste natürlich von den Morden." Schöppke holte tief Luft, den Blick hatte er weiter auf den Boden gerichtet. „Am Wasserturm ist er dann auf den Mörder gestoßen. Hat ihm ne Brechstange von vorn in den Bauch gerammt. Voll rein. So hat die Sau ihn liegen gelassen."

Jarek sagte nichts, wartete. Schöppke weinte. Er hob seinen Blick nicht vom Boden. Es dauerte, bis er mit erstickter Stimme weitersprach. „Der Arzt sagt, dass Wittek so wohl zwei, drei Stunden gelegen hat, bevor er starb. Ist innerlich verblutet."

Schöppke stand auf, ging auf die Toilette. Jarek hörte, wie er sich erneut die Nase ausschnäuzte. Danach lief der Wasserhahn. Mit feuchtem Gesicht und roten Augen kam Schöppke zurück. Die Zigarre war aus, Schöppke zündete sie erneut an. Er sprach weiter. „Gegen sechs Uhr merkte jemand, dass der Wittek nicht zurück war von der Runde. Wir suchten ihn, fanden aber nur sein Fahrrad. Ein Kollege hatte dann die Idee mit einem Jagdhund. So haben wir ihn schließlich gefunden." Schöppke war noch immer aufgewühlt, es standen ihm erneut die Tränen in den Augen. „Ich war es, der ihn zum Werkschutz zurückgeholt hat. Ich hatte ihn an dem Tag zur Runde eingeteilt."

Jarek ließ Schöppke Zeit. Der beruhigte sich nach und nach, rauchte. „Sie können sich vorstellen, wie das auf die Männer vom Werkschutz gewirkt hat. Das sind ja alles alte Knacker, Krüppel, zweite Wahl. Die waren kaum noch zur Arbeit zu bewegen. Bei Tagschicht am Werkstor Ausweise kontrollieren, gerne, aber nachts die Runde gehen? Vergessen Sie es, Herr Schöppke!"

„Ich nehme an, auch hier wurde nichts gestohlen?", fragte Jarek. „Doch. Die Taschenlampe vom Wittek war weg. Die muss der Mörder mitgenommen haben." Jarek notierte sich diese Information. Schöppke fasste sich langsam, seine Stimme war wieder fest. „Spätestens jetzt wurden die Morde auch beim Rüstungsministerium bekannt. Die bekommen ja täglich Bescheid, was wir produzieren und ausliefern. Sie haben Kontakt zu Leuten in der Hauptverwaltung. Und da wird denen jemand gesteckt haben, dass es hier im Werk Probleme gibt. Von Kessel wurde nach Berlin bestellt. Aber noch war die Produktion ja am Laufen."

Jarek sah Schöppke an. Die Belastung der letzten Wochen, die kurze letzte Nacht und jetzt die Erinnerung an seine ermordeten Kollegen. Seine Körpersprache war die eines Beschuldigten, der ein zehnstündiges Verhör hinter sich hatte. Er sah fertig aus, kaputt. Jarek beschloss, eine Pause einzulegen. „Gleich halb zwölf, Herr Schöppke. Zeit für ein Päuschen. Wo bekommen wir denn was zu essen?" Schöppke zeigte sich erleichtert, atmete auf. „Gleich um die Ecke ist die Speisehalle drei, da bekommen wir was zu beißen. Auf geht's!"

Jarek zog sich ein Paar Socken an, die Schuhe passten jetzt. Er streifte sich das Jackett über, setzte die Mütze auf. Plötzlich überwältigte es ihn. Tränen schossen ihm in die Augen. Er konnte sie nicht zurückhalten, setzte sich auf das Feldbett. Schöppke sah ihn erschrocken an, näherte sich ihm langsam. „Herr Kruppa, was fehlt Ihnen denn?", fragte er besorgt. Jarek konnte nicht antworten. Er schwieg, beruhigte sich langsam, holte tief Luft. Seltsamerweise schämte er sich nicht vor Schöppke. Es musste raus.

Schöppke stand schweigend neben ihm, wirkte hilflos. Er konnte sich den Zusammenbruch nicht erklären. „Geben Sie mir bitte mal das Handtuch da aus dem Regal. Danke."

Schöppke reichte ihm das Handtuch. Jarek fing sich wieder, trocknete sich das Gesicht ab. Er blieb sitzen, erklärte sich. „Wissen Sie, das ist jetzt das erste Mal seit zwei Jahren, dass ich wieder wie ein Mensch aussehe. Seit meiner Verhaftung musste ich Sträflingskleidung tragen. Mir wurde alle vier Wochen der Kopf geschoren. Ich konnte mich nicht waschen, wann ich wollte. Jetzt plötzlich wieder wie ein normaler Mensch auszusehen, saubere Kleidung zu tragen, das macht die Erniedrigung erst deutlich." Er atmete tief ein, hatte sich wieder unter Kontrolle. Schöppke schwieg, sah betreten zu Boden.

So verharrten beide kurze Zeit. Jarek stand auf, ging zur Toilette, wusch sich das Gesicht. Das eiskalte Wasser tat ihm gut. Er trank einige Schluck aus dem Wasserhahn, spürte, wie die kalte Flüssigkeit in ihn hineinfloss. Er trocknete sich das Gesicht ab, sah nicht in den Spiegel, ging wieder hinaus zu Schöppke.

Schöppke hatte sich nicht bewegt, er stand noch immer neben dem Feldbett. Er sah Jarek unsicher an. „Es tut mir leid, Herr Schöppke. Bin sonst nicht so nah am Wasser gebaut. Aber seit meiner Verhaftung war mein Leben ein Albtraum, der nicht enden wollte. Aber man verdrängt das alles." Die Mütze war Jarek heruntergefallen. Schöppke hob sie auf, reichte sie Jarek. „Ich kann mir vorstellen, was Sie durchgemacht haben. So etwas geht nicht spurlos an einem vorbei."

Jarek hatte sich wieder im Griff. Er nickte. „So, dann lassen Sie uns mal was Essen gehen. Ich habe Essensmarken, Bargeld, ich lade Sie ein." Schöppke stoppte ihn. „Halt, nehmen Sie mal die Brotdose und die Kaffeekanne mit, die ich Ihnen kredenzt habe. Da können Sie sich nachher noch was für später aus der Kantine mitnehmen. Sie werden sonst heute Abend böse Kohldampf schieben. Meine Alte wird Ihnen nicht wieder die Stullen schmieren." Schöppke hatte recht. Er nahm die Umhängetasche aus Leder, packte die Kanne und die Aludose hinein.

Sie gingen gemeinsam aus dem Büro. Draußen erwartete sie ein trüber Novembertag, kalt, windig, die Sonne hatte sich wieder verzogen. Jarek wollte gerade die Tür abschließen, als ein großer, dunkelgrüner Lkw vor dem Büro stoppte. Aus dem Beifahrerfenster lugte ein Gesicht, dass Jarek zunächst für ein Kind hielt. Aber dann fing das vermeintliche Kind an zu sprechen. Jarek erkannte die piepsige Stimme sofort wieder, es war der Kruck. „Tach Scheffe. Wir haben das Fahrrad hinten drauf. Sollen wir abladen?" Jarek konnte jetzt erkennen, dass Kruck mindestens fünfzig Jahre alt war, er hatte bereits Falten, dünnes graues Haar. Aber seine Gesichtszüge waren die eines Kindes. Schöppke machte eine einladende Geste, winkte Kruck heran. „Runter damit. Wir wollten zwar gerade was fressen gehen, aber so viel Zeit is noch."

Kruck öffnete die Tür, stieg aus. Er war nicht größer als ein zwölfjähriges Kind, wog sicher nicht mehr als 50 Kilo. Der Fahrer stieg ebenfalls aus, kam um den Lkw herum, begrüßte die beiden knapp. „Moin die Herren!" Jarek sah, dass der Fahrer am rechten Unterarm eine Prothese trug. Die künstliche Hand steckte in einem dunklen Lederhandschuh. Kruck kletterte auf die Ladefläche, reichte dem Fahrer ein schwarzes Herrenfahrrad herunter. Unter der horizontalen Rahmenstange war ein ebenfalls schwarzes Emailleschild angebracht, auf dem in Sütterlin WERKSCHUTZ stand.

Kruck meldete sich von der Ladefläche zu Wort. „Das gute Stück wurde ja eine Zeit lang nicht benutzt. Habe die Reifen aufgepumpt, die Kette geölt. Läuft jetzt wieder wie Schmidts Katze."

Jarek schloss das Büro wieder auf, schob das Fahrrad hinein. Er hörte, wie Schöppke draußen Anweisungen gab. „Kruck, sieh zu, dass Du uns nachher noch eine Kiste Bier und ne Kiste Brause vorbeibringst. Geld gibt's dann von mir zurück."

Kruck, der mittlerweile von der Ladefläche abgestiegen war, antwortete knapp. „Geht klar, Scheffe." Jarek hörte den Lkw abfahren.

Er lehnte das Fahrrad an die Wand, betrachtete es. „Ist es das, was ich denke, Herr Schöppke?" Schöppke zögerte, sagte dann leise: „Ja, es ist das Rad vom Wittek. Seit dem Mord hat es keiner mehr benutzt, so, als ob es verflucht wäre. Unsinn. Aber ich wollte da die Männer nicht drängen. Sie sind doch nicht abergläubisch, oder?" Jarek antwortete: „Nein, bin ich nicht." Er sagte Schöppke nicht die Wahrheit. Zu Gegenständen, die Mordopfern oder Tätern gehörten, hielt er normalerweise Abstand.

Jarek verschloss das Büro. Es hatte zu nieseln angefangen. Sie gingen ein kurzes Stück auf dem Bürgersteig neben der Hochstraße, bis sie eine Treppe erreichten. „Hier geht's hoch, Herr Kruppa. Oben können wir die Straße überqueren, dann geht wieder eine Treppe runter." Schöppke ging vor. „Es gibt zwei dieser Treppen, in der Mitte der Hochstraße gibt es aber auch eine Unterführung." Oben angekommen, hatten sie einen hervorragenden Rundumblick über das Stahlwerk. „Moment mal, Herr Schöppke." Jarek schaute sich um.

Wohin man auch sah: Rauch. Rauch von den Hochöfen, öliger Wasserdampf aus den Walzwerken, Dieselabgase aus Hunderten von Motoren. Dazu der Qualm von etlichen mit Kohle befeuerten Dampfloks. In vielen Hallen wurde geschweißt, Eisen geschmolzen, in Formen gegossen. Das gesamte Stahlwerk lag unter einem dicken grauen Teppich, heute noch verstärkt durch die dunklen Novemberwolken. Qualm, Dampf und Rauch erzeugten einen für das Stahlwerk typischen, metallischrauchigen Geruch.

Die vorherrschende Farbe im Stahlwerk war Grau, nur durchbrochen von Schwarz. Unter dem grauen Himmel aus Wolken und Rauch lagen graue Gebäude und anthrazitfarbene

Straßen. Das Eisen, gegossen zu dicken Brammen, lagerte zwischen den Hallen, es war Grau. Pflanzen, Gebüsche und selbst das Gras, auf alles hatte sich ein grauer Film aus Ruß und Staub gelegt. Genauso erging es allen Fahrzeugen auf dem Werksgelände. Der feine, graue Staub drang überall ein, in Büros, in Werkshallen, in die Lungen der Männer. Am Ende der Schicht waren auch ihre Gesichter grau, gleich so, als hätte das Stahlwerk sie selbst in Eisen verwandelt.

Über dem Stahlwerk lag ein vielschichtiger Klangteppich. Riesige Walzen und Dampfhämmer erzeugten einen ohrenbetäubenden Lärm. Hunderte Dieselmotoren in Autos und Maschinen liefen bei Tag und Nacht. Dampf entwich pfeifend aus Ventilen, Wasser verdampfte zischend, wenn es zur Abkühlung auf glühendes Metall gesprüht wurde. Rund um die Uhr bewegten sich tonnenschwere Güterzüge kreischend auf dem Gelände. Krane ließen krachend riesige Bleche fallen, luden scheppernd Schrott in Container. Heulende Sirenen kündigten den Abstich an, wenn das flüssige Roheisen sich mit brodelndem Getöse in seine Formen ergoss.

Richtung Südwesten erblickte Jarek die Silhouette der acht riesigen Schornsteine. Sie waren das Wahrzeichen des Stahlwerks und noch in vielen Kilometern sichtbar. Über den Schornsteinen lagen enorme Rauchwolken, die vom Wind Richtung Duisburg abgetrieben wurden. Als giftiger Gruß würden sie die Stadt in wenigen Minuten erreichen.

Vor den Schornsteinen die acht schwarzen Türme der Hochöfen. Sie waren das Herz des Stahlwerks. Bei Nacht umgab sie ein magisches, rotes Glimmen. Beim Abstich schließlich ergoss sich gleißendes, orangefarbenes Licht in den Nachthimmel. Ein magisches Schauspiel.

Vor den Hochöfen lagen die gigantischen Hallen der Gießerei und der großen Walzwerke. Die Hallen hatten zum Teil eine Höhe von bis zu fünfzig Metern. Hier wurde das flüssige Metall aus den Hochöfen zunächst zu riesigen, bis zu 60 Tonnen schweren Metallklötzen gegossen. Diese Metallklötze wurden dann ausgewalzt zu dünneren, immer noch Tonnen schweren Platinen. Im weiteren Verlauf konnten diese Platinen dann weiterverarbeitet werden zu Blechen, Trägern oder anderen Stahlteilen. Jarek war noch nie in einer dieser Hallen gewesen, wusste aber, dass in diesen Hallen riesige Brückenkrane die tonnenschweren Lasten hoben und transportierten.

Jarek wandte sich nach Südwesten. Sein Blick ging über den Hauptbahnhof des Stahlwerks, auf dem etliche Güterwaggons, beladen mit Stahlerzeugnissen, auf ihre Abfertigung warteten. Dampflokomotiven rangierten schnaufend und rauchend zwischen den Güterwagen. Hoch über den Gleisen arbeiteten mehrere Krane, Turmdreh- und Brückenkrane. Wie in einem Ballett aus Stahl bewegten sich die Krane vor und zurück, senkten und hoben ihre Arme.

Richtung Osten, links neben dem Bahnhof, sah Jarek ein Meer aus kleineren und größeren Hallen. Hier waren weitere Walzwerke, Werkstätten und Lagerhallen. Viele der Hallen verfügten über Schornsteine, aus denen es rauchte.

Überall wurde Metall erhitzt, verformt, abgekühlt. Zwischen den Hallen verkehrten ununterbrochen Lkws und Güterwagen. Sie transportierten Eisen und Stahl in jeglicher Form, als Bramme, Bleche oder als Spule. In jeder dieser Hallen gab es ebenfalls Brückenkrane, die hoch unter der Hallendecke verkehrten. Sie be- und entluden die Güterwagen und versorgten die Walzen und Pressen mit Material.

Jarek drehte sich um, schaute Richtung Nordwesten. Er sah zwei riesige Kühltürme, mindestens achtzig Meter hoch. Sie hatten einen Durchmesser von rund fünfzig Metern. Die Kühltürme waren oben offen, aus ihnen stiegen gigantische Wolken aus Wasserdampf in den Himmel empor. Hinter den Kühltürmen lag das Elektrizitätswerk. Es war ein Komplex aus mehreren, großen Gebäuden, gemauert aus dunklen Ziegeln. Das imposante Hauptgebäude verfügte über hohe, schmale Fensterfronten. Der Gebäudekomplex wirkte mit seinen gotisch anmutenden Fenstern wie eine finstere Kathedrale. Hinter dem Hauptgebäude erhob sich ebenfalls ein hoher Schornstein in den Himmel.

Jarek sah weitere Industriebauten. Einen Wasserturm, einen Gasometer. Ganz weit im Westen konnte er Teile des Kanals erkennen, sah Hafenanlagen, Kokshalden, Frachtkähne. Auch hier tanzten Turmdrehkrane, wenn sie die Frachter be- und entluden.

Weiter hinten, fast am Horizont, konnte er die Hauptverwaltung erkennen. Graue Betongebäude, die ihn an Bunkeranlagen erinnerten. Kleine Fenster, wie Schießscharten. Ganz oben, in einem der Büros, saß der Werksleiter, Doktor Hermann von Kessel.

Zwischen all dem standen ebenfalls kleinere und größere Hallen. Es waren Garagen, Werkstätten, Kantinen, Waschkauen. Bei zwanzigtausend Arbeitern und Angestellten konnte man sich vorstellen, was hier alles produziert, verarbeitet und gelagert wurde.

Irgendwo zwischen den Hallen, dem Kanal und der Hauptverwaltung lag die alte Hauptverwaltung. Die Gebäude waren relativ flach, Jarek konnte sie von der Hochstraße aus nicht sehen. Der Gebäudekomplex stand leer, er sollte abgerissen werden und etwas Neuem weichen.

Jarek blickte Richtung Nordosten. Er sah Halden von Erz, Kalk, Koks und Schlacke, riesige Stapel aus Baumstämmen. Versteckt hinter diesen Halden und Stapeln lagen die Baracken der Zwangsarbeiter sowie die Kaserne der Wachmannschaften. Noch vor wenigen Stunden war das Jareks Zuhause. Sollte es ihm nicht gelingen, den Mörder zu fassen, dann würde er dorthin zurückkehren. Und dort vielleicht auch sterben. Er wandte sich ab.

Er blickte nach unten, auf die große Kreuzung aus Nord-Süd- und Hauptstraße. Es herrschte ein Verkehr wie in einer Stadt. Autos, Busse und Lkws transportierten Menschen und Güter durch das gesamte Werk. Dazwischen Fußgänger und Fahrradfahrer, Menschen, die ihre Schicht beendeten oder gerade erst begannen. Das ganze Werk war mit Schienen und Straßen durchzogen wie ein lebender Organismus mit Adern.

Jarek war beeindruckt. Das Stahlwerk war unglaublich groß. Er hatte sich einmal um sich selbst gedreht, bis zum Horizont geblickt. Alles, was er sah, war Teil des Stahlwerks. Eine gigantische Maschine, die nur einem Zweck diente: Hitlers Krieg am Laufen zu halten. Das Stahlwerk war das Herz der Deutschen Rüstungsproduktion.

Der Mörder drohte Sand in das Getriebe dieser Maschine zu streuen. Jareks Blick wurde ernst. Seine Aufgabe war es, den Mörder zu finden und auszuschalten. Würde er sich damit nicht an den Verbrechen der Nazis beteiligen? Der Mörder war kein Saboteur, da war er sich sicher. Dem Mörder ging es nicht darum, die Rüstungsproduktion zu behindern. Die Morde hatten, zumindest bis jetzt, auch keinerlei direkten Einfluss auf die Produktion. Nein, die Jagd nach dem Mörder machte Jarek nicht zum Gehilfen der Nazis. Er entspannte sich, drehte sich zu Schöppke, der langsam ungeduldig wurde.

„Na, Herr Kruppa, wenn wir noch länger hier rumstehen, dann wird das Essen kalt. Und mir wird langsam auch kalt. Sie werden schon noch genug vom Werk zu sehen bekommen. Sogar mehr, als Ihnen lieb ist. Versprochen." Schöppke ging die Treppe hinab. „Da vorne ist der Eingang zur Waschkaue. Nach dem Essen schauen wir da mal vorbei." Sie gingen über die Straße, überquerten ein paar Gleise. Vor ihnen lag eine Halle, ein hässlicher Bau, der nur im oberen Bereich Fenster hatte.

Vor der Halle tummelten sich bereits etliche Männer, rauchten, unterhielten sich. Die meisten hatten einen verwaschenen Blaumann an, wie der blaue Arbeitsanzug auch genannt wurde. Fast alle hatten einen Helm aus dunkelbraunem Bakelit auf dem Kopf. Einige trugen angekokelte Lederschürzen, das waren Schweißer oder Brenner. Elektriker trugen graue, einteilige Kombinationen. Männer, die am Feuer arbeiteten, erkannte man an ihren Hitzeschutzanzügen. Jarek sah aber nur wenige Arbeiter, die so bekleidet waren. „Das ist die Speisehalle drei. Hier wird nicht gekocht, hier ist nur eine Essensausgabe. Große Auswahl gibt es nicht. Schauen wir mal, was es heute gibt." Schöppke und Jarek drängelten sich durch die Menge.

Drinnen schlug ihnen eine unangenehm laute Geräuschkulisse entgegen. Jarek schätzte, dass sich rund dreihundert Männer in der Halle aufhielten. An der Stirnseite war die Essensausgabe. Vom Eingang bis dahin reihte sich eine Schlange Männer auf. Es waren rund fünfzig, die zur Essensausgabe anstanden. Jarek und Schöppke reihten sich ein.

Jarek sah sich um. Die Halle war bestückt mit einfachen Holztischen und Bänken. An jedem Tisch saßen in der Regel zehn Mann. Nicht alle aßen, einige rauchten, spielten Skat. Insgesamt herrschte eine lockere, ungezwungene Atmosphäre. Es roch nach Essen, Zigarren, Schweiß.

An den Wänden gegenüber sah Jarek große Plakate mit Propagandamotiven. Eines zeigte im Hintergrund einen im Kampf befindlichen deutschen Soldaten, der eine Handgranate wurfbereit hielt. Im Vordergrund ein Schmied, der die gleiche Körperhaltung innehatte. Nur hatte er statt der Handgranate einen Hammer in der Hand, schmiedete ein Schwert. Die Aufschrift: Ihr für uns – wir für Euch! Ein anderes Plakat warnte: Achtung, Spione – Vorsicht bei Gesprächen! Daneben: Harte Zeiten – Harte Pflichten – Harte Herzen.

An der Wand, an der sich die Schlange entlangreihte, eben-falls Plakate, dazu eine Hakenkreuzflagge. Jarek stand neben einem schwarzen Brett, auf dem Arbeiter Kleinanzeigen mit Stecknadeln anpinnten. Jemand suchte einen Kinderwagen, ein anderer bot einen Schrebergarten an. Brutales mischt sich mit Banalem, dachte Jarek.

Es ging zügig voran, gleich waren sie dran. Er stupste Schöppke, der vor ihm stand, an: „Wie läuft das hier? Zahlt man mit Essensmarken oder mit Geld?" Schöppke drehte den Kopf seitlich zu Jarek, sprach über die Schulter. „Sie brauchen beides. Die Essensmarke berechtigt Sie nur, Essen zu kaufen. Ohne Marke können Sie nichts kaufen. Haben Sie kein Geld, nützt Ihnen die Marke nichts. Ab morgen können Sie sich dann hier selbst versorgen, sollte ich nicht da sein. Aber denken Sie daran, Sie brauchen immer Geld und Marke!" Jarek sah sich eine der Marken genauer an: G.M.U. – SONDER – Nov. 42. Es war wohl eine Marke, die nur hier im Werk Gültigkeit besaß. „Die Marken sind eigentlich für Arbeiter, die Sonderschichten schieben, oder die viele Überstunden machen müssen. Können die Männer ja nicht verhungern lassen."

Schöppke war an der Reihe. Hinter dem Tresen stand eine dicke Frau mit Kittelschürze. Ihre dicken, schwabbeligen, blassen Arme hatte sie an den breiten Hüften abgestützt. Auf dem Kopf trug sie ein zerknittertes, weißes Häubchen. In der Auslage vor ihr lagen belegte Brote, Würstchen, Bouletten, Kartoffelsalat. Dazu zwei große Töpfe, aus denen jeweils eine Kelle herausragte.

Schöppke bestellte: „Ich hätte gern einmal den Lachs, Senfsoße mit Dill, dazu Petersilienkartoffeln, Kräuterbutter." Die Dicke sah Schöppke entgeistert an, dann erkannte sie ihn. „Schöppke, was soll die Scheiße, du hältst dich wohl für lustig. Dass du nur Mist im Kopp hast, und das in deinem Alter." Sie schüttelte wütend den Kopf. Schöppke lachte. „Man gibt ja die Hoffnung nicht auf. Was hast du denn zu bieten, Marie-chen?" Das Mariechen antwortete humorlos: „Kartoffelsuppe mit Würstchen und Würstchen mit Kartoffelsuppe." Schöpp-ke nickte, bestellte. „Gut, nehmen wir, zweimal. Mein Kollege hier ist neu, der braucht noch was zum Abendbrot. Kruppa, was darf's denn sein?" Jarek war ein bisschen überfordert, sah in die Auslage, wusste nicht, was er bestellen sollte. Es dauerte der Dicken zu lange. „Ja watt denn, kommt er nochmal in die Pöt-te?" Schöppke half ihm, bestellte: „Gib mal eine Boulette, ein Würstchen, zwei Brote mit Käse. Und einmal die Kaffeekanne auffüllen, bitte." Jarek reichte ihm schnell die Aludose und die Thermoskanne. Die Dicke stellte zwei dampfende Teller vor sie hin. Danach packte sie Jarek die bestellten Sachen in die Brot-dose, füllte aus einem der Töpfe heißen, schwarzen Ersatzkaffee in die Isolierkanne. „Zucker und Milch gibt es von zu Hause. Macht drei Essensmarken und eine Mark fuffzig." Jarek kramte den Umschlag aus seiner Gesäßtasche, zahlte passend, legte die drei Marken dazu.

Er verstaute die Verpflegung in seiner Umhängetasche. Da-nach balancierten Schöppke und er ihre Teller vorsichtig zu einem Tisch in der Mitte des Raumes, an dem zwei Plätze frei waren. „Mahlzeit", grüßte Schöppke die Anwesenden. Gemur-mel war die Antwort. Sie aßen wortlos. Der Eintopf schmeck-te Jarek hervorragend. Heiß, salzig, die Wurst knackig. Als sie fertig waren, rülpste Schöppke, was ihm einen bösen Blick von einem der Arbeiter einbrachte. „Schuldigung, sollte eigentlich ein Furz werden", lachte Schöppke. Für einen Leiter des Werk-schutzes legte Schöppke offenbar keinen großen Wert darauf, als Respektsperson anerkannt zu werden. Sie stellten ihre leeren Teller in ein Regal, verließen die Speisehalle.

„Jetzt haben Sie gesehen, wie das läuft. Die Speisehalle macht so gegen sechs Uhr morgens auf, schließt um drei. Es gibt über das Werk verteilt aber noch andere Kantinen und Speisehallen. In manchen Werkshallen kommt auch ein Verkaufswagen vorbei. Verhungern werden Sie also nicht", erklärte Schöppke, während sie zurück zur Hochstraße gingen.

Auf den Straßen war immer noch reichlich Verkehr. Jarek war erstaunt, wie viele Autos und Menschen unterwegs waren. „Ist hier immer so viel los?", fragte er Schöppke. „Nee, jetzt ist ja gerade Schichtwechsel, dazu noch Mittagszeit. Um drei sieht das hier ganz anders aus. Und um elf Uhr abends ist hier tote Hose." Sie gingen an der Hochstraße entlang, bis sie den Eingang der Waschkaue erreichten. Vor dem Eingang standen mehrere Männer in Zivil- und in Arbeitskleidung, viele rauchten. Es wurde angeregt diskutiert und palavert. „Verdammt, daran habe ich nicht gedacht", sagte Schöppke leise. Er blieb stehen, sah Jarek an. „Jetzt ist ja Schichtwechsel, die Kaue also rappelvoll. Da können wir jetzt nicht rein und Mordermittlungen machen. Das würde zu viel Aufsehen erregen. Wir hauen erstmal ab, kommen später wieder." Er hatte recht. Sie drehten um, kehrten zurück in das alte Gewerkschaftsbüro.

♦

Nach dem Essen und dem damit verbundenen Spaziergang fühlten beide Männer sich besser. Sie hatten den Kopf wieder frei, konnten erneut eintauchen in ihre Mordermittlungen. Jarek nahm wieder vor dem Schreibtisch Platz, legte sich seinen Notizblock zurecht. Schöppke setzte sich auf den Stuhl an der Wand, direkt an der Karte. Er zündete sich genussvoll eine Zigarre an, paffte.

„Wenn ich Sie so rauchen sehe: Wie ist denn die Versorgungslage im Reich?", fragte Jarek. Schöppke schnaufte verächtlich: „Versorgungslage? Beschissen wäre geprahlt." Schöppke sah zu Jarek herüber. „Mit Kriegsbeginn haben die Nazis die gesamte Bevölkerung klassifiziert: Kinder, Jugendliche, Erwachsene. Dazu Rentner, Angestellte, Arbeiter, Schwerarbeiter und Schwerstarbeiter. Für jede Gruppe wurde eine Kalorienzahl berechnet. Einem Arbeiter stehen demnach zweitausend Kalorien am Tag zu, einem Schwerstarbeiter zweitausendsechshundert."

„Zweitausend Kalorien sind ja nicht gerade viel für einen Arbeiter", unterbrach Jarek. „Abwarten. Das Beste kommt ja noch." Schöppke zwinkerte Jarek zu, fuhr fort: „Am Monatsanfang kann Mutti zum Rathaus gehen und unter Vorlage der Personalausweise für die ganze Familie Lebensmittelkarten abholen. Es gibt für jeden eine Brotkarte, eine Fettkarte, eine Fleischkarte, eine Zuckerkarte und so weiter. Dazu gibt es auch noch eine Kleiderkarte, eine Tabakkarte für Erwachsene und diverse Sonderkarten."

Schöppke nahm einen tiefen Lungenzug, blies den Rauch unter den Tisch, wo er sich langsam verteilte. „Auch Benzin und Kohle zum Heizen oder Kochen gibt es nur auf Karte." Er griff sich in die Brusttasche, holte seine Brieftasche hervor. „Sehen Sie, das ist meine Tabakkarte. Darauf steht mein Name, das Quartal, in dem die Karte gültig ist, und wie viel Tabak mir zusteht." Er gab Jarek die Karte. „Für jede Portion Tabak ist auf der Karte eine Marke aufgedruckt, fünfundzwanzig Gramm. Will ich eine Schachtel Zigarren kaufen, dann schneidet der Händler mir zehn Marken von der Karte ab." Jarek betrachtete die Karte. Mehr als die Hälfte der Marken war bereits abgeschnitten. Von den ursprünglich fünfzig waren nur noch zwanzig übrig. Er gab Schöppke die Karte zurück. „Aber natürlich braucht man jetzt auch noch Knete, um die Zigarren zu bezahlen. Die Karte berechtigt nur zum Kauf."

Schöppke steckte die Karte wieder ein, erklärte weiter: „So läuft das auch mit Brot, Fleisch und allen anderen Nahrungsmitteln. Alles ist rationiert, jeder bekommt seine vom Reichsernährungsministerium berechnete Portion durch die Karten zugeteilt."

Jarek dachte nach. Deutschland hatte 1942 mehrere Millionen Soldaten im Einsatz. Mit Kriegsbeginn wurde die gesamte Wirtschaft auf Kriegswirtschaft umgestellt. Die Produktion von zivilen Gütern wurde auf das Notwendigste beschränkt. Millionen von Soldaten mit Nahrungsmitteln zu versorgen, das war eine Herkulesaufgabe. Klar, dass die Zivilbevölkerung darunter litt.

Schöppke beugte sich nach vorn, nickte. Er sprach betont langsam: „Aber wie gesagt, das Beste kommt noch. Im April diesen Jahres wurden wegen der schlechten Versorgungslage die Zuteilungen herabgesetzt. Ein Arbeiter erhält jetzt nur noch tausendsechshundert Kalorien am Tag. Sie können sich vorstellen, was das in der Bevölkerung ausgelöst hat." Er lehnte sich wieder zurück, sprach weiter: „Der Führer hat uns Arbeit und Brot versprochen, von Butter hat er nichts gesagt."

„So ein System ist doch anfällig für Betrug. Gibt es keine gefälschten Karten? Kann man nichts auf dem Schwarzmarkt kaufen? Was, wenn man das Doppelte oder das Dreifache bezahlt?", fragte Jarek.

Schöppke lachte laut, schüttelte langsam den Kopf. „Ha, mein lieber Herr Kruppa, was für eine naive Frage. Sie sind hier im Dritten Reich. Wenn Sie hier eine Lebensmittelkarte fälschen, dann ist das ein Kapitalverbrechen, auf das die Todesstrafe steht. Kein Kaufmann oder Bauer wird Ihnen ohne Lebensmittelkarte etwas verkaufen. Die Spitzel der Gestapo sind überall. Und überhaupt – Geld ist momentan nicht viel wert. Es gibt kaum was zu kaufen, nahezu alle Betriebe stellen vorrangig Rüstungsgüter her."

Jetzt war es Jarek, der sich nach vorn beugte, auf dem Schreibtisch abstützte und Schöppke zulächelte: „Mit Verlaub, mein lieber Herr Schöppke: Sie sehen nicht aus, als ob Sie von zweitausend Kalorien am Tag leben müssten." Jarek zwinkerte, zeigte mit dem Zeigefinger auf Schöppkes stattlichen Bauch.

„Und dazu rauchen Sie wie ein Schlot. Ihre Tabakkarte hätten Sie doch nach einer Woche schon verbraucht, nicht nach drei Monaten."

Wie zum Beweis zog Schöppke kräftig an seiner Zigarre, blies den Qualm in Richtung Jarek. Der, plötzlich völlig eingenebelt, hustete, wedelte den Rauch mit den Händen auseinander.

Schöppke lachte wieder. „Strafe muss sein, mein Freund. Aber Sie haben recht." Er stand auf, streckte sich. „Erstens sind viele Deutsche seit dem Ersten Weltkrieg eifrige Klein- und Schrebergärtner. Es gab ja damals eine große Hungersnot. Wer kann, der baut Obst und Gemüse an, Kartoffeln, hält sich Hühner." Er ging langsam im Raum umher, paffte, fuhr fort. „Zweitens gibt es durchaus auch Essen ohne Karte zu kaufen: Sauerkraut, Karotten, Gurken, Zwiebeln, Pilze und so weiter. Also alles, was nicht viele Kalorien hat. Auch Bier und Apfelsaft bekommen Sie, wenn Sie die richtigen Leute kennen, ganz legal ohne Marken."

Langsam kehrte er zum Tisch zurück. „Drittens – natürlich gibt es einen Schwarzmarkt, oder sagen wir besser Tausch-markt. Ein Beispiel: Mein Schwager raucht nicht, bekommt aber dennoch jedes Quartal eine Tabakkarte. Er kauft damit für mich von meinem Geld Zigarren. Ich versorge ihn zum Dank mit Eiern von unseren Hühnern." Er setzte sich wieder auf sei-nen Platz, sah Jarek an. „Wenn Sie einen guten Mantel haben, oder ein Fahrrad, dann sind das natürlich begehrte Tauschob-jekte. Da könnte ein Kaufmann schwach werden – vorausge-setzt, Sie kennen ihn gut und er vertraut Ihnen."

Schöppke war der Meinung, damit wäre alles zum Thema ge-sagt. Aber Jarek wusste, dass das nicht die ganze Wahrheit war. Schöppke log ihn an, er musste ihm eine Lektion erteilen. Er sah Schöppke ernst an, zeigte ihm vier Finger seiner rechten Hand. Er sprach leise und deutlich. „Viertens, mein Freund, sind Sie Leiter des Werkschutzes im größten Stahlwerk Deutschlands.

Sie haben Zugriff auf enorme Lagerbestände von Sprit, Diesel, Kohle und Koks. Dazu kommen Ersatzteile, Fahrzeuge, Maschinen. Wollen Sie mir ernsthaft erzählen, dass niemand versucht, Ihnen hier ein kleines Geschäft anzubieten? Eine Hand wäscht bekanntlich die andere, oder?"

Schöppke war sichtlich erbost. Er blickte Jarek erzürnt an: „Sie werfen mir Bestechlichkeit vor? Was erlauben Sie sich!" Er bekam einen roten Kopf, wollte sich in Rage reden, aber Jarek unterbrach ihn schroff: „Ganz ruhig, Schöppke, ganz ruhig. Ich werfe Ihnen gar nichts vor." Er lehnte sich zurück, richtete den Zeigefinger auf Schöppke: „Aber Sie müssen mir recht geben: Dass Sie, von Kessel und andere Führungskräfte hier im Stahlwerk sich mit Hühnerzucht und Gartenbau über die Runden retten, das ist doch äußerst unwahrscheinlich, richtig?"

Schöppke wollte antworten, doch Jarek schnitt ihm das Wort ab: „Ich werfe Ihnen nicht vor, dass Sie sich aus purem Eigennutz bereichern oder Vorteile verschaffen. Aber wir wissen doch beide, wie das läuft: Ein kalter Winter, der größte Bauer der Region braucht zusätzlichen Diesel. Er wendet sich an seinen Cousin, Vorarbeiter in der Autowerkstatt. Der wiederum klopft vorsichtig bei Ihnen an – man kennt sich ja schon seit Jahren. Und am nächsten Tag, irgendwo auf einer entlegenen Landstraße, werden aus dem Tank eines Lkw hundert Liter Diesel abgesaugt. Der Bauer revanchiert sich mit einem dicken Fresspaket und einigen Flaschen Schnaps. In Kriegszeiten soll so etwas vorkommen …" Jarek beendete seine Ausführungen.

Schöppke schaute Jarek wütend an. Sie wussten beide, dass Jarek recht hatte. Natürlich wurden von vielen Führungskräften hier im Werk hochriskante Schiebereien durchgeführt. Auch Schöppke und von Kessel waren an diesen Geschäften beteiligt.

Jarek stand auf, legte die Hände auf den Tisch, beugte sich nach vorn zu Schöppke. Er sprach behutsam: „Wie gesagt, ich mache Ihnen keinen persönlichen Vorwurf. Ich gehe davon aus, dass Ihnen von Kessel hier wahrscheinlich sogar dementsprechende Anweisungen erteilt, Sie auf Befehl handeln. Aber ich möchte in dieser Ermittlung nicht für dumm verkauft werden. Ich riskiere immerhin mein Leben. Wenn ich Sie etwas frage, egal was, dann erwarte ich von Ihnen die Wahrheit. Verstanden?" Jarek blickte abwartend auf Schöppke herab.

Schöppke atmete hörbar aus, wirkte angespannt. Jarek wurde wieder freundlich: „Sie sind zudem kein guter Lügner, Paul. Wenn Sie mir erzählen, Sie vergüten Ihrem Schwager die Tabakmarken mit Eiern, dann ist das so, als ob von Kessel mir erzählt, er putzt bei seinem Chauffeur, damit dieser ihm Cognac besorgt."

Jarek ging um den Tisch herum, klopfte Schöppke freundlich auf die Schulter. „Also, nichts für ungut. Es war nicht böse gemeint. Aber wir sind in dieser Sache jetzt Partner. Wir müssen uns gegenseitig vertrauen. Verstanden?"

Schöppke entspannte sich. Er lehnte sich zurück, nickte Jarek müde zu. „Verstanden. Sie haben recht. Hätte ich mir ja denken können, dass man Polens bestem Kriminalbeamten keine Märchen auftischen kann." Er machte eine Pause, fuhr fort: „Wobei ich nicht unbedingt gelogen habe. Sie haben mich nicht gefragt, wie ich und von Kessel über die Runden kommen. Für neunundneunzig Prozent der Deutschen gibt es nur wenige Möglichkeiten, die Versorgungslage zu verbessern. Vielen Arbeitern hier im Werk knurrt daher tatsächlich immer der Magen."

Jarek ging wieder zurück zu seinem Stuhl, setzte sich. Er zeigte auf die Karte. „Gut, da stimme ich Ihnen auch zu. Aber zurück zur Sache: Wo waren wir stehen geblieben?"

„Rot für tot haben Sie gesagt, Herr Kruppa. Bitteschön. Den nächsten Toten fanden wir hier." Er steckte eine rote Reißzwecke unten rechts im Viertel drei. „Nach ihrem Anschiss muss ich mir erstmal eine anstecken, Sekunde bitte."

Er fuhr fort: „Hier haben wir die Kantine vier, eine der größten Kantinen im Werk. Hier gehen vor allem die heißen Jungs zum Essen. Damit sind die Arbeiter gemeint, die in Hitzeschutzanzügen arbeiten." Er nahm einen tiefen Lungenzug, die Zigarre glühte an ihrer Spitze hellrot auf. Er behielt den Rauch kurz in der Lunge, atmete durch die Nase aus. Aus seinen Nasenlöchern strömte mehrere Sekunden gleichmäßig der Rauch. Gesund ist das nicht, dachte Jarek.

„Die Kollegen aus der Gießerei und den großen Walzwerken eins und zwei schieben Zwölf-Stunden-Schichten. Hitze, Lärm, den ganzen Tag in den schweren Anzügen. Das ist echte Knochenarbeit. Klar brauchen die da was Vernünftiges zu beißen, dazu gibt es kostenlos Hüttentee." Er sah, dass Jarek die Augenbrauen fragend hochzog. „Hüttentee?" „Das ist Wasser, dem verschiedene Salze und Elektrolyte zugefügt wurden. Die Jungs schwitzen bei der Hitze wie die Irren, verlieren in einer Schicht mehrere Liter Flüssigkeit."

Er fuhr fort. „Also, die Kantine vier ist von elf bis um zwei gerammelt voll. Da gehen in der Zeit fünftausend Mann essen. Um drei machen die dicht, dann wird klar Schiff gemacht. In der Kantine selbst arbeiten über dreißig Leute. Mehrere Köche, aber auch Küchenhilfen, Putzkräfte, Tellerwäscher. Und auch einige Zwangsarbeiter." Er sah Jarek an. Der erinnerte sich: „Waldemar Botzki, richtig?" Schöppke nickte, stand auf, fuhr fort. „Richtig. Hinter der Kantine stehen mehrere Tonnen für Essensreste und Küchenabfälle. Die holt so gegen fünf immer ein Bauer für seine Schweine ab. Botzki war so gegen halb fünf bei den Fässern, um seine Kübel da auszuleeren." Schöppke schlenderte langsam Richtung Tür, zog eine Rauchspur hinter sich her. An der Tür angekommen, drehte er sich um, ging auf Jarek zu. „Der Mörder hatte einen Mottek dabei. So nennt man hier einen großen Schlosserhammer. Das Teil wog so um die fünf Kilo. Schon ein Hieb damit auf den Kopf ist tödlich. Er hat dem Botzki den ersten Hieb wohl von hinten verpasst. Botzki ist dann zu Boden. Anschließend hat er sich über den Toten gestellt und noch so zehnmal auf den Kopf, Hals und Oberkörper eingedroschen." Schöppke beugte sich nach vorn, die Zigarre im Mund. Mit beiden Händen hielt er einen imaginären Hammer, imitierte die Bewegung des Zuschlagens. Zehnmal hieb er auf einen unsichtbar am Boden liegenden Körper ein. Das dauerte. Jarek sah fasziniert zu, wie Schöppke den Mörder imitierte.

„Den Hammer hat er dagelassen. Stand genau neben dem völlig zermatschten Schädel von Botzki. Der Stiel zeigte nach oben, wie eine Kerze." Schöppke imitierte auch das. Er tat, als würde er den Hammer vorsichtig neben dem unsichtbaren Toten abstellen. Dann klatschte er sich zwei, drei Mal in die Hände, als würde er Staub oder Dreck von seinen Händen abschütteln. Er entfernte sich langsam Richtung Tür.

An der Tür angekommen, drehte er sich um und kam zu Jarek zurück. „Bevor Sie fragen: Nein, geklaut wurde nichts. Keiner hat was gesehen oder gehört. Der Bauer hat den Botzki dann gegen kurz vor fünf gefunden." Während Jarek etwas notierte, fuhr Schöppke, noch immer stehend, fort. „Aber wir haben rausbekommen, wo der Hammer herkam. Stand auf dem Stiel. Der ist am Tag zuvor am Bahnhof verschwunden. Da ist eine Halle, wo die Loks gewartete werden. Da hat unser Freund den Hammer mitgehen lassen."

„Das ist eine interessante Information", bemerkte Jarek nachdenklich. Er stand auf, legte sich den Zeigefinger an die Schläfe, sah Schöppke an. „Überlegen Sie mal. Wenn Sie so einen großen Hammer klauen, mit dem Sie jemanden erschlagen wollen, dann können Sie den ja schlecht über Nacht mit nach Hause nehmen, richtig? Und an Ihren Arbeitsplatz können Sie den Hammer auch nicht mitnehmen. Genauso wenig können Sie den Hammer mit in die Waschkaue nehmen, in Ihren Spind stellen. Unser Freund muss den Hammer also über Nacht im Werk versteckt haben."

Jetzt war es Jarek, der Richtung Tür ging, dabei laut nachdachte. „Der Bahnhof ist ja nicht weit weg vom Tatort. Kann es sein, dass der Täter den Mord an Botzki vorbereitet hat? Am Tag zuvor den Hammer geklaut hat, diesen in der Nähe der Kantine versteckt hat und dann am nächsten Tag auf Botzki gewartet hat?" Er ging zu Schöppke, stellte sich vor ihn. Er sprach eindringlich, mit leiser Stimme. „Der Botzki wurde nicht zufällig erschlagen. Der Täter hat das vorbereitet, geplant."

Schöppke sah auf Jarek, der einen Kopf kleiner war, hinab. Er schüttelte langsam den Kopf. „Wer zum Geier plant einen Mord an einem mittellosen Zwangsarbeiter? Welchen Sinn macht es, einen Hammer zu klauen, den zu verstecken und dann damit am nächsten Tag jemanden zu erschlagen, der gerade den Müll rausbringt? Nee, Herr Kruppa, das geht nicht auf."

Jarek und Schöppke setzten sich wieder. Schöppke rauchte, Jarek überlegte. Die Männer schwiegen eine kurze Zeit. Es war fast absolut still, die dicken Mauern und die Stahlbetondecke schirmten den Raum gegen Geräusche von außen ab. Schöppke beugte sich über den Tisch zu Jarek. „Kann es sein, dass es zwei Täter sind? Der Mord an Botzki vielleicht ein Racheakt war? Irgendeine Streitigkeit unter Zwangsarbeitern?" Er lehnte sich zurück, sichtlich stolz auf seine Theorie. Jarek wackelte langsam mit dem Kopf, verzog das Gesicht.

„Unwahrscheinlich. Wenn irgendwo eine Mordserie abläuft, dann ist es in der Regel ein und derselbe Täter. Da eine zweite Täterakte aufzumachen, das ist nicht klug. Nein, das war unser Freund, da wette ich drauf." Jarek legte die Hände hinter den Nacken, streckte sich. „Was hat denn die Duisburger Polizei gesagt?"

Schöppke zog an seiner Zigarre, atmete aus, während er sprach. „Einen Zusammenhang haben die nicht gesehen. Der Kommissar hat die glorreiche Theorie in die Welt gesetzt, es könnte sich um einen englischen Saboteur handeln. Zum totlachen. Ein Agent der Tommys erschlägt einen Zwangsarbeiter, um die Rüstungsproduktion zu stoppen." Er schüttelte ungläubig den Kopf, während er weitersprach. „Aber wie das so ist. Es gab Leute hier im Werk, die haben die Scheiße geglaubt." Er grinste zu Jarek herüber. „Dem Kessel ging da plötzlich auch die Muffe. Hat bei der Wehrmacht Leute zu seinem Schutz angefordert." Schöppke lachte laut, zeigte wieder seine gelben Zähne. „Ich hab dem Kessel angeboten, ihm den Kruck zum Schutz dazulassen, das fand er nicht so lustig." Jarek musste ebenfalls laut lachen. Der war nicht schlecht, dachte er.

„Wo wir gerade bei von Kessel sind. Warum ist der denn nicht in der NSDAP?", fragte Jarek. „Als Führungskraft in einem Werk der Rüstungsproduktion ist das doch quasi ein Muss." Schöppke wurde wieder ernst. Er lehnte sich zurück, dachte kurz nach. „Von Kessel ist seit fünfzehn Jahren mit einer Französin verheiratet. Schauspielerin. Bildhübsch. Sie hat seit der Heirat die deutsche Staatsbürgerschaft. Frankreich wiederum ist seine zweite Heimat. Er und seine Frau haben in Nizza eine Jacht liegen. Vor dem Krieg haben sie da viel Zeit verbracht." Schöppke sah Jarek ernst an. Er überlegte, was er Jarek alles erzählen konnte – und durfte. „Seitdem die Nazis in Frankreich einmarschiert sind, machen von Kessel und seine Frau einiges durch. Sie hat ja einen Haufen Verwandtschaft da unten. Kommt aus gutem Haus. Er hat da viele Freunde. Wenn er jetzt in die Partei eintritt, dann ist es vorbei mit der Ehe. Und in Nizza braucht er sich dann auch nie wieder sehen zu lassen." Jarek verstand. Von Kessel musste unter enormem Druck stehen. Auch ohne die Mordserie.

Schöppke stand auf, ging ins Klo. Er ließ die Tür offen. Jarek hörte es plätschern. Vom Klo aus sprach Schöppke weiter. Seine Worte kamen nur gedämpft bei Jarek an. „Von Kessels Vertrag läuft noch fünf Jahre. Dann will er aufhören. Er hat Angst, dass, wenn sie ihn jetzt ablösen, ihm seine Pensionsansprüche gestrichen werden. Die Nazis sind da nicht zimperlich. Er hat zwar

Ersparnisse, aber das würde ihm schon mächtig weh tun. Daher geht er das Risiko mit ihnen ein." Erst rauschte die Spülung, dann der Wasserhahn. Schöppke kam mit feuchten Händen zurück, die er an seiner Hose abtrocknete.

Jarek würde später in Ruhe noch über von Kessel nachdenken. Er sah Schöppke an: „Gut, vergessen wir den Botzki erstmal. Kommen wir zu Nummer sieben." Schöppke nahm eine rote Reißzwecke, auch sie bekam ihren Platz auf der Karte. Er platzierte sie ebenfalls im Viertel vier, mittig am unteren rechten Rand der Karte. „Hier unten, in der Halle sechs, wurde die Putzfrau Henrietta Ackermann ermordet." Schöppke stellte sich den Stuhl zurecht, setzte sich hin. Die Flasche mit dem Apfelsaft war noch halb voll, er schenkte beiden ein. „Hoffentlich vergisst der Kruck meinen Auftrag nicht", sagte Schöppke zu sich selbst, trank einen Schluck.

„Zu den Waschkauen der Männer haben Frauen keinen Zutritt, auch keine Putzfrauen. Da hat es in der Vergangenheit schon hässliche Vorfälle gegeben." Er sah Jarek eindringlich an. „Wenn Sie verstehen, was ich meine." Jarek nickte. „Ich verstehe. Fahren Sie fort." „Deshalb haben wir da die Waschkauenwärter. Anders ist das bei den Toiletten im Werk. Die werden mehrmals am Tag gereinigt, überwiegend sind da Frauen im Einsatz." Schöppke überlegte, ließ sich Zeit.

„Henrietta Ackermann war für mehrere Klos und Pausenräume im Werk zuständig. Sie hat ihre Runde gedreht, ist von Halle zu Halle gezogen, von Werkstatt zu Werkstatt. Hat mal hier geputzt, da gewischt."

Schöppke stand wieder auf, wirkte nervös. Er konnte den Mord nicht im Sitzen beschreiben. „In der Halle sechs steht die Spaltanlage. Es geht da relativ ruhig zu. Keine Hitze, wenig Dreck. Eine gute Arbeit haben die Jungs da. Die Schicht geht von sechs bis sechs."

Schöppke überlegte, wie er weitermachen sollte. „Die Ackermann war im Klo der Halle sechs zugange. Es war so gegen zehn Uhr, da wurde sie von hinten mit einem Strick erdrosselt." Schöppke schluckte, legte unbewusst eine Hand an den Hals. „Der Täter hat mit großer Kraft zugezogen. Der Strick schnitt sich in das Fleisch regelrecht hinein. Der Arzt sagte, dass sie wahrscheinlich nicht erstickt ist. Der Strick hat ihr die Blutzufuhr zum Gehirn abgeschnitten. Sie wurde erst ohnmächtig, dann ist sie am Sauerstoffmangel im Gehirn gestorben." Schöppke holte tief Luft, sprach hastig weiter. Er wollte die Geschichte schnell hinter sich bringen. „Anschließend hat der Täter sie über ein Waschbecken gelegt. Ihr die Kittelschürze und den Rock hochgezogen, die Strumpfhose runter. Dann hat er sich von hinten an der Toten vergangen." Schöppke wurde blass. „Alles in Ordnung mit Ihnen?", fragte Jarek. Schöppke atmete tief ein. „Geht so", war seine knappe Antwort. Er setzte sich wieder hin, beendete seinen Vortrag: „Auch hier wurde dem Opfer nichts entwendet."

Jarek blätterte in seinen Aufzeichnungen. „Das macht keinen Sinn, wenn Sie mich fragen. Wenn das ein und derselbe Täter ist, dann stimmt hier was nicht. Die Opfer sind zu unterschiedlich. Es waren keine Raubmorde. Der Täter benutzt völlig unterschiedliche Tatwerkzeuge, sogar seine bloßen Hände. Er tötet Waschkauenwärter, ersticht Arbeiter, erschlägt brutal Zwangsarbeiter. Erdrosselt eine Putzfrau. Vergeht sich, was extrem ungewöhnlich ist, an einer Toten."

Jarek lehnte sich zurück. Er verschränkte die Arme vor der Brust, schloss die Augen. So saß er kurze Zeit, bevor er sich zu Schöppke drehte. „Schöppke, sagt Ihnen der Begriff Mustererkennung etwas?" Schöppke, noch immer etwas blass, schüttelte wortlos den Kopf. Jarek fuhr fort. „Bei einem Serientäter, der mehrere gleich geartete Straftaten begeht, suchen wir immer nach einem Muster. Gibt es Ähnlichkeiten bei den Opfern?

Bevorzugt der Täter eine bestimmte Tatwaffe? Begeht er seine Taten immer an ähnlichen Orten oder zu bestimmten Zeiten?" Jarek machte eine Pause, fuhr fort.

„Ein Beispiel. In Warschau gab es eine Serie von brutalen Vergewaltigungen. Es war nicht erkennbar, nach welchen Kriterien der Täter seine Opfer und die Tatorte auswählte. Wir hatten an der Wand eine Karte mit den Tatorten, genau wie hier." Jarek ging zur Karte, stellte sich davor, betrachtete sie. „Wir konnten keinen Zusammenhang zwischen den Tatorten finden. Bis einer unserer Kollegen, der viel mit dem Bus unterwegs war, etwas bemerkte. Die Tatorte lagen alle in der unmittelbaren Nähe von Endhaltestellen verschiedener Buslinien. Wir gingen der Sache nach, und tatsächlich." Er drehte sich zu Schöppke um, sah diesen an.

„Der Täter war ein Busfahrer. Er befuhr mehrere Linien, oft in der Spätschicht. Am Ende seiner Tour stellte er den Bus an der Endhaltestelle ab, machte einen Spaziergang von fünfzehn Minuten. Hier suchte er seine Opfer. Anschließend ging er zurück zum Bus und fuhr den Bus ins Depot."

Jarek ging um den Schreibtisch herum, setzte sich wieder hin. „Bei einem Serienmörder gibt es immer irgendein Muster. Immer. Die Kunst liegt jetzt darin, dieses Muster, das oft sehr gut verborgen ist, ausfindig zu machen." Jarek blickte auf die Karte an der Wand. Er betrachtete die roten Punkte. „Noch versteckt sich unser Muster. Aber wir werden es finden."

Schöppke hatte während Jareks Ausführungen interessiert zugehört. Die Morde detailliert zu beschreiben, das fiel ihm nicht leicht. Er war an allen Tatorten, hatte jeden Toten mit eigenen Augen gesehen. Viele der Bilder verfolgten ihn noch immer. Der Wittek, der mit schmerzverzerrtem Gesicht in einer Blutlache lag. Das entsetzliche Bild, das der junge Zelinski mit der riesigen, klaffenden Schnittwunde bot. Die herausquellenden Augen der Ackermann. Der über und über mit

Blut verschmierte Steuerstand im Walzwerk. Entsetzlich. Aber während Jareks Erklärung spürte er, dass Jarek tatsächlich in der Lage war, hinter die Taten zu blicken. Den Schrecken auszublenden. Die Taten zu analysieren. Kruppa konnte einen Mord untersuchen, wie ein Wissenschaftler ein physikalisches Phänomen erforschte. Scheinbar unberührt, sachlich. Aus der Distanz.

Jarek blickte auf seine Armbanduhr. „Gleich drei Uhr. Die Zeit rennt. Lassen Sie uns weitermachen, Schöppke." In diesem Moment klingelte das Telefon. Schöppke, noch in Gedanken versunken, erschrak. Er hob ab. „Schöppke, Büro Hochstraße." Jarek konnte eine leise Stimme aus dem Hörer vernehmen. Verstehen konnte er jedoch nichts. Schöppke nickte eifrig. „Das ist gut, sehr gut." Er blickte zu Jarek. „Ich komme heute noch vorbei, so gegen sechs. Passt das? Gut. Bis dann." Schöppke legte auf. „Die Polizei Duisburg hat die Akten. Hole ich nachher ab. Reicht es Ihnen, wenn ich sie morgen früh herbringe?" Jarek nickte. „Ja, wir haben ja heute schon einiges geschafft. Ich gehe mir nachher noch einmal die Waschkaue ansehen. Muss dann noch meine Aufzeichnungen sortieren. Sollte für heute reichen." Jarek überlegte kurz. „Was ist mit den Schichtplänen, wann bekomme ich die?" Schöppke zeigte mit dem Daumen hinter sich, Richtung Norden. „Habe ich heute Morgen in der Hauptverwaltung angeleiert. Die schauen sich das an, melden sich."

„Gut, dann machen wir mit dem Doppelmord weiter", sagte Jarek. Schöppke nahm zwei rote Reißzwecken vom Tisch. Er ging zur Karte, steckte beide rechts oben an eine Halle im Viertel Nummer drei. „Das hier ist das kleine Walzwerk, wie wir es nennen. Hier wird kalt gewalzt. Der Stahl hat dabei nur Zimmertemperatur. Hier werden Drähte hergestellt, aber auch Stangenware. Diese Stangen können später zu Geschützrohren abgedreht werden." Schöppke machte bei seinen Ausführungen mit der Hand eine Geste, die wohl eine sich drehende Spindel darstellen sollte. „Die Anlage wird dabei von einem Führerstand aus bedient. Der Bediener sitzt dabei hinter Panzerglas. Es fliegen meterweit scharfe Metallspäne. Kommt auch mal vor, dass so eine Stange aus der Spindel fliegt. Nicht ungefährlich!"

Schöppke ging von der Karte weg, setzte sich wieder an den Tisch. Er holte das Lederetui, in dem er seine Zigarren verstaute, aus der Tasche seiner Weste. Er überlegte kurz, sich eine Zigarre anzustecken, legte dann aber das Etui auf den Tisch. Jarek hatte abermals das Gefühl, er wolle Zeit schinden, bevor er den Mord beschrieb.

„Es war so gegen acht Uhr abends. Harald Wessler saß am Steuerstand einer Drehmaschine und fertigte Rohlinge. Die Arbeit erfordert etwas Konzentration, laut ist es in der Halle auch. Der Mörder betrat den Steuerstand, Wessler hat davon nichts mitbekommen. Er stach ihm in den Rücken, hat dabei gut gezielt." Schöppke ahmte unbewusst wieder den Mörder nach. Sein Arm führte dabei eine von oben nach unten gerichtete Bewegung aus. Die Hand hatte er zur Faust geballt, ein unsichtbares Messer haltend. Sein Gesicht war verzerrt, eine Mischung aus Wut und Hass spiegelte sich darin. „Schon der erste Stich war wohl tödlich. Der Wessler kippte nach vorne weg, lag mit der Brust auf dem Steuerpult. Der Mörder hat dann noch fünfmal zugestochen. Alle Stiche gingen ins Herz." Schöppke führte, wieder mit verzerrtem Gesicht, fünf weitere Stiche auf sein unsichtbares Opfer aus. Dann stand er auf, ging Richtung Tür.

„Er wollte sich wohl gerade verdrücken, da kam der Bangemann zur Schicht. Er war zwei Stunden zu früh. Das kommt hin und wieder vor, die Männer sprechen sich da ab, falls einer was vorhat." Schöppke blieb stehen, ahmte immer noch den Mörder nach. Ein unsichtbares Messer in der zur Faust geballten Hand.

„Eugen Bangemann war knapp sechzig, Plauze, Glatze, gemütlicher Typ. War mehrfach Skatkönig vom Werk. Guter Schachspieler. Hatte ne eigene Kegelbahn im Keller. Der war alles, aber kein Held." Schöppke machte einen Schritt nach vorn, hob den Arm. „Er muss den Bangemann sofort angegriffen haben, der hatte keine Chance abzuhauen."

Schöppke beendete sein Schauspiel, kam langsam zum Tisch zurück. „Ich hab Ihnen doch die Umhängetasche mitgebracht." Er zeigte auf die Tasche, die am Boden neben dem Fahrrad stand. „So eine hatte der Bangemann auch. Hat sie noch schützend vor sich gehalten. Hat nichts genützt." Schöppke setzte sich wieder, sah Jarek an. „Die Tasche war übersät mit Einstichen und Schnitten. Irgendwann hat er sie fallen gelassen. Er hat dann versucht sich, mit den Händen zu verteidigen." Schöppkes Stimme wurde wieder leise. Er blickte zu Boden. „Seine Hände und Unterarme waren total zerschnitten. Einige Finger hat es fast abgetrennt. Irgendwann hat er dann ein paar Stiche in die Brust und in den Hals kassiert, von oben herab." Die Männer schwiegen. Nach einer Pause fuhr Schöppke fort, den Kopf weiterhin zum Boden geneigt. „Der Führerstand sah aus wie ein Schlachthaus. Überall Blut. Der Kollege, der die beiden später gefunden hat, ist bei dem Anblick ohnmächtig geworden."

Kruppa ließ Schöppke Zeit, um sich von der Erinnerung zu erholen. Als Schöppke sich wieder aufrichtete und Jarek ansah, sagte dieser ernst: „Ich habe Ihnen heute morgen ja was über Serienmörder erzählt. Wie die so drauf sind und so. Sollten wir unserem Freund begegnen, dann wird das nicht lustig." Er machte eine Pause. „Ohne Pistole." Schöppke schluckte.

Jarek fuhr fort: „Wurde hier irgendwas entwendet, Werkzeug, Material?" Schöppke schüttelte den Kopf. „Nichts. Im Gegenteil. Auch hier hat der Mörder sein Messer zurückgelassen. Ein großes, altes Küchenmesser." Jarek stand auf, streckte sich. Ging zur Karte. „Keiner hat was gesehen? Der Mörder muss doch nach dem Kampf völlig mit Blut besudelt gewesen sein. Die Klamotten bekommt er doch nie wieder sauber. Und überhaupt, so kann er doch nicht zur Waschkaue gegangen sein." Jarek hatte die Hände in den Hosentaschen, ging langsam Richtung Tür. „Hat man irgendwo die Klamotten gefunden? Oder wurde irgendwo Arbeitskleidung gestohlen an diesem Tag?"

Es klopfte an der Tür. Die Tür ging auf, der kleine Kruck. Vor ihm stand eine Holzkiste mit Bierflaschen. Er hob die Kiste hoch und trug sie herein. Dabei verzog er das Gesicht, als würde er das Gewicht der Kiste nur unter Schmerzen tragen können. Schöppke konnte sich einen Spruch nicht verkneifen. „Als ob er nen Panzerschrank schleppen muss. Lässt sich wahrscheinlich morgen gleich krankschreiben wegen Leistenbruch." Kruck kannte seinen Chef, sagte nichts. Er stellte die Kiste an der Wand ab, ging wortlos hinaus. Er kam mit einer Kiste Limonade zurück. Das gleiche Schauspiel. Schöppke schüttelte angewidert den Kopf.

Er beugte sich nach vorn, nahm eine Flasche Bier aus der Kiste. „Kruck, die Scheiße ist ja warm, können se gleich wieder mitnehmen." Kruck stellte die Kiste Brause ebenfalls an die Wand. „Sonst noch was, Scheffe?" Schöppke öffnete die Bügelflasche mit einem lauten Plopp. „Nee. Kannst Feierabend machen."

Nachdem Kruck weg war, fragte Schöppke: „Wollen Sie auch ein Bier?" Jarek antwortete „Nein danke, aber ich nehme mal eine Limonade." Schöppke reichte ihm eine Flasche Brause herüber. Jarek öffnete den Bügelverschluss, es zischte. Schöppke sah ihn an, hob seine Flasche zum Prost. Jarek beugte sich nach vorn, sie stießen über den Tisch an. „Prost," sagte Schöppke, „auf dass wir das hier alles gut überstehen." Jarek nickte. „Ja, darauf lohnt es sich anzustoßen. Prost." Die Männer tranken, schwiegen eine kurze Zeit.

„Wo waren wir stehengeblieben?", fragte Schöppke. „Richtig, bei den blutigen Klamotten. Ich muss Ihnen gestehen, dass die Duisburger Polizei da nicht nachgefragt hat. Die haben ein paar Fotos gemacht, paar Kollegen aus der Halle vernommen, das war's." Er dachte nach. „Auch ich habe das nicht auf dem Schirm gehabt. Die Produktion stand ja still an dem Stand. Von Kessel machte Druck, dass wir da schnell wieder anfangen. Ich hatte daher erst einmal andere Sorgen." Schöppke nahm einen großen Schluck Bier, rülpste ungeniert. „Aber Sie haben recht. Der Täter muss blutüberströmt gewesen sein. Aber keiner hat was gemeldet."

Jarek überlegte. Er fasste laut zusammen: „Der Wessler wurde kaltblütig umgebracht. Gezielter Stich. Dann noch ein paar Stiche hinterher zur Sicherheit. Man weiß ja nie. Der Bangemann hat ihn dann aber überrascht. Mit dem hat er nicht gerechnet. Dass der sich dann auch noch mit der Tasche geschützt hat, das hat unserem Freund nicht gepasst. Da ist er wütend geworden. Hat ein bisschen die Kontrolle verloren." Jarek stellte die Flasche auf den Tisch. Lehnte sich zurück, legte die Hände in den Nacken, schaute zur Decke. „Dann hat er den Steuerstand verlassen. Völlig mit Blut beschmiert. Von oben bis unten. Das Gesicht, die Klamotten, alles voller Blut. Und so hat er dann weitergearbeitet, ist später mit dem Hüttenbus nach Hause gefahren. Die Kollegen haben sich gewundert, aber keiner hat was gesagt." Er beugte sich nach vorn, sah Schöppke an. „Den Tatort und die Gegend da sehen wir uns die Tage mal genauer an. Sollte mich nicht wundern, wenn da irgendwo die blutigen Klamotten versteckt sind."

Schöppke trank den Rest seines Bieres auf ex aus. Er verschloss die Flasche, stellte sie zurück in den Kasten. „Der Steuerstand konnte zwei Tage nicht genutzt werden. Hatten dadurch einen schönen Produktionsausfall. In der Belegschaft lagen jetzt, nach den ganzen Morden, die Nerven blank. Wir haben Schwierigkeiten, die Nachtschichten voll zu besetzen. Die Leute melden sich krank. Wir mussten mehrfach mit dem Werkschutz raus und die Männer abholen. Von Kessel bekam einen Anruf aus Berlin. Er hat danach alle Meister, Vorarbeiter und Schichtführer zu sich bestellt und denen das Vaterunser gelesen."

Er nahm seine Zigarren vom Tisch, steckte sich eine an. „Jetzt passen Sie mal auf." Er nahm einen Zug, aber nicht Lunge. Seine dicken Lippen formten ein großes O. Mit einem Schnappen, das einem Karpfen alle Ehre gemacht hätte, produzierte er einen großen, perfekten Rauchring. Der Rauchring bewegte sich langsam von ihm weg, wurde dabei größer. Schöppke schnappte erneut, dieses Mal schneller. Ein kleinerer Rauchring verlies seinen Mund, verfolgte den großen, flog hindurch. „Sauber!", lobte Schöppke sich selbst.

Zu Jarek gewandt fuhr er fort: „Von Kessel hat den Druck an die Meister und Schichtführer weitergegeben. Er hat denen gesagt, wer sich vor der Arbeit drückt, wird mit einem Deserteur gleichgestellt. Schichtführer, die ihr Soll nicht erfüllen, bekommen empfindlichen Lohnabzug. Er erwarte trotz aller Schwierigkeiten, dass die Produktion stabil bleibt. Mindestens." Schöppke machte eine kurze Denkpause, fügte dann hinzu: „Berlin wünscht sich sogar, dass die Produktion sich steigert. Deutlich."

Jarek stand auf, trank im Stehen seine Limonade aus. Er sah Schöppke lächelnd an: „Und da ist ihm dann eingefallen, dass er da noch einen polnischen Polizisten auf Lager, oder sagen wir besser im Lager, hat. Der soll die Sache jetzt richten. Tolle Idee." Jarek schüttelte den Kopf. „So, einen haben wir noch. Gustav Glaser. Legen Sie los, Schöppke."

Schöppke war erstaunt. Der Kruppa hatte ein gutes Gedächtnis. Er hatte sich scheinbar alle Namen, die am Tag zuvor gefallen waren, eingeprägt. Er nickte anerkennend, die Mundwinkel nach unten gezogen. „Nicht schlecht, Herr Specht. Richtig.

Gustav Glaser, Waschkauenwärter im E-Werk." Er stand auf, nahm eine rote Reißzwecke, steckte sie in die Mitte von Viertel eins.

Er setzte sich wieder hin, zog an seiner Zigarre. Er sah zum Bierkasten hinüber, überlegte. „Eins können wir noch." Er nahm sich ein Bier, es machte plopp. Dann setzte er an, nahm einen großen Schluck. „Der Glaser hatte so Ihr Alter, Anfang vierzig. Gleiche Größe, aber deutlich dicker. Hat als junger Bengel im ersten Weltkrieg schwer was abbekommen. Granate. Ein Bein weg, auf einem Auge blind. Auch im Kopp war er nicht mehr ganz frisch. Hat sich von anderen ferngehalten, mit keinem geredet." Schöppke zeigte mit der Zigarre auf die Karte, Richtung E-Werk. „Er war Waschkauenwärter im E-Werk, viel zu tun war da nicht. Es ist zudem unsere kleinste Waschkaue, und die Elektriker sind ja vernünftige Leute."

Schöppke rückte seinen Stuhl vom Tisch weg, legte die Beine auf den Tisch. Er fuhr fort. „So ein Waschkauenwärter ist Hausmeister, Putzfrau und Aufpasser in einem. Zu melden hat er nichts. Im Gegenteil, die Männer verarschen die WKWs auch ganz gern mal." Schöppke überlegte, ließ sich Zeit. Jarek war das ganz recht, Schöppkes ausführliche Beschreibungen der Tatorte und Tatumstände waren für ihn wichtig.

„Der Waschkauenwärter muss zunächst einmal für Ordnung und Sauberkeit sorgen. Wenn in einer großen Waschkaue Schichtwechsel ist, dann ziehen sich da erstmal dreihundert Mann ihre Arbeitsklamotten an. Anschließend kommen die verdreckten und verschwitzten abgelösten Kollegen in die Kaue. Die ziehen sich aus, duschen sich in Gruppen zu dreißig, vierzig Mann. Bis alle geduscht sind, das kann dauern." Schöppke nahm noch einen Schluck Bier, hielt die Flasche in das Licht. Prüfte, wie viel noch drin war.

„Nach dem Duschen hauen die meisten Kollegen aber nicht gleich ab. Zu Hause warten die Alte, die Braten, die Schwiegermutter. In der Kaue wird daher erst noch ein Bierchen gezischt, eine Runde Skat gekloppt, es wird gequalmt, was die Lunge hergibt." Er grinste, zog an seine Zigarre, blies dicken Rauch unter die Lampe. „Schöner als in mancher Kneipe. Der WKW muss aufpassen, dass die sich da nicht vollaufen lassen. Haben da schon Exzesse erlebt, vor dem Krieg. Sind die Männer weg, dann fängt das große Putzen an. Hüttendreck von den Schuhen, alte Zeitungen, Kippenstummel, Haare. Wenn da sechshundert Mann durch sind, sieht die Kaue dementsprechend aus. In der Kaue sind natürlich auch Toiletten, da hat der WKW auch viel Freude mit." Schöppke setzte sich wieder gerade hin, stellte die Flasche auf den Tisch.

„In der Waschkaue sind aber auch die Spinde der Männer. In der Regel nehmen die Männer ihr Essen mit an den Arbeitsplatz, futtern da. Es kommt aber auch vor, dass Männer was zu essen im Spind bunkern. Stinkt es dann irgendwann aus einem Spind, dann ist er berechtigt, das Schloss zu knacken und zu schauen, was da los ist. Zudem ist der WKW auch so was wie ein Fundbüro, es wir ja viel vergessen und verloren in so einer Waschkaue. Ist mal was defekt, kümmert er sich um die Reparatur."

Schöppke trank sein Bier aus, drückte den Zigarrenstummel in die Flasche. „So ein WKW war der Gustav Glaser. Wie gesagt, im E-Werk hatte er ein leichtes Leben. Die Elektriker sind ja schon fast so was wie Akademiker. Da wird nicht gesoffen nach der Schicht."

Schöppke hatte genug Zeit geschunden. Jetzt musste er zur Sache kommen. „Es war vor drei Tagen, so gegen fünf Uhr morgens. Der Glaser ist nochmal mit dem Schrubber durch die Kaue, alles war blitzblank. Seine Arbeit hat er ernst genommen. Der Mörder hat ihm von hinten mit einem Knüppel auf den Kopf geschlagen. Den Knüppel hat er dann fallen gelassen, der lag neben der Leiche." Schöppke atmete tief ein. „Anschließend hat er ihm so oft gegen den Kopf getreten, bis der Glaser sich nicht mehr gerührt hat und ihm das Blut aus den Ohren gelaufen ist. Der Arzt sagt Schädelbasisbruch."

Schöppke rieb sich mit den Fäusten die Augen. Er war müde. Er hatte genug von Serienmördern. Er wollte die Akten abholen, dann nach Hause. Ein paar Biere trinken, endlich mal wieder ausschlafen. „Der Schichtleiter hat den Toten gefunden. Der Anschiss vom Kessel war noch frisch. Er hat den Werkschutz angerufen, mich persönlich verlangt. Ich war als Einziger vor Ort. Wir haben die Leiche erstmal verschwinden lassen. Von Kessel hat uns zum Schnauze Halten verdonnert. Wir haben die Kaue sauber gemacht. Keiner hat was gemerkt. Der Glaser ist krank gemeldet. Das war's. Mord Nummer zehn."

Jarek nickte, überlegte. „Ich nehme an, auch hier kein Motiv, nichts geklaut, keine Spuren außer dem Knüppel. Richtig?" „Richtig", nickte Schöppke seinerseits. „An dem Knüppel irgendetwas Besonderes?" „Nichts. Ein alter, großer Hammerstiel. So etwas liegt hier im Werk zu Hauf herum." „Wo ist die Leiche jetzt?", wollte Jarek wissen. Schöppke schwieg. Er überlegte, ob er Jarek die Wahrheit sagen sollte. Er dachte an die Ermahnung von vorhin, senkte den Blick. „Wir haben ihn erstmal in eine Kiste gelegt. Die Kiste ist als Schrott deklariert, geht heute Nacht in den Hochofen in die Schmelze. Dann isser weg." Jarek schüttelte den Kopf. „Das habt ihr euch ja schön überlegt. Aber gut, so entsteht keine weitere Unruhe."

Jarek sah sich die Karte an. Er dachte laut: „Drei Morde im Viertel eins. Keiner im Viertel zwei. Drei Morde im Viertel drei. Vier Morde im Viertel vier. Was ist anders an Viertel zwei, Herr Schöppke?" Der zögerte nicht lange. „Keine Hallen. Da ist fast alles Außengelände. Es arbeiten dort auch nicht so viele Menschen. Da wird Koks gelagert, Schlacke, Kalk. Paar Schaufelbagger fahren da rum, paar Kräne zum Be- und Entladen der Waggons. Das war's. Und klar, hinten im Osten die Baracken

93

der Zwangsarbeiter und der Wachmannschaften."

Es war fast fünf Uhr. Jarek war jetzt seit zwölf Stunden zugange. Seine Augen brannten, er war müde. „Für heute soll es gut sein, Schöppke. Ich gehe nochmal in die Waschkaue nebenan, schaue mich da um. Ich besitze jetzt ja auch ein Handtuch und ein Stück Seife. Werde mich dort also heute Abend noch waschen." Schöppke stand auf, zog sich sein Jackett und seinen Mantel an. Er blickte zum Telefon, überlegte, ob er sich abholen lassen sollte. Er dachte laut: „Ach Scheiße. Ich gehe bis zur großen Kreuzung, da lasse ich mich dann mitnehmen. Sind ja noch reichlich Autos Richtung Tor eins unterwegs."

Auch Jarek stand jetzt auf, begleitete Schöppke zu Tür. „Wie heißt denn ‚Auf Wiedersehen, Herr Kruppa‘ auf polnisch?" fragte dieser ihn. Jarek antwortete: „Do widzenia, panie Kruppa." Schöppke sah ihn freundlich an, wiederholte etwas unbeholfen: „Dofi zenja, panni Kruppa." Jarek musste ob der falschen Aussprache schmunzeln, verabschiedete sich seinerseits: „Do widzenia, panie Schöppke."

Sie reichten sich zum Abschied die Hand. Die vergangenen Stunden hatten Schöppke und Jarek verändert. Die Männer hatten Vertrautes geteilt, zusammen gegessen, gescherzt, geweint, sich ausgetauscht. Jarek hatte mit Schöppke ein gutes Gefühl. Ein grober Klotz, aber das Herz am rechten Fleck. Schöppke hingegen spürte, dass Jarek tatsächlich ein Spezialist in Sachen Mord war. Er war sich sicher: Wenn es jemandem gelingen sollte, den Mörder zu finden, dann Jarek Kruppa.

Schöppke drehte sich um und ging zur Tür hinaus: „Bis morgen früh dann, Herr Kruppa. Schlafen Sie gut." „Sie ebenfalls", rief Jarek ihm noch hinterher. Er schloss die Tür und ging langsam und müde zum Schreibtisch zurück.

♦

Jarek nahm wieder auf seinem Stuhl Platz, blickte auf die Karte mit den roten Punkten. Er lehnte sich zurück, presste die Handflächen auf das Gesicht. „Wahnsinn", dachte er. Er strich mit seinen Händen langsam über sein Gesicht, so, als würde er sich waschen. „Wahnsinn", sagte er jetzt laut. Er verschränkte die Finger hinter seinem Hals, legte seinen Kopf weit zurück in den Nacken. „Wahnsinn, totaler Wahnsinn", murmelte er erneut.

Bereits gestern Abend, als von Kessel ihm die Lage erläuterte, hatte er seine Zweifel. Aber heute, nachdem er von Schöppke alle Details erfahren hatte, sich einen Überblick über das Stahlwerk hatte machen können, war er sich sicher: Es war nahezu ausgeschlossen, binnen weniger Tage den Täter zu finden.

Selbst in Freiheit, mit einem funktionierenden Polizeiapparat im Rücken, wären die Ermittlungen eine enorme Herausforderung. An so einer Mordserie würde er mit einem ganzen Team von Ermittlern arbeiten. Die Suche nach dem Täter konnte Monate dauern.

Jetzt wurde von ihm erwartet, dass er innerhalb weniger Tage den Täter überführte. Wenn der Mörder bei seinem Tatschema blieb, dann war bereits in sechs, sieben, spätestens acht Tagen mit dem nächsten Mord zu rechnen. Es war eigentlich unmöglich, in so kurzer Zeit ein Muster zu erkennen.

Jarek war sich sicher: Die nächste Tat würde er nicht verhindern können. Die darauffolgende? Realistisch gesehen, war das ebenfalls unwahrscheinlich. Aber was würde geschehen, wenn von Kessel dann seinen Posten räumen musste? Jareks Blick fiel auf das Regal neben dem Heizkörper. Dort lag seine zusammengelegte Häftlingskleidung. Er hatte sie erst vor wenigen Stunden abgelegt.

Bereits am Tag seiner Ankunft hatte er über eine Flucht aus dem Lager nachgedacht. Und auch in den Wochen und Monaten danach hat er ständig überlegt, wie er aus dem Lager entkommen konnte. Aber es war aussichtslos. Das Lager war schwer bewacht: Soldaten, Stacheldraht, Hunde. Er besaß nur die auffällige Häftlingsuniform, hatte kein Geld, keine Papiere. Er sprach zwar ein perfektes Deutsch, aber niemand würde einem entflohenen Häftling helfen.

Jetzt hatte sich die Situation geändert. Er besaß Zivilkleidung. Geld. Einen Ausweis, der ihn zu einem Mitarbeiter des Werkschutzes machte. Er konnte sich auf sein Fahrrad setzen und morgen früh bei Schichtwechsel mit tausend anderen Arbeitern das Werk verlassen. In seiner Ledertasche Nahrung für mehrere Tage. Aber dann?

Warschau war rund eintausend Kilometer von Duisburg entfernt. An den Bahnhöfen wurden, das wusste Jarek, Ausweise streng kontrolliert. Mit seinem Werksausweis würde er da nicht weit kommen. Mit dem Fahrrad würde er Wochen, ja Monate brauchen. Er musste quer durch das Deutsche Reich. Zudem stand der Winter vor der Tür. Und in Warschau, wer würde ihm da helfen? Wer von seinen Freunden und Kollegen war noch am Leben? Wie war die Lage in Polen?

Jarek rückte näher an den Schreibtisch heran, stützte die Ellenbogen auf den Tisch, legte den Kopf in die Hände. Er dachte nach. Die holländische Grenze war nur fünfzig Kilometer von Duisburg entfernt. Mit dem Fahrrad war das in drei, vier Stunden zu schaffen. Die Holländer hassten die Deutschen. Einem entflohenen, polnischen Kriegsgefangenen würde man hier vielleicht Unterschlupf gewähren. Und von Holland aus könnte er versuchen, über Belgien nach Frankreich zu entkommen. Er sprach fließend Französisch. Er könnte sich dem Widerstand anschließen, der Résistance. Dieser Plan konnte aufgehen. Er nickte langsam.

Aber: Wenn die Versorgungslage in Deutschland schon schlecht war, Nahrung nur auf Karte erhältlich, wie sah es dann erst in den Nachbarländern aus? Die Nazis plünderten die besetzten Gebiete, erhoben Zwangsabgaben. Getreide, Vieh, Obst, Gemüse, alles wurde in das Deutsche Reich verbracht. Auch in Holland, Belgien und Frankreich gab es für die Bevölkerung Nahrung nur auf Karte.

Um sich auf seiner Flucht zu ernähren, würde Jarek stehlen müssen. Er würde andere, unschuldige Menschen in Not bringen. Das widersprach zutiefst seinen Grundsätzen. Zudem war nicht gewiss, dass ihm die Flucht gelingen würde. An vielen Straßen gab es Kontrollen. Männer in seinem Alter waren für die Nazis grundsätzlich verdächtig. Gut möglich, dass man ihn fassen und verhaften würde.

Jarek fluchte: „Verdammt! Verdammt! Verdammt!" Er beugte sich über den Tisch, griff sich einen Apfel. Er holte das Springmesser aus seiner Tasche, ließ die Klinge herausschnellen: klack. Mit einem Knirschen schnitt er den Apfel zunächst in zwei Hälften, diese halbierte er nochmals. „Das Messer ist ja wirklich sauscharf", dachte Jarek. Er klappte die Klinge wieder ein, steckte das Messer in die Tasche. Genüsslich und langsam aß er die vier Apfelspalten.

Jarek wurde bewusst, wie verzwickt seine Situation war. Gelang es ihm nicht, den Mörder rechtzeitig zu stoppen, würden sich die Dinge wie von Kessel vorhergesagt entwickeln. Er würde zurück in das Lager gebracht werden, dort ohne von Kessels Schutz nicht überleben. Eine Flucht war nicht unmöglich, aber jetzt, wo der Winter vor der Tür stand, aussichtslos.

Jarek stand auf, ging zur Toilette. Er wusch sich die Hände, sah dabei in den Spiegel. Statt seine Hände abzutrocknen, fuhr er sich mit den nassen Händen durch das Gesicht. Das kalte Wasser tat ihm gut. Er atmete tief durch, blickte erneut in sein Spiegelbild.

Er war ein erstklassiger Polizist. Er würde alles daransetzen, den Täter in den kommenden Tagen zu fassen. Das war für ihn die beste Lebensversicherung. Sollte es ihm jedoch nicht gelingen, den Täter zu fassen, dann würde er alles auf eine Karte setzen. Er würde in diesem Fall versuchen, nach Holland zu fliehen.

Zurück im Büro blickte Jarek sich um. „Wie sieht es denn hier aus", sagte er zu sich selbst. Er hasste Unordnung. Er stellte die leeren Flaschen zurück in die Kisten, die Kisten selbst rückte er an die Wand. Er legte die Äpfel in die Schreibtischschublade. Den Korb stellte er auf das Regal. Die Arbeitskleidung bekam ihren Platz im Regal, neben seinem Häftlingsanzug. Der Mantel hing an einem Nagel neben dem Feldbett. Die Decke darauf legte Jarek sorgfältig zusammen. Er pustete Zigarrenasche vom Schreibtisch, nahm die Brotdose und die Thermoskanne aus der Tasche und stellte sie auf den Schreibtisch. Die leere Aktentasche hängte er an den Fahrradlenker. Das Kampfmesser, den Notizblock, die Reißzwecken, den ganzen Kleinkram schob er zur Seite. Jarek blickte sich in seinem neuen Zuhause um: „Schon besser."

Er überlegte, wie er weiter vorgehen sollte. Er würde in den kommenden zwei Tagen alle Tatorte aufsuchen. Aber die Karte an der Wand konnte er dazu nicht mitnehmen. Er brauchte eine Kopie. Er setzte sich an den Schreibtisch, nahm sich ein Blatt Papier. Dann begann er, eine einfache Übersichtskarte zu zeichnen. Jarek zeichnete die Nord-Süd-Straße, den Äquator, den Bahnhof, Hallen und Hochöfen. „Wo hat der Schöppke denn den roten Buntstift hingelegt?" Jarek fand ihn unter dem Briefumschlag mit den Reißzwecken. Er zeichnete einen dicken roten Punkt an jeden Tatort. Schließlich betrachtete er sein Werk: „Perfekt." Die Karte war nicht maßstabsgetreu und auch nicht sehr detailliert, aber sie bot Jarek eine gute Übersicht über die wichtigsten Gebäude und Straßen im Werk.

Den Rest des Abends verbrachte Jarek mit nachdenken. Er ging seine Aufzeichnungen durch, schrieb sich einige Fragen auf. Er aß zu Abend, ein belegtes Brot sparte er sich für später auf. Er blickte auf seine Uhr: kurz vor neun. „So, dann wollen wir mal." Jarek zog sich das Jackett an, setzte die Mütze auf. Er überlegte, den Mantel anzuziehen, aber bis in die Waschkaue waren es ja nur wenige Minuten. Er schnappte sich die Seife und das Handtuch, ging zur Tür und löschte das Licht.

◆

Als er nach draußen auf die Straße trat, erschrak er. Die Dunkelheit war undurchdringlich. Eine dichte Wolkendecke ließ kein Mondlicht hindurch. Die Verdunklung überzog das gesamte Werk wie eine schwarze Decke aus Samt. Kein Licht drang aus den Werkshallen, die Straßenbeleuchtung war aus. „Das gibt es doch nicht. Jesus Christus, wie soll man sich so zurechtfinden? Das ist ja lebensgefährlich!" Jarek wartete einige Sekunden, gab seinen Augen Zeit, sich an die Dunkelheit zu gewöhnen. Es half nichts. Langsam tastete er sich voran. „Dieser verdammte Schöppke", fluchte er leise. Der hätte wissen müssen, dass es ohne Lampe fast nicht möglich war, sich nachts zu Fuß im Werk zu bewegen.

Langsam arbeitete Jarek sich voran. Auf einem gepflasterten Weg oder einer Straße konnte man sich in dieser Dunkelheit vielleicht noch bewegen. Aber querfeldein? Zwischen den Hallen? Lebensgefährlich. Schemenhaft konnte Jarek links neben sich die Gebäude der Hochstraße erkennen. Schwarz ragten sie in den Nachthimmel empor. Er dachte nach. Nach wenigen Minuten hatten er und Schöppke zuvor die Treppe erreicht. Aber jetzt ging er sehr langsam, und in der Dunkelheit hatte ihn sein Zeitgefühl völlig verlassen. Er dachte schon, dass er an der Treppe vorbei wäre, da nahm er sie wahr. Eine dunkle, schräge Fläche zog sich die Wand hoch. Vorsichtig nahm Jarek Stufe für Stufe.

Oben angekommen, blickte Jarek sich um. Dunkelheit umgab ihn. Im Westen, weit weg bei den Hochöfen, war ein leichtes, fast unsichtbares, rotes Glimmen zu erkennen. Jarek bewegte sich vorsichtig über die Straße. Auf der anderen Seite ging die Treppe wieder hinab, aber Jarek konnte keine Stufen erkennen. „Schöppke, du Arsch", murmelte er leise. Er tastete nach einem Geländer – da war es. Er spürte ein rostiges Rohr, griff zu. Langsam schritt er die Treppe hinab. Morgen musste er bei Schöppke eine Lampe anfordern.

Er ging weiter in Richtung der Waschkaue. Einmal glaubte er, hinter sich Schritte zu vernehmen. Er blieb stehen – Stille. Nur die Geräusche des Stahlwerks. Jarek bekam eine Ahnung davon, wie es wohl war, als Werkschutzmann in dieser Finsternis auf Streife zu gehen. Nach einigen Minuten erblickte er eine angelehnte Tür, aus der ein schmaler Lichtschein drang. Jarek hatte die Waschkaue erreicht.

Die Waschkaue hatte einen kleinen Vorraum, mit einem Gitterrost als Fußboden. Hier konnten sich die Männer den gröbsten Dreck aus den Sohlen klopfen, damit er nicht in die Umkleide kam. Die Umkleide selbst lag hinter zwei großen Schwingtüren, die sich lautlos öffneten. Jarek trat ein.

Die Umkleide war größer, als er erwartet hatte. Schätzungsweise sechs Meter in der Breite, zwölf Meter in der Tiefe. Der Boden war gefliest, ein graues Schachbrettmuster. An den Wänden ringsum waren dunkelgrüne Spinde aus Blech angebracht. Jeder Spind war rund dreißig Zentimeter breit, einen Meter hoch. Es standen immer zwei Spinde übereinander. Links zur Straße hin befand sich oberhalb der Spinde eine Reihe Fenster. Sie waren verschlossen, die Scheiben zur Verdunklung mit schwarzer Farbe übermalt. An der Stirnseite sah Jarek eine weitere Schwingtür, an der Wand rechts befand sich eine normale

Tür mit der Aufschrift WC. In der Mitte der Umkleide standen mehrere Reihen Holzbänke. Von der hohen Decke hingen, wie in Jareks Büro, Hängelampen herab.

Der Raum wirkte trostlos. Viele der Spindtüren waren zerkratzt, verbeult. Es roch nach Schweiß und Rauch. Jarek sah Zigarettenstummel auf dem Boden, zerknülltes Zeitungspapier. Momentan befand sich niemand in der Umkleide. Aber Jarek stellte sich vor, wie sich hier zum Schichtwechsel zweihundert Arbeiter aufhielten. Vor seinem geistigen Auge sah er Männer, die frisch geduscht in Unterhemden auf den Bänken saßen. Es wurde geraucht, Karten gespielt, eine Flasche Schnaps herumgereicht. Jemand erzählte einen schmutzigen Witz, lautes Gelächter erfüllte den Raum.

Jarek konnte sich gut vorstellen, dass die Männer nach einer anstrengenden Zwölfstundenschicht die Kaue als angenehmen Aufenthaltsort empfanden. Es war hier behaglich warm, man war umgeben von Freunden und Kollegen. Der Krieg und die Sorgen des Alltags, sie waren weit weg.

Jarek ging zur Tür an der rechten Seite, öffnete sie. Ein unangenehmer Uringeruch schlug ihm entgegen. Eine Wand war gefliest, darunter eine Abflussrinne. An der Wand gegenüber eine Reihe von Toiletten. Sie hatten keine Türen, lediglich seitliche Abtrennungen. An der dritten Wand schließlich eine Reihe Waschbecken, darüber einige matte Spiegel.

Jarek wandte sich den Schwingtüren an der Stirnseite der Umkleide zu. Er drückte eine der Türen nach innen auf. Dahinter befand sich der Duschraum. Hitze schlug ihm entgegen, feuchte Luft. Es roch, anders als in der Umkleide, angenehm nach Seife. Die Wände und der Boden waren weiß gekachelt. An den Wänden waren Duscharmaturen angebracht. Jarek zählte rund dreißig Stück.

Zunächst blieb er jedoch in der Umkleide. Er legte sein Handtuch und seine Seife auf eine Bank, sah sich um. Nichts deutete darauf hin, dass hier ein Mensch ermordet wurde. Welches Motiv mochte der Täter gehabt haben, hier den Waschkauenwärter zu erwürgen? Jarek näherte sich den Spinden an der Stirnseite. Fast alle waren mit einem kleinen Vorhängeschloss verriegelt. Bei einigen jedoch sah er, dass sie lediglich mit einem Stück Draht verschlossen waren.

Jarek ging langsam an der Reihe Spinde entlang. Ihm fiel ein Spind auf, der nur durch einen verbogenen Nagel verschlossen wurde. Er wollte gerade den Nagel aus den für das Vorhängeschloss gedachten Ösen ziehen, da wurde hinter ihm eine Stimme laut. Er erschrak.

„Wer sind Sie? Was machen Sie da? Was haben Sie hier zu suchen?" Die Stimme war laut, aufgebracht, energisch. Jarek drehte sich um. In der Eingangstür stand ein Mann. Er war in etwa so groß wie Jarek. Er trug einen grauen Arbeitskittel, die Ärmel hochgekrempelt. Auf dem Kopf hatte er einen zerdrückten, schwarzen Hut, an den Füßen schwarze Gummistiefel. In der linken Hand hielt er einen Blecheimer, aus dem ein schmutziger Waschlappen hing. Rechts hielt er einen Schrubber, den Stiel drohend auf Jarek gerichtet.

„Ich bin Jan Kruppa vom Werkschutz. Ich untersuche hier den Mord an Ihrem Kollegen Horst Schneider", antwortete Jarek dem Mann, der augenscheinlich der Waschkauenwärter war. Dieser blieb zunächst misstrauisch in der Tür stehen. „Wollen Sie mich verarschen? Der ist doch schon seit einem halben Jahr tot." Der Mann wirkte unsicher. Er musterte Jarek: „Können Sie sich ausweisen?" Jarek überlegte, griff langsam in die Innentasche seines Jacketts. Tatsächlich, er hatte den Ausweis eingesteckt. „Hier, bitteschön", er bewegte sich langsam, den Ausweis präsentierend, in Richtung der Tür. Der Waschkauenwärter kam ihm ebenfalls zögerlich entgegen. Jarek konnte jetzt sein Gesicht erkennen: eine dicke, runde Brille auf einer dicken, knorrigen Nase. Darunter ein hochgezwirbelter

Schnurrbart. Der Mann war sicher schon über siebzig, wie man an seinen zahlreichen Falten erkennen konnte.

Den Schrubber immer noch drohend auf Jarek gerichtet, betrachtete der Mann den Ausweis. Er entspannte sich. „Was zum Geier suchen Sie hier nach sechs Monaten? Glauben Sie, der Geist vom Schneider spukt hier herum und flüstert Ihnen, wer ihn erwürgt hat?"

„Wir glauben, es gibt einen Zusammenhang zwischen den Morden. Ich bin beauftragt, mir die Tatorte und Akten noch einmal genauer anzusehen." Jarek steckte den Ausweis wieder ein, ging noch einen Schritt auf den Mann zu. „Die Untersuchung ist jedoch vertraulich. Ich bitte Sie daher, meine Arbeit und die Fragen, die ich Ihnen stelle, nicht an die große Glocke zu hängen. Verstanden?" Der Alte nickte: „Denke aber nicht, dass ich Ihnen viel erzählen kann. Hatte an dem Tag keine Schicht." „Wie heißen Sie denn?" Jarek zückte seinen Notizblock, wartete auf eine Antwort. „Hinrich Büschken."

„Wissen Sie, wo genau die Tat stattgefunden hat?" Der Alte zeigte in die hintere rechte Ecke der Umkleide. Beide Männer begaben sich zum Tatort. „Hier hat er wohl gelegen, mit dem Kopf Richtung Ausgang." Aus irgendeinem Grund vermieden es die Männer, auf die Stelle zu treten, an der die Leiche einst lag. Jarek sah sich um, dachte nach. „Was war denn der Schneider so für ein Kollege, kannten Sie den gut?"

Büschken hatte Eimer und Schrubber abgestellt, die Hände in die Taschen gesteckt. „Klar kannte ich den gut, seit 1939. Ich war ja schon in Rente, da haben sie mich als zweiten Mann wieder in die Kaue geholt. Habe mit dem Schneider zusammen insgesamt drei Waschkauen betreut." Er setzte sich langsam auf eine Bank, blickte von unten zu Jarek herauf. „Der Schneider war nicht einfach zu nehmen. Keinen Streit vermeiden, das war sein Motto. Er hat sich mit vielen von den Männern angelegt, und sich damit die Sache nicht leichter gemacht."

Er nahm den Hut ab, kratzte sich die Glatze. „Er hat sich manchmal benommen, als wäre die Kaue sein Eigentum."

Jarek öffnete einen mit Draht verschlossenen Spind, während Büschken weitersprach: „Aber so unbeliebt, dass ihn da gleich einer erwürgt, so schlimm war er auch nicht." Aus dem Spind schlug Jarek ein unangenehmer Geruch entgegen: alter, muffiger Schweiß, feuchtes Leder. Er zog einen Bügel aus dem Spind, an dem eine alte, abgetragene Jacke hing. Sie hatte Flicken an den Ärmeln, einen speckigen Kragen. Unter der Jacke eine dunkelgraue Hose, auch sie alt und abgetragen. Unten im Spind sah Jarek ein paar ausgetretene Schuhe, in denen dreckige Socken steckten. Jarek durchsuchte die Taschen der Jacke. Sie waren leer. In einem Fach oberhalb des Spindes sah Jarek einen Kamm, ein kleines Stück Seife, eine leere Flasche mit Bügelverschluss.

Er hängte die Sachen zurück in den Spind, verschloss ihn wieder mit dem Draht. Er klopfte mit dem Knöchel seines Zeigefingers an die Tür. „Meinen Sie, es gibt hier in der Umkleide etwas, was es sich zu stehlen lohnt? Die Klamotten hier sind ja nichts mehr wert. Verwahren einige der Männer hier Wertgegenstände?"

Büschken lachte: „Ich schmeiß mich weg, Wertgegenstände! Der ist gut! Wovon träumen Sie denn nachts? Die Männer hier sind einfache Malocher. Die ziehen zur Arbeit natürlich nicht ihren Sonntagsanzug an. Wertgegenstände, wie eine teure Uhr, besitzt hier niemand. Und wenn, dann bringt er sie nicht mit auf Schicht." Er schüttelte den Kopf, überlegte. „Was aber natürlich nicht heißt, dass hier nicht auch geklaut wird."

Jarek setzte sich Büschken gegenüber auf eine Bank. „Was wird denn so geklaut, erzählen Sie mal", forderte er den Alten auf. „Oh, Kollegenschweine gab es hier schon immer. Schon vor dem Krieg wurde geklaut: Handtücher, Seife, Zigaretten. Kleinkram halt. Gelegenheitsdiebstahl. Man durfte halt nichts liegenlassen." Der Alte machte eine Pause, sah Jarek ernst an. „Mit dem Krieg und der schlechten Versorgungslage nahmen die Diebstähle dann zu. Sie wissen ja, wie die Lage so ist. Wann haben Sie das letzte Mal ein Paar neue Schuhe gekauft?", fragte er Jarek.

Der antwortete ausweichend: „Tja, das ist schon ein bisschen her." Büschken hob den Zeigefinger: „Sehen Sie. Wenn Sie heute einen Sohn haben, und der braucht ein paar neue Schuhe, dann sieht das schlecht aus. Es werden ja seit Neununddreißig fast nur noch Knobelbecher für die Wehrmacht hergestellt."

Jarek wusste, dass mit Knobelbechern Soldatenstiefel gemeint waren. Er nickte dem Alten aufmunternd zu. „Früher haben die Männer ihre Schuhe noch unter die Bänke oder auf den Spind gestellt. Heute macht das keiner mehr." Büschken sah Jarek eindringlich an, seine Stimme wurde leiser. „Und seitdem die Rationen gekürzt wurden, kommt es auch häufiger vor, dass Brotdosen, Henkelmänner oder Kaffeekannen geklaut werden. Es ist eine Schande, was mit Deutschland passiert." Der Alte schüttelte traurig den Kopf.

Jarek stand auf, ging an einen Spind in der Ecke, in der die Leiche gefunden wurde. Er stellte sich vor, er wäre der Täter: Nach Schichtende schleicht er sich in die Waschkaue. Die Kaue ist leer. Er sucht nach einem offenen Spind. Vielleicht hat er auch Werkzeug dabei, um ein Schloss zu knacken. Er macht sich gerade an einem Spind zu schaffen, durchsucht ihn, als der Waschkauenwärter unverhofft in der Tür steht. Schneider, mit seiner ruppigen Art, blafft ihn an.

Er dreht sich um, blickt zum Eingang. Er sieht Schneider in der Tür stehen, den einzigen Ausgang versperrend. Schneider kommt auf ihn zu. Er keift, beschimpft ihn als Dieb. Schließlich steht Schneider genau vor ihm, in Reichweite seiner Arme.

„Wissen Sie, ob an dem Tag, an dem Schneider ermordet wurde, etwas gestohlen wurde? Kleidung vielleicht oder Nahrung?", fragte er Büschken. Der schüttelte den Kopf: „Nee, keene Ahnung. Ich hatte ja keine Schicht. Aber ich denke nicht, da hätt ich von gehört. Fressalien lässt sowieso keiner mehr im Spind. Stullen nimmt man mit zum Arbeitsplatz. Aber da sind die auch nicht unbedingt sicher. Kommt vor, dass den Männern die Pausenbrote aus der Tasche geklaut werden. Verdammter Krieg."

Jarek machte sich Notizen. „Sagen Sie, ist hier vielleicht ein Spind frei? Ich habe mein Büro nebenan unter der Hochstraße. Werde in den kommenden Tagen vielleicht öfter zum Duschen herkommen." Der Alte blickte verschwörerisch. „Eigentlich sind keine Spinde frei. Aber ich habe hier einen Spind für mich, den ich nicht nutze. Das kostet aber." Büschken zog einen Schlüsselbund aus der Tasche, löste einen Schlüssel daraus. „Spind Nummer 237. Mit Schloss wären das 10 Mark für drei Monate. Zahlbar im Voraus."

Jarek nickte wortlos, gab ihm das Geld. Er beabsichtigte, für den Fall seiner Flucht ein Depot in dem Spind vorzubereiten. Es wäre vielleicht von Vorteil, wenn er über einen zweiten Satz Zivilkleidung verfügte von dem Schöppke und von Kessel nichts wussten.

„Die Firma dankt!", sagte Büschken, steckte den Zehner lächelnd ein. „Müsste mich langsam an die Arbeit machen. Oder haben Sie noch Fragen?" Jarek verneinte „Nein danke, machen Sie mal. Ich werde dann jetzt mal duschen." Büschken verschwand mit Eimer und Schrubber im WC. Jarek ging zu der Bank, an der er sein Handtuch abgelegt hatte. Er zog sich aus, betrat den Duschraum.

Im Arbeitslager gab es kein warmes, geschweige denn heißes Wasser. Er stellte sich unter eine Brause, öffnete den Hahn. Es war überwältigend. Erneut stiegen ihm die Tränen in die Augen, aber er hatte sich sofort wieder im Griff. Die Dusche tat ihm unendlich gut. Er genoss die Hitze, seifte sich gründlich ein.

Nachdem er sich abgetrocknet und angekleidet hatte, verließ er die Waschkaue. Büschken war noch immer in der Toilette zugange. Jarek klopfte kurz an die Tür: „Danke und dann bis demnächst", verabschiedete er sich. „Ja, danke auch, viel Erfolg dann noch."

Wieder empfing Jarek die totale Dunkelheit des nächtlichen Stahlwerks. Langsam ging er in Richtung der Treppe, als er oben auf der Hochstraße ein schwaches Licht entdeckte. Ein Mann, ausgestattet mit einer einfachen Laterne, in der eine Kerze brannte, kam langsam und vorsichtig die Treppe herunter.

Jarek verließ den Gehweg, ging ein Stück auf die Straße. Er stand jetzt zwei Meter neben dem Weg, beobachtete den Mann. Dieser hatte den Arm vor sich ausgestreckt, blickte angestrengt in die Dunkelheit. Er bewegte sich in Jareks Richtung, wollte wohl ebenfalls zur Waschkaue. Jarek bewegte sich nicht, verhielt sich still. Seinen Kopf neigte er nach vorn, sodass die dunkle Mütze sein Gesicht verdeckte. Die Hände hatte er in den Hosentaschen. Er spürte das Springmesser in der rechten Hand.

In nur zwei Metern Entfernung ging der Mann, ein Arbeiter, an ihm vorbei, ohne ihn zu bemerken. Die Lampe beleuchtete gerade so den Weg vor ihm, erreichte Jarek jedoch nicht. Jarek sah ihm hinterher. Es wäre ein Leichtes für ihn, den Mann zu verfolgen. Wer sich im Stahlwerk auskannte, der konnte die Dunkelheit für sich nutzen. Jarek war sich sicher: Der Mörder kannte sich im Stahlwerk aus.

Vorsichtig und leise setzte Jarek seinen Weg fort. Er ging die Treppe hoch, stand oben auf der Hochstraße. In der Ferne konnte er die Lichter eines Lkws erkennen, der mit abgeklebten Scheinwerfern die Straße entlangfuhr. Bei einer Werkshalle wurde kurz ein Tor geöffnet, rotes Licht schien heraus. Dann wieder Dunkelheit.

Er stand oben auf der Treppe, wollte gerade hinabsteigen, als er unten Schritte hörte. Eine Person kam aus der Richtung seines Büros. Wie er, besaß auch sie keine Lampe oder nutzte sie nicht. Die Person gab sich keine Mühe leise zu sein. Die Schritte waren laut zu vernehmen. Er vermutete einen schweren Mann mit Arbeitsschuhen. Unten an der Treppe stoppten die Schritte plötzlich. Jarek starrte in die Dunkelheit hinab. Was, wenn die Person die Treppe hochstieg? Sollte er die Person ansprechen, sich zu erkennen geben? Oder wie zuvor die Dunkelheit nutzen, der Person aus dem Weg gehen? Dazu kam es nicht. Die Schritte entfernten sich, die Person setzte ihren Weg unten auf der Straße fort. Leise stieg Jarek die Treppe hinab. Angestrengt horchte er in die Dunkelheit hinaus, aber bis zu seinem Büro war er scheinbar allein unterwegs.

Zurück im Büro verriegelte Jarek die Tür hinter sich. Er blickte auf die Uhr, viertel nach elf. Sein Ausflug hatte in der Dunkelheit länger gedauert als angenommen. Müde zog er sich aus, löschte das Licht. Auf seinem Feldbett liegend ließ Jarek den Tag Revue passieren. Er schloss die Augen, versuchte zu schlafen. Aber jedes Mal, wenn er die Augen schloss, sah er Schöppke, wie dieser mit einem unsichtbaren Hammer auf ein imaginäres Opfer am Boden einschlug. Jarek wusste, wovon er in dieser Nacht träumen würde.

Tag 2

Schöppke trat ein, ohne anzuklopfen. Unter dem Arm trug er eine große Aktentasche. Er nickte Jarek freundlich zu und begrüßte ihn mit perfektem Polnisch: „Dzien dobry, panie Kruppa!" Jarek zeigte sich beeindruckt, zog die Mundwinkel herunter, deutete eine Verbeugung an: „Dzien dobry, panie Schöppke! Wo haben Sie denn so schnell so gut Polnisch gelernt?" Schöppke grinste breit und zufrieden. „Tja, Sie sind hier nicht das einzige Sprachgenie." Er streckte stolz die Brust raus. „Ich kann noch mehr: Kurwa, Guwno, Pizda, Ciul, Pedal, Dupek ..." Jarek hielt sich in gespieltem Entsetzen die Ohren zu: „Aufhören, stopp. Das sind ja die übelsten Schimpfwörter. Wissen Sie überhaupt, was die bedeuten?" „Klar! Kurwa heißt Hure, Guwno Scheiße, Pizda bedeutet ..." Jarek hielt sich erneut die Ohren zu, lachte dabei: „Es reicht, es reicht!"

Schöppke freute sich wie ein kleiner Junge, der seinem großen Bruder einen guten Streich gespielt hatte. Lachend zog er sich die Jacke aus, setzte sich an den Tisch. Jarek wurde aus Schöppke nicht klug. Der Mann musste sich gestern noch auf die Suche gemacht haben, nach einem Kollegen, der Polnisch sprach. Hatte er nichts Besseres zu tun?

Schöppke grinste immer noch, kramte in der Aktentasche: „Heute sind Sie es aber, der reichlich verpennt aussieht, mein lieber Herr Kruppa. So dicke Tränensäcke hat ja nicht mal meine Alte. Haben Sie denn nicht gut geschlafen?" Jarek hatte tatsächlich nicht viel Schlaf gefunden. Er grübelte die halbe Nacht, wälzte sich. Mehrmals stand er auf, um seine Aufzeichnungen einzusehen, notierte sich Stichworte und Fragen. Um fünf hielt es ihn nicht mehr im Bett. Er wusch und rasierte sich, war um sechs schon als einer der Ersten bei der Speisehalle. Zu seinem Erstaunen war die Straßenbeleuchtung eingeschaltet. Scheinbar wurde die Verdunkelung zu bestimmten Zeiten aufgehoben. Er versorgte sich mit Proviant für den Tag, gönnte sich ein reichliches Frühstück. Und er kam zu ersten, wichtigen Erkenntnissen.

„Während Sie sich einen schönen Feierabend gegönnt haben, habe ich gearbeitet. Ich habe mit dem Waschkauenwärter nebenan gesprochen. Das Gespräch war äußerst aufschlussreich." Jarek ging zu der Wand, hinter der die Waschkaue lag. Er klopfte mit der Faust dreimal gegen die Wand, drehte sich zu Schöppke: „Ich denke, ich kann nun erklären, was da drüben vorgefallen ist." Schöppke hatte einen dicken, schweren Aschenbecher aus Messing aus der Tasche gekramt, dazu eine Schachtel Zigaretten. Er blickte Jarek neugierig an, zog die Augenbrauen hoch: „Na, da bin ich aber gespannt. Schießen Sie los!"

Jarek überlegte kurz, bereitete seine Antwort im Geiste vor. Er ging langsam zum Tisch, setzte sich, sah Schöppke an: „Der Mord war der erste Mord, den unser Freund je in seinem Leben begonnen hat. Der Mord war, im Gegensatz zu allen anderen Morden, nicht geplant. Und, der Mord hat unseren Freund erst zum Serienmörder gemacht. Er war die Initialzündung für alle anderen Morde." Schöppke lehnte sich zurück, sein Gesicht zeigte echte Verblüffung: „Sapperlot! Das sind ja ne Menge Erkenntnisse. Wie kommen Sie denn darauf?"

Jarek lehnte sich zurück, verschränkte die Hände vor der Brust, so, als würde er beten. „Von Kindesbein an lernen wir, dass das Leben eines Menschen heilig ist: Du sollst nicht töten. Wir wissen zudem, dass Mord schwer bestraft wird. Mord verjährt nicht. Einen Menschen zu töten, das ist für einen geistig gesunden Menschen alles andere als einfach."

Jarek überlegte kurz, wie er Schöppke, der keine kriminalistische Ausbildung hatte, den Sachverhalt erklären konnte. „Sind Sie in der Badeanstalt schon mal vom Zehn-Meter-Turm gesprungen?" Schöppke schüttelte den Kopf: „Ich kann nicht schwimmen." Jarek blieb bei dem Beispiel. „Beim ersten Mal haben Sie höllische Angst. Es ist entsetzlich. Das Schlimmste, was Sie je in Ihrem Leben gemacht haben. Aber beim zweiten Mal, da gibt es diese Angst nicht mehr. Sie ist verflogen. Jetzt macht es Ihnen vielleicht sogar Spaß." Jarek beugte sich nach vorn, legte die Ellenbogen auf den Tisch. Er sah Schöppke an. „Das Beispiel habe ich mir nicht ausgedacht. So hat es mir vor einigen Jahren mal ein Mörder erklärt." Schöppke zog die Augenbrauen hoch.

Jarek fuhr fort: „Unser Freund hatte nicht vor, jemanden zu ermorden. Er schlich da in der Waschkaue herum. Ich denke, er wollte etwas stehlen. Da wurde er von Horst Schneider überrascht. Der soll wohl ein ganz schöner Kotzbrocken gewesen sein. Keinen Streit vermeiden, so beschrieb ihn sein Kollege." Schöppke zündete sich nervös eine Zigarette an. „Ich dachte, Sie rauchen nur Zigarre?" „Irrtum. Ich rauche alles, was qualmt. Zur Not auch nen alten Teppich." Schöppke zwinkerte ihm zu.

„Sie kennen ja die Kaue. Da gibt es nur einen Ausgang. Und im Raum stehen überall die Bänke. Der Schneider hat unseren Freund in die Ecke gedrängt und da gestellt. Ihn beschimpft, vielleicht bedroht. Und da ist es dann passiert. Der Mistkerl hat ihn gepackt und erwürgt."

Jarek stand auf, bewegte sich unruhig. So wie gestern Schöppke, imitierte diesmal er den Täter. Er streckte seine Hände aus, brachte sie in Würgestellung: „Haben Sie schon mal jemanden erwürgt?" Schöppke nickte eifrig: „Klar, meine Alte. Aber der Satan ist zäh. Hat's überlebt." Jarek ließ sich durch den dummen Spruch nicht beirren: „Er hat ihn von vorn gepackt, ihm mit beiden Händen und voller Kraft den Hals zugedrückt. Sie standen dabei ganz nah beieinander." Jarek nahm die Hände runter, wandte sich zu Schöppke: „Das ist so ziemlich die schwerste und härteste Art, jemand zu töten. Sie sehen dem Opfer ins Gesicht. Sie riechen seinen Atem. Sie hören sein Röcheln. Sie sehen, wie die Augen aus dem Kopf treten.

Das Opfer zuckt, es kämpft. Sie spüren, wie es stirbt. Irgendwann sinkt es zu Boden, aber Sie müssen dranbleiben, weitermachen. Bis es zu Ende ist."

Schöppke blickte gedankenverloren ins Leere, ergänzte: „Er hat dem Schneider sogar den Kehlkopf gebrochen. Die Polizei sagte, da gehört schon was zu." Jarek atmete schwer, setzte sich wieder auf seinen Stuhl. „Das war sein Sprung vom Zehn-Meter-Turm. Alle anderen Opfer wurden dann von hinten ermordet, den Bangemann mal ausgenommen. Und bei keinem anderen Opfer außer Könneke hat er die bloßen Hände benutzt, immer ein Tatwerkzeug. Das belegt für mich, dass diese Morde geplant waren."

Schöppke war beeindruckt. Er drückte die Kippe aus, hob die Hand zum Salut an die Stirn. „Kompliment, das ist gut kombiniert. Macht Sinn. Aber wo ist das Motiv für die anderen Morde? Es wurde nirgendwo etwas gestohlen. Raubmord kommt also nicht infrage." „Richtig, Raubmord kommt nicht infrage. Aber wir sind einen Schritt weiter." Jarek zeigte auf die Karte: „Irgendwo da draußen versteckt sich nicht nur der Täter, sondern auch das Muster. Wenn wir das Muster finden, dann finden wir auch den Täter. Momentan ist es noch zu früh, Mutmaßungen anzustellen. Aber von Kessel hat wahrscheinlich recht. Auch ich tippe auf einen Arbeiter. Aber warten wir es ab."

Jarek nahm wieder Platz, zeigte mit dem ausgestreckten Zeigefinger auf Schöppke: „Mit Ihnen habe ich noch ein Hühnchen zu rupfen." Er legte dabei einen bösen Unterton in seine Stimme. Schöppke sah ihn erschrocken an, sagte nichts. „Sie haben mir nicht gesagt, dass man ohne Taschenlampe hier nachts sein Leben riskiert. Beim Gang zur Waschkaue war es gestern Abend stockdunkel." Schöppke schmunzelte, blickte schuldbewusst.

„Gestern war es wirklich finster wie im Bärenarsch. Aber so dunkel ist es nicht immer. Und wir haben auch nicht ständig komplette Verdunklung auf den Straßen. Ich werde Ihnen aber umgehend eine Taschenlampe organisieren. Aber eins nach dem anderen. Hier sind erst mal die Akten." Er hob die Tasche vom Boden auf, nahm die Akten heraus und legte sie vor Jarek auf den Tisch.

Auf dem Tisch lag ein Stapel graubraune Pappdeckel, zwischen denen einige Blätter Papier herausschauten. Der gesamte Stapel war vielleicht fünf Zentimeter hoch. Jarek war verblüfft: „Das ist alles? Sie wollen mich wohl auf den Arm nehmen, was?"

„Ich habe es Ihnen ja gesagt. Die Duisburger Polizei ist personell genauso ausgedünnt wie der Werkschutz. Die arbeiten auch nur mit Notbesetzung. Außerdem ist man dort der Meinung, man wäre nicht so recht zuständig für uns. Wir sind ja nicht in Duisburg, sondern nebenan." Jarek nahm sich den obersten Pappdeckel. Auf dem Deckel befand sich ein Aufkleber: Kriminalpolizei Duisburg. Mordkommission. Akte Henrietta Ackermann. AZ 0171-1942. Er klappte den Deckel zurück, blätterte durch die Papiere. Obenauf der vorläufige Untersuchungsbericht. Läppische zwei Seiten. Auf Seite zwei ein großer Stempel, dazu eine große, wichtigtuerische Unterschrift. Dahinter der Obduktionsbericht, eine knappe halbe Seite. Jarek überflog beide Schriftstücke. Er las nichts, was er nicht schon von Schöppke gehört hatte. Das nächste Blatt, handschriftlich notiert, Zeugenaussagen. Auch hier: nichts Neues. Es folgte ein Umschlag, der scheinbar einige Fotos enthielt. Jarek war fassungslos. Er sah Schöppke wütend an:

„Das ist doch nicht Ihr Ernst, oder? Ist das die berühmte deutsche Gründlichkeit? Eine Frau wird ermordet, und die Polizei liefert dazu vier Blatt Papier ab? In Polen wird ein Autodiebstahl besser dokumentiert. Wo sind die Skizzen vom Tatort? Inventarlisten? Vernehmungsprotokolle?" Jarek schüttelte aufgebracht den Kopf. Schöppke blickte betreten zu Boden. Jarek öffnete den Umschlag.

Er enthielt drei Fotos. Das erste Foto zeigte die Leiche, wie sie über dem Waschbecken lag. Der Unterkörper war entblößt, der Oberkörper von Kleidung bedeckt. Jarek wusste nicht warum, aber in seiner Vorstellung war die Putzfrau Henrietta Ackermann eine ältere, dicke Frau. Aber dem war nicht so. Jarek sah auf dem Foto lange, schlanke, wohlgeformte Beine. Eine schmale Taille, dazu ein strammer Po. Henrietta Ackermann war eine junge, gut gebaute Frau. War sie auch hübsch? Jarek betrachtete das zweite Foto.

Man hatte dazu die Leiche vom Waschbecken genommen und auf dem Boden auf den Rücken gelegt. Die Kleidung hatte man so weit entfernt, dass Gesicht und Hals zu erkennen waren. Es war kein schöner Anblick. Die Schnur, die der Täter zur Strangulation verwendet hatte, hatte sich tief in den Hals eingeschnitten. Die Zunge ragte wie ein Fremdkörper aus dem Mund heraus, dunkel angeschwollen. Die Augen quollen weit aus den Augenhöhlen heraus. Die Blutgefäße in den Augen waren geplatzt, wodurch die Augen wie zwei schwarze Kugeln aussahen. Das gesamte Gesicht war im Todeskampf verzerrt, die Haare zerzaust. Jarek atmete tief durch, blickte zu Schöppke: „Kannten Sie die Ackermann?" Schöppke schüttelte den Kopf: „Nee. Ich bin zwar schon seit über dreißig Jahren im Werk, aber natürlich kenne ich nicht jeden." Jarek sah sich das dritte, letzte Foto an.

Es zeigte eine junge, hübsche Frau. Eine weiße Rüschenbluse, die Haare hochgesteckt. Sie lächelte glücklich. Neben ihr saß auf einem Tischchen ein kleiner Junge, der einen Matrosenanzug trug. Neben dem Knaben saß ein gutaussehender Mann, einen Arm auf das Tischchen aufgelegt. Er blickte ernst in die Kamera. Bekleidet war er mit einer Uniform der Deutschen Wehrmacht. Jarek drehte das Foto herum. Mit Bleistift geschrieben stand dort: Henri, Alfred und Wilhelm. Mai 39. „Was wissen Sie über die Ackermann? In der Akte steht ja fast nichts Persönliches." Schöppke räusperte sich: „Sie war Witwe. Ihr Mann ist im Mai 1940 bei Sedan gefallen. Sie hatte drei Kinder. Der älteste, Alfred, war gerade mal sechs, als sie starb. Sie lebte mit ihren Eltern und der Schwiegermutter zusammen im Haus der Eltern. Sie hatten es nicht leicht. Die Eltern und die Schwiegermutter sind allesamt Rentner. Einfache Leute. Sie war die Einzige, die ein Einkommen hatte. Nach dem Tod des Mannes war Schmalhans Küchenmeister." Jarek blickte immer noch auf das Foto. „Bekam sie keine Witwenrente?" In Schöppkes Stimme klang etwas Zynisches mit: „Ihr Mann war ja kein Offizier. Er hat es als Funker nur bis zum Obergefreiten gebracht. Wissen Sie, was es da an Witwenrente gibt?" Jarek legte die Fotos zurück in die Akte und warf sie zu den anderen auf den Tisch.

„Wenn die restlichen Akten auch so aussehen, dann kann ich mir die Durchsicht erst mal sparen. Was sind denn Ihre Pläne für heute? Würde mir gern weitere Tatorte ansehen, Zeugen befragen." Schöppke hob die Tasche vom Boden auf, zog ein versiegeltes Schriftstück daraus hervor. „Ich muss rüber zur Stahlkocherei, das hier bei dem Produktionsleiter Herrn Duttsche abgeben." Jarek blickte auf die Karte: „Da sind mehrere Tatorte in der Nähe. Ich begleite Sie, auf geht's."

Sie gingen nebeneinander durch den grauen Novembermorgen. Es war nebelig und kalt, ein leichter Nieselregen fiel auf die Männer herab. Sie hatten die Kragen ihrer Jacken hochgestellt, die Mützen tief in die Gesichter gezogen. Schöppke hatte die obligatorische Kippe im Mund. „Warum setzt man Sie als Postboten ein?", wollte Jarek von Schöppke wissen. Der schnaufte verächtlich. „Postbote? Besser wäre Geheimkurier! Wir stellen hier nicht nur Stahl her, wir entwickeln auch neue Stahlsorten. In dem Umschlag ist das Kochrezept für einen neuen, verbesserten

U-Boot-Stahl. Streng geheim, kam gestern aus dem Rüstungs-ministerium." Sie gingen den gleichen Weg wie gestern, über-querten die Hochstraße.

Oben angekommen, zeigte Schöppke auf eine riesige Halle am Horizont: „Da geht's hin, dauert ein bisschen. Wir gehen an den Gleisen lang, ist kürzer." Er setzte seine Ausführungen fort: „Normalerweise wird so etwas mit der Rohrpost geschickt, aber da gibt es wohl heute irgendwo einen Klemmer." „Rohrpost?", fragte Jarek von der Seite. Schöppke blickte ihn grinsend an: „So was habt ihr wohl in Polen noch nicht, wa? Na, dann erklär ich mal. Hier unter dem Boden sind überall Rohre verlegt, mit so zehn Zentimeter Durchmesser. Durch diese Rohre können mittels Druckluft Kartuschen verschossen werden. Diese Kartu-schen können gefüllt werden, mit Materialproben oder auch mit Dokumenten. Ist eine tolle Sache. Wenn es denn funktioniert."

Sie hatten die Gleise erreicht und gingen jetzt auf einem matschigen Trampelpfad weiter. „Wissen Sie überhaupt, wie genau so ein Stahlwerk funktioniert?" Jarek schüttelte den Kopf: „Vage, nur ganz vage" Das schien Schöppke zu gefallen, er grinste zufrieden. „Na, dann will ich doch mal mein Wis-sen mit Ihnen teilen. Kann ja nicht schaden, wenn Sie ein paar Fachbegriffe kennen." Er blieb stehen und zeigte auf einen der weit entfernten, qualmenden Hochöfen: „Ein Hochofen ist im Prinzip nichts anderes als ein riesiger, feuerfester Topf. In diesen Topf gibt man Eisenerz, also ein eisenhaltiges Gestein. Dazu kommt als Brennmaterial Koks. Dann folgen noch einige Zuschläge, zum Beispiel Kalkstein. Fertig. Jetzt wird die gan-ze Suppe entzündet. Diesen Vorgang nennen wir Anblasen." Schöppke nahm einen letzten, tiefen Zug von seiner Zigarette, schnippte die Kippe weg. Sie gingen weiter.

„Von unten wird jetzt noch Luft in den Ofen geblasen. Der Koks verbrennt, das Eisenerz schmilzt. Dabei bildet sich bei zweitausend Grad flüssiges Roheisen. Das flüssige Gestein, die Schlacke, ist leichter als das Eisen und liegt darüber. Beim Abstich wird der Ofen an der Unterseite geöffnet, Eisen und Schlacke werden voneinander getrennt abgelassen. Das ist der Moment, wenn es so schön rot leuchtet am Himmel." Schöppke zeigte mit einer großen Geste in den dunkelgrauen Himmel. „Mit dem Roheisen kann man jetzt noch wenig anfangen. Es fließt daher in riesige Pfannen, die auf Güterwaggons stehen. Die gehen dann in die Stahlkocherei. Und erst da wird mit verschiedenen Verfahren aus dem Roheisen Stahl gemacht."

Sie waren der Halle nähergekommen und konnten erkennen, dass vor der Halle eine dampfende, große Lokomotive stand. Schöppke zeigte auf die Lok und erklärte weiter: „Der flüssige, fertige Stahl wird dann in verschiedene Formen gegossen. Wir fertigen hier in der Regel zunächst Brammen. Diese dicken, schweren Brammen kommen auf Waggons und werden im Walzwerk weiterverarbeitet." Die Lok gab zwei laute Pfeiftöne von sich. Rauch stieg auf, sie setzte sich langsam in Bewegung. Schöppke sah zur Lok hin und zog Jarek wortlos vom Weg herunter. Sie gingen einige Schritt beiseite, standen im grauen Dreck. „So fette, zig tonnenschwere Brammen können viele Betriebe natürlich nicht weiterverarbeiten. Daher machen wir daraus in unseren Walzwerken dünnere Bleche. Das können beispielsweise Platinen sein, die zwischen zwei und zehn Zentimeter dick sind. Oder Feinbleche, die dann als Flachblech oder aufgewickelt zu Spulen weiterverkauft werden.

Die Lok war ihnen deutlich nähergekommen. Der Lokführer gab erneut eine Reihe Pfeifsignale ab, diesmal in schneller, hektischer Folge. Schöppke hob den Arm, zum Zeichen, dass er verstanden hatte. Er zog Jarek zwei weitere Meter von den Gleisen weg. Sie standen jetzt knöcheltief im Matsch, Wasser lief ihnen in die Schuhe. Schöppke ließ sich davon nicht beirren, fuhr fort: „Die dickeren Platinen werden unter anderem bei U-Booten, Panzern und Kriegsschiffen eingesetzt."

Die Lok fuhr langsam an ihnen vorbei. Der erste Waggon hinter der Lok war frei. Dann folgten einige Waggons mit den von Schöppke beschriebenen riesigen Metallbrammen. Plötzlich wusste Jarek, warum der Lokführer sie von den Gleisen vertrieben hatte: Die Brammen strahlten eine ungeheure Hitze ab. Es war unerträglich. Obwohl sie rund vier Meter von den Gleisen entfernt standen, mussten Jarek und Schöppke sich umdrehen. Sie standen nun mit dem Rücken zu den Gleisen. Schöppke grinste: „Jetzt verstehen Sie, warum ich lieber in die Pampe steige, als mir die Fresse grillen zu lassen." Jarek spürte die Hitze durch seine Jacke: „Da kann man ja Spiegeleier drauf braten. Jetzt begreife ich auch, warum der erste Waggon unbeladen war." Sie warteten, bis der Zug laut scheppernd an ihnen vorbeigefahren war, und gingen wieder auf den Weg neben den Gleisen. Schöppke blickte Jarek an, hob warnend die Hand. „Das mit den Spiegeleiern, das vergessen Sie mal ganz schnell wieder. Ich erzähle Ihnen da mal ne kleine, hässliche Geschichte."

Langsam setzten sie ihren Weg fort. „Ist schon ein paar Jährchen her, da hatten wir hier nen neuen Rangierer. Junger Bengel. Nicht der Hellste, aber ein frohes Gemüt. Der sollte an seinem ersten Arbeitstag erst mal nur auf der Lok mitfahren. Sich anschauen, wie das hier so läuft. Aufpassen. Aber der Gutste war der Meinung, er müsste vor den alten Hasen und dem Lokführer gleich zeigen, was er für ne tolle Nummer ist. Er ist während der Fahrt von der Lok abgesprungen, direkt auf einen mit frischen Brammen beladenen Waggon." Schöppke blieb stehen, wandte sich Jarek zu.

„In dem Moment, als er auf der Bramme aufkam, fing sein Kleidung an zu rauchen. Er selbst fing an zu schreien, brüllte wie am Spieß. Dann fiel er der Länge nach auf die Bramme. Sofort schossen Flammen aus seinen Klamotten, die Haare brannten. Sein Geschrei war entsetzlich. Dauerte aber nicht lange, nur ein paar Sekunden." Schöppke machte eine kurze Pause, dachte an das Ereignis von damals zurück. „Er lag dann leblos und brennend auf der Bramme. Keiner konnte ihm helfen." Schöppke machte eine weitere Pause, überlegte, ob er Jarek die ganze Geschichte erzählen sollte. Er sah Jarek ernst an. Der hatte wieder einmal das Gefühl, Schöppke wolle Zeit schinden. Aber dann erzählter er weiter: „Plötzlich fing der Junge an zu prasseln, zu knacken. Die enorme Hitze brachte das Blut in seinem Fleisch und in seinen Knochen zum Kochen. Er platzte auf, wie ein Frankfurter Würstchen." Schöppke drehte sich um, setzte den Weg Richtung Halle fort. Jarek folgte ihm.

„Der Lokführer und die anderen Rangierer standen unter Schock. Sie wussten nicht, wie sie den Toten von der Bramme runterbekommen sollten. Als sie endlich einen langen Schieber besorgt hatten, war's schon vorbei. Die Einäscherung konnten sich die Eltern von dem Bengel ersparen." Schöppke stoppte erneut, wartete auf Jarek, legte ihm freundschaftlich den Arm um die Schulter: „Und deshalb, mein kleiner Freund, merken Sie sich: Springen, setzen oder stellen Sie sich nie auf eine Bramme oder Platine. Man sieht so einer frischen Bramme ja nicht an, dass die innen noch rotglühend ist. Die kann mehrere hundert Grad heiß sein, aber außen ist sie grau. Wie alles hier im Stahlwerk."

Sie erreichten die Halle. Das große Tor, aus dem die Lok zuvor die Wagen gezogen hatte, war wieder geschlossen. Neben dem Tor gab es jedoch eine kleine Tür. Schöppke öffnete sie, verbeugte sich vor Jarek: „Nach Ihnen, panie Kruppa." Jarek betrat die Halle.

„Verdammt, hier drin ist es ja stockdunkel. Ich sehe gar nichts!" Schöppke hatte hinter ihm die Tür wieder geschlossen, schubste ihn dabei ein Stück nach vorn. Er lachte: „Sie haben wohl Schiss im Dunkeln, was? Warten Sie mal ein paar Sekunden, dann geht es schon."

Er hatte recht. Langsam gewöhnten sich Jareks Augen an die Lichtverhältnisse. Er erkannte, dass er sich in einer gigantischen Halle befand. Er konnte die Ausmaße schlecht abschätzen, aber die Höhe der Halle war beängstigend, die Weite beeindruckend. Bis an das Ende der Halle konnte Jarek nicht sehen, dort herrschte Dunkelheit.

Nach und nach entwickelten sich vor Jareks Augen faszinierende Details: An den Wänden rechts und links gab es ein Labyrinth aus Stahlträgern, Rohren, Leitungen. Einige Rohre hatten einen Durchmesser von zwei Metern. Dazwischen etliche zum Teil armdicke Stromkabel. Er sah Metalltreppen, Leitern, Geländer, die bis unter die Hallendecke ragten. Das gesamte Labyrinth war begehbar. Er sah Ketten, Flaschenzüge, Stahlseile. Scheinbar mussten von Zeit zu Zeit Ersatzteile und Werkzeug nach oben transportiert werden. An einigen Stellen ragten Balkone aus dem Metallgebilde. Jarek stellte sich vor, dass Arbeiter von dort aus Abläufe am Boden kontrollierten oder steuerten. Alles versank in einem dunklen Rostbraun. Nur an einigen Stellen sah Jarek gelb gestrichene Geländer.

Links am Boden befand sich eine Vielzahl von Schienen. Sie reichten bis tief in die Halle hinein. Er sah mehrere unbeladene, zu einem kurzen Zug gekoppelte Güterwaggons. Auf der anderen Seite standen verschiedene, riesige Metalltöpfe, mehrere Meter hoch. Daneben ein Stapel Metallplatten, scheinbar die Deckel zu den Töpfen. Jarek staunte. Schon leer mussten die Töpfe zig Tonnen wiegen. Was erst, wenn man sie mit flüssigem Metall füllen würde? Weiter hinten erkannte Jarek Gebilde, die wie überdimensionale, schwarze Schränke aussahen. Er vermutete, dass es sich um Gussformen handelte. Alles war überzogen von einer dicken Schicht aus dunkelbraunem Staub, auch der Fußboden. Ein feiner Rauch lag in der Luft, verschlechterte die Sicht zusätzlich. Die Luft in der Halle war warm und trocken. Dazu roch es nach verbranntem Eisen.

Weit oben unter der Hallendecke sah Jarek ein Gewirr von symmetrisch angeordneten Stahlträgern. Sie trugen das Hallendach. An einigen Stellen gab es so etwas wie Lichtbänder. Aber der Ruß und der Staub hatten das Glas schon vor vielen Jahren blind gemacht. Jarek war beeindruckt. Nur die Dunkelheit verwirrte ihn. Er drehte sich zu Schöppke um: „Wie kann man in dieser Finsternis arbeiten? Warum gibt es hier keine Beleuchtung?" Schöppke lachte wieder. „Das werden Sie schon noch sehen. Da, wo gearbeitet wird, gibt es auch Licht. Aber das kommt nicht von einer Lampe." Er deutete auf den hinteren, linken Bereich der Halle: „Da hinten ist die Meisterbutze vom Duttsche. Da müssen wir hin. Ich geh vor. Und denken Sie daran, nichts anfassen!"

Schöppke wollte sich gerade in Bewegung setzen, aber er stockte. Hinten in der Dunkelheit der Halle tat sich etwas. Jarek erkannte ein ganz schwaches, rotes Leuchten. Es schwebte mitten im Raum, bewegte sich auf sie zu. Über dem Leuchten, fast unter der Hallendecke, tauchte ein heller Fleck auf. Der Fleck wurde langsam größer, in ihm erkannte Jarek eine geometrische Form. Ein Kreuz. Das rote Leuchten und der Fleck näherten sich weiter, wurden größer und größer. Jarek stockte der Atem. Unter der Hallendecke schwebte ein riesiges Hakenkreuz.

Aus der Dunkelheit schälte sich langsam ein Gebilde, wie Jarek es zuvor noch nicht gesehen hatte: ein riesiger Brückenkran. Er war in dem gleichen, schmutzigen Ockergelb gestrichen wie auch die Geländer. Links und rechts, oben auf den Mauern der Hallenwände, befanden sich Gleise. Wie eine Brücke überspannte der Kran die Halle, konnte auf den Gleisen vor- und zurückfahren. An dem Kran hing, an einer Vielzahl von armdicken Stahlseilen befestigt, einer der riesigen Töpfe. Er war mit einem Deckel verschlossen, an den Seiten des Deckels leuchtete rotes Licht nach oben.

Der Kran kam näher. Nun erkannte Jarek auch, was es mit dem Hakenkreuz auf sich hatte: An der Stirnseite des Krans war eine riesige Fahne befestigt. Sie war mehrere Quadratmeter groß, rot, mit einem weißen Kreis. Darin das Symbol, das in Europa für Angst, Schrecken und Terror stand. Schöppke drehte sich zu Jarek um: „Wir müssen erst mal warten. Die werden jetzt eine der Kokillen mit flüssigem Stahl ausgießen. Gibt ein schönes Feuerwerk."

Der Kran näherte sich im Schritttempo. Er stoppte über einem der dunklen Schränke, einer Kokille. Jarek konnte nun sehen, dass der Kran in seiner Mitte offen war. Oben auf dem Kran war das Hebewerk. Es konnte, ebenfalls auf Gleisen, auf dem Kran nach links und rechts bewegt werden. Der Kran war so in der Lage, seine gigantische Last in alle Richtungen im Raum zu bewegen. Der Kranfahrer saß in einer kleinen, verglasten Kabine, die unterhalb des Krans angebracht war. Von dort konnte er alles unterhalb des Krans beobachten, den Kran steuern.

„Der Gusstopf kann bis zu 100 Tonnen wiegen, darin sind 50 Tonnen Stahl. Der Kran kann mehr als 500 Tonnen heben. Sie können sich vorstellen, was da die Wände tragen müssen." Wie ein Marionettenspieler begann der Kranfahrer nun, den Gusstopf zu neigen. Dabei hob er langsam den Deckel an. Gleißend rotes Licht schoss aus dem Topf, erleuchtete die gesamte Halle. „Da haben Sie Ihre Lampe, Kruppa. Zufrieden? Aber es kommt noch besser." Jarek konnte nun auch einige Arbeiter am Boden sehen. Sie hielten sich in sicherer Entfernung unterhalb des Krans auf, trugen hellgraue Hitzeschutzanzüge.

Aus dem Gusstopf floss ein träger, dickflüssiger Strang weißglühenden Stahls. Als der Strahl im Boden der Kokille auftraf, schoss ein gigantischer Funkenregen aus der Kokille. Die Funken spritzten meterweit, von einer Hallenwand zur anderen. Es war das größte Feuerwerk, das Jarek je mit ansehen durfte.

Er und Schöppke sahen fasziniert zu. „Das sieht toll aus, aber die Funken sind kleine Kügelchen aus flüssigem Metall. Wenn Sie so eine abbekommen, dann gute Nacht. Brennt sich zentimetertief ins Fleisch."

Eine große Rauchwolke hatte sich unter der Hallendecke gebildet. Der Kranführer beendete sein Manöver, schloss den Gusstopf. Das Licht erlosch. Er hob den Topf an, der Kran setzte sich wieder rückwärts in Bewegung. Langsam verschwand er im Dunkel der Halle.

„Haben Sie jetzt kapiert, warum es hier keine Beleuchtung braucht? Aber los jetzt, wir müssen weiter zum Duttsche. Zack zack." Schöppke ging voraus, sie hielten sich links in der Halle. Jarek blickte angespannt auf den Hallenboden. Das Licht reichte gerade so aus, um die Umgebung in der Halle schemenhaft zu erkennen. Aber wahrscheinlich kannten die Männer, die hier arbeiteten, die Halle und ihre Laufwege auswendig.

Schließlich erreichten sie eine kleine, an die Hallenwand angesetzte Wellblechhütte mit Flachdach. „Da ist ja das Hexenhäuschen vom Duttsche. Mal schauen, wie der Arsch heute so drauf ist", murmelte Schöppke. Die Hütte hatte nach vorne hin zwei verdreckte, kleine Fenster, daneben eine rostige Metalltür. Über der Tür hing eine Lampe, die den Eingangsbereich beleuchtete. Auf der Tür stand in Großbuchstaben: EINTRETEN OHNE ANZUKLOPFEN. Schöppke grinste, hämmerte dreimal kräftig an die Tür. „Idiot. Kannst du nicht lesen? Herein!", ertönte eine heisere Stimme von innen. Schöppke lachte, sie traten ein.

Als Jarek den Mann erblickte, den Schöppke Duttsche nannte, hätte er fast laut gelacht. Er sah schnell auf den Boden, damit sein breites Grinsen nicht bemerkt wurde: Der Duttsche hatte eine verblüffende Ähnlichkeit mit dem italienischen Diktator Benito Mussolini, genannt Duce. Da war die gleiche runde Kopfform, die Glatze, das breite, ausladende Kinn, die engstehenden Augen. Dazu volle Lippen, nach unten gezogene Mundwinkel. Es war lange her, dass Jarek Bilder von Mussolini in Zeitungen oder Wochenschauen gesehen hatte. Aber er erinnerte sich sofort.

Hinter dem Duttsche hingen zudem diverse Zeitungsartikel, Fotos, ja sogar eine unterschriebene Autogrammkarte vom Original. Daneben eine italienische Flagge. Scheinbar hatte der Duttsche kein Problem damit, wie ein bekannter Diktator auszusehen. Er saß an einem alten Schreibtisch, las gerade Zeitung. Diverse Briefe und Unterlagen waren chaotisch darunter verteilt. Neben ihm stand ein Regal, darin Werkzeug, ein großer Verbandskasten. Vor dem Schreibtisch zwei wackelige Klappstühle. Der Duttsche stand langsam auf, ächzte dabei, hielt sich den Rücken.

„Die Visage kenn ich doch. Schöppke! Womit habe ich das verdient? Was treibt dich denn aus deiner kleinen, lauwarmen Bude, wo du den ganzen Tag mit dem Kruck Onkel Doktor spielst? Ham se schon wieder einen ermordet?" Seine Stimme war heiser, er kam langsam hinter dem Schreibtisch hervor. Schöppke, sonst nicht um dumme Sprüche verlegen, verzog verärgert das Gesicht. Bevor er antworten konnte, legte der Duttsche nach: „Gott sei Dank kann der Kruck nicht schwanger werden. Stell dir vor, wie eure Kinder aussehen würden. Ein Albtraum, Gott bewahre!" Schöppke überlegte sich einen Konter, aber der Duttsche war wieder schneller: „Wie seht ihr zwei denn überhaupt aus? Ganz schmutzige Schuhe. Habt ihr wieder in der Pampe gespielt? Da wird die Mama aber schimpfen, wenn ihr nach Hause kommt." Schöppke hatte scheinbar seinen Meister gefunden. Er gab auf, zog den Brief aus der Tasche: „Tach Duttsche. Spar dir deine blöden Sprüche. Wir sind dienstlich hier. Wenn es um geheime Unterlagen geht, schickt die Werksleitung nur ihren besten Mann."

Diese Steilvorlage ließ sich der Duttsche nicht entgehen: „Der beste Mann vom Werkschutz? Wo ist er denn, der Kruck? Ich sehe ihn nicht!" Schöppke verdrehte genervt die Augen, gab dem Duttsche den Brief. Der brach das Siegel auf, öffnete den Brief, ging zurück hinter seinen Schreibtisch. Er las lautlos in dem Schreiben. „Der Scheiß soll funktionieren? Na, ich muss damit ja nicht abtauchen." Er sah die beiden Männer an. „Sonst noch was? Auf Wiedersehen."

Schöppke verzichtete auf einen letzten Angriff. Sie verließen wortlos die Hütte. Jarek blickte Schöppke, der griesgrämig dreinschaute, von der Seite an: „Stimmt das ...?" Er wartete, bis Schöppke sich zu ihm drehte. „... das mit Ihnen und dem Kruck?" Schöppke sah ihn wütend an. „Na, ich meine natürlich, dass der Kruck der beste Mann vom Werkschutz ist." Schöppke grinste breit, zeigte drohend mit dem Finger auf Jarek. „Der war ja gar nicht schlecht, Kruppa. Gestern noch geheult, und heut schon große Fresse. Sie machen sich. Sollten Sie die Sache überleben, dann hole ich Sie zum Werkschutz. Der Kruck könnte Verstärkung gebrauchen." Scheinbar wusste Schöppke noch, wie's ging.

Als sie aus der Halle traten, atmeten beide tief durch. „So, Brief abgeliefert und mich kräftig verarschen lassen. Meine Aufgabe wäre für heute somit erledigt. Was haben Sie denn jetzt vor, Kruppa?" Jarek zog seine kleine, selbst angefertigte Karte aus der Tasche, die Schöppke sogleich bestaunte: „Oha, Picasso!" Jarek zeigte auf die Karte: „Nicht weit weg von hier ist die Kantine, hinter der es den Botzki erwischt hat. Da würde ich mich gern einmal umsehen. Und dann wieder Richtung Norden, wo es den Doppelmord gab. Was meinen Sie?" Schöppke zündete sich eine Zigarette an, blickte zu Jarek: „Wir müssen nur schauen, dass wir zwischendurch auch was zu beißen bekommen. Bekomme langsam Kohldampf von dem ganzen Rumgelatsche." Sie machten sich auf den Weg.

♦

Der November zeigte sich von seiner schlechtesten Seite. Es war kalt und grau, immer noch lag Nebel über dem Werk. Als sie die Kantine erreichten, waren die Männer vom Nieselregen durchnässt. Schöppke zog geräuschvoll Schleim den Rachen hoch, spuckte sich ungeniert aus. „Wenn ich krank werde, Kruppa, dann ist das Ihre Schuld. Dieses Spazierengehen in der Kälte ist nichts für mich, und mein Knie macht auch schon Zicken." Jarek ignorierte das Gejammer. Die Kantine war ein großer, dunkelbrauner Backsteinbau. An der Vorderseite waren mehrere überdachte Ein- und Ausgänge. Jarek sah bereits einige Männer rauchend davor stehen. Sie gingen seitlich vorbei, bis sie die Gasse hinter der Kantine erreichten.

Die Gasse war schmal. Zwischen der Kantine und der Halle betrug der Abstand gerade einmal sechs, sieben Meter. Beide Hallen waren recht hoch, sodass es auch tagsüber in der Gasse nicht richtig hell wurde. Jarek ging langsam in die Gasse hinein, er sah sich um.

Bei der Kantine gab es nach zehn Metern ein großes, überdachtes Rolltor. Wenige Meter daneben befand sich eine wuchtige Doppeltür. Weiter die Gasse runter, so nach 50 Metern, standen einige große Blecheimer. Jarek stand vor der Tür, blickte nach rechts und nach links. Er sah zu Schöppke herüber, der sich, die Schultern hochgezogen, fröstelnd unter der Überdachung versteckte. „Ich gehe mal davon aus, das Rolltor dient dazu, Ware anzuliefern, richtig?" Schöppke nickte: „Richtig. Jeden Morgen um vier schlagen hier zwei Lkws auf. Dann wird ratzfatz abgeladen. Das dauert keine drei Minuten."

Jarek sah die Gasse hinunter. „Standen die Mülleimer auch da hinten, als der Botzki erschlagen wurde?" Schöppke zündete sich gerade eine weitere Zigarette an, nahm einen tiefen Lungenzug. „Vom Rauchen wird mir vielleicht warm. Abwarten.

Ja, die Eimer standen genau an derselben Stelle." Jarek ging in Richtung der Eimer. Auf halber Strecke blieb er stehen und rief Schöppke zu: „Warum stehen die so weit weg von der Tür? Das ist ja eine regelrechte Wanderung." Schöppke winkte ihm, er solle weitergehen: „Weiter, weiter, Sie werden schon noch sehen." Jarek erreichte die Eimer. Ein widerlicher Gestank umgab sie. Schöppke rief von hinten: „Tausend Nasen soll er haben! Machen Sie mal einen der Eimer auf." Jarek tat wie befohlen.

Der Gestank war nun noch schlimmer. In dem Eimer sah Jarek diverse Lebensmittelreste, verfaulte Kohlblätter, dazu verschimmelte Brotscheiben. Dazwischen zersägte, ausgekochte Knochen. Kartoffelschalen, hauchdünn abgeschält. Ranziges Frittierfett, angebrannte Reste, herausgekratzt aus einer Pfanne. Jarek kontrollierte den Inhalt einer anderen Tonne. Fettiges Zeitungspapier. Darauf Fischköpfe, Gräten. Schleimige Innereien, Schuppen, Haut.

Jarek betrachtete den Boden vor den Tonnen. Nichts deutete mehr auf den Mord an Botzki hin. Er ging zurück zu Schöppke. Er hatte Speisereste in den Tonnen erwartet. Aber es war tatsächlich nichts Essbares darin. „Ich dachte, ein Bauer holt die Eimer ab? Das Zeug frisst doch kein Schwein!" Schöppke nickte. „Ja, seit dem Krieg wird natürlich sehr sparsam mit Lebensmitteln umgegangen. Keiner schmeißt mehr was weg. Die Männer essen jeden Wurstzipfel auf. Und wenn mal einer eine Kartoffel übrig lässt, dann verputzt die ohne Hemmungen der Tischnachbar." Schöppke deute auf die Eimer: „Nee, das Zeug frisst kein Schwein mehr. Sie haben ja erlebt, wie die Eimer riechen. Außerdem locken die die Ratten an, daher stehen die so weit von der Tür weg. Ich glaube, der Bauer haut das alles durch einen alten Kutter und macht daraus Dünger. Hab ich so mal irgendwo gehört."

Jarek ging erneut von der Tür aus Richtung der Eimer. Er überlegte: Der Täter näherte sich Botzki von hinten, bewaffnet mit einem großen Hammer. Jarek wechselte auf die andere Seite der Gasse. Auch die Wand dieser Halle war aus dunklem Backstein. Aber, anders als bei der Kantine, gab es alle fünf Meter einen Stützpfeiler, der zwanzig Zentimeter aus der Wand herausragte. „He, Schöppke, antanzen! Machen Sie sich mal nützlich." Schöppke schlenderte langsam heran. „Stellen Sie sich doch mal hier hinter den Pfeiler, mit dem Rücken eng zur Wand." Jarek ging wieder zurück in Richtung Tür, drehte sich um, wiederholte Botzkis letzten Gang. Er blickte dabei nur nach vorn. Im Augenwinkel war Schöppke nicht zu sehen, er verschwand völlig im Schatten des Pfeilers. „Trotz Ihrer enormen Plauze sieht man Sie von hier aus nicht. Wollen Sie mal probieren?" Sie tauschten die Rollen und auch Schöppke stellte fest, dass eine Person sich problemlos hinter dem Pfeiler verbergen konnte.

„Es war, wie ich es Ihnen gesagt habe. Der Mistkerl hat am Vortag den Hammer besorgt, hier versteckt. Dann ist er hergekommen, hat sich in den Schatten der Pfeiler gestellt und gewartet, bis Botzi rauskam um die Abfälle auszuleeren. Er hat den Mord geplant, definitiv." Die Männer standen in der trostlosen, düsteren Gasse. Schöppke schüttelte den Kopf: „Kruppa, Guwno, sage ich. Der Botzki war Tellerwäscher, Küchenhilfe, Müllmann. Welchen Sinn macht es, einen Zwangsarbeiter zu erschlagen, der den Abfall rausträgt?"

„Das rauszufinden, panie Glupek, dafür sind wir hier." Jetzt war es Jarek, der Schöppke frech angrinste. „Herr Glupek, was bedeutet das? Los, raus mit der Sprache!" Schöppke ahnte, dass Glupek nichts Gutes bedeutete. Er nahm sich vor, seine polnische Quelle diesbezüglich zu befragen.

Jarek ging zielstrebig zur Küchentür. Er klopfte laut, keine Antwort. Er versuchte, die Tür zu öffnen, sie war verschlossen. Aber jetzt tat sich etwas. Die Tür wurde geöffnet, eine ältere Frau mit Haube auf dem Kopf öffnete ihnen vorsichtig. Sie lugte aus dem Türspalt: „Wer ist er und was will er?", schnauzte sie

Jarek an. Der antwortete selbstbewusst: „Kruppa, Werkschutz. Wir untersuchen den Fall Botzki. Ich will Ihren Chef sprechen, ist er da?" Sie nickte eifrig. „Er kommt, einen Moment bitte."

Nach kurzer Zeit öffnete sich die Tür erneut. Ein stattlicher Mann mit weißer Jacke und Kochmütze stand vor ihnen. Er war noch fülliger als Schöppke, hatte ein rosiges, pausbäckiges Gesicht: „Schirek, ich bin hier der Chef. Sie wollen mich sprechen?" Er sah Schöppke hinter Jarek stehen, nickte diesem zu: „Tach, Paule." Jarek ließ Schöppke nicht zu Wort kommen. „Mein Name ist Kruppa, ich unterstütze den Werkschutz bei den Ermittlungen. Kannten Sie den Botzki?" Der Dicke lehnte sich gemütlich an den Türrahmen. „Klaro kannte ich den. Der war seit 39 hier in der Küche und in dieser Zeit mein wichtigster Mann. Er fehlt uns, er fehlt uns sehr." Jarek traute seinen Ohren nicht, blickte sich erstaunt zu Schöppke um. Der zuckte fragend mit den Schultern. „Ihr wichtigster Mann? Ich dachte, er war hier als Küchenhilfe und Putzkraft eingeteilt. Hat er nicht den Müll rausgebracht?"

Schirek lachte trocken: „Da haben Sie falsch gedacht, mein Lieber. Der Botzki war Koch, und was für einer. Hat in Polen bei der Handelsmarine gelernt. Vor dem Krieg hat er fünfzehn Jahre auf See gekocht. Wissen Sie, was das heißt? Der konnte alleine für eine ganze Schiffsbesatzung sorgen. Der war auf Zack. Und er konnte aus Scheiße Gold machen. Kannte tausend Rezepte." Er sah auf Jarek herab, machte eine kurze Pause. Sein Blick war traurig. „Bei Kriegsbeginn haben sie mir drei Hilfsköche weggeholt. Sind alle an der Front, einer ist schon tot. Dann kam der Botzki und ich dachte, verdammt, was willst du mit dem. Ein Pole. Bis du den angelernt hast, vergehen ja Monate. Und dann stellt sich heraus, der Kerl kann kochen wie ein Weltmeister. Und nicht nur das. Der Botzki sprach ein ganz passables Deutsch." Jarek zog erstaunt die Augenbrauen hoch, sah Schirek fragend an. „Ja, ja, der Botzki ist bei der Handelsmarine weit rumgekommen. Die hatten da auch Matrosen aus der Gegend von Danzig. Aber wissen Sie, was das Wichtigste war? Der Botzki war ein feiner Kerl. Wir haben hier alle gern mit ihm zusammengearbeitet." Dem Dicken standen die Tränen in den Augen. Jarek war verblüfft. Weder er noch Schöppke hatten damit gerecht, dass sich der Müllmann Botzki zum heimlichen Chefkoch entwickeln würde. „Wissen Sie, ob jemand einen Grund gehabt haben könnte, ihn zu ermorden?" Schirek richtete sich auf, schüttelte den Kopf: „Nee, wir waren alle total geschockt. Er hat den Müll rausgebracht, freiwillig, wie jeden Tag. Früher haben das die Frauen gemacht. Dass er da erschlagen wird, unglaublich. Jetzt haben wir zwei neue Arbeiter, die gehen immer zu zweit. Sicher ist sicher." Jarek bedankte sich: „Herr Schirek, Sie haben uns sehr geholfen. Eine Frage noch. Haben Sie das so auch alles bei der Polizei angegeben?" Jetzt war es Schirek, der verblüfft schaute. Er blickte vorsichtig zu Schöppke. „Hören Sie, das war ein Zwangsarbeiter. Die Polizei hat die Leiche abgeholt, ein Foto gemacht, das war es. Keine Sau hat uns irgendwas gefragt. Auch vom Werkschutz hat sich hier noch nie jemand dazu blicken lassen." Schöppke blickte betreten drein, sagte nichts. Jarek war zufrieden. „Gut, das war es Herr Schirek, vielen Dank."

Sie gingen wortlos nebeneinander her. Es regnete immer noch, ein kalter Wind machte den Fußmarsch noch unangenehmer. „Hören Sie zu Kruppa. Mir ist kalt, ich friere, und bis da hoch sind es ein paar Meter. Ich mach nen Vorschlag. Wir gehen erst mal in die Kantine, trinken einen heißen Blümchenkaffee. Dazu ne Stulle, kurze Pause. Dabei können wir die Botzki-Sache besprechen. Wenn unsere Klamotten trocken sind, dann geht es weiter. Gut?" Jarek war einverstanden. Auch ihm war kalt, seine Jacke und Mütze waren durchnässt. Eine Erkältung konnte auch er nicht gebrauchen.

♦

Die Kantine ähnelte der, die Jarek schon kannte. Sie war größer und heller, bot mindestens 500 Arbeitern Platz. Schöppke erwähnte, dass hier bis zu 5000 Männer über den Tag verteilt versorgt werden konnten. An den Wänden hingen Propaganda-, aber auch Filmplakate. Im Kino lief gerade Wiener Blut mit einem gewissen Hans Moser.

Um diese Uhrzeit war die Kantine noch relativ leer. Jarek setzte sich an einen abseits gelegenen Tisch. Sie wollten sich ungestört unterhalten. Schöppke organisierte das Essen. Er kam mit einem Tablett zurück, welches er vorsichtig balancierte. Darauf zwei Pötte Kaffee, zwei große, dicke Stullen.

Schöppke hatte scheinbar großen Hunger. Gierig tauchte er die Ecke seines Wurstbrotes in den Kaffee, biss das aufgeweichte Stück ab. Jarek wärmte sich zunächst an seinem Kaffeepott auf. „Woher hatten Sie denn die Information, dass der Botzki nur eine Hilfskraft ist?" Schöppke nuschelte mit vollem Mund: „Hat mir die Polizei so mitgeteilt." Jarek nickte: „Und warum haben Sie keine eigenen Ermittlungen angestellt?" Schöppke legte die angebissene Stulle aus der Hand, richtete den Oberkörper auf. „Weil ich kein Kriminalbeamter bin. Außerdem war mir nicht bewusst, dass die Duisburger Kripo hier so schlampig arbeitet." Jarek trank einen Schluck. „Jetzt wissen Sie, warum ich mich heute morgen so über die dünnen Akten aufgeregt habe. Wir haben nur fünf Minuten vor Ort ermittelt, und ich kenne bereits vier Gründe, warum man Botzki ermordet haben könnte." Schöppke riss die Augen auf. „Was?!" Sein Ausruf war so laut, dass mehrere Männer an den Nachbartischen sich umdrehten.

Sie rückten etwas näher zusammen, Jarek sprach mit leiser Stimme weiter. „Wir haben uns doch gestern darüber unterhalten, welche Möglichkeiten sich dem Werkschutzleiter bieten, seine Versorgungslage zu verbessern. Richtig?"

Schöppke blickte ihn eiskalt an. „Jetzt stellen Sie sich mal vor, welche Möglichkeiten sich dem Chef einer so großen Kantine bieten. Auch der kann die Versorgungslage seiner Familie und Freunde sicher um einiges verbessern. Richtig?" Schöppke antwortete nicht. „Der Schirek sieht jedenfalls nicht wie jemand aus, der sich von 1600 Kalorien am Tag ernährt."

Schöppke nickte jetzt zustimmend: „Der hat sich in seinem gesamten Leben noch keinen Tag von 1600 Kalorien ernährt. Und seine Alte ist noch nen Zacken kräftiger gebaut als er." Jarek schmunzelte. „Sehen Sie. Aber in der Kantine arbeiten ja noch dreißig andere Leute. Da werden auch Begehrlichkeiten herrschen, da bin ich mir sicher. Ich wette, da wird jeden Tag von dem einen oder anderen Mitarbeiter was abgezwackt." Jareks Stimme wurde jetzt noch leiser. „Was, wenn der Botzki da Wind von bekommen hat? Hätte er geplaudert, hätte das den Schirek oder andere ins Arbeitslager bringen können, richtig?" Schöppke schüttelte den Kopf. „Arbeitslager? Ich erzähle Ihnen mal was. Letztes Jahr haben sie in Duisburg Klamotten gesammelt, für die Soldaten an der Ostfront. Eine Frau aus der Kleiderkammer hat ein Paar Handschuhe für ihren Mann stibitzt. Sie wurde geschnappt. Man hat sie dafür an die Wand gestellt."

„Sehen Sie. Schirek und auch Leute vom Personal sind also verdächtig. Schirek selbst traue ich so was nicht zu. Aber wer weiß, mit wem er unter einer Decke steckt. Und Botzki selbst hat auch Nahrung entwendet, da bin ich mir sicher, ganz sicher." Jarek nahm einen Bissen von seinem Brot, spülte ihn mit Kaffee hinunter. „Als Putzhilfe und Tellerwäscher hätte er wohl keinen Zugang zu Lebensmitteln gehabt. Aber als Koch? Wer will denn kontrollieren, ob da zwanzig Eier im Teig sind oder nur achtzehn? Auch eine Scheibe Brot und ein Stück Wurst kann man immer verstecken." Jarek richtete seine angebissene Stulle auf Schöppke: „Ich kenne den Fraß der Zwangsarbeiter. Glauben Sie mir, der Botzki hat jeden Tag was mitgenommen.

Entweder für sich oder für einen Kameraden in der Baracke."

Schöppke, der seine Stulle in der Zwischenzeit verspeist hatte, schüttelte den Kopf. „Aber warum sollte ihn deswegen jemand erschlagen? Und dann auch noch so brutal?" Jarek trank einen letzten Schluck, blickte nachdenklich in den leeren Pott: „Vielleicht hat er jemandem die Unterstützung verweigert? Sich selbst konnte er wahrscheinlich während der Arbeitszeit ganz gut versorgen. Aber viel rausschmuggeln konnte er nicht. Da gab es sicher Neider in der Baracke."

Die Männer hatten ihre Mahlzeit verzehrt. Schöppke blickte Jarek an, spreizte drei Finger: „Schirek, die Kollegen, Neider. Das waren drei Gründe. Wo bleibt der vierte?" Jarek zwinkerte: „Wie viele Frauen arbeiten in der Kantine?" Schöppke zuckte mit den Schultern: „So zwanzig?" Jarek winkte ihn wieder näher zu sich heran, flüsterte: „Wo sind die Männer der Frauen?" „Größtenteils an der Front, denke ich." Jarek machte eine Pause. „Und wo ist der Botzki?" Schöppke lehnte sich langsam zurück, antwortete nicht. Jarek fuhr fort: „Der Botzki war seit drei Jahren hier, und er war scheinbar sehr beliebt. Zudem sprach er gut Deutsch. Es wäre nicht das erste Mal, dass ein Kriegsgefangener sich als Witwentröster versucht." Schöppke nickte eifrig: „Das würde auch zur Tat passen. Ein gehörnter Ehemann, der auf Fronturlaub seinem Nebenbuhler den Schädel einschlägt. Bravo." Schöppke war sichtlich beeindruckt, er sah Jarek nachdenklich an. Er wollte etwas fragen, aber Jarek unterbrach ihn:

„Wenn das der einzige Mordfall wäre, dann würde ich jetzt den Koch vernehmen. Fünf Stunden lang. Bis er mir alles über sich, seine Kantine und den Botzki erzählt hat. Dann würde ich mir den Rest der Kantinenmannschaft vorknöpfen. Bei dreißig Leuten würde das wahrscheinlich noch mal fünf Stunden dauern. Mindestens. Und dann würde ich in Botzkis Baracke fahren, mit seinen Kameraden sprechen. Dann wären wir einen Schritt weiter."

Schöppke hob fragend die Hände: „Und warum machen wir das nicht? Die Sache ist doch vielversprechend, wir sind ganz nah dran!" Er war aufgeregt, glaubte den Täter in Reichweite. Jarek schüttelte den Kopf, setzte seine Mütze auf: „Weil wir noch acht weitere Tote haben. Und ich glaube nicht, dass einer aus der Kantinenmannschaft oder ein gehörnter Ehemann dahintersteckt. Wir schauen uns erst mal die anderen Tatorte an und kommen dann noch einmal wieder." Er stand auf, zog seine Jacke an. „Los Schöppke, Abmarsch. Auf zum kleinen Walzwerk."

♦

Das Wetter hatte sich zwischenzeitlich gebessert. Es wehte immer noch ein kalter Wind, aber der Nieselregen hatte aufgehört. Sie erreichten das kleine Walzwerk nach einem strammen Fußmarsch. Jarek hatte dabei beobachtet, dass Schöppke Probleme mit seinem Knie bekam. Er zog das Bein leicht nach, sein Gesicht war manchmal schmerzverzerrt. „Na Schöppke, Sie machen mir doch wohl nicht schlapp?" Schöppke nickt heftig: „Kurwa, ich hab die Schnauze voll. Wenn wir hier durch sind, dann lass ich mich von einem Wagen abholen. Sie können alleine weiterlatschen." Jarek machte ein enttäuschtes Gesicht, schüttelte den Kopf: „Und so was will der beste Mann beim Werkschutz sein."

Sie standen vor der Halle, Jarek blickte nach oben. „Warum nennt man die Halle das kleine Walzwerk? Die ist genauso riesig wie die anderen Hallen?" Schöppke stand bereits an der Tür, hatte die Klinke schon in der Hand: „Weil sich in dieser riesigen Halle eine der kleineren Walzanlagen befindet, deshalb." Er öffnete die große, schwere Metalltür, sie traten ein.

„Verdammich, hier ist es ja schon wieder so finster. Warum bringt man denn keine Deckenbeleuchtung an?" Auch in dieser Halle herrschte nur ein trübes Dämmerlicht. Man konnte sehen, dass überall Bleche und Platinen gelagert wurden. Zum Arbeiten war es jedoch viel zu dunkel. Auch die Wege, auf denen man sich durch die Halle bewegen konnte, waren nur schwer auszumachen. Am Ende der Halle jedoch sah Jarek einen Bereich, der besser ausgeleuchtet war.

Schöppke hatte wieder seinen Einsatz. Er stöhnte: „Ich erkläre es Ihnen gern, damit Sie nicht doof sterben. Schauen Sie mal nach oben. Die Halle ist rund 40 Meter hoch. Wenn Sie da oben Lampen anbringen, um hier unten alles auszuleuchten, dann müssten das schon extrem starke Strahler sein. Richtige Flakscheinwerfer. Und davon bräuchten Sie bei einer so großen Halle locker fuffzig Stück." Jarek erkannte, dass Schöppke recht hatte. „Außerdem verdrecken die Strahler bei dem Staub und Rauch hier sehr schnell. Das sehen Sie ja schon an den Fenstern."

Im oberen Bereich der Wände waren Bänder aus Glasbausteinen eingelassen. Sie ließen das bisschen Licht herein, welches jetzt vorherrschte. Jarek sah, dass diese Lichtbänder mit einer braunen Staubschicht bedeckt waren. Schöppke setzte sich auf eine Holzkiste. „Jetzt könnte man die Strahler natürlich von der Decke herunterlassen. Wie bei der Hängelampe in Ihrem Büro. Dann müssten sie nicht so stark sein, und man könnte sie einfach reinigen. Richtig?"

Jarek ahnte, dass Schöppke ihm eine Falle stellte: „Richtig", antwortete er zögerlich. Schöppke wirkte zufrieden, er fuhr fort: „So ein Schlauberger. Wie soll denn der Brückenkran fahren, wenn hier überall Lampen herunterhängen? Sie sehen, was hier überall rumsteht? Bleche, tonnenschwere Platinen, Kisten. Die werden alle mit dem Kran bewegt. Da hinten sehen Sie Güterwagen, auch die werden mit dem Kran beladen."

Jetzt erkannte Jarek das Problem. Die Hallen brauchten die enorme Höhe. Zum einen wegen der riesigen Anlagen, zum anderen wegen der Krane. Diese waren selbst riesig, und sie mussten natürlich hoch oben über allem fahren. „Aber jetzt, panie Kruppa, aufpassen. Gleich sehen Sie einen Zaubertrick." Tatsächlich sah Jarek, dass sich vom Ende der Halle her ein Licht näherte. Schließlich erkannte er, woher es kam: Der Kran hatte an seiner Unterseite starke Strahler verbaut. Der Bereich unterhalb des Krans wurde hell ausgeleuchtet. „Der Kranfahrer braucht natürlich Licht, sonst kann er seine Arbeit ja nicht machen. Aber wie Sie sehen, arbeitet hier, wo wir gerade stehen, niemand. Das ist alles nur Lagerbereich. Folglich braucht man hier nicht ständig Licht."

Schöppke war wieder aufgestanden, legte Jarek väterlich die Hand auf die Schulter. „Du siehst, Kruppa, wer sich in meiner Nähe aufhält, auf den fällt mein Licht, den erleuchtet meine Weisheit. Danke Gott, dass er unsere Wege zusammengeführt hat." Die Männer lachten, setzten ihren Weg fort.

„Natürlich ist die Finsternis für die Kollegen, die hier arbeiten, nicht grade von Vorteil. Aber wer ins Lager muss, eine bestimmte Kiste kontrollieren, der nimmt sich halt eine Lampe mit. Und an Orten, an denen größere Arbeiten verrichtet werden oder wo man längerfristig arbeitet, da werden dann transportable Lampen aufgestellt. So wie da hinten."

Sie näherten sich dem Steuerstand einer Presse. Ein Arbeiter saß an einem Pult, von dem aus er die Maschine bediente. In der Anlage vor ihm wurden schmale Metallplatten verarbeitet. Das Pult und der Bereich um die Anlage wurden von mehreren Scheinwerfern, die auf dreibeinigen Stativen standen, beleuchtet. Die Anlage erzeugte eine Menge Lärm, der Arbeiter saß mit dem Rücken zu ihnen. Er bemerkte nicht, wie die beiden hinter ihm vorbeigingen.

Die Männer setzten ihren Weg durch die finstere Halle fort. Rechts und links des Weges waren Bleche und Platinen meterhoch gestapelt. Jarek sah große, massive Holzkisten, scheinbar versandfertig verpackt. An der Hallenwand erkannte er Güterwagen, zum Teil schon fertig beladen. Jarek blieb stehen, hielt

Schöppke am Arm fest: „Warten Sie mal. Sie sagten, für einen Arbeiter ist die Finsternis nicht von Vorteil. Aber für einen Mörder?" Schöppke war nur als großer, dunkler Umriss zu erkennen. Sein Gesicht konnte Jarek nur schemenhaft wahrnehmen. „Man kann sich hier völlig unbemerkt bewegen. In der Halle gibt es zudem viele Verstecke. Die ganzen Kisten und Stapel, das ist ja das reinste Labyrinth." Schöppke bewegte sich im Dunkeln. Jarek konnte nicht erkennen, was er tat. Plötzlich flammte ein Feuerzeug auf. Schöppke zündete sich eine Zigarette an. Es sah Jarek über die Flamme hinweg an, dann erlosch das Licht. „Jetzt wissen Sie, warum einige Kollegen Angst haben, im Stahlwerk zu arbeiten." Im Dunkeln leuchtete ein roter Punkt auf, erlosch wieder. „Bei Nacht ist es noch finsterer in den Hallen. Und wie es dann draußen auf den Straßen und bei den Außenanlagen aussieht, das haben Sie ja gestern schon erlebt." Sie setzten ihren Weg im Dämmerlicht fort.

„Kommen Sie, da hinten ist die Anlage, wo es den Doppelmord gab. Wir sind gleich da." Schließlich standen sie vor einem großen, viereckigen Gebäude aus Wellblech. Es sah aus, als sei es provisorisch errichtet worden. Die Bleche, aus denen die Wände bestanden, hatten nicht alle die gleiche Größe, waren unterschiedlich alt. Einige waren stark verrostet, andere nahezu neu. Fenster gab es keine, dafür eine Tür. Eine Treppe mit drei Stufen führte zur Tür hinauf. Eine kleine Lampe über der Tür spendete etwas Licht.

Hinter dem Gebäude waren einige der Lampen aufgestellt, die Jarek zuvor schon gesehen hatte. Sie tauchten das Gebäude in einen unwirklichen Lichtschein. Was sich auf der anderen Seite abspielte, konnte Jarek nicht erkennen. Der Lärm ließ jedoch darauf schließen, dass dort eine große Maschine ihre Arbeit verrichtete. Schöppke stieg hoch zur Tür, sie war verschlossen. „Das sind ja ganz neue Sitten!" Er hämmerte kräftig an die Tür. Der Lärm nahm ab, aber die Maschine lief surrend weiter. Kurz darauf vernahmen sie eine Stimme hinter der Tür: „Parole?" Schöppke überlegte kurz. „Leck mich am Arsch!", rief er laut. Die Tür blieb geschlossen. Schöppke hämmerte erneut an die Tür: „Schöppke hier, Werkschutz. Aufmachen!"

Sie dachten schon, die Person im Inneren würde sich weigern, als die Tür vorsichtig geöffnet wurde. Ein älterer, großer Mann sah heraus. Sein Blick war ängstlich. Er trug einen blauen Kittel, hatte graue, strubbelige Haare. Durch seine kleine Nickelbrille blickte er auf Schöppke herab. Nach kurzem Zögern öffnete er die Tür, ließ die beiden Männer hinein.

Den Raum schätzte Jarek auf fünfzehn Quadratmeter. Drei Meter in der Breite, fünf in der Länge. Zu Jareks Erstaunen hatte der Raum keine Decke, er konnte nach oben hinaussehen. Am Ende des Raumes befand sich eine große Glasscheibe. Davor stand ein Steuerpult mit verschiedenen Knöpfen, Reglern und Anzeigen. Es war auffallend neu, leuchtete in hellem Gelb. Neben dem Steuerpult stand ein flaches Regal, in dem Jarek eine Reihe Aktenordner sah. Darauf standen eine Thermoskanne, eine Brotdose, ein Henkelmann, eine zusammengerollte Zeitung. Ein alter Teddybär saß auf dem Regal, sah den Männern bei der Arbeit zu.

Links neben dem Eingang befanden sich mehrere mannshohe Schalt- und Sicherungskästen. Sie waren dunkelgrün, auch sie wirkten auffällig neu und sauber. Auch der Fußboden aus Holzbohlen machte einen neuwertigen Eindruck. In der rechten Wand des Raumes standen ein Tisch und zwei Stühle. Auf dem Tisch stand eine tragbare Öllampe, daneben lag ein selbstgemachter Totschläger aus dickem Kupferdraht.

„Parole, wer hat sich den Schwachsinn denn ausgedacht?", fragte Schöppke in seiner ihm eigenen, rauen Art. Der Alte explodierte förmlich, schnauzte Schöppke an: „Du Arschloch, kannst dich ja mal zwölf Stunden hier reinsetzen, sechs Tage die Woche. Da vorn lag die Leiche vom Wessler, da die vom Bangemann. Kannst du dir vorstellen, wie es sich anfühlt, hier zu arbeiten?" Schöppke erkannte, dass er einen Fehler gemacht hatte. Er wollte dem Alten antworten, aber Jarek beschloss, das Gespräch zu übernehmen, bevor Schöppke noch mehr Porzellan zerschlug. Er ging auf den Alten zu, reichte ihm die Hand: „Mein Name ist Kruppa. Ich bin hier, um den Mörder Ihrer Kollegen zu finden. Darf ich Ihnen ein paar Fragen stellen? Es dauert nicht lange." Der Alte zögerte, wirkte unsicher, ergriff dann aber Jareks Hand: „Koslowski. Johannes Koslowski. Es wäre gut, wenn Sie das Schwein finden."

Koslowski ging zum Tisch, setzte sich. Jarek zeigte auf den Totschläger. „Wie ich sehe, verlassen Sie sich nicht nur auf die verschlossene Tür?" Koslowski nickte: „Sie müssen ja erst mal lebend hier ankommen. Von meiner Waschkaue bis hierher sind es fast fünfzehn Minuten Fußmarsch. Dann durch die Halle. Bei Nacht ist das alles andere als lustig. Viele Kollegen haben sich bewaffnet. Messer und so." Schöppke horchte auf. „Nicht, dass ich ein Angsthase bin. Hab im Ersten Weltkrieg gekämpft. Aber sicher ist sicher."

Jarek ging zum Steuerstand. Er sah, dass der gesamte Stand frisch gestrichen war. Auch das Regal hatte einen neuen Anstrich. „Können Sie sich irgendeinen Grund vorstellen, warum ihr Kollege Wessler ermordet wurde?" Koslowski schüttelte den Kopf. „Da gibt es keinen Grund. Das war ein netter, alter Mann. Der hatte keine Feinde. Aber ich glaube auch nicht, dass der Mörder einen Grund braucht. Der tötet aus purer Mordlust. Wie ein Tier."

Jarek blickte auf das Regal. Er sah den alten Teddy, die Brotdose, den Henkelmann. „Wer hat denn den Teddy mitgebracht? War der schon immer hier?" Es gab auf dem Teddy keinerlei Blutspuren. „Wesslers Enkelin hat uns gebeten, den hier aufzustellen. Der soll auf die Seele vom Opi aufpassen, hat die Kleine gesagt." „Und die Verpflegung? Gehen Sie nicht in die Kantine?" Koslowski schielte vorsichtig zu Schöppke. „Früher schon. Aber jetzt hat man uns Stückzahlen vorgegeben, die sind mit Pause nicht zu schaffen. Da muss man während der Arbeit essen."

Durch das Fenster konnte Jarek eine große Drehbank erkennen, in die eine dicke Metallstange eingespannt war. Sie drehte sich surrend. „Wie hoch war denn der Produktionsausfall durch die Morde und die anschließende Renovierung?" Es war Schöppke, der antwortete: „Wir haben zwei volle Tage verloren, das hat sich schon bemerkbar gemacht. Ist aber nicht so, dass wir dadurch den Krieg verlieren." Jarek schüttelte leise den Kopf. Schöppke und seine blöden Sprüche.

Er ging zu den Schaltkästen. Auch sie waren frisch gestrichen. Er blickte auf den sauber abgeschliffenen Fußboden. „Haben Sie den Raum noch vor der Renovierung gesehen?" Koslowski atmete tief ein. „Habe ich. Werde ich mein Lebtag nicht vergessen. Wie gesagt, ich war im Krieg, aber so was habe ich dort nicht gesehen. Ein Schlachthaus."

Jarek öffnete die Tür, sah hinaus in die finstere, große Halle. „Der Täter war mit Blut überströmt. Mit großer Wahrscheinlichkeit trug er Arbeitskleidung. So wie fast alle im Werk. Er muss die blutige Kleidung hier irgendwo losgeworden sein. Haben Sie eine Idee?"

Koslowski lachte bitter: „Ha, da können Sie lange suchen. Hier gibt es so viele Spalten und Ritzen zwischen den ganzen Platinen, da können Sie tausend Jacken verstecken. Dazu haben wir hier einige alte, stillgelegte Maschinen. Da können Sie auch überall was reinstopfen. Und denken Sie an die Güterwagen. Wenn er seine Klamotten da reingeworfen hat, dann waren die am nächsten Tag schon raus aus dem Werk." Der Alte stand auf, stellte sich neben Jarek an die Tür. „Aber warum sollte er seine Klamotten hier ausziehen? Nachts sehen Sie da draußen in der

Halle ohne Lampe nicht die Hand vor den Augen. Er konnte ganz einfach rausmarschieren, keiner hätte ihn bemerkt. Und draußen ist es auch arschdunkel. Er ist hier abgehauen, hat seine Klamotten irgendwo draußen ausgezogen und versteckt. Meine Meinung." Koslowski hatte nicht unrecht, dachte Jarek. Sie kamen hier nicht weiter. „Gut, danke, Sie haben uns erst mal geholfen. Ich werde zu gegebener Zeit noch einmal herkommen." Schon in der Tür, fiel Schöppke noch eine Frage ein: „Wie lautet denn nun die Parole?" Nach kurzem Zögern antwortete der Alte ihm: „Leck du mich auch am Arsch."

Sie gingen zurück. „Gibt es hier nur einen Ausgang?" Jarek ahnte die Antwort bereits. „Natürlich nicht. Es gibt zwei riesige Rolltore, dazu an jeder Wand noch zwei oder drei Türen." Während sie durch die schummerige Halle gingen, schwiegen sie. Jeder war in seinen eigenen Gedanken verloren. „Denken Sie bitte morgen an die Lampe, Schöppke. Ich werde mich doch noch einmal nach einer Versteckmöglichkeit in der Halle umsehen. Das lässt mir sonst keine Ruhe, ich kenne mich."

Draußen verabschiedeten sich die Männer. „Mein Knie streikt. Ich hinke zur Straße, lass mich mitnehmen zur Zentrale. Wenn was ist, rufen Sie mich an. Was haben Sie denn noch vor?" Jarek zog wieder seine kleine Karte heraus. „Ich hole jetzt mein Fahrrad, und dann fahre ich mir den Tatort Ackermann ansehen. Irgendetwas flüstert mir, dass da etwas faul ist. Wetten?" Schöppke schlug ihm kameradschaftlich auf die Schulter: „Sie haben mich vorhin Glupek genannt. Ich wette, dass das nichts Nettes zu bedeuten hat."

♦

Jarek saß auf seinem Fahrrad, fuhr die Nord-Süd-Straße herunter. Bis zur Halle sechs war es ein ganzes Stück. Der Fahrtwind war kalt, aber er war seit einer Ewigkeit kein Fahrrad mehr gefahren. Die Fahrt machte ihm Spaß – er hatte lange keinen mehr gehabt.

Auf der Straße war ganz schön was los. Er sah eine Menge Lkws, die Ware und Menschen transportieren. Drüben am Bahnhof waren mehrere dampfende Loks im Einsatz. Jarek sah Kräne, die Güterzüge be- und entluden. Rechts von der Hauptstraße erstreckten sich die Hallen kilometerlang bis zum Horizont. Fahrradfahrer und Autos überholten ihn. Ein schwarzer Citroën kam ihm gefährlich nahe, rammte ihn fast. Instinktiv fluchte er auf Polnisch dem Fahrer hinterher: „Dupek!" Er erschrak. Eventuell war es nicht klug, in der Öffentlichkeit Polnisch zu sprechen. Immerhin war er Kriegsgefangener, auch wenn er jetzt Zivilkleidung trug.

Er fuhr am Bahnhof vorbei, bog links ab. Schöppke hatte ihm den Weg zur Halle sechs beschrieben und ihm erklärt, welche der zahlreichen Hallen er ansteuern musste. Die Hallen waren auf dieser Seite deutlich kleiner, dafür gab es davon umso mehr. Auf einem geschlossenen Rolltor stand eine große römische Zahl, die sechs. Das war sein Ziel. Links neben dem Rolltor befand sich eine Stahltür. Jarek stellte sein Fahrrad ab, betrat die Halle.

Er war nicht erstaunt, dass auch in dieser Halle nur eine minimale Beleuchtung vorherrschte. Es war gerade hell genug, ein großes Spulen-Lager zu erkennen. Es erstreckte sich über die gesamte Länge der Halle. Überall standen die glänzenden, wuchtigen Metallspulen. Jede wog mehr als zehn Tonnen. In einigen Reihen waren mehrere übereinandergestellt, bildeten Pyramiden aus Metall. Bei der Größe der Halle schätzte Jarek, dass es an die Tausend sein mussten. Ganz rechts in der Halle standen einige mit Spulen beladene Güterwagen. Zwischen den Spulen zog sich ein Netz aus Wegen durch die Halle. Auch hier bildete sich ein regelrechtes Labyrinth.

Schöppke hatte ihm kurz erklärt, welche Arbeiten in dieser Halle anfielen. Am Ende der Halle stand eine komplexe Maschine, die man Spaltanlage nannte. Die Spulen aus Metallblech wurden hier abgewickelt, das Blech in schmalere Streifen geschnitten. Diese Streifen wurden dann am Ende der Maschine wieder aufgewickelt. Zum Schluss wurden die Spulen für den Versand in Ölpapier eingepackt und Lieferpapiere erstellt.

Die Arbeit hier war anspruchsvoll. Die Männer, die an der Anlage arbeiteten, galten als kriegswichtig. Es wurde rund um die Uhr gearbeitet, in zwei Schichten. Je Schicht waren drei bis vier Männer im Einsatz, wobei einer bei Bedarf als Kranfahrer fungierte. Die Kollegen, die hier in der Halle arbeiteten, beschrieb Schöppke als eingeschworene „Clique." Man kannte sich schon lange, alle waren ein eingespieltes Team. Den Vorarbeiter, Ernst Knebel, titulierte Schöppke knapp als „hinterfotziges Arschloch". All das stand so nicht in der Akte der Duisburger Polizei.

Jarek ging zügig durch die finstere Halle. Wie auch schon in den Hallen zuvor, konnte man sich auch hier völlig ungehindert und vor allem unbemerkt bewegen. Es wäre für ihn ein Leichtes, sich zwischen den Spulen zu verstecken.

Am Ende der Halle sah er die Spaltanlage, dieser Bereich war hell ausgeleuchtet. Die Anlage selbst war beleuchtet, zudem stand der Kran hoch oben über der Anlage. Die starken Scheinwerfer am Kran waren eingeschaltet, spendeten den Arbeitern am Boden zusätzliches Licht. Es war ruhig in der Halle, die Anlage arbeitete momentan nicht.

Jarek war jetzt fast am Ziel. Langsam trat er aus der Düsternis der Halle in den Lichtkegel um die Anlage. Rechts, an der Seite der Anlage, befand sich ein großer Steuerstand. Daneben stand ein einfacher Tisch mit vier Stühlen, an dem sich zwei Männer gegenübersaßen. Sie waren gerade dabei, ihr Mittagessen einzunehmen. Sie sahen erschrocken auf, als Jarek plötzlich vor ihnen auftauchte.

Den Mann rechts am Tisch hätte Jarek als gutaussehend beschrieben. Mitte dreißig, ein schmal geschnittenes Gesicht, fast feminin. Er hatte dunkelblondes, nach hinten gekämmtes, volles Haar. Er war schlank, groß, trug einen sauberen, blauen Arbeitsanzug.

Der andere war deutlich älter, vielleicht Mitte sechzig. Man konnte seinem Gesicht ein schweres Leben ansehen. Er hatte graues, schütteres Haar. Seine Stirn war von tiefen Sorgenfalten durchzogen. Unter den buschigen, grauen Augenbrauen sah Jarek einen müden Blick. Dunkle Augenringe und eine dicke, von Adern durchzogene Nase ließen Jarek auf starken Alkoholkonsum schließen. Seine Arbeitskleidung war alt, abgetragen.

In all den Jahren als Mordermittler hatte Jarek gelernt, dass es verschiedene Methoden gab, einen Verdächtigen anzusprechen. Manchmal war es sinnvoll, sich vorsichtig anzunähern. Man gab sich nicht als Polizist zu erkennen, suchte erst unverfänglich das Gespräch. Mit etwas Glück erfuhr man so Details, die der Verdächtige einem Polizisten nicht so leicht verraten hätte.

Manchmal hingegen war es effektiver, gleich zur Sache zu kommen und den Verdächtigen direkt auf die Tat hin anzusprechen. Der mutmaßliche Täter hat dann keine Zeit, sich auf die Situation einzustellen. Viele Verdächtige, unverhofft mit der Tat konfrontiert, verrieten sich in so einem Moment durch Mimik oder Körpersprache. Jarek beschloss, dass diese Methode hier vielleicht die bessere wäre.

„Guten Tag. Mein Name ist Kruppa. Ich bin Sonderermittler in der Mordsache Henrietta Ackermann. Ich bin hier, um Ihnen ein paar Fragen zu stellen."

Jarek hatte sich für die richtige Methode entschieden. Die Reaktion der beiden Männer hätte unterschiedlicher nicht ausfallen können. Der Kaputte, wie Jarek den Alten insgeheim nannte, blieb völlig gelassen. Er bewegte fast unmerklich seinen Kopf zur Seite, zog eine seiner buschigen Augenbrauen leicht hoch. Dabei blickte er Jarek interessiert an, hielt seinem Blick stand. Jarek deutete die Mimik als: „Sieh mal einer an. Da tut sich also doch noch was." Er sah keinerlei Angst oder Verunsicherung in den Augen des Alten.

Dem Zarten, diesen Namen gab Jarek zunächst dem Jüngeren, rechts am Tisch, schoss das Blut in die Wangen. Ein Zeichen für Erregung und Stress, welches man nicht unterdrücken konnte. Seine Augen weiteten sich ein wenig, er hielt den Atem an. Er wandte den Blick von Jarek ab, sah etwas zur Seite. Seine Kiefermuskeln zeigten Anspannung.

Jarek wusste auch diese Mimik zu deuten: Angst. Er konnte sich vorstellen, was im Kopf des Zarten jetzt vorging: Die Sache war einige Wochen her. Von der Duisburger Polizei hatte sich niemand mehr gemeldet. Nach dem nächsten Mord schien der Fall Ackermann vergessen. Und urplötzlich stand da ein „Sonderermittler" im Raum. Welche Fragen würde er stellen? Gab es neue Indizien? Womöglich sogar Beweise? Jarek musste insgeheim lächeln. Der Zarte war sein Mann.

Er beschloss, den Zarten noch etwas in seiner Angst schmoren zu lassen. Er würde erst ihn vernehmen, dann den Kaputten. Aber bis dahin sollte sein Gehirn noch etwas Panik aufbauen. Jarek nahm seine Mütze ab. Er setzte sich auf den freien Platz zwischen die beiden Männer. Er zog sein Notizbuch aus der Tasche, legte es auf den Tisch.

„Es tut mir leid, dass ich Ihnen das Mittagessen versaue. Aber die Werksleitung hat beschlossen, den Fall von Frau Ackermann mit besonderer Priorität zu untersuchen. So ein scheußliches, perverses Verbrechen darf nicht ungesühnt bleiben. Wir werden alles daran setzen, den oder die Schuldigen zu finden. In den kommenden Tagen werde ich daher auch Ihre Kollegen noch vernehmen." Jarek wartete einen Moment, ließ seine Worte sacken. „Eventuell werde ich Sie und Ihre Kollegen auch privat belästigen müssen, bei Ihnen zu Hause."

Der Zarte war jetzt so weit. Er hatte gehofft, die Sache schnell hinter sich bringen zu können. Aber als er jetzt hörte, was Jarek vorhatte, wurde ihm schwindelig. Er schluckte, das Atmen fiel ihm schwer. Der Kaputte hat Jareks Ankündigung hingegen regungslos hingenommen.

„Fangen wir mal mit Ihnen an, junger Mann. Wie ist denn bitte Ihr Name?" Es dauerte ein wenig, bis der Zarte sich gefangen hatte und er antworten konnte: „Bakker, ich bin Richard Bakker." Jarek lächelte ihn an: „Schöner Name. Kommt aus Holland, richtig?" Der Zarte nickte schnell zustimmend: „Ja, mein Großvater kam aus Holland, hat hier auf Zeche gearbeitet." Jarek blieb bei seiner freundlichen Art: „Und Sie, welche Position haben Sie hier in der Halle?" Der Zarte versteckte seine Hände unter dem Tisch: „Ich bin stellvertretender Schichtleiter." Jarek nickte anerkennend. „Für so einen jungen Mann eine schöne Position. Sind Sie verheiratet, haben Sie Kinder?" Die Antwort kam zögerlich: „Ja, verheiratet, wir haben drei Kinder." Jarek tat, als würde er sich die Angaben notieren.

Genug gespielt, dachte Jarek. „Kannten Sie die Frau Ackermann?" Bakker musste schlucken, er überlegte: „Ja, aber nur vom Sehen. Sie hat hier geputzt, mehr weiß ich nicht über sie." Jarek beugte sich nach vorn: „Sie haben nie mit ihr gesprochen? Die war doch schon lange hier tätig." Wieder überlegte sich Bakker seine Antwort: „Mal im Vorbeigehen, wie das Wetter so ist. Man hat sich gegrüßt, aber das war's." Jarek beobachtete vorsichtig den Kaputten. Der blickte wie eine Schlange auf Bakker.

„Aber die Ackermann war doch eine bildhübsche Frau. Tolle Figur, wie ich gehört habe. Da versucht man doch mal, ins Gespräch zu kommen?" Jarek suchte den Blickkontakt, aber der Zarte wich aus. „Herr Bakker, mal Hand auf's Herz. So einer hübschen Frau sind Sie doch nicht aus dem Weg gegangen." Bakker schüttelte den Kopf: „Ich bin verheiratet, wie ich schon sagte. Ich hatte mit Frau Ackermann keinen Kontakt."

Jarek blieb dran: „Die Ackermann war doch Witwe, richtig? Hat die nicht ihrerseits mal den Kontakt gesucht? So eine junge Frau, drei Kinder, die sucht doch Anschluss. Hat die nie versucht, Ihnen mal schöne Augen zu machen?" Bakker schaltete jetzt auf Angriff, das Verhalten kannte Jarek. Er ballte die Hände auf dem Tisch zu Fäusten, sah Jarek wütend an: „Wie oft soll ich es noch sagen? Ich hatte keinerlei Umgang mit Frau Ackermann!"

Bakker log, das wusste Jarek. Natürlich kannte er die Ackermann besser, als er zugab. Aber es war einfacher, die Bekanntschaft zu leugnen, als sich eine komplexe Geschichte auszudenken. Er hatte sie nicht ermordet, da war sich Jarek sich sicher. Aber warum weigerte er sich so vehement, zuzugeben, dass er sie kannte?

Jarek blätterte in seinem Notizblock. „Wo waren Sie in der Nacht, als Frau Ackermann starb. Hatten Sie Schicht?" Bakker vermied wieder den Augenkontakt: „Ja, ich war hier. Ich war am Steuerpult, als Alois die Leiche fand."

Jetzt wandte sich Jarek dem Kaputten zu. Der hatte sich das kleine Verhör seelenruhig angesehen. Er hatte sich entspannt zurückgelehnt, während Jarek dem Bakker auf den Zahn fühlte. Auch jetzt wirkte er völlig gelassen.

„Kommen wir mal zu Ihnen. Wie ist denn Ihr Name?" Er räusperte sich, antwortete mit tiefer, rauer Stimme: „Ich bin Eduard Röder, genannt Eddi." Röder hatte keine Angst vor Blickkontakt, er sah Jarek direkt in die Augen. „Ich sehe, Sie sind hier nur zu zweit. Wird die Anlage normalerweise nicht von drei oder sogar vier Männern bedient?" Röder zeigte auf einige voll beladene Waggons am Rand der Halle: „Normalerweise schon. Aber die Reichsbahn hat Probleme. Die bekommen die fertig beladenen Wagen nicht aus dem Werk. Keine Loks. Wir haben daher heute nur ne kleine Schicht. Außerdem ist der Kranführer krank." Jarek blickte nach oben in Richtung Kran. Das Licht blendete ihn, er konnte den Kran hinter den Lampen nicht erkennen.

„Was haben Sie denn für eine Funktion?" Röder lächelte: „Ich bin quasi außer Funktion. Arbeite hier nur zeitweise. Ich bin Springer. Heute hier, morgen da. Wo man einen alten Arsch wie mich braucht." Ein wenig erinnerte die schnoddrige Art ihn an Schöppke. „Kannten Sie denn Frau Ackermann?" Röder nickte langsam: „Klar. Die hat ja nicht nur hier geputzt, sondern noch in anderen Hallen. Wir sind uns öfter übern Weg gelaufen." Er zeigte mit dem Finger auf Jarek: „Ich finde gut, dass sich die Polizei der Sache noch mal annimmt." Jarek schüttelte den Kopf: „Ich muss Sie enttäuschen, ich bin nicht von der Polizei. Ich bin vom Werkschutz."

Dieser Satz hatte eine erstaunliche Wirkung auf Bakker. Bis zu diesem Moment hatte man ihm ansehen können, dass sein Verstand immer noch im Angstmodus arbeitete. Er wusste, die Befragung war noch nicht vorbei. Er dachte nach, welche Fragen noch kommen könnten und welche Antworten er darauf geben würde. Aber jetzt war klar: Jarek war kein Polizist. Vor dem Werkschutz hatte Bakker keine Angst. Er entspannte sich, blickte Jarek kalt von der Seite an.

„Erzählen Sie mal, was war denn die Ackermann so für eine?" Röder zögerte mit seiner Antwort: „Das war ein ganz prima Mädchen. War immer für ein Schwätzchen zu haben. Die hatte kein Problem damit, auch nem alten Knacker wie mir mal ein paar nette Worte zu sagen. Alle mochten sie." Jarek spürte, dass Röder etwas zurückhielt. Im Beisein von Bakker würde er nicht damit rausrücken. „Waren Sie denn am Tag der Tat hier in der Halle?" Röder schüttelte den Kopf: „Nee, war in der ganzen Woche woanders im Einsatz."

Jarek klappte seinen Block zu, legte Stift und Block auf seine Mütze. Er wandte sich an Bakker: „Wo ist denn der Tatort, ich will mich da mal umsehen." Bakker sah ihn jetzt deutlich selbstbewusster an, fast schon frech: „Stückchen die Halle runter, dann rechts an der Wand. Soll ich Sie begleiten, falls Sie noch Fragen haben?" Sieh an, sieh an, dachte Jarek. So ein Drecksack. Er wollte wohl verhindern, dass Röder auf die Idee kam, ihn zu begleiten. „Das wäre sehr nett, vielen Dank."

Die beiden Männer gingen die Halle hinunter. Bakker schleimte: „Auch finde es gut, dass der Werkschutz sich der Sache noch einmal annimmt." Jarek würde ihm seine Lektion noch erteilen. Wenn nicht heute, dann morgen.

Nach kurzer Zeit waren sie am Toilettenhäuschen. Es war ein kleiner, weiß gekalkter, fensterloser Anbau. Man hatte es direkt an die Wand gesetzt. Die Tür war nur angelehnt, ein Lichtspalt fiel heraus. Jarek öffnete die Tür, ging hinein. An der einen Wand sah er eine Reihe von fünf Waschbecken. Auf der anderen Seite fünf Toiletten. Auch hier keine Türen, nur Trennwände. Es roch unangenehm. „Fünf Klos für vier Männer. Ist das nicht ein bisschen viel?" Bakker antwortete von draußen: „Vor ein paar Jahren haben in der Halle noch achtzig Mann gearbeitet. Das war mal eine Werkstatt."

Jarek blickte auf die Waschbecken. Wenn er sich recht erinnerte, war es das dritte, über das der Mörder die Leiche gelegt hatte. In diesem Gestank eine Frau zu erdrosseln, sich dann an der Leiche zu vergehen, dazu war nur ein krankes Gehirn fähig. Er sah sich um. Nichts von Bedeutung. Er ging wieder hinaus. Zwischen den ganzen Spulen gab es reichlich Gelegenheit, sich zu verstecken. Der Mörder hatte ihr aufgelauert, war ihr dann in die Toilette gefolgt. Jarek sah hinter das Toilettenhäuschen. Ein alter Stuhl, sonst nichts.

„Haben Sie denn eine Idee, wer die Tat begangen haben könnte?", fragte Jarek Bakker auf dem Rückweg. Der schüttelte den Kopf: „Na, der Serienmörder natürlich, der auch die anderen Taten begangen hat. Davon ist auch die Duisburger Polizei überzeugt." Davon war auch Jarek überzeugt. Es war mit Sicherheit keiner der Männer aus der Halle. „Davon gehen wir auch aus. Aber dennoch werde ich morgen noch einmal wiederkommen und auch die anderen Kollegen befragen. Und auch wir sehen uns noch einmal wieder, Herr Bakker."

Sie erreichten den Tisch, an dem Röder noch immer saß. Jarek setzte seine Mütze auf. „Fürs Erste haben Sie mir geholfen, vielen Dank." Er wollte gerade gehen, da beugte sich Röder nach unten: „Halt, Ihr Block ist runtergefallen." Jarek nahm den Block und seinen Bleistift entgegen, Röder sah ihm dabei in die Augen. „Oh, verdammt. Danke." Jarek ging durch das Halbdunkel in Richtung Ausgang. Er war sich sicher: Sein Block war ihm nicht heruntergefallen.

Draußen vor der Halle im Tageslicht blätterte Jarek durch seinen Notizblock. Auf den ersten Seiten erkannte er seine Schrift. Danach – lauter leere Blätter. Nichts, keine geheime Nachricht. Wie bei einem Daumenkino ließ Jarek noch einmal alle Seiten durchlaufen. Auch die Rückseiten der Blätter wiesen keinerlei versteckte Notizen oder Hinweise auf. Er drehte den Block um, schaute auf die Rückseite. Da war sie: 19 Uhr. Bushaltestelle Hauptbahnhof. Eddi.

◆

Zurück im Büro unter der Hochstraße gönnte sich Jarek eine Pause. Er hatte sich am Morgen mit Proviant versorgt, konnte daher ausgiebig zu Mittag essen. Zum Nachtisch gab es einen von Schöppkes Äpfeln.

Er lag zufrieden und satt auf dem Feldbett, die Hände hinter dem Kopf verschränkt. Es war ein seltsames Gefühl. Soeben führte er noch das Dasein eines Kriegsgefangenen, lebte in einer Baracke. Diese Zeit schien fast vergessen. Die letzten zwei Tage waren so intensiv, so voller Informationen und Impressionen, dass für die Vergangenheit kein Platz mehr war. Auch jetzt drehte sich alles in seinem Kopf um die Mordserie.

Jarek versuchte seine Gedanken zu ordnen. Da waren die Morde, die, da war er sich sicher, alle von einem einzigen Täter verübt wurden. Aber es gab, zumindest bis jetzt, kein erkennbares Motiv, kein Muster.

Da war das Stahlwerk. Ein gigantischer Komplex, dunkel, verschlungen, ein finsteres Labyrinth. Jarek dachte an die unzähligen Hallen, in denen es zahlreiche Verstecke gab. Die kriegsbedingte Verdunklung erschwerte die Bedingungen in- und außerhalb der Hallen zusätzlich. Dazu eine uniformierte Belegschaft, der blaue Arbeitsanzug war allgegenwärtig.

Während des heutigen Tages sah sich Jarek in seiner Annahme bestätigt: Einmal im Stahlwerk, konnte man sich ungehindert bewegen. Es gab keine Kontrollen durch die Polizei, keine Gestapo. Der Werkschutz war eine Ansammlung von Rentnern und Kriegsversehrten. Dazu hoffnungslos unterbesetzt, schlecht ausgerüstet, mangelhaft ausgebildet.

Für einen Täter waren das äußerst vorteilhafte Bedingungen. Für einen Ermittler allerdings waren die Bedingungen ein Albtraum. Jarek war zudem auf sich allein gestellt. Aber, aus dem undurchsichtigen Nebel, in dem diese Ermittlungen momentan noch steckten, ragten bereits einige Ecken und Kanten. Alle Morde, mit Ausnahme an dem Werkschutzmann Wittek, erfolgten innerhalb eines Gebäudes. Würde der Täter aus reiner Mordlust töten, dann wäre es für ihn einfacher, den Opfern auf den dunklen Wegen zwischen den Hallen aufzulauern.

Jarek war sich sicher: Alle Opfer, mit Ausnahme des ersten Waschkauenwärters, waren vom Täter bewusst ausgewählt worden. Dazu musste er jedoch die Möglichkeit gehabt haben, sie zu beobachten. Die Opfer mussten zudem irgendeine Eigenschaft aufweisen, die sie verband. Das war das Muster, das Jarek suchte.

Was aber suchte der Täter in der Waschkaue, wo er das erste Opfer ermordete? Was verband die Waschkaue mit dem Kriegsgefangenen Koch Waldemar Botzki? Warum musste der Maschinenführer Wessler dran glauben? Und was brachte den Täter dazu, Henrietta Ackermann zu erwürgen und sich an der Leiche zu vergehen? Wo lag die Verbindung zwischen diesen Taten?

Jarek stand auf, streckte sich, ging rüber zum Tisch. Die Akte Ackermann hatte er zuvor nur überflogen. Jetzt griff er sich die Akte, nahm Platz, fing an zu lesen. Der Polizeibericht war lückenhaft und oberflächlich. Er enthielt nichts von Relevanz. Es gab keine Inventarliste, aber immerhin eine kurze Zusammenfassung der Gegenstände, die man bei der Toten gefunden hatte: „Einen Schlüsselring mit drei Schlüsseln. Einen Ehering, Gold, getragen an einer Kette, Silber. Eine Reichsmark, in Münzen zu fünfzig Pfennig. Ein verpacktes Kondom, Marke Fromms. Ein Kamm. Eine Haarspange."

Ungläubig las Jarek den Satz ein zweites Mal. Warum hatte eine Putzfrau während der Arbeit ein Präservativ bei sich? Jarek stand nervös auf. Er ging zur Tür, öffnete sie.

Kalte, frische Novemberluft strömte in den Raum. Jarek vernahm den typischen Stahlwerksgeruch: Rauch, öliger Wasserdampf, Eisen. Die Wolken lagen, nach wie vor dunkelgrau, wie ein Teppich über dem Werk. Es wurde einfach nicht hell an diesem Tag. Bereits in zwei Stunden würde wieder tiefe Dunkelheit herrschen.

Während Jarek an der Tür stand, dachte er nach. Henrietta Ackermann war eine junge, attraktive Frau. Witwe, wenn auch erst seit kurzer Zeit. Der Bakker war ein gutaussehender Mann. Beide arbeiteten seit Jahren in der gleichen Halle, sahen sich regelmäßig. Gut denkbar, dass da was lief zwischen den beiden. Das würde auch Bakkers seltsames Verhalten erklären. Für einen Familienvater wäre es sicher sehr unangenehm, wenn seine Frau erfahren würde, dass er während der Arbeit eine Affäre mit einer Putzfrau unterhielt.

Wider Willen musste Jarek lächeln. Er konnte förmlich hören, wie Schöppke die Sache kommentieren würde: „So eine alte Sau. Schiebt auf Schicht ne Nummer und erzählt zu Hause, wie schwer der Tag war. Das einzig Schwere war wohl, von der hübschen Ackermann wieder runterzusteigen."

Was Jarek irritierte: Warum hatte die Ackermann das Kondom bei sich? In der Regel war es doch so, dass der Mann sich um derlei Dinge kümmerte. Das Gespräch mit Erich Röder dürfte spannend werden. Während Jarek Bakker vernommen hatte, hatte Eddi, wie er sich selbst nannte, Bakker wie eine Schlange fixiert. Da lag etwas Boshaftes in Röders Blick. Oder Verachtung? Jarek schloss die Tür, ging zurück zum Tisch.

Bisher hatte er darauf verzichtet, das Kampfmesser mitzuführen. Aber ab heute Abend würde er im Dunkeln unterwegs sein, oft auf sich allein gestellt. Er wollte sich nicht auf „Schöppkes Zahnstocher" verlassen. Diesen Spitznamen hatte er dem Springmesser gegeben, das er stets in der Tasche mit sich führte. Er nahm den Dolch, legte ihn an. So getragen, hing er an Jareks rechtem Bein hinab. Jarek sah sofort, dass der Dolch unter der Jacke hervorschauen würde. Nicht gut. Er entfernte den Riemen, steckte sich den Dolch hinten, unter dem Gürtel, schräg in die Hose. Besser.

Er probierte einige Male, den Dolch möglichst schnell zu ziehen. Zufrieden war er mit dem Ergebnis nicht. Er erinnerte sich, wie Bangemanns Leiche zugerichtet gewesen war. Und der hatte sogar noch versucht, sich mit der Tasche zu schützen. Da kam Jarek eine Idee.

Er nahm sich seine Tasche und betrachtete sie. Sie war schon alt, hergestellt aus dickem, festem Rindsleder. Er verschloss die Tasche, nutzte dazu die zwei Riemen an der Lasche auf der Vorderseite. Anschließend drehte er die Vorderseite zu sich und steckte seinen linken Arm zwischen Überwurf und Tasche. So konnte er die Tasche wie einen Schild vor sich halten. Nicht schlecht, dachte Jarek: „Da sticht so schnell kein Messer durch." Er zog den Dolch, versteckte ihn hinter der Tasche, die er vor seinen Körper hielt.

Er stellte sich einen Angreifer vor, der ihn mit einem Messer attackierte. Er machte eine Abwehrbewegung mit der Tasche, blockte den Angriff ab. Dann stach er mit dem Grabendolch unter der Tasche hindurch in Richtung des Angreifers. Er übte mehrere Minuten verschiedene Angriffs- und Verteidigungsmanöver. Er war nicht unzufrieden, bezweifelte jedoch, dass ihm der Angreifer genug Zeit geben würde, den „Schild" anzulegen.

Er legte Dolch und Tasche beiseite, wandte sich den Akten auf dem Tisch zu. Aktenfressen, hatte er zu Schöppke gesagt. „Bei dem Umfang wird das höchstens eine Zwischenmahlzeit", dachte er zynisch. In vier Stunden würde er sich mit Eddi treffen. Mal sehen, was er bis dahin aus den Unterlagen noch erfahren würde.

♦

Bereits am Mittag, als Jarek in sein Büro zurückgefahren war, hatte er sich angeschaut, wo das Treffen mit Eddi stattfinden würde. Er wusste, abends in der Dunkelheit würde es vielleicht schwierig sein, die Haltestelle auf Anhieb zu finden. Aber, wie er sah, lag die Haltestelle direkt an der Nord-Süd-Straße, gegenüber des Bahnhofs. Es waren mehrere aus Wellblech hergestellte Überdachungen, an den Seiten offen. Darunter einfache Sitzbänke, die rund einhundert Arbeitern Platz boten. Jarek war gespannt, wie er Eddi hier finden sollte. Bei Schichtwechsel war an der Haltestelle sicherlich einiges los.

Die Beleuchtung am Fahrrad war spärlich. Die Fahrt über die dunklen Straßen war alles andere als ungefährlich. Es gab tiefe Schlaglöcher, hohe Bordsteinkanten, in den Straßenbelag eingelassene Schienen. Jarek musste höllisch aufpassen. Er stellte das Fahrrad etwas abseits der Haltestelle in einer dunklen Gasse ab. Das Werkschutzschild war auffällig. Sicher wollte Eddi nicht, dass man Jarek auf Anhieb als Werkschutzmann erkannte.

Langsam ging Jarek auf die Haltestelle zu. Es war weniger los, als er erwartet hatte. Rund fünfzig Männer hielten sich an der Haltestelle auf, unterhielten sich. Unter den Wellblechdächern war eine schwache Beleuchtung angebracht. Sie erhellte den Bereich gerade so ausreichend. Man konnte die Bänke sehen und die Pfosten, die das Dach trugen. Die Männer selbst waren nur dunkle Schatten. Wie sollte er hier den Röder finden?

Es wurde viel geraucht. In der Dunkelheit leuchteten rote Punkte. Jarek mischte sich unter die Männer. Er schnappte Gesprächsfetzen auf: Es ging um Fußball und Frauen, „Ficken", den „Kantinenfraß". Einer lästerte über seinen Vorarbeiter, den er „puffgezeugte Arschgeburt" nannte. Ein anderer wusste von einer Kneipe zu berichten, die an diesem Abend Wein auch ohne Bezugsschein ausschenkte. Das Interesse war groß.

Jarek schlenderte unauffällig zwischen den Männern umher. Sie trugen entweder dunkle Zivilkleidung oder dreckige Arbeitskleidung. Dazu dunkle Mützen, schwarze Helme. Keiner stach heraus. Nirgends konnte er Röder entdecken.

Er wurde nervös, blickte auf seine Uhr. Schwach konnte er die Zeiger erkennen: Zehn nach sieben. Plötzlich wurde es unruhig an der Haltestelle: Der Bus kam. Die Männer rauchten hastig, traten ihre Zigaretten aus. Einige streiften nur die Glut ab, steckten den Stummel ein. Das bisschen Tabak war zu kostbar, um es wegzuwerfen.

An der Straßenkante entstand Gerangel. Es gab nicht für alle Sitzplätze, und nach der langen Schicht wollte keiner stehen. Wüste Beschimpfungen wurden laut: Arschficker, Hurensohn, Missgeburt. Einer der so Geschmähten wusste sich zu wehren: „Du kannst auf deinen Hämorriden doch eh nicht sitzen." Die Antwort kam prompt: „Vorsicht. Gleich gibt's was auf die Fresse." Stille, alle warteten auf den Konter. „Von dir? Du schaffst es doch nicht mal, nem kranken Hund ein Wurm aus'm Arsch zu ziehen." Lautes, grölendes Gelächter. Jarek ahnte, wo Schöppke und der Duttsche ihre Umgangsformen gelernt hatten.

Der Bus hielt zischend an der Straße. Seine Lichter waren zu zwei Schlitzen abgeklebt. Im Inneren sah Jarek einen schwachen, roten Lichtschein. Die Männer drängten hinein. Erneut gab es übelste Beschimpfungen. Es dauerte nicht lange, bis der Bus weiterfuhr.

Jarek stand allein an der Bushaltestelle. Er blickte auf die dunklen Überdachungen, die Bänke darunter. Entweder, er hatte Eddi übersehen, oder sie hatten sich verpasst. Sollte er noch etwas warten? Plötzlich trat ein Mann aus der Dunkelheit unter eine der Überdachungen. Er hatte abseits gestanden. Langsam kam er auf ihn zu. „Kruppa, sind Sie das?" Es war Eddis raue, tiefe Stimme. „Ja, hallo Eddi, ich dachte schon, ich hätte Sie verpasst." Die beiden Männer standen sich in der

Dunkelheit gegenüber. „Kommen Sie, wir setzen und da an die Ecke. Der nächste Bus kommt erst in einer Stunde. Keiner wird uns stören."

„Hier herrscht ja ein rauer Ton. So üble Schimpfwörter habe ich ja schon lange nicht mehr gehört. Einige sogar noch nie", begann Jarek die Unterhaltung. Röder lachte: „Ha, dann gehen Sie morgen mal zur Haltestelle fünfzehn, hinten am Äquator. Da hält der Bus, der die Männer von den Hochöfen und vom Hafen abholt. Da gibt es jeden Abend ne Keilerei, so beschimpfen die sich da."

Sie saßen sich in der Finsternis gegenüber. Jarek ärgerte sich, dass er Röders Gesichtszüge nicht erkennen, und somit auch nicht deuten konnte. In dem Moment jedoch zog Röder eine Zigarre aus der Tasche und zündete sie sich an. Das Licht der Glut war nur sehr schwach, aber wenn Röder an der Zigarre zog, erhellte der Lichtschein seine Augen. „Haben Sie den Scheiß geglaubt, den der Bakker Ihnen da aufgetischt hat?", wollte Röder von ihm wissen.

„Nein. Aber das haben Sie ja mitbekommen, oder?" Röder nickte. „Ich hätte ihm am liebsten die Fresse eingeschlagen. Leugnet der Kerl, die Ackermann zu kennen. Ekelerregend." Jarek beugte sich zu ihm herüber: „Ja, ich habe gesehen, wie Sie ihn wie eine Schlange beobachtet haben. Was können Sie mir über Henrietta Ackermann und den Bakker erzählen, Eddi?"

Röder antwortete nicht sofort. Er zögerte, überlegte. „Ich wollte damit schon zur Polizei. Aber ich bin ein alter Knacki. Auf Bewährung draußen. Die hätten mir eh nicht geglaubt. Und der Bakker und sein Vorarbeiter, Knebel das Schwein, die halten zusammen. Die ganze Truppe von der Spaltanlage hält zusammen. Wie eine Berliner Räuberbande. Wenn die rausbekommen, dass ich was gesehen habe, dann machen die mich platt." Er nahm einen Zug von seiner Zigarre. Jarek konnte im roten Schein sehen, dass Eddi ihn kalt ansah. Er erwiderte:

„Von mir wird niemand etwas über unser Gespräch erfahren. Garantiert."

Röder blies den Rauch nach oben. „Wenn die was erfahren, dann jubeln die mir ne geklaute Zange unter. Oder ein Flugblatt der Tommys. Wissen Sie, was das bedeutet, Kruppa? Arbeitslager." Jarek musste schlucken: „Wie gesagt, Sie können sich auf mich verlassen. Keiner erfährt von unserer Unterhaltung."

Jetzt war es Röder, der sich zu ihm rüberbeugte. Er sprach leise: „Ich will, dass Sie den Mörder von dem Mädchen finden. Aber für mich muss dabei auch was rausspringen. Hundert Reichsmark müssen drin sein. Ich gehe ein hohes Risiko ein." Jarek zögerte. Zeugen, die Aussagen verkauften, waren mit Vorsicht zu genießen. Was, wenn Röder ihm eine Lügengeschichte andrehte? Aber er glaubte ihm: „Abgemacht. Ich kann aber erst morgen zahlen."

Es dauerte einen Moment, ehe Röder weitersprach. Jarek hörte ihn im Dunkeln erst husten, dann ausspucken. „Ich kannte die Ackermann schon lange. Wie gesagt, das war ein feines Mädchen. Alle nannten sie Henri. Nicht die Hellste, hatte wohl irgendeine Lernschwäche." Davon stand nichts in der Akte, und auch Schöppke hatte es nicht erwähnt. Woher wusste Röder davon? „War das allgemein bekannt?", fragte Jarek.

„Nee. Sie konnte nicht lesen und schreiben. Für einen richtigen Beruf hat es nicht gereicht. Daher hat se hier geputzt. Sie hat sich da ein bisschen für geschämt, hat es keinem gesagt. Sie hat mich mal gebeten, ihr vorzulesen, was auf einer Kinokarte steht. Daher wusste ich es. Hab ihr versprechen müssen, es keinem zu erzählen." Röder dachte an den Tag zurück. Jarek ließ ihm Zeit. Er stellte keine Fragen. Wartete. „Nicht, dass sie doof war oder so, im Gegenteil. Sie hatte Witz, war humorvoll, konnte gut mit Menschen umgehen." Er zog an seiner Zigarre: „Vor allem mit Männern."

Jetzt wurde es interessant, dachte Jarek. „Sie wusste, dass sie gut aussah. Hübsches Gesicht. Schlank. Klasse Beine, guter Hintern. Wenn sie durch die Halle gegangen ist, haben die Männer ihr oft hinterhergepfiffen. Sie hat dann immer gelacht." Röder stoppte. Eine Gestalt näherte sich in der Dunkelheit. Sie warteten, bis der Mann in Richtung Bahnhof verschwand. „Aber sie war ein anständiges Mädchen. Ihrem Mann, dem Wilhelm, war sie immer treu. Der Wilhelm hat mich gerettet, hat sie mir mal erzählt. Keine Ahnung, vor was."

In der Dunkelheit glühte es auf. Jarek konnte Röders Gesicht sehen, müde, von Falten durchzogen. Weswegen mochte er gesessen haben, fragte er sich. So kaputt, wie er aussah, lag wahrscheinlich eine lange Haft hinter ihm.

„Dann, April 1940, verschwand sie für einen Monat, kam nicht mehr zur Arbeit. Wir haben uns Sorgen gemacht. Eine andere Putzfrau hat es schließlich ausgeplaudert: Ihren Wilhelm hat's erwischt. Volltreffer auf seinen Panzer bei Sedan. Es gab nichts mehr, was man beerdigen konnte. Der Wilhelm war einfach weg."

Das deckte sich mit dem, was er bereits von Schöppke erfahren hatte. „Als sie dann wiederkam, hatte sie sich verändert. Sie wirkte traurig, leer. Hab gehört, sie wohnte mit den Kindern bei ihren Eltern. Beides alte Leute, krank. Gab da wohl eine Menge Probleme. Aber wer hat die heutzutage nicht?" Er legte die Zigarre beiseite. Jarek hörte, wie er sich in der Dunkelheit die Nase schnäuzte.

„Es war so Mitte 41, da wurde ich an der Spaltanlage als Helfer eingearbeitet. Man hat es da als Neuer nicht einfach. Die Truppe um den Knebel ist ja kriegswichtig, meine Herren! Die halten sich für was Besonderes." Wieder leuchtete in der Dunkelheit die Glut rot auf.

„Die Nachtschicht hatte gerade angefangen, da sah ich den Bakker mit der Ackermann reden. Mann, hat der sich rangemacht. Gut aussehen tut er ja. Ist ein ganz eitler Vogel. Mir haben se erzählt, der wäre gerne Schauspieler geworden. Schmierenkomödiant war er ja schon."

Jarek unterbrach ihn: „Und in der Zeit von April 40 bis Mitte 41, da haben die beiden tatsächlich nie miteinander geredet?"

„Da kann ich nichts zu sagen, ich war da so gut wie nie in der Halle. Na ja, jedenfalls schien die Ackermann sich über die Komplimente nicht zu ärgern. Er hat ihr reichlich Honig ums Maul geschmiert, der Scheißkerl. Und dann fing er auch noch an, ihr kleine Geschenke mitzubringen. Pralinen und so, Zigaretten für ihren Vater." In der Glut konnte Jarek wieder Röders kalten Blick sehen.

„Irgendwann bemerkte ich, dass da was läuft zwischen den beiden. Immer, wenn die Ackermann zum Putzen kam, dann ist kurz danach auch der Bakker Richtung Toilette verschwunden. Und so zwanzig Minuten später kam er zurück. Sie haben ja das Scheißhaus gesehen. So gemütlich ist es da auch nicht."

Jarek erstarrte. Ihm fielen das Kondom und der Stuhl hinter dem Toilettengebäude ein. Ohne, dass er es verhindern konnte, erschien vor seinem geistigen Auge das Bild von Bakker. Er saß auf dem Stuhl, die Hose heruntergezogen. Auf ihm saß Henrietta Ackermann. Den Kittel hatte sie aufgeknöpft, den Rock hochgezogen. Jarek sah ihre schlanken Beine, ihren runden Po. Sie ritt auf Bakker. Der hatte eine Hand an ihrer Brust, die andere an ihrer entblößten Hüfte. Beide stöhnten ungehemmt, in dem Wissen, dass niemand sie hören konnte. Der Lärm der laufenden Spaltanlage übertönte ihr Liebesspiel. Schließlich bog die Ackermann den Rücken durch, warf ihren Kopf zurück. Sie und Bakker kamen gleichzeitig. Danach küssten sie sich zärtlich im Dämmerlicht.

Jarek spürte, wie seine Vorstellung ihn erregte. Er war dabei, einen Steifen zu bekommen. Aber er erschrak: Da war noch etwas anderes hinter dem Toilettengebäude. Zwischen den Spulen, nur wenige Meter von den Liebenden entfernt, befand sich in der Dunkelheit eine Gestalt. Sie hatte den beiden zugeschaut. Unfreiwillig? Oder wusste der Mörder von den gelegentlichen Treffs? Beide zogen sich an, ein letzter Kuss. Bakker ging zurück in die Halle, die Ackermann in das Toilettenhäuschen. Die Gestalt folgte ihr.

„He, alles in Ordnung mit Ihnen? Oder sind Sie eingepennt?" Röders Stimme holte ihn zurück in die Wirklichkeit. „Die Geschichte ist noch nicht zu Ende. Sie wissen doch, das Beste kommt bekanntlich zum Schluss." Jarek zwang sich, wieder konzentriert zuzuhören. „Der Bakker und die Ackermann, die waren sehr diskret. Haben das ganz stiekum durchgezogen. Das ging so ein paar Wochen. Irgendwann sehe ich den Bakker vom Klo zurückkommen. Und kurz darauf, ich traue meinen Augen nicht, macht sich der Alois Mühlbauer auf den Weg. Und auch der bleibt eine gute halbe Stunde hinten in der Halle. Er kommt zurück, und eine Viertelstunde später verabschiedet sich die Ackermann. Ich bin mir sicher: Sie hat es mit beiden getrieben."

Das war tatsächlich eine Geschichte, die Jarek hundert Reichsmark wert war. Das Verhältnis mit Bakker, das erahnte er bereits. Aber dass jetzt auch noch ein zweiter Mann ins Spiel kam, das änderte natürlich alles. Er würde sich morgen Abend Bakker und Mühlbauer vorknöpfen.

„Was meinen Sie, Eddi? Sie kannten die Ackermann. Hat die nur Trost gesucht, oder war da noch was anderes im Spiel? Geld vielleicht?" Er hörte Röder lachen: „Das werden Sie schon herausfinden, Kruppa. Hab ja vorhin gehört, wie Sie den Bakker befragt haben. Wenn Sie ein Werkschutzmann sind, dann fress ich einen Besen. So Typen wie Sie kenne ich: Mordkommission. Sie werden das Kind schon schaukeln."

Nach dem Gespräch mit Eddi überlegte Jarek, ob es Sinn machte, noch einen weiteren Tatort aufzusuchen. Es war erst acht Uhr. Er war aufgeheizt, Adrenalin schoss durch seinen Körper. Jede Sekunde war kostbar, konnte sich zum Schluss als entscheidend erweisen. Er kannte dieses Gefühl schon von anderen Ermittlungen: Jagdfieber. Früher hatte er oft ein, zwei Tage ohne Schlaf durchgehalten.

Aber der heutige Tag hatte es in sich. Auch Jareks Aufnahmefähigkeit war begrenzt. Es war keinem geholfen, wenn er übermüdet entscheidende Hinweise übersah. Schöppkes Kenntnisse der einzelnen Taten waren außerdem zu wichtig. Er wollte ihn bei den Untersuchungen dabeihaben. Er beschloss, zurück zur Hochstraße zu fahren.

Wieder im Büro rauchte ihm der Kopf. An nur einem Tag drei Tatorte zu besuchen und auszuwerten, das war schon was. Das Gespräch mit Eddi beschäftigte ihn noch immer. Dazu Schöppkes Gruselgeschichte vom verbrannten Rangierer. Alle diese Eindrücke mussten erst einmal verarbeitet werden.

Auf der Fahrt zurück dachte Jarek über Röder nach. Er musste lange Jahre in Haft verbracht haben. Für welches Verbrechen? Sicher war, es musste ein Schwerverbrechen gewesen sein. Er hatte zudem erkannt, dass Jarek kein Werkschutzmann war. Er vermutete, dass Jarek für die Mordkommission arbeitete. War Röder ein verurteilter Mörder oder Totschläger? Hatte er für ein Gewaltverbrechen eingesessen?

Gut denkbar, dass Röder, der die Ackermann seit langer Zeit kannte, eifersüchtig war. Er wusste von den Treffen am Toilettenhäuschen. Hatte er die beiden beobachtet? War er die Gestalt, die Jarek in seiner Fantasie gesehen hatte? Doch Jarek verwarf den Gedanken schnell wieder. Wäre dem so, dann hätte Röder ihm nichts erzählt.

Jarek beschloss, für heute Feierabend zu machen. Er gönnte sich noch einen Apfel, dazu aß er eine Stulle. Morgen früh würde er sich mit Nachschub versorgen. Er ging noch einmal seinen Notizblock durch, ergänzte einige Informationen. Er riss ein Blatt heraus, notierte „100 RM, dritte Spule rechts". Röder hatte ihm gesagt, wo er das Geld deponieren sollte. Er wollte nicht vergessen, bei Schöppke die Summe anzufordern. Er zog sich aus, löschte das Licht und versuchte zu schlafen.

Tag 3

Diese Nacht lief nicht besser als die Nacht zuvor. Jarek wälzte sich, träumte von ermordeten Menschen. Er hatte sich zuvor einige der Akten angesehen. Botzkis Akte enthielt nur einen einseitigen Bericht, ein Foto, das war alles. Es zeigte die Leiche von Botzki, auf dem Bauch liegend. Der Kopf war nicht mehr als solcher erkennbar. Haare, Hirnmasse, Fleisch, Knochen, alles war durch die Hammerschläge zu einem Brei vermischt. Auch Hals und Schultern waren von den Schlägen getroffen worden.

Jarek hatte das Foto immer und immer wieder betrachtet und darüber nachgedacht. Der Täter wollte Botzki nicht einfach töten. Er musste Wut im Bauch gehabt haben. Zorn. Er wollte Botzki für etwas bestrafen. Sich rächen.

„So geht das nicht weiter, verdammt!", fluchte Jarek laut in die Dunkelheit hinein. Er stand auf, schaltete das Licht ein. Ein Blick auf seine Uhr zeigte ihm, dass es kurz vor drei war. Er hatte vielleicht ein, zwei Stunden geschlafen.

„Ein schöner, starker Bohnenkaffee, mit reichlich Zucker, das wäre es jetzt," sagte Jarek zu sich selbst. Aber die Kantine öffnete erst später, und richtigen Kaffee gab es dort auch nicht.

Also beschloss er, rüber zur Waschkaue zu gehen und sich heiß-kalt abzuduschen. Das würde seinen Kreislauf in Gang bringen, die Müdigkeit vertreiben. Rasch zog er sich an, steckte sich das Springmesser in die Tasche. Er blickte auf den Tisch, auf dem der Grabendolch lag. Nach kurzem Zögern steckte er ihn ein. „Man weiß ja nie", dachte er.

Draußen umgab Jarek wieder die vollkommene Dunkelheit des Stahlwerks. Er gab seinen Augen Zeit, sich an die Dunkelheit zu gewöhnen. Vergebens. Die Schwärze war undurchdring-lich. Mittlerweile kannte er die Strecke jedoch. Er bewegte sich leise und vorsichtig in Richtung der Treppe.

Oben auf der Hochstraße angekommen, sah er sich um. Bis auf wenige Lichter, die schwach an einigen Hallen leuchteten, lag das Werk im Dunkeln. Richtung Westen jedoch, weit hinter dem Kanal, da lag der Rhein. Aus dieser Richtung vernahm Jarek einen Lichtschein. Er betrachtete die helle Aura, wunderte sich, warum es dort scheinbar keine Verdunklung gab. Plötz-lich färbte sich die Wolkendecke über dieser Gegend leuchtend rot, wie bei einem Abstich. Lag dort ein zweites Stahlwerk? Er musste Schöppke darauf ansprechen.

Jarek schlich langsam die Treppe herunter, weiter Richtung Waschkaue. Um diese Uhrzeit waren keine Arbeiter mehr un-terwegs. Die Tür der Kaue stand, wie immer, einen Spalt offen.

Er öffnete die Tür und wollte gerade eintreten, als er er-schrak. Ein Arbeiter, bekleidet mit einem verschmutzten Blau-mann, wollte soeben die Kaue verlassen. Der Mann war groß, schlank. Er trug einen dunkelbraunen Helm, tief in das Gesicht gezogen. Unter seinem Arm hielt er ein zusammengerolltes Bündel. Jarek wich zurück, machte ihm Platz. „Guten Abend", sprach er den Arbeiter an. „Nabend", kam es knapp zurück. Die Stimme klang brüchig und rau. Ohne ihn anzusehen, ging der Mann an Jarek vorbei, trat hinaus in die Dunkelheit. Sein Ge-sicht konnte Jarek nicht erkennen. Aber an seinem Hals und an seiner Wange sah er einen bösen, roten Ausschlag. Die Haut sah zudem trocken aus, rissig.

Der Mann war gerade aus der Tür, da nahm Jarek einen unangenehmen Geruch wahr. Er roch Schweiß, alten Schweiß. Dazu kam der Geruch von abgestandenem Urin und etwas Muffiges, wie alte, feuchte Kleidung. Jarek erinnerte sich an einen ermordeten Obdachlosen. Ein Fall, in dem er vor einigen Jahren ermittelt hatte. Der tote Obdachlose hatte exakt den gleichen Geruch an sich gehabt. „Uuuh, was ist denn mit dem los?", sagte Jarek laut, Ekel in der Stimme. Er ging ebenfalls wieder aus dem Vorraum hinaus, blickte in die Dunkelheit. Nichts. Der Mann war verschwunden. Jarek lauschte, er konnte keine Schritte vernehmen.

Er ging zurück in die Kaue. Sie war leer. Noch immer lag etwas von dem Geruch des Mannes in der Luft. Vorsichtig schaute Jarek sich um. Er blickte in die Toilette, niemand hielt sich dort auf. Jarek wusste, dass viele Arbeiter ihre Arbeitskleidung lange trugen, sehr lange. Auch vorhin, als er sich unter die Männer an der Bushaltestelle gemischt hatte, vernahm er den Geruch von Schweiß. Aber das hier war etwas anderes. Der Mann stank. Er stank so sehr, dass einem in seiner Nähe übel wurde. Jarek konnte sich nicht vorstellen, dass seine Kollegen ihn in diesem Zustand in ihrer Nähe duldeten. Vielleicht arbeitete er draußen, am Hafen? Geduscht hatte er jedenfalls nicht: Die Fliesen vor dem Duschraum waren trocken.

Aus seinem Spind nahm Jarek Handtuch und Seife. Langsam ging er zu der Bank, die der Schwingtür zu den Duschen am nächsten war. Er zog sich aus, legte den Grabendolch unter die Mütze. Er betrat die Dusche, drehte das Wasser auf.

Er hatte sich gerade eingeseift, da kehrten seine Gedanken zum dem Mann zurück. Jarek hatte keine Schritte gehört, als er hinter ihm in die Nacht getreten war. Dabei waren nur zwei Sekunden vergangen, vielleicht drei. Was, wenn der Mann sich gar nicht von der Kaue entfernt hatte, sondern einfach in der Dunkelheit Position bezogen hatte? Und nun draußen auf ihn wartete? Oder – in diesem Moment – wieder die Kaue betrat, während Jarek duschte?

Schlagartig sprang Jarek unter der Dusche hervor. Hastig wischte er sich mit dem Handtuch den Schaum aus dem Gesicht. Er war nackt, unbewaffnet. Sein Herz raste. Ihm wurde bewusst, dass er eine große Dummheit begangen hatte: Er hatte sich in Lebensgefahr gebracht. Wenn der Mann der Mörder war, dann war er ihm jetzt schutzlos ausgeliefert.

Während das Wasser weiter rauschend aus der Dusche lief, ging er langsam zur Tür. Vorsichtig blickte er durch den Spalt der Schwingtür: Der Umkleideraum war scheinbar leer. Langsam öffnete Jarek die Tür, lauschte. Nichts. Er nahm den Dolch unter seiner Mütze hervor, ging zurück unter die Dusche. Eilig spülte er sich ab, verzichtete auf die geplante Heiß-kalt-Dusche. „Angst weckt einen am schnellsten auf", dachte Jarek.

Nachdem er sich abgetrocknet und angezogen hatte, machte sich Jarek auf den Rückweg. Die Gefahr war noch nicht vorbei. Er hatte keine Lampe. Da draußen gab es etliche Stellen, die sich für einen Hinterhalt eigneten. Der Rückweg würde spannend werden. Jarek zog den Dolch hinten aus der Hose, steckte ihn vorn in den Bund. Er zog ihn zudem ein Stück aus der Scheide. Die Hand ließ er am Griff.

Vorsichtig trat er in die Nacht hinaus. Bereits nach zwei Schritten hatte die Dunkelheit ihn eingehüllt. Er wartete kurz, bis sich seine Augen eingewöhnt hatten. Dann machte er sich auf den Weg.

Seine Sinne waren angespannt. Er versuchte, keinerlei Geräusche zu verursachen, schlich langsam voran. Nach ein paar Schritten blieb er stehen, lauschte. Nichts. Weiter. Wieder ein paar Schritte. Jarek glaubte, einen üblen Geruch wahrzunehmen. Oder täuschte er sich? Er setzte seinen Weg fort. Aus

Richtung der Treppe hörte er ein Geräusch. Es klang, als ob ein kleines Steinchen einige Treppenstufen herabgefallen war. Jarek zog den Dolch aus der Scheide. Er wartete. Aber außer den Geräuschen des Stahlwerks und einem entfernten Horn war nichts zu hören.

Er schlich weiter, erreichte schließlich die Treppe. Ganz vorsichtig nahm er Stufe für Stufe, wie in Zeitlupe. Oben angekommen, ging er geduckt über die Straße. Auf der anderen Seite blieb er einen Moment stehen, lauschte erneut. Nichts. Stille. Trotz des Dolches kam Jarek sich seltsam ausgeliefert vor. Wie ein Jäger, der in der Dunkelheit von einem Raubtier umkreist wurde. Man konnte es nicht sehen oder hören. Aber man wusste, es war da.

Jarek setzte seinen Weg fort. Lautlos, schleichend und immer wieder witternd. Den widerlichen Geruch des Mannes würde er nicht so schnell vergessen.

Erschöpft erreichte er sein Büro. Als er die Tür hinter sich verriegelt hatte, fiel die Anspannung von ihm ab: „Leck mich am Arsch. Das war ja eine tolle Idee, dieser nächtliche Badeausflug." Er hatte immer noch den Dolch in der Hand. Seine Hand schmerzte, so fest hatte er den Griff unbewusst umklammert. Er steckte ihn zurück in die Scheide, warf ihn auf sein Bett.

Wer war der stinkende Mann mit dem Hautausschlag? Was hatte er nachts in der Umkleide zu suchen? Wo im Werk arbeitete er? Jarek überlegte, ob er Schöppke nach ihm fragen sollte. Er verwarf den Gedanken. Unwahrscheinlich, dass dieser Stinker der Mann war, den sie suchten. Außerdem beschloss Jarek, Schöppke nichts von seinem Ausflug zu berichten. „Der muss ja nicht wissen, dass ich selbst ein Glupek bin", dachte er.

♦

Wie gewohnt, kam Schöppke rein, ohne anzuklopfen. Sein Gesicht zeigte einen ernsten, entschlossenen Ausdruck. Er hatte seinen Gehstock dabei. Ohne Begrüßung kam er auf Jarek zu, der über den Akten grübelnd am Schreibtisch saß. Wie ein Soldat stellte er sich stramm vor ihm auf, blaffte ihn an: „Ich weiß jetzt, was Glupek bedeutet: Du hast mich als Schwachkopf bezeichnet!" Er versuchte, seiner Stimme einen wütenden Ausdruck zu verleihen. Dabei fuchtelte er mit seinem Stock in der Luft herum. „Das kann ich mir nicht ungestraft bieten lassen. Das bedeutet Krieg, Kruppa!" Er meinte damit wohl einen Krieg der Worte und womöglich auch der dummen Sprüche. Jarek beschloss, dem umgehend ein Ende zu bereiten. Ohne von der Akte aufzusehen, antwortete er nüchtern:

„Ich habe einen dringenden Auftrag für dich: Geh bitte zum Duttsche und bring ihn sofort her. Ich benötige eine Zeugenaussage von ihm." Schöppke entglitten die Gesichtszüge. Der Gedanke, dem Mann entgegentreten zu müssen, der sich am Tag zuvor so übel über ihn lustig gemacht hatte, missfiel ihm sichtlich. Dann sah er, dass Jarek grinste. Schöppke zeigte mit dem Finger auf ihn: „Kruppa, fang keinen Krieg an, den du nicht gewinnen kannst. Das haben schon andere versucht!"

Er setzte sich Jarek gegenüber, der ihn nun ansah. Schöppke lachte: „Meine Fresse, du siehst ja noch beschissener aus als gestern. Was machst du denn die ganze Nacht? Wichsen?" Jarek war in der Tat nicht auf dem Damm. Er hatte bereits die vorletzte Nacht schlecht geschlafen, nun kam die letzte noch dazu. Auch die nächtliche Begegnung mit dem Stinker machte ihm noch zu schaffen. Er wollte gerade passend antworten, da klopfte es vorsichtig an der Tür. „Herein!", rief Schöppke laut, um dann leise hinzuzufügen: „Wenn's nicht der Führer ist."

Zu Jareks Erstaunen stand eine Frau in der Tür. Sie war komplett in Schwarz gekleidet. An ihrem kleinen Hut war etwas Trauerflor angebracht. Sie hatte eine schlanke Figur, einen hellen Teint, war dezent geschminkt. Sie war vielleicht Anfang vierzig, gutaussehend.

„Guten Morgen, meine Herren. Mein Name ist Konrady. Ich komme von der Buchhaltung. Es geht um die Schichtpläne, die Sie angefragt haben." Schöppke stand auf, verbeugte sich theatralisch: „Frau Konrady, welch Glanz in unserer Hütte. Schön, Sie mal wieder zu sehen. Bitte, nehmen Sie Platz."

Jarek hatte einige Fotos der Tatorte und Mordopfer auf dem Tisch ausgebreitet. Hastig schob er die Bilder zu einem Haufen zusammen und legte einen der Pappdeckel darüber. Dann stand er auf, Schöppke stellte ihn vor: „Darf ich vorstellen: Sherlock Holmsky, der berühmte polnische Privatdetektiv." Schöppke lachte laut, und auch Frau Konrady musste lächeln. Scheinbar kannte sie Schöppkes fragwürdigen Humor. Jarek blickte verärgert zu Schöppke. Der lachte immer noch: „Ach, Irrtum. Frau Konrady, das ist unser neuer Kollege, Herr Jan Kruppa." „So ein blöder Idiot", dachte Jarek.

Er ging um den Schreibtisch herum, reichte ihr die Hand. Trotz seines Ärgers brachte er ein Lächeln zustande: „Guten Morgen, Frau Konrady." Sie lächelte amüsiert zurück, sagte nichts. „Wollen Sie sich setzen?", fragte Jarek. „Nein, es dauert nur ein paar Minuten. Der Fahrer wartet draußen. Ich habe leider schlechte Nachrichten für Sie, meine Herren." Schöppke setzte sich wieder auf seinen Stuhl, Jarek blieb stehen. „Die Auswertung, die Sie angefordert haben, kann leider nicht erstellt werden. Es ist unmöglich, eine Aussage darüber zu treffen, welche Arbeiter an allen Tattagen im Werk waren." Schöppke klatschte sich unangenehm laut auf den Schenkel: „Ha, Kruppa. Hab ich's nicht gesagt?"

Sie fuhr fort: „Wir haben Normalschicht, Frühschicht, Spätschicht, Nachtschicht. Es gibt Acht-, Zehn- und Zwölf-Stunden-Schichten. Bei vielen Schichten gibt es zudem Überschneidungen. Aber das komplizierte Schichtsystem ist nicht das größte Problem." Sie machte eine Pause, blickte Jarek freundlich an: „Viele Arbeiter halten sich nicht an ihren Schichtplan. Schichten werden untereinander getauscht, verlängert, verkürzt. Die Männer machen Übersunden oder sogar zwei Schichten am Stück. Davon erfahren wir oft nichts. Das Regeln die alles mit dem Vorarbeiter und untereinander." Sie hob entschuldigend die Hände. „Wir könnten zwar dennoch versuchen, Ihnen eine Auswertung zu erstellen. Aber sie wäre garantiert falsch, und wir bräuchten dafür mindestens einen Monat. Uns fehlt schlicht das Personal."

Jarek nickte ihr zu: „Herr Schöppke hat zwar von nichts eine Ahnung, aber viele Vorahnungen. Er hat das tatsächlich schon vorausgesehen. Aber ich danke Ihnen dennoch für Ihre Mühen. Es war schön, Sie kennenzulernen." Sie reichten sich die Hand, auch Schöppke verabschiedete sich. So schnell, wie sie gekommen war, verschwand sie wieder. „Das war jetzt aber nicht nötig, Kruppa", meckerte Schöppke. „Nachtreten gilt nicht!"

Jarek setzte sich wieder an den Tisch: „Schluss jetzt mit den Kinkerlitzchen, Paul. Wir suchen einen Mörder, schon vergessen? Während du dir Unfug ausdenkst, habe ich gearbeitet." Bereits gestern hatten die Männer gemerkt, dass die förmliche Anrede lästig wurde. Stillschweigend waren sie dazu übergegangen, sich nur noch mit den Nach- oder Vornamen anzureden.

Jarek nahm den Pappdeckel von den Bildern, zog sie zu sich heran. Er sortierte die Bilder, zeigte Schöppke das Familienfoto von Henrietta Ackermann: „Was, wenn ich dir sage, dass die Ackermann regelmäßig mit mehreren Männern der Spaltanlage Geschlechtsverkehr hatte?" Schöppke riss Mund und Augen gleichzeitig auf: „Nein! Das glaube ich nicht!" Jarek nickte:

„Doch, doch. Ich weiß nur noch nicht, ob sie da nur Spaß dran hatte, oder ob mehr dahintersteckt. Es kann sein, dass sie hier im Werk angeschafft hat." Schöppke haute es fast vom Stuhl, er stand aufgeregt auf: „Unmöglich. Die hat hier rumgebumst? Woher willst du das wissen?" Jarek lächelte: „Das ist leider geheim, Paul. Aber der Tipp ist von einem zuverlässigen Informanten, dem ich dafür hundert Reichsmark schulde. Hast du so viel dabei?" Schöppke setzte sich wieder hin, sah Jarek ernst an. „Bist du da auch keinem Ammenmärchen aufgesessen? Hier im Werk wird ein Haufen Scheiß erzählt, seit die Mordserie läuft."

Er zog seine Brieftasche heraus, kramte darin. Jarek fuhr fort: „Ich habe gestern den Bakker vernommen. Der hat mich definitiv angelogen. Der verheimlicht was. Heute Abend werde ich da zum Schichtwechsel noch mal auftauchen und mir die Männer vornehmen. Morgen kann ich dir genau sagen, was da los ist. Wer, mit wem, warum, wieso." Schöppke reichte Jarek mehrere Geldscheine herüber: „Meinst du denn, das bringt uns in der Mordsache weiter?"

Jarek stand auf. Er ging zur Wand, wo die Getränkekisten standen. Er nahm zwei Brausen heraus, reichte eine davon Schöppke. „Garantiert. Ich spüre, dass das Muster sich langsam zeigt. Ich bin mir fast sicher: Morgen um die Zeit kann ich dir eine erste Theorie liefern. Ich brauche nur noch ein paar mehr Informationen." Die Männer öffneten die Flaschen, prosteten sich wortlos zu. Schöppke schüttelte den Kopf: „Die Ackermann, unglaublich. Hast du noch eine Überraschung für mich?"

Jarek zeigte mit dem Daumen über seine Schulter in Richtung Westen: „Als ich mir gestern Nacht die Beine vertreten habe, habe ich hinter dem Rhein ein Leuchten gesehen. Sah für mich fast wie ein Abstich aus. Steht da etwa ein zweites Stahlwerk?" Schöppke schaute Jarek ernst an. „Das ist geheim, Kruppa." Jarek dachte, es wäre einer von Schöppkes Späßen. Eine Retourkutsche, weil er ihm den Namen des Informanten nicht genannt hatte. Aber Schöppke fuhr fort: „Du kannst zwar alles fragen, darfst aber nicht alles wissen. Du bist immer noch Kriegsgefangener. Bei bestimmten Dingen ist es für dich besser, wenn du nichts über sie weißt. Erzähle niemandem, was du gesehen hast." Die Männer schwiegen kurze Zeit. Schöppke zündete sich eine dicke Zigarre an. „Komm Paul, ich muss es wissen. Alles kann für diese Ermittlung wichtig sein. Raus damit!"

Schöppke stand langsam auf, eine Rauchwolke umgab ihn wie einen Schleier. Er kam um den Tisch herum, setzte sich auf die Tischkante neben Jarek. Er sprach leise: „Was du gesehen hast, ist das Scheinwerk. Eine Attrappe dieses Werks hier aus Licht. Man hat die Straßenbeleuchtung, den Bahnhof und andere Anlagen des Werks da drüben nachgebaut. Nicht maßstabsgetreu und nur Teile der Beleuchtung. Sogar rote Lampen, die den Abstich bei den Hochöfen imitieren, gibt es." Schöppke nahm einen tiefen Zug. Die Spitze seiner Zigarre leuchtete rot wie glühendes Eisen. Er atmete langsam aus. Der Rauch hüllte ihn ein. „Wenn hier nachts die Lichter ausgehen, gehen sie da drüben an. Wenn die Tommys oder Amis kommen, dann sollen sie ihre Bomben gefälligst da drüben abwerfen, und nicht hier." Er stand auf, ging zurück an seinen Platz.

Er zog den Aschenbecher zu sich rüber. „Solltest du jemals der falschen Person gegenüber erwähnen, dass du vom Scheinwerk weißt, dann bekommst du einen Kopfschuss. Egal wie diese Sache hier ausgeht: Schnauze halten. Klar?" Jarek nickte: „Klar. Danke, dass du es mir gesagt hast."

Schöppke machte wieder sein Fischgesicht, ließ einen Rauchring Richtung Jarek starten. „Hab mir mein Knie mit Pferdesalbe eingerieben. Geht wieder ganz gut. Aber ich habe mich nicht vor der Front gedrückt, um deine Gewaltmärsche mitzumachen. Was hast du heute vor?"

Auf die Karte zeigend, antwortete Jarek: „Ich will mir die Tatorte Altbauer und Zelinski ansehen. Wenn die Zeit reicht, auch noch Könneke. Dann will ich mir die Mannschaft von der Spaltanlage greifen. Anschließend schaue ich noch mal in die Akten und werde den Tag auswerten. Bevor ich es vergesse: Hast du an die Taschenlampe gedacht?"

„Aaargh!" Schöppke klopfte sich mit der flachen Hand gegen die Stirn: „Vorhin, in der Wache, habe ich sie noch auf den Schreibtisch gelegt. Wollte noch nach Ersatzbatterien schauen. Aber dann habe ich sie glatt vergessen. Scheiße!" Jarek war verärgert, zeigte es aber nicht. Nach dem Erlebnis letzte Nacht war ihm klar: Licht konnte in dieser Sache über Leben und Tod entscheiden. Er nutzte die Gelegenheit zu einer kleinen Spitze: „Der beste Mann vom Werkschutz. Oder doch nur der zweitbeste?" Schöppke blickte ihn finster an. Er verzichtete auf einen Konter. Vorerst.

◆

Das Wetter hatte sich gebessert. Immer noch bewölkt und kalt, aber kein Regen mehr. Und hier und da kam auch etwas Sonne durch die Wolken. Sie ließen sich von einem Wagen abholen. Es war ein alter Opel, dunkelgrau, zerbeult, ziemlich runtergekommen.

Gemeinsam nahmen sie im Fond Platz. Den Fahrer kannte Jarek bereits: Es war die „Lederhand". Der Mann, der an der rechten Hand eine Prothese trug, hatte ihm, gemeinsam mit Kruck, das Fahrrad angeliefert. Schöppke stellte ihm den Fahrer kurz vor: „Das ist der Artur Burgdorf. Feiner Bengel. Guter Fahrer. Nur mit dem Schalten klappt es nicht so. Die Kollegen nennen ihn daher auch den Getriebemörder." Der so Titulierte nahm es kommentarlos hin. Wie Kruck, war auch er scheinbar abgestumpft, was Schöppkes Spott anging. Was hatten die Männer bereits alles ertragen müssen, fragte sich Jarek.

„Erzähl mir mal was über den Tatort und den Tathergang, Paul. War das nicht in einer Autoschlosserei?" Schöppke nickte. Die Rücksitzbank bot wenig Platz für seine hundertzwanzig Kilo. Er drehte sich daher zu Seite, legte ein Bein auf die Bank. „Richtig. Wobei Autoschlosserei nicht ganz richtig ist. Das ist eine riesige Werkstatt, wo in der Regel so hundert, hundertzwanzig Fahrzeuge gleichzeitig drinstehen. Vom Moped bis zum Schaufelbagger machen die da alles wieder fit, was Räder und Motoren hat." Der Wagen bremste heftig, als an einem Bahnübergang plötzlich Schranken heruntergelassen wurden. Langsam fuhr ein Zug, beladen mit Brammen, vorbei. Selbst im Inneren des Wagens konnte man die Strahlungshitze spüren. Jarek dachte an den verkohlten Rangierer.

„Da in der Werkstatt ständig Autos rein- und rausfahren, gibt es drei Rolltore: Eins ganz links, eines rechts und eines in der Mitte. Hinter den Toren liegen lange Fahrwege, die bis an das Ende der Halle reichen. Zwischen den Fahrwegen liegen Gruben und Hebebühnen. Da wird geschraubt und geschweißt, was das Zeug hält. In der Tagschicht arbeiten da rund achtzig Mann." Die Schranke öffnete sich, die Lederhand fuhr an. Tatsächlich verschaltete sich der Fahrer, das Getriebe gab ein schmerzhaftes Knarzen von sich. Schöppke klopfte dem Mann kameradschaftlich auf die Schulter: „Bravo, Artur. Sauber! Warum wanderst du nicht nach England aus? Da hamse den Schaltknüppel links."

Jenseits der Fahrbahn konnte Jarek riesige Halden von Schlacke sehen. Förderbänder, mehr als hundert Meter lang, transportierten die Schlacke nach oben. Er sah viele Zwangsarbeiter in Sträflingskleidung, die die Schlacke von Güterwaggons auf die Förderbänder schaufelten. Männer aus seiner Baracke hatten ihm von der schweren Arbeit berichtet. Was würden seine ehemaligen Kameraden denken, was aus ihm geworden war?

Schöppke holte ihn aus seinen Gedanken: „In der Nachtschicht aber, wo der Mord geschah, waren nur fünf Mann in
der Halle, einer davon Bruno Altbauer. Und jetzt kommt's: Die
Halle kann nur über die Rolltore betreten werden. Die waren
über Nacht aber alle zu. Sie wurden erst wieder geöffnet, als
ich gegen viertel nach vier eingetrudelt bin, gemeinsam mit der
Polizei. Der Mörder ist also irgendwann am Abend in die Halle
rein. Hat dann gegen drei den Altbauer platt gemacht, sich danach in der Halle versteckt. Und als wir ankamen, hat er sich
rausgeschlichen. Das nenne ich kaltschnäuzig!"

Jarek unterbrach ihn: „Moment mal. Als ihr am Tatort angekommen seid, habt ihr da nichts abgesperrt? Habt ihr nicht gewusst, dass die Halle die ganze Nacht zu war?" Schöppke hatte
seine Mütze abgenommen. Er kratzte sich am Kopf, verzog das
Gesicht: „Na ja, weißt du, als wir ankamen, da wussten wir das
nicht mit den Rolltoren. Und die Männer in der Halle waren ja
auch total aufgelöst. Wir sind mit denen gemeinsam nach hinten zur Leiche gegangen. Irgendwann sagte dann einer, ‚keine
Ahnung, wie der hier reingekommen ist, die Tore waren die
ganze Nacht zu', da dämmerte es uns. Aber da war es zu spät."
Er blickte Jarek verlegen an.

Dass sich der Täter am Tatort hatte einschließen lassen, erschien Jarek unwahrscheinlich. Damit wäre ein unnötig großes Risiko verbunden gewesen. Jarek war nach wie vor davon
überzeugt, dass der Mörder Tatorte und Opfer nicht zufällig
auswählte.

Die Lederhand bog rechts ab. Sie fuhren auf eine Halle mit
drei offenen Toren zu. Daneben ein großer Parkplatz, auf dem
etliche Autos standen, viele davon Schrott. Schöppke konnte
scheinbar Gedanken lesen: „Mit Ersatzteilen ist das so eine Sache. Momentan haben alle Fabriken auf Rüstungsproduktion
umgestellt. Da bekommt man für viele Wagen keine passenden
Teile."

Der Opel stoppte abrupt. Jarek und Schöppke ruckte es unsanft gegen die Vordersitze. „Was ist denn mit dir los, Artur, haste jetzt auch schon ein Holzbein? Mann, Mann, Mann!" Sie stiegen aus, gingen zur Halle. Schöppke humpelte dabei leicht, stützte sich auf seinen Gehstock.

♦

Sie betraten die Halle durch das mittlere Tor. Jarek bemerkte, dass die Halle wesentlich heller war, als die, die er bisher gesehen hatte. Durch die drei geöffneten Tore drang viel Licht ein. Auch diese Halle hatte im oberen Bereich Lichtbänder aus Glasbausteinen. Diese waren jedoch nicht so verdreckt wie in den anderen Hallen. Hinzu kam, dass an den Wänden Lampen angebracht waren.

In zwei langen Reihen standen Autos, Lkws und Motorräder. In der linken Reihe handelte es sich vor allem um Zivil- und Militärfahrzeuge. Die Reihe rechts war Nutzfahrzeugen aller Art vorbehalten. Beide Reihen zogen sich bis ans Hallenende. Jarek schätzte, dass es weit mehr als hundertzwanzig Fahrzeuge waren.

Einige Fahrzeuge standen auf Gruben, sodass die Arbeiter von unten an die Achsen und das Getriebe herankamen. Andere Wagen hingegen standen auf Hebebühnen. In der Hallenmitte wurde gerade ein riesiger Kipper von einem Brückenkran angehoben.

Überall wurde gearbeitet: Männer schweißten an einem Fahrgestell. An anderer Stelle wurde mithilfe eines Flaschenzugs ein Motorblock aus einem Wagen geholt. Zwei Männer trugen eine Sitzbank an Jarek vorbei. Überall wurde gehämmert, geschraubt, gesägt. Es roch nach Maschinenöl, Benzin, verbranntem Gummi.

Langsam gingen Schöppke und Jarek durch die Halle. Jarek sah eine wunderschöne BMW-Limousine. Der Wagen war blau lackiert, die Türen weiß. Daneben ein großer, silberner Horch. Nur der Kühlergrill, die Lampen und die Vorderräder waren zu sehen, der Rest war mit einem großen Tuch abgedeckt. Jarek sah Fahrzeuge von Opel, Audi, Mercedes, DKW und NSU. Schöppke ließ es sich nicht nehmen, ihn aufzuklären: „So ein Auto ist ja eine feine Sache, wenn man es sich leisten kann. Wenn da nur nicht das Problem mit dem Benzin wäre. Das ist natürlich auch streng rationiert. Viele Autos stehen daher seit Monaten herum." Mit seinem Gehstock zeigte er auf einen Opel: „Und natürlich werden auch Fahrzeuge, die sich für die Wehrmacht eignen, requiriert." Er sah Jarek an, zwinkerte: „Aber wenn der Wagen defekt in der Werkstatt steht, und das passende Ersatzteil ist nicht lieferbar, was will die Wehrmacht da machen?" Er grinste verschwörerisch.

„So läuft das also", dachte Jarek. Vermögende Duisburger parkten hier ihre angeblich defekten Autos, um eine Beschlagnahmung durch das Militär zu umgehen. Neben dem Werkschutzleiter und dem Chef der Kantine wusste offenbar auch der Werkstattleiter, wie man seine Versorgungslage verbesserte. Was wusste von Kessel von all dem? Wie kam er an seinen Anteil?

Sie gingen unter dem Kipper hindurch, der gut drei Meter über der Erde schwebte. Jarek blickte hinauf: Hoch oben unter der Hallendecke sah er den Kran. Er konnte undeutlich eine Person im Führerstand erkennen. Scheinwerfer leuchteten vom Kran hinab, blendeten ihn.

In der rechten Reihe sah Jarek Lkws verschiedener Größe und Bauart. Mehrere Opel Blitz, dazwischen ein Tankwagen von MAN. Überwiegend waren es zivil genutzte Fahrzeuge, die scheinbar im Werk selbst eingesetzt wurden. Aber auch zwei Traktoren von Lanz Bulldog standen hier zur Reparatur. „Eine Hand wäscht die andere", dachte Jarek. Wie würden sich die

Bauern wohl beim Werkstattleiter revanchieren?

Sie erreichten das Ende der Halle. Hier waren an die Hallenwand mehrere kleinere Gebäude mit Flachdach angesetzt. Hinter den Gebäuden zog sich eine Treppe aus Stahlgitter im Zickzack die Hallenwand hoch. Jarek vermutete, dass sie für den Kranführer war. Schöppke stieß ihn mit dem Ellenbogen an: „Ganz links, das sind die Scheißhäuser. Daneben, da ist das Werkzeug- und Materiallager. Dann kommt die Meisterbude. Ganz rechts ist der Pausenraum. Da hat es den Altbauer erwischt. Am ersten Tisch, gleich hinter dem Eingang." Schöppke stoppte, sah Jarek eindringlich an: „Ich gehe davon aus, da sind gerade ein paar Arbeiter beim Frühstück. Wir sollten da sehr diskret sein. Ich will hier keine unnötige Unruhe. Geh da rein und schau dich unauffällig um. Falls dich einer anspricht: Frag nach dem Meister, Heinz Kellner. Ich warte auf dich an der Meisterbude."

Bevor Jarek den Pausenraum betrat, sah er sich um. In der Nachtschicht waren nur fünf Arbeiter in der Halle. Die Rolltore waren dann geschlossen, durch die Glasbausteine fiel kein Licht herein. Wahrscheinlich würde man auch nicht alle Lampen eingeschaltet lassen. In dem Gewirr von Fahrzeugen und Gruben wäre es ein Leichtes, sich zu verstecken. Der Täter müsste nur kurz vor Schichtwechsel die Halle betreten. Mit einem blauen Arbeitsanzug würde er niemandem auffallen.

Die Tür zum Pausenraum hatte in der oberen Hälfte eine zerkratzte Scheibe. Jarek trat ein. Der fenster- und schmucklose Raum bot an zwei Tischen rund zwanzig Arbeitern Platz. Der Tisch vor ihm war unbesetzt, am Tisch daneben saßen vier Männer. Zwei lasen Zeitung, die anderen beiden spielten Karten. Sie hatten ihr Frühstück scheinbar bereits beendet. Auf dem Tisch sah Jarek eine Kaffeekanne aus Porzellan, dazu vier Tassen. Außerdem mehrere Isolierkannen und Brotdosen, einen Apfel. Jemand hatte Gebäck mitgebracht. Auf einem Teller lag ein letzter Keks, dazu Krümel. Ein randvoller Aschenbecher wartete darauf, ausgeleert zu werden. Keiner der Männer sah Jarek an oder nahm Notiz von ihm.

Er blickte auf den Tisch vor ihm: Er war leer. Wahrscheinlich mieden die Männer den Platz, an dem ihr Kollege ermordet wurde. Jarek schätzte, dass einige wahrscheinlich auch den Raum nicht mehr betreten würden. Wer frühstückte schon gern an einem Tatort?

Jarek dachte an die beiden kleinen Fotos aus der Polizeiakte. Das eine war exakt von der Position aus aufgenommen worden, an der er jetzt stand. Es zeigte den Altbauer, wie er vornübergebeugt auf dem Tisch lag, den Kopf in einer großen Blutlache. Seine Hände hatte er rechts und links auf dem Tisch liegen. Unter der rechten Hand befand sich eine zusammengefaltete Zeitung. Daneben lag auf dem Tisch das Mordwerkzeug: ein großer Schraubenschlüssel.

Das andere Foto war aus der entgegengesetzten Richtung aufgenommen worden. Der Fotograf hatte dabei näher am Opfer gestanden. Das Bild zeigte vorrangig die klaffende Kopfwunde. Hirnmasse war ausgetreten, sickerte in die Blutlache. Bruno Altbauers Kopf lag auf der Seite, so, als sei er bei seiner Pause eingeschlafen.

Jarek ärgerte sich, die Fotos nicht mitgenommen zu haben. Er würde sie sich nachher noch einmal genau ansehen. Er blickte auf den Tisch vor sich: keine Spuren mehr von der Blutlache. Sicher hatte man den Tisch ausgetauscht. „Guter Mann, wie kann man dir helfen?" Einer der Zeitungsleser hatte Jarek bemerkt. Er antwortete: „Guten Tag. Ich suche Heinz Kellner, wo finde ich den?" Alle vier Männer sahen Jarek jetzt an. Der Zeitungsleser antwortete ihm: „Den findest du immer in dem Raum ganz hinten links in der Halle." Gelächter. Jarek erinnerte sich, da waren die Toiletten. „Vielen Dank auch", verabschiedete er sich.

Langsam ging er zu Schöppke, der an der Meisterbude stand: „Und, was gefunden?" Jarek schüttelte den Kopf: „Ich habe auch nicht damit gerechnet, da was zu finden. Für mich war die Halle selbst der interessantere Teil. Und, die schönen Nobelkarossen waren auch sehr informativ. Wir können weiter." Sie wollten gerade los, da fiel Jarek noch etwas ein: „Was hatte denn der Altbauer genau für eine Funktion? Hatte der irgendwas mit den hier geparkten, oder besser gesagt versteckten, Autos zu tun?" Schöppke überlegte kurz, schüttelte den Kopf: „Nee, stinknormaler Malocher. Karosserieschlosser. Lustiger Geselle, konnte toll Witze erzählen. Er hatte am Tag davor Geburtstag. Wollte bestimmt den Kollegen von der Nachtschicht noch einen ausgeben. Die Männer bringen da immer Kuchen oder Kekse mit." Jarek erinnerte sich an den leeren Teller im Pausenraum.

Während sie Richtung Ausgang gingen, zog Schöppke seine Humpel-Vorstellung ab. „Vor so viel Publikum lohnt sich das natürlich", dachte Jarek. Aber keiner der Arbeiter nahm von ihnen Notiz. Alle waren konzentriert bei der Arbeit. Jederzeit hätte der Täter sich hier unbemerkt umsehen und aufhalten können.

Jarek überlegte, welchen Zusammenhang es zwischen dem Mord an Bruno Altbauer und den geparkten Luxusautos geben könnte. Musste er sterben, weil er zu viel wusste? „Sag mal Paul, du hast mir gestern von der Frau erzählt, die wegen der gestohlenen Handschuhe hingerichtet wurde. Und hier werden Autos im Wert von Tausenden Reichsmark vor dem Staat versteckt. Wie passt das zusammen?"

Sie standen vor der Halle. Schöppke hatte während der Hinfahrt und in der Werkstatt nicht geraucht. Jetzt zündete er sich genussvoll eine Zigarre an: „Du kennst doch das Sprichwort: Die Kleinen hängt man, die Großen lässt man laufen. Viele der hier geparkten Autos gehören einflussreichen Männern. Da sind auch Wehrmachts- und SS-Offiziere dabei. Auch einige

NSDAP-Größen. Hast du den Horch gesehen? Rate mal, wem der gehört." Jarek wollte nicht raten, er schüttelte den Kopf. Schöppke blickte fast mitleidig auf ihn: „Natürlich halten die alle zusammen. Wenn einer der Arbeiter der Duisburger Polizei heute einen Tipp geben würde, dann würde ihn die Duisburger Polizei morgen verhaften. So läuft das hier."

Ihr Wagen stand rund fünfzig Meter entfernt. Schöppke hob den Gehstock, winkte dem Fahrer. Doch der sah sie scheinbar nicht. Schöppke seufzte: „Erst Hand aus Holz, dann Fuß aus Holz. Jetzt auch noch Kopf aus Holz. Was willste da machen?" Langsam gingen sie zum Wagen.

♦

Am morgen war Jarek noch zuversichtlich gewesen, was das Muster anging. Jetzt nagten Zweifel an ihm. Es musste etwas geben, was die Fälle verband. Aber irgend etwas lenkte ihn ab. Er hatte jedoch gelernt, dass oft ein einziger Fakt ausreichte, damit das Muster sich offenbarte. Man musste Geduld haben.

Als Nächstes wollten sie sich die Elektrowerkstatt ansehen. Hier war der beliebte Elektriker Knut Zelinski erst erstochen worden, anschließend hatte man ihm die Kehle durchgeschnitten. Während Jarek versuchte, sich die Details in Erinnerung zu rufen, machte sich neben dem Zigarrengeruch ein schwefliger, fauliger Gestank im Wagen breit. Schöppke schnauzte den Fahrer an: „Burgdorf, du Sau, was scheißt du hier rum?" Der Beschuldigte kannte die Spielchen seines Vorgesetzten jedoch gut. Ohne den Blick von der Straße zu nehmen, antwortete er: „Wer's zuerst gerochen, dem ist's aus dem Arsch gekrochen!" Schöppke lachte.

Zuerst wollte sich Jarek über Schöppkes kindische Späßchen ärgern. Doch dann fiel ihm etwas ein: „Sag mal Paul, du kennst doch hier fast jeden. Ich habe da einen Arbeiter gesehen, der hatte einen starken, rötlichen Ausschlag am Hals und an den Wangen. Dazu hatte er raue, trockene Haut. Sagt dir das was?"

Schöppke öffnete das Fenster. Kalte Novemberluft strömte herein. Er dachte nach. „Hm. Ich kenne da einen Kerl in der Tischlerei, den nennen sie Pickelfresse. Bekommt von dem ganzen Holzstaub, der da beim Schleifen entsteht, immer so Pickel. Aber nicht so, wie du es beschreibst. Kein Ausschlag."

Bevor Jarek antworten konnte, meldete sich Burgdorf zu Wort. Er drehte den Kopf leicht nach hinten: „Am Bahnhof, da kenne ich einen, auf den trifft die Beschreibung zu. Heißt, glaube ich, Hans oder Heiner Karbe. Ist ein ganz netter Kerl, macht da die Güterabfertigung. Was wollen Sie denn von dem?"

„Am Bahnhof", dachte Jarek, „das passt". Der Bahnhof war zentral gelegen, inmitten der meisten Tatorte. Dort arbeitet man vorwiegend draußen. Starker Körpergeruch würde da vielleicht nicht so auffallen? Jarek überlegte, Burgdorf auch danach zu fragen. Aber er beschloss, selbst nachzuhaken. „Ach nichts. Ich habe da unlängst jemanden getroffen, der macht mich nachdenklich. Werde mir den Karbe mal ansehen. Danke für den Hinweis." Der Bahnhof war nicht weit weg von der Elektrowerkstatt. Vielleicht würde sich die Gelegenheit ergeben, anschließend vorbeizufahren. Burgdorf ließ den Wagen butterweich vor einer Halle ausrollen: „So Herrschaften, Elektrowerkstatt. Bitte aussteigen!"

Ein große, schwere Metalltür führte in die Halle. Schöppke zog an der Tür, die sich nur mit Widerstand öffnen ließ. Ein lautes, metallisches Knarren war zu hören. Sie traten ein. Jarek blickte auf ein Lager von etlichen Kisten. Sie waren unterschiedlich groß, angefangen bei einer Kantenlänge von fünfzig Zentimetern bis hin zu Kisten, die mehr als drei Meter hoch waren. Dazwischen standen Holzpaletten, auf denen mit Plane abgedeckte, unförmige Gegenstände standen. Jarek sah viele hölzerne Gestelle, auf denen dicke Kabel aufgerollt waren. Einige dieser Rollen hatten einen Durchmesser von zwei Metern.

Schöppke erklärte ihm das Lager: „Hier im Werk haben wir zigtausende Elektromotoren im Einsatz. Viele laufen Tag und Nacht. Bei den Förderbändern und Walzen sind die nahezu ununterbrochen im Einsatz. Die Dauerbelastung, dazu Hitze, Kälte, Nässe. Klar, dass die Motoren da oft kaputtgehen. Was du hier siehst, sind Ersatzmotoren. Entweder sind sie gerade aus der Reparatur zurück, oder sie werden erst noch verschickt. Wir versuchen natürlich auch, kaputte Motoren selbst zu wickeln." Die Halle war relativ gut ausgeleuchtet. Jarek blickte über das Meer von Kisten und Spulen. Es waren Hunderte. Zwischen den Kisten hatte man Wege freigelassen, damit Menschen und Fahrzeuge sich in dem Irrgarten bewegen konnten.

Schöppke setzte sich auf eine der kleineren Kisten, fuhr fort: „Es sind im Werk hunderttausend Lampen verbaut. Täglich gehen welche davon kaputt. Drei Männer machen nichts anderes, als Lampen auszuwechseln." Er deutete auf eine der Spulen: „Auf den Spulen, da siehst du Kabel. Kannst dir ja vorstellen, was hier im Werk an Strom verbraucht wird. Wir haben einen ungeheuren Energiebedarf, und Kabel können wir nie genug gebrauchen."

Jarek setzte sich neben Schöppke. Er sprach leise: „Besonders, wo ihr so ein schönes Scheinwerk gebaut habt, nebenan. Da habt ihr doch auch Unmengen an Kabeln und Lampen gebraucht, richtig?" Schöppke blickte ihn kalt an. Jarek fuhr unbeirrt fort: „Und das Scheinwerk, das braucht doch auch reichlich Energie, oder? Da fällt mir ein: Wurde im E-Werk nicht auch jemand ermordet?" Schöppke wiederholte seine Warnung von heute Morgen: „Erwähne niemals das Scheinwerk, Jarek. Ich kann dich nicht retten." Jarek beugte sich noch etwas näher an Schöppke, flüsterte: „Hat der Zelinski was mit dem Scheinwerk zu tun gehabt? Daran mitgearbeitet? Oder hat er nur davon gehört?"

Schöppke atmete tief ein. Wortlos blickte er über die Kisten in den weiten Raum der Halle. Er überlegte, was er Jarek erzählen konnte. Geheimnisverrat an einen Kriegsgefangenen konnte auch ihm viel Ärger einbringen. Darauf stand die Todesstrafe. „Hör zu Kruppa. Ich selbst bin in das Projekt nicht involviert gewesen. Von Kessel hat mir irgendwann gesagt, was da geplant wird und wann es los geht. Im Scheinwerk gibt es keinen Werkschutz, das bewacht die SS. Das Material wurde erst hierher geliefert, dann rüber zum Scheinwerk gebracht. Der Aufbau hat ein halbes Jahr gedauert. Zelinski war an der Planung beteiligt, aber nicht am Bau." Das wurde ja immer interessanter, dachte Jarek.

Über ihnen bewegte sich plötzlich etwas. Ein großer Kran hatte die ganze Zeit über ihnen gestanden. Sie hatten ihn nicht bemerkt. Jarek blickte hinauf: Der Kran lag im Dunkel unter der Hallendecke. Seine Scheinwerfer waren ausgeschaltet. Jarek konnte einen Mann in der Führerkabine erkennen. Sie war zu weit oben, als dass er sie belauscht haben könnte. Im Schritttempo fuhr der Kran langsam über sie hinweg. „Komm, steh auf. Lass uns mal den Tatort ansehen. Wo liegt er?"

Etwa in der Mitte der Halle befanden sich diverse kleinere Gebäude. Jarek ging davon aus, dass das Schema sich wiederholen würde: Toiletten, Meisterbuden, Pausenräume, Werkstätten. Er lag richtig, wie Schöppke ihm bestätigte: „Ganz rechts, da ist die Werkstatt. Teures Werkzeug wird natürlich immer weggeschlossen. Das bekommt sonst Beine. Die haben da sogar einen Panzerschrank in der Werkstatt."

Die Tür der Werkstatt stand offen. Ein kleiner, dicklicher Mann in einem grauen Arbeitsanzug war gerade dabei, eine scheinbar schwere Kiste hineinzuziehen. Er fluchte: „Jetzt beweg dich endlich, du verdammte Sau!" Aber die Kiste rührte sich nicht. Wie zu erwarten, kannte Schöppke den Mann. Und wie ebenfalls zu erwarten, verspottete er ihn sogleich: „Mensch Kalle, das kommt davon, wenn man immer nur Weißbrot mit Pflaumenmus frisst. Lass mich mal machen."

Der Mann richtete sich auf, blickte sie erzürnt an. Dann erkannte er Schöppke, vollführte mit der Hand eine abwertende Geste: „Auf deine Hilfe scheiß ich. Aber wo du schon mal da bist, fass mit an." Gemeinsam schoben sie die Kiste in die Werkstatt. Ächzend richtete sich der Kalle genannte auf. Er war Mitte fünfzig, den runden Kopf zierte eine Glatze. An den Seiten war noch etwas grauer Haarflaum vorhanden. Er war unrasiert, dunkle Bartstoppeln überzogen sein Kinn. Sein Blick hatte etwas Hektisches, Wirres. Abwechselnd zog er entweder die rechte oder die linke Augenbraue hoch, während er sprach: „Wen um alles in der Welt hat man jetzt schon wieder umgebracht, hä? Du Fettsack kommst doch nicht zum Spaß aus deinem Loch gekrochen."

Jarek war erstaunt, wie bekannt Schöppke im Werk war. Scheinbar kannten ihn alle. Und – scheinbar hatte niemand Respekt vor dem Leiter des Werkschutzes. Alle frotzelten in der gleichen, schnoddrigen Art zurück, in der auch Schöppke alle anredete. Schöppke schien das nur recht zu sein. Er schlug dem Mann freundschaftlich auf die Schulter, stellte Jarek vor: „Kalle, das hier ist Jan Kruppa. Er ist neu bei uns, ein Sonderermittler. Er soll sich, unter anderem, um den Mord an Kurt Zelinski kümmern. Er will sich umsehen und dir ein paar Fragen stellen." Kalles Augenbrauen zuckten abwechselnd nervös. Er kniff die Augen zusammen, als würde er Jarek nicht trauen: „Na dann schieß mal los, Kollege."

„Viele Fragen habe ich eigentlich nicht. Waren Sie an dem Tag da, als Ihr Kollege ermordet wurde?" Die gelöste Stimmung, die soeben noch da war, verpuffte. Kalle war sichtlich betroffen. „Ja, leider. Ich und zwei Kollegen kamen zur Frühschicht, da sahen wir ihn an der Tür lehnen. Er kniete, als würde er beten. Lehnte dabei etwas schief am Türrahmen. Wir haben erst noch gelacht, was macht der denn da. Dann sahen wir das Blut."

Auf dem Boden und an der Tür war kein Blut mehr zu sehen. Man hatte auch hier alles gründlich mit Bleiche geschrubbt. Kalle fuhr mit ruhiger Stimme fort: „Der Schlüssel steckte schon im Schloss. Er hatte, wie immer, seine Tasche abgestellt, dann wollte er die Tür aufschließen. In dem Moment hat der Mörder ihn umgebracht." Jarek blickte aus der Tür in die Halle. Zwischen den Kisten gab es Verstecke genug. Er zeigte auf den Panzerschrank: „Und es ist sicher, dass der Täter nicht im Raum war? Die Tür war noch verschlossen?"

Kalle nickte: „Als wir sahen, dass er tot ist, sind wir abgehauen. Alle drei. Der Willi ist richtig durchgedreht vor Angst. Er hat geschrien wie am Spieß. Keiner wollte da stehenbleiben und warten, neben dem Toten. Das Blut war ja noch frisch. Der Mörder war vielleicht noch in der Nähe. Sind dann raus aus der Halle. Von der Halle nebenan haben wir dann den Werkschutz verständigt." Jarek hatte sich die Akte noch nicht angesehen, er würde das später nachholen. Die Sache mit dem Scheinwerk ließ ihn nicht los. Hatte das Geheimprojekt etwas mit der Ermordung zu tun? Lagen im Panzerschrank eventuell Unterlagen dazu, Pläne? „Das war es schon, vielen Dank. Vielleicht komme ich morgen noch einmal wieder. Komm Paul, wir fahren zum Bahnhof rüber."

♦

Seit dem Ereignis der vergangenen Nacht ging der Stinker Jarek nicht mehr aus dem Kopf. Wer war der Mann? Was hatte er nachts um drei in der Waschkaue zu suchen? Wie konnte ein Arbeiter so unangenehm riechen? Auf der Arbeit, im Bus, aber auch zu Hause wäre sein Geruch nicht zu ertragen gewesen. Welcher Tätigkeit ging er hier im Werk nach? Jarek glaubte nicht, dass er etwas mit den Morden zu tun hatte. Dennoch wollte er der Sache auf den Grund gehen. Er hasste es, wenn Nebensächlichkeiten ihn ablenkten. Der Burgdorf hatte Hans oder Heiner Karbe als möglichen Namen genannt. Angeblich war er bei der Güterabfertigung tätig. Er würde den Mann dort aufsuchen und sich Klarheit verschaffen.

Die Fahrt von der Elektrowerkstatt zum Bahnhof dauerte nur wenige Minuten. Während sie zwischen den Hallen hindurchfuhren, blieben die Männer still, Jarek und Schöppke gingen ihren Gedanken nach. Jarek betrachtete Schöppke von der Seite. Sein Gesicht war angespannt. Nervös spielte er mit seinen Fingerspitzen, kratzte mit einem Fingernagel unter dem anderen. Seine Lippen zuckten, irgendetwas beschäftigte ihn. Was verschwieg Schöppke ihm?

„Hör zu, Paul. Ich werde jetzt am Bahnhof einige Erkundigungen einziehen. Anschließend gehe ich zu Fuß zurück zur Hochstraße, schaue mir die Akten noch einmal an. Gegen sechs mache ich mich auf den Weg zur Spaltanlage." Schöppke unterbrach ihn: „Vom Bahnhof bis zum Büro ist es ein Fußmarsch von mindestens fünf Kilometern. Bist du dir sicher? Wir können auch auf dich warten." Jarek schüttelte den Kopf: „Nein, mir brummt der Schädel. Ich kann an der frischen Luft bei einem Spaziergang am besten denken." Schöppke lächelte verschmitzt: „Pass auf, dass von Kessel dich nicht sieht, während du hier spazieren gehst. Der hat dich nicht engagiert, damit du dir die Beine vertrittst."

Auch Schöppke fragte sich, was Jarek vorhatte. Was hatte es mit dem mysteriösen Karbe auf sich, den er hier suchen wollte? Wer hatte ihn auf diesen Mann aufmerksam gemacht? In welchem Zusammenhang stand er mit den Morden? Warum wollte Jarek alleine mit dem Mann sprechen? Jeden Abend musste er telefonisch bei von Kessel eine Sachstandsmeldung abgeben. Bisher hatte er keinerlei Veranlassung, Jarek gegenüber misstrauisch zu sein. Die Ermittlungen liefen gut. Aber jetzt? Was, wenn der geheimnisvolle Zeuge im Fall Ackermann nicht existierte? Jarek die 100 Reichsmark für eine Flucht benötigte? Als blinder Passagier, auf einem der Güterwagen, konnte Jarek das Werk unbemerkt verlassen. Schon morgen früh wäre er Hunderte Kilometer weit weg. Und er war jetzt im Besitz von brisantem Geheimwissen. Was sollte er von Kessel darüber berichten? Würde er ihm mitteilen, was der kriegsgefangene Polizist aus Polen über das Scheinwerk wusste, wäre Jarek in Lebensgefahr. All das nagte an Schöppke. Er mochte Jarek, vertraute ihm. Er würde von Kessel heute Abend anlügen müssen – und sich damit selbst in Gefahr bringen.

Eine Berührung weckte ihn aus seinen düsteren Gedanken. Freundlich legte ihm Jarek die Hand auf die Schulter: „Es wäre nett, wenn du jemanden damit beauftragen könntest, mir so gegen fünf die Taschenlampe zu bringen." Schöppke nickte: „Geht klar. Ich schicke dir den besten Mann, den wir haben." Beide lachten, wussten, wer gemeint war. Wieder meldete sich Burgdorf von vorn. Wie alle Fahrer hatte er die Augen nach vorn gerichtet, die Ohren nach hinten: „Ich hätte da eine Lampe im Handschuhfach, wenn's hilft." Er öffnete das Handschuhfach, reichte ein alte, zerkratzte, schwarze Lampe nach hinten. „Bestens, die reicht fürs Erste, vielen Dank." Jarek steckte die Lampe ein.

Sie erreichten den Bahnhof. Schöppke deutete über die Gleise: „Siehst du die Bretterbude da hinten, die, mit dem kleinen Schornstein? Da hockt der Rangierleiter. Den kannst du nach deinem Aussätzigen fragen. Pass auf, dass du dich nicht ansteckst. Bist so schon hässlich genug."

Jarek stieg aus. Der Dolch hatte ihn während der Fahrt unangenehm im Rücken gedrückt, er rückte ihn zurecht. Anschließend beugte er sich zu Schöppke ins Auto: „Wenn sich was Wichtiges ergeben sollte, dann rufe ich dich heute noch an.

Ansonsten komme ich morgen früh zu dir ins Büro." Ein Ruck ging durch Schöppke: „Was, zu mir? Warum? Ich dachte, wir treffen uns wie immer bei dir?" Jarek schüttelte den Kopf: „Bestimmt bin ich wieder früh wach. Ich schwing mich dann aufs Rad und bin um acht Uhr bei dir. Einverstanden?"

Burgdorf lachte, meldete sich vom Vordersitz: „Besuch, Chef. Das heißt aufräumen. Ob das bis morgen früh zu schaffen ist? Deine Bude ist doch völlig verdreckt." Schöppke konnte besser austeilen als einstecken: „Halts Maul und fahr." Jarek wertete das als Zustimmung zu seinem Angebot.

◆

Es war laut am Güterbahnhof. Mehrere Lokomotiven waren unterwegs, schoben Wagen hin und her. Es zischte überall, dazwischen die schrillen Pfiffe der Loks. Es roch nach Rauch, Öl und Dampf. Die Skelettarme der Turmdrehkrane ragten in den Himmel. Überall wurde etwas be- oder entladen. Rangierer rannten umher, prüften, ob die Fracht sicher verstaut war.

Vorsichtig überquerte Jarek die Gleise. Er ging zwischen den Wagen in Richtung der Bretterbude. Er konnte spüren, dass die Fracht auf vielen Wagen noch immer heiß war. Er dachte an Schöppkes Warnung: nichts anfassen, nirgendwo draufsetzen. Er würde sich daran halten.

Vor der Bretterbude standen zwei Männer. Ihre Anzüge und Helme waren vor Ruß und Dreck fast schwarz. Auch ihre Gesichter waren stark verschmutzt. Die Dampfloks gaben einen Haufen Dreck von sich. Was da oben rauskam, war eine Mischung aus Rauch und öligem Wasserdampf. Dazu Bremsstaub und Ruß – beides verteilte sich seit Jahren überall im Güterbahnhof. Alles war überzogen mit einer dünnen Schicht aus schwarzer Schmiere. Wie lange würde eine Jacke hier sauber bleiben, fragte sich Jarek.

Einer der Männer entfernte sich. Scheinbar hatte er sich Anweisungen abgeholt. Der andere wollte gerade in die Bretterbude zurückgehen, da bemerkte er Jarek: „Sie dürfen hier nicht rumlaufen. Die Wagen fahren manchmal auch rückwärts. Da sind Sie schneller platt, als Sie gucken können." Durch das verschmutzte Gesicht wirkten seine Zähne und Augen unnatürlich weiß. Er sah Jarek neugierig an. Der trug Zivilkleidung: Es war sofort erkennbar, dass er hier nicht hingehörte.

„Mein Name ist Kruppa. Ich suche einen Ihrer Männer, Hans oder Heiner Karbe. Wo kann ich den denn bitte finden?" Der Rangierleiter blickte ihn misstrauisch an. Er überlegte, ob er dem Fremdem antworten sollte. „Wer will das wissen?", gab er knapp, aber nicht unfreundlich zurück. „Der Werkschutz. Wir haben da ein paar Fragen an ihn." Der Mann nickte nachdenklich. „Wenn Sie den Hans befragen wollen, dann müssen Sie einen weiten Weg auf sich nehmen. Das Letzte, was ich von ihm gehört habe, war, dass seine Division an die Ostfront verlegt wurde."

Damit hatte Jarek nicht gerechnet. Seine Enttäuschung war ihm offenbar anzusehen. Der Mann fuhr fort: „Er hatte ja gehofft, wegen seinem Ausschlag noch einmal davon zu kommen. Aber dann kam der Marschbefehl." Er kam einen Schritt näher: „Aber, was ist denn vorgefallen, dass Sie ihn suchen?"

Jarek überlegte. Wenn Hans Karbe an der Front war, dann war er nicht sein Mann. Er wollte aber auf Nummer sicher gehen: „Uns liegt eine Anzeige vor. Eine Putzfrau gab an, sie wäre belästigt worden. Sie erwähnte einen roten Hautausschlag und einen unangenehmen Körpergeruch. Der Karbe hatte ja so einen Ausschlag, richtig?" Der Rangierleiter nickte wieder: „Der hätte hier eigentlich gar nicht arbeiten dürfen. Der Ruß machte es nicht besser. Aber gestunken hat der nicht. Grade wegen des Ausschlags hat er jeden Tag geduscht und oft die Klamotten gewechselt."

Jarek hatte genug gehört. „Gut, dann hat sich das erledigt. Danke. Ich hoffe das Beste für Ihren Kollegen!"

Vorsichtig ging er zwischen den Gleisen in Richtung der Nord-Süd-Straße. Schnell stellte er fest, dass das Areal des Bahnhofs viel größer war, als er gedacht hatte. Er brauchte wesentlich länger als erwartet. Schließlich erreichte er einen Trampelpfad. Dieser brachte ihn an die Bushaltestelle, an der er den Abend zuvor mit Eddi gesprochen hatte. Er setzte sich auf eine der Bänke, ruhte sich aus.

Seit dem Morgen war die Lage nicht einfacher geworden. Jarek hatte Informationen erhalten, mit denen er so nicht gerechnet hatte.

Wenn Schöppke, der Kantinenchef und der Werkstattleiter hier krumme Geschäfte machten, wer dann noch alles? Das Werk hatte eine eigene Tischlerei, eine Glaserei und eine Druckerei. Es gab eine Krankenstation, einen Arzt. Er blickte auf die Dampfloks: Sie alle fuhren mit Koks. Wie viel davon wurde jeden Tag aus dem Werk geschafft?

Holz, Glas, Papier, Arzneimittel oder einfach nur Kohle zum Heizen: In nahezu jeder Halle des Stahlwerks gab es etwas, was draußen in Duisburg nicht so einfach zu bekommen war. Das Deutsche Reich hatte auf Rüstungsproduktion umgestellt. Wer eine Schachtel Nägel kaufen wollte, der musste schnell feststellen, dass es keine Nägel mehr gab.

Wer noch etwas hatte, der versteckte es. Die Reichsmark war nichts wert, es gab nichts zu kaufen. Selbst einfache Dinge, wie ein Stück Seife, gab es nur auf Karte. Produkte, die vor dem Krieg nur Pfennige gekostet hatten, konnte man jetzt nur noch über Beziehungen bekommen.

Aber hier im Werk, da gab es Benzin, Öl, Kohle, Holz und viele andere begehrte Rohstoffe im Überfluss. Es gab Schrauben, Nägel, Kupferdraht, Lampen, Werkzeug. Es gab fast alles.

Jarek machte sich auf den Weg. Es sah die riesigen Hallen links von sich. Wenn er nach rechts blickte, konnte er hinter dem Bahnhof ein Meer von Dächern und Hallen sehen. Er stellte sich vor, welche Schätze in diesen Hallen wohl lagerten.

Schwarzhandel wurde schwer bestraft im Deutschen Reich. Als Polizist wusste Jarek jedoch, dass Bestrafung Täter nicht abschreckte. Je größer die Not, desto höher der Gewinn. Wie viele Kriegsgewinnler gab es im Stahlwerk?

Schöppke, da war Jarek sich sicher, war einer von ihnen. Aber wie viele Führungskräfte, Abteilungsleiter und Vorarbeiter waren sonst noch Teil des Systems? Jarek wusste: Sie alle waren nur kleine Fische. Von Kessel, der saß an der Spitze der Pyramide. Kleine Schmierereien, die würden wohl ohne ihn laufen. Aber keines der geparkten Autos stand da, ohne seine Genehmigung. Bei allen Geschäften, bei denen es um größere Mengen Diesel, Koks oder Kupferdraht ging, da verdiente er mit. Jarek schätzte, dass von Kessel in einem Monat mehr durch Schwarzhandel verdienen konnte, als die Germania Metall Union ihm jährlich zahlte. Wenn er bis Kriegsende auf seinem Posten durchhalten würde, dann wäre er ein gemachter Mann.

Das Wetter hatte sich wieder verschlechtert. Ein kalter Wind wehte Jarek um die Ohren. Er zog die Mütze fest auf den Kopf, stellte den Jackenkragen hoch. Er beschleunigte seine Schritte. Es war noch ein weiter Weg bis zu seinem Büro.

Er blickte auf die Autos, die die Nord-Süd-Straße hinauffuhren. Am Ende der Straße lag die Hauptverwaltung, da liefen alle Fäden zusammen. Von dort aus wurde das Werk gesteuert. Die Morde waren keine Gefahr für die Rüstungsproduktion. Sie waren eine Gefahr für das System von Kessel. Jarek war sich sicher: So kultiviert und freundlich von Kessel auch auf ihn wirkte, er würde nicht zulassen, dass jemand sein System zu Fall bringen würde.

Dann war da noch das Scheinwerk, das Jarek Kopfzerbrechen bereitete. In den vergangenen Monaten war dieses gigantische Ablenkungsmanöver aufgebaut worden. Federführend war das Rüstungsministerium, hier wurde es geplant. Aber es waren Fachkräfte des Stahlwerks, die die Feinheiten vor Ort ausgearbeitete hatten. Wer alles im Stahlwerk wusste davon? Hatte ein Arbeiter geplaudert und musste deswegen sterben? Oder hatte jemand unfreiwillig davon erfahren und wurde vorsichtshalber aus dem Weg geräumt?

Es gab Tote, die Jarek im Bereich der Kriegsgewinnler sah. Botzki hatte in der Kantine gearbeitet. Hier wurden Nahrungsmittel verschoben. Altbauer war im Umfeld der versteckten Autos tätig. Der Elektriker Zelinski war am Aufbau des Scheinwerks beteiligt. In seiner Position hätte er zusätzlich an Schiebereien mitverdienen können.

Jarek überquerte die Straße. Er bekam langsam Hunger und Durst. „Essen und Trinken, das Wichtigste im Leben", dachte er. Er grübelte weiter: Die Kriegsgewinnler und das Scheinwerk, die hatte er am Morgen noch nicht auf dem Plan gehabt. Aber wie passten eine Putzfrau und zwei Waschkauenwärter dazu? Er schüttelte den Kopf: gar nicht. Wo war das verdammte Muster?

♦

Als Jarek sein Büro erreichte, war es bereits kurz vor zwei. Er schnappte sich seine Tasche, stellte die Brotdose und Thermoskanne auf den Tisch. Er hatte sich heute Morgen wieder in der Kantine versorgt. Hungrig aß er zwei Käsebrote, dazu ein dickes, fettiges Würstchen. Auch den Blümchenkaffee ließ er sich schmecken.

Er suchte nach der Akte Altbauer, fand sie. Als Erstes sah er sich die Fotos an: Altbauer, wie er auf dem Tisch lag. Die Hand auf der Zeitung, die Blutlache. Das Foto von der anderen Seite zeigte die Kopfwunde. Sonst nichts.

Er überflog die Akte. Wie schon bei der Ackermann: ein nichtssagender Polizeibericht, ein Obduktionsbericht. Und ein Umschlag, darin ein Brief. Absender: Hertha Altbauer. Wohl die Ehefrau, dachte Jarek. Er nahm den Brief heraus: drei handschriftlich verfasste Seiten. Sütterlin, das Jarek nur schlecht lesen konnte, geschrieben auf dünnem, pergamentähnlichem Butterbrotpapier. „Jesus", dachte Jarek. „Den zu lesen, das dauert".

Er fühlte sich müde. Die letzten Tage waren anstrengend gewesen, die Nächte zu kurz. Er legte sich auf sein Feldbett, begann zu lesen. Hertha Altbauer beklagte sich, sie beklagte sich bitter. Die Werksleitung täte zu wenig, um die Arbeiter zu beschützen. Die Duisburger Polizei – unfähig. Warum musste ausgerechnet ihr Mann sterben? Warum hatte man keine Belohnung ausgerufen? Wieso beschützt die Wehrmacht nicht die Arbeiter? So ging es weiter. Sie wurde auch emotional: Weder die Werksleitung noch der Polizeipräsident hatten ihr kondoliert. Von Kessel war nicht bei der Beerdigung erschienen. Warum ließ man sie mit den Bestattungskosten allein? Schließlich war ihr Mann ermordet worden. Und warum gab die Duisburger Polizei noch immer nicht die persönlichen Gegenstände heraus: seine Arbeitstasche, Brotdose und Thermoskanne, die Sachen aus seinem Spind. Sie drohte damit, an den Führer selbst zu schreiben, sollte … Jarek fielen die Augen zu. Er schlief ein.

Als Jarek wieder erwachte, blickte er erschrocken auf seine Uhr. Es war kurz nach halb sechs. Zuerst wollte er sich über sich selbst ärgern, aber dann fiel ihm ein altes Sprichwort ein: Mensch denkt, Gott lenkt. Er hatte den Schlaf einfach nötig gehabt. Und genau genommen, hatte er ja in den beiden vergangenen Nächten vorgearbeitet. Die beiden Stunden waren also nicht verloren.

Auf der Kante des Feldbettes sitzend überflog er noch einmal den Brief der Witwe Altbauer: Gejammer, Gezeter, Beschuldigungen. Sie musste nun die Wohnung räumen, weil die Rente nicht reichte, und zu ihrem Sohn ziehen. So ging es weiter. Jarek reichte es ebenfalls. Er legte den Brief in die Akte zurück.

Es war an der Zeit, sich die Mannschaft der Spaltanlage vorzuknöpfen. Er wollte zum Schichtwechsel da sein, in der Hoffnung, die ganze Truppe anzutreffen. Er zog sich an, steckte seinen Dolch ein. Die Taschenlampe hatte er dabei. Hatte Schöppke ihm nicht, zusammen mit dem Arbeitsanzug, ein Paar Lederhandschuhe mitgebracht? Sie lagen im Regal. Er komplettierte seine Ausrüstung und machte sich auf den Weg.

◆

Während der Fahrt zur Spaltanlage fasste Jarek noch einmal zusammen: Die Ackermann hatte ein Verhältnis mit Bakker. Und wahrscheinlich auch mit Alois Mühlbauer. War die Beziehung rein sexueller Natur, oder bezahlten die Männer sie? Waren noch andere Männer der Spaltanlage involviert, oder schaffte sie sogar auch noch in anderen Hallen an? Wer war am Mordtag der letzte Freier?

Jarek war nervös. Der Mörder der Ackermann war auch der Mörder in den anderen Fällen, da war er sich sicher. Zwei Mörder zur selben Zeit am selben Ort, das war unwahrscheinlich. Und ein Arbeiter der Spaltanlage wäre sicher nicht so dumm, einen Mord direkt am Arbeitsplatz zu begehen. Eddi Röder? Der hätte Jarek nicht mit der Nase darauf gestoßen, wenn er Dreck am Stecken hätte. Jarek spürte, dass die Fragen, die sich in diesem Fall stellten, wichtig für die Aufklärung der gesamten Mordserie waren.

Er wollte der Truppe von Ernst Knebel daher richtig Druck machen. Aber sicher hatte Bakker seine Kollegen gewarnt.

Wahrscheinlich hatten sie sich abgesprochen: Sie würden alles leugnen, auf Teufel komm raus. Selbst wenn sie mit dem Mord nichts zu tun hatten: Prostitution war seit 1933 in Deutschland streng verboten. Käme ans Tageslicht, was hinter dem Toilettenhaus der Spaltanlage alles passierte, die Männer würden ernste Konsequenzen befürchten müssen. Ganz zu schweigen von dem, was sie zu Hause erwartete.

Sie würden alles abstreiten. Aber Jarek hatte einen Trumpf in der Hand, und den würde er ausspielen: Sie wussten nicht, was er wusste. Und sie wussten nicht, dass die Ackermann nicht schreiben konnte. Er würde sie reinlegen. Im Dunkeln musste Jarek grinsen. Er freute sich auf die Unterhaltung mit den Männern.

♦

Er stellte sein Fahrrad etwas abseits der Halle an einer dunklen Ecke ab. Die Luft war kalt, die Handschuhe waren eine gute Entscheidung. Die Mütze tief heruntergezogen, die Jacke zugeknöpft, den Kragen aufgeschlagen: So betrat Jarek die Halle.

Leise ging er durch das Halbdunkel zwischen den gelagerten Spulen zur Anlage. Sie stand still, es war ruhig in der Halle. Er sah einige Männer, die am Tisch standen, sich unterhielten. Jarek konnte sich denken, worum es ging. Langsam trat er in den Lichtkegel: „Guten Abend, die Herren. Darf ich Sie kurz stören?"

Das Gespräch verstummte. Alle drehten sich in seine Richtung. Jarek zählte vier Männer: Bakker, den kannte er schon. Daneben ein Kleiner, Lockiger, so um die fünfundzwanzig. Das war wahrscheinlich der Mühlbauer. Hinten am Tisch stand ein drahtiger Kerl, breitschultrig. Schwarzer Bart, Hakennase. Und Knebel: glatzköpfig, stiernackig, fett, Mitte fünfzig. Hinterfotziges Arschloch, so hatte Schöppke ihn genannt. Und so sah er auch aus.

Knebel trat vom Tisch weg, kam auf Jarek zu. Seine Männer folgten ihm. „Bist du der Arsch vom Werkschutz?", begrüßte Knebel ihn selbstbewusst und frech. Jarek erwiederte ungerührt: „Nein. Ich bin der Sonderermittler, den die Werksleitung zur Klärung des Mordfalls Ackermann eingesetzt hat. Aber Sie haben recht, ich kann auch ein Arsch sein." Knebel schien wenig beeindruckt, er kam langsam näher. Seine Männer verteilten sich.

Er stellte sich breitbeinig vor Jarek, musterte ihn. Sein Gesichtsausdruck zeigte Arroganz, er zog die Mundwinkel nach unten. „Der Bakker hat uns schon gesagt, dass da so ein Werkschutz-Heini rumläuft und blöde Fragen stellt. Hat der Werkschutz nichts Besseres zu tun? Die Polizei war doch hier, wir haben den Mord schließlich gemeldet. Und der Mörder läuft immer noch frei herum, mordet weiter. Was glaubst du Heini, hier zu finden?"

Jarek blieb freundlich: „Die Werksleitung glaubt nicht, dass der Mörder von Frau Ackermann auch der Täter in den anderen Fällen ist. Die Morde sind zu unterschiedlich. Wir vermuten einen anderen Tathintergrund." Er lächelte Knebel an, sprach aber dann zu Bakker: „Wir vermuten eine Beziehungstat." Bakker blickte nervös, schluckte. Er wollte antworten, aber Knebel ließ ihn nicht zu Wort kommen: „Blödsinn. Dafür gibt es keinerlei Anhaltspunkte. Wenn dem so wäre, dann würde doch die Polizei in dem Fall ermitteln und nicht der Werkschutz."

Jarek setzte gerade zur Antwort an, aber Knebel unterbrach ihn grob und laut: „Du Scheißer rennst hier herum und machst meine Leute verrückt. Ruinierst den Ruf meiner Truppe. Keiner hier hatte eine Beziehung zur Ackermann, ist das klar? Und jetzt verpiss dich!" Weißer Schaum hatte sich in seinen Mundwinkeln gebildet. Schweiß stand auf seiner Stirn. Er hatte den Kopf in den Nacken gelegt, blickte Jarek wütend an.

Ihre Strategie war klar. Knebel war der Wortführer, er hatte alle anderen zum Schweigen verdonnert. Vor dem Werkschutz hatten sie keine Angst, im Gegenteil. Sie wollten Jarek einschüchtern. Die Männer bildeten einen Halbkreis um ihn, wirkten entschlossen. Bakker versuchte, böse zu gucken, was ihm mehr schlecht als recht gelang. Mühlbauer, der war fast noch ein Kind. Aber der Schwarzbärtige mit der Hakennase, der sah tatsächlich nicht ungefährlich aus. Und auch Knebel bewegte sich für seine Masse durchaus geschmeidig.

Jarek hob die Arme in Schulterhöhe, als wolle er sich ergeben: „Ich sehe schon, so kommen wir nicht weiter. Herr Bakker, ich besuche Sie besser morgen zu Hause. Dann können wir uns in Ruhe darüber unterhalten, was hinter dem Toilettenhaus alles passiert ist." Er ging einen Schritt zurück, sprach weiter, die Hände dabei immer noch auf Schulterhöhe: „Im Tagebuch der Ackermann steht, dass Sie sie da gefickt haben. Aber Sie waren doch nicht der Einzige, oder?"

Das reichte. Knebel griff ihn an. Jarek hatte an seiner Körperspannung bereits gemerkt, dass er sich auf eine Attacke vorbereitete. Knebel sprang nach vorne, gab einen rechten Schwinger auf Jareks Kopf ab.

Wenn man die Arme nur auf Schulterhöhe anhebt, dann sieht das der „ich ergebe mich"-Geste schon sehr ähnlich. Zieht man dann jedoch die Arme nur wenige Zentimeter vor das Gesicht, steht man schon in der Grundstellung eines Boxers. Ein alter Trick, der von vielen Kriminellen bei Verhaftungen gern zur Anwendung gebracht wird.

Jarek blockte den kraftvollen Schwinger mit dem linken Arm ab. Mit dem rechten feuerte er eine Gerade auf Knebels Kopf. Er erwischte den massigen Knebel voll aus der Drehung. Knebel flog zurück, stürzte mit Wucht auf den kleinen Mühlbauer.

Was den Nahkampf anging, hatte Jarek eine ganz einfache Philosophie: Schlag möglichst immer als Erster zu. Und hör erst auf, wenn der Gegner sich nicht mehr bewegt.

Der Schwarzbärtige brüllte: „Du Scheißkerl, ich mach dich fertig!" Er hatte sicher Kraft, und er war schnell. Aber er hatte keine Technik. Wie ein Bulle rannte er auf Jarek zu, der wich ihm aus. Er drehte sich um, warf sich auf Jarek, versuchte, ihn am Kragen zu packen. Jarek verpasste ihm einen schwungvollen Aufwärtshaken. Der Schlag traf ihn direkt unters Kinn. Jarek konnte hören, wie der Kiefer krachend zusammenschlug. Speichel, Blut und Zähne spritzten aus seinem Mund auf Jareks Gesicht. Aus seinem Hals kam ein tiefes Stöhnen, er fiel nach hinten um.

In diesem Moment legten sich Arme von hinten um Jareks Hals: Jemand würgte ihn. Jarek konnte es nicht glauben, es war wohl Bakker. So, wie Bakker aussah, hatte er sicher noch nie eine Schlägerei miterlebt. Mit Schwung warf Jarek seinen Kopf nach hinten. Er spürte, dass er etwas traf: Ein Schmerz zuckte durch seinen Hinterkopf. Die Arme lösten sich von seinem Hals. Sofort zog er den Ellenbogen nach hinten durch. Er traf Bakker mitten in die Brust.

Die Fäuste in Angriffsstellung, drehte er sich um, aber Bakker war hinüber. Er blutete an der Wange, presste seine Hände stöhnend auf den Solarplexus. Er fiel erst auf die Knie, dann vornüber aufs Gesicht.

Mühlbauer hatte sich unter dem fetten Knebel befreit. Er wollte aufstehen, aber als er sah, dass seine drei Kollegen blutend und regungslos am Boden lagen, blieb er sitzen. Ängstlich sah er Jarek an.

Die ganze Sache hatte nur fünf Sekunden gedauert. Jarek hatte damit gerechnet, dass es Handgreiflichkeiten geben könnte: Er hatte die Handschuhe vorsorglich nicht ausgezogen. Aber die Wucht des Angriffs hatte ihn doch überrascht. Was hatten die Männer geglaubt? Dass eine Tracht Prügel ihn so einschüchtern würde, dass er die Ermittlungen fallen ließ? Oder hatte seine Drohung, Bakker zu Hause zu vernehmen, das Fass zum Überlaufen gebracht? Er hatte nicht vorgehabt, die Männer zu verletzen. Sie hatten ihn zuerst angegriffen.

Er ging rüber zu Knebel: Die Nase war gebrochen. Aus dem offenen Nasenbein lief Blut, aus der Nase selbst ebenfalls. Er hatte die Augen geschlossen, aber er atmete. Vermutlich eine leichte Gehirnerschütterung, dachte Jarek.

Der Schwarzbärtige lag auf der Seite, er röchelte. Blut und Speichel liefen aus seinem Mund. Jarek konnte Zahnsplitter in der Lache erkennen. Der Mann musste starke Schmerzen haben. Auch er war kampfunfähig.

Bakker selbst hatte eine Platzwunde über dem Jochbein. „Die Karriere beim Film hat sich erstmal erledigt", dachte Jarek. Bakker bekam wieder Luft, konnte atmen. Jarek ergriff seinen Arm, zog ihn auf die Beine: „Seid ihr verrückt geworden, was sollte das? Ihr hättet doch nur ein paar Fragen beantworten müssen, verdammt!" Bakker antwortete ihm mit schwacher Stimme: „Es war Knebels Idee. Er wollte unbedingt verhindern, dass Sie die Wahrheit erfahren."

Jarek zwang ihn, mit ihm zum Toilettenhaus zu gehen. Er setzte Bakker dort auf den Stuhl. „Los jetzt: Was ging hier vor sich? Wer hat die Ackermann alles gefickt? Wer war der letzte Freier?"

Im Halbdunkel saß Bakker vornübergebeugt auf dem Stuhl. Ohne Regung begann er zu erzählen: „Es war so vor einem Jahr, da hat sie angefangen, mir schöne Augen zu machen. Ihr Mann war seit ein paar Monaten tot. Ich hab mich darauf eingelassen." Er holte Luft, fuhr fort:

„Zuerst haben wir nur geflirtet. Ich habe ihr kleine Geschenke mitgebracht. Und dann hat sie mich draußen, an der Bushaltestelle, auch mal geküsst. Später haben wir da im Dunkeln auch ein bisschen gefummelt. Sie wusste, wie man Männer verrückt macht." Wieder atmete er tief durch. „Irgendwann deutete sie an, dass da auch mehr geht. Aber sie müsse drei Kinder ernähren, und das ginge nicht mit einer Schachtel Pralinen. Sie wollte Bargeld. Wir haben dann verabredet, uns von Zeit zu Zeit hier hinterm Klo zu treffen. Ich habe zehn Reichsmark mitgebracht, sie den Pariser. Sie wollte wohl auf Nummer sicher gehen, dass ich den nicht vergesse. So lief es ein paar Wochen."

Jarek unterbrach ihn: „Wie oft lief das, jede Woche? Sie haben doch auch eine Familie, die Sie ernähren müssen." Bakker antwortete zögernd: „Nein, so alle zwei Wochen. Sie hat geschaut, wie ich Schicht hab, mir dann ein Zeichen gegeben. Es ging immer von ihr aus." Jarek ging in die Hocke, sodass er ihm ins Gesicht sehen konnte: „Aber Sie waren nicht der einzige, richtig?" Bakker nickte traurig: „Der Mühlbauer hat es spitzgekriegt. Ich musste Henri fragen, ob sie sich auch mit ihm treffen würde. Sie hat sofort zugestimmt. Später habe ich mitbekommen, dass sie auch in der anderen Schicht auf der Spaltanlage zwei Männer bedient." Jarek rechnete zusammen. Die Ackermann hatte, nur an der Spaltanlage, achtzig Reichsmark im Monat nebenbei gemacht. Vielleicht sogar mehr. Auf jeden Fall mehr, als eine Putzfrau normalerweise verdiente.

„Wie war das mit dem Knebel, war der auch Kunde?" Bakker schüttelte den Kopf: „Nein, sie hat sich geweigert, mit ihm zu schlafen. Sie hat ihm stattdessen einen runtergeholt. Er hat ihr dafür immer eine Schachtel Zigaretten gegeben." Jarek stand wieder auf. „Hat sie auch in anderen Hallen angeschafft? Und was war an dem Tag, an dem sie ermordet wurde?" Bakker fing an zu weinen. Schluchzend antwortete er: „Nein, nur in unserer Halle. Sie hatte aber wohl schon die beiden Kollegen von der Frühschicht bedient. Dann Knebel, dann mich. Der Mühlbauer war der Letzte. Als sie eine halbe Stunde nach ihm noch nicht zurückkam, ging er nach ihr schauen. Er hat sie dann gefunden."

Jarek war elektrisiert: Henrietta Ackermann hat am Tag ihrer Ermordung mindestens vierzig Reichsmark verdient. Dazu eine Schachtel Zigaretten. Er erinnerte sich an den Polizeibericht. Da war nur von einer Reichsmark die Rede. Zigaretten wurden gar nicht erwähnt. Wer immer der Mörder war, er hatte die Tote bestohlen. Vierzig Reichsmark waren kein geringer Betrag. Die Summe entsprach dem Wochenlohn eines Arbeiters. Kaum ein Arbeiter hatte jedoch so viel Geld mit auf der Schicht. Ein normaler Malocher nahm höchstens zwei Mark mit zur Arbeit, dazu eine Essensmarke. Jarck war sich sicher: Es war ein Raubmord. Der Täter hatte genau gewusst, wie viel Geld die Ackermann dabei hatte.

Langsam drehte sich Jarek um. Er blickte in das Halbdunkel des Spulenlagers. Dort irgendwo hatte sich der Täter verborgen. Er hatte Henrietta Ackermann und ihre Kunden beobachtet. Er hatte zugesehen, wie sie mit den Männern Geschlechtsverkehr hatte. Wie sie bezahlt wurde. Vielleicht wollte er sie nur bestehlen. Aber nachdem er mit angesehen hatte, wie sie mit den Männern schlief, war sein Verlangen geweckt. Er erdrosselte die Frau, beraubte sie, verging sich an der Leiche.

Jarek ging wieder in die Hocke. Bakker weinte immer noch. Er legte ihm die Hand auf die Schulter: „Hören Sie gut zu. Ich weiß jetzt, dass keiner von euch der Täter war. Ich werde keine weiteren Fragen stellen. Ihr habt nichts zu befürchten. Gehen Sie zu Ihren Kollegen, und sagen Sie Ihnen das. Meldet einen Arbeitsunfall, lasst euch etwas einfallen. Klar?" Bakker nickte wortlos. Jarek stand auf. Er verließ die Halle.

◆

Der Wind blies ihm kalt ins Gesicht, seine Augen tränten. Er war auf dem Weg zur dunklen Halle, wie er sie nannte. Dort würde er nach der mit Blut befleckten Kleidung suchen. Die Jacke war aus verschiedenen Gründen interessant: Welche Konfektionsgröße hatte der Täter? Wies sie besondere Merkmale auf, zum Beispiel spezielle Flicken, auffällige Knöpfe? Befand sich noch etwas in den Taschen, das Aufschluss über den Täter geben konnte? Waren eventuell ein Name oder Initialen aufgestickt? Gab es Flecken oder Beschädigungen, die darauf hinweisen konnten, wo im Werk der Täter arbeitete? Die Jacke zu finden, konnte sich als hilfreich erweisen.

Während der Fahrt dachte Jarek über den Vorfall an der Spaltanlage nach. Drei verletzte Männer. Das würde Ärger geben, da war er sich sicher. Wenn die Männer klug waren, dann würden sie seinem Rat folgen und einen Arbeitsunfall melden. Aber Schöppke war nicht dumm. Und sicher musste er bei von Kessel täglich zum Rapport erscheinen. Auch von Kessel würde eins und eins zusammenzählen. Beide würden Jarek den Vorfall zuschreiben. Hatte es sich gelohnt, die Männer so hart anzugehen? Jarek war der Meinung, ja.

Aus einer Putzfrau wurde eine Prostituierte. Aus Männern, die in der Halle arbeiteten, Freier. Aus einem Mord ohne Motiv wurde ein Raubmord. Henrietta Ackermann waren vierzig Reichsmark gestohlen worden. Der Wochenlohn eines Schwerarbeiters. Woher hatte der Mörder gewusst, dass sie so viel Geld besaß? Wie lange hatte er das Treiben an der Spaltanlage bereits beobachtet? Auch dem Werkschutzmann Wittek war etwas gestohlen worden, die Taschenlampe. War er deshalb ermordet worden? Unwahrscheinlich. Aber Jarek kannte Fälle, bei denen Menschen für weit weniger hatten sterben müssen.

Er würde jetzt ein, zwei Stunden nach der Kleidung suchen. Anschließend hatte er noch genug Zeit, sich alle Akten und seine Notizen noch einmal vorzunehmen.

Erst das Scheinwerk, dann die Kriegsgewinnler, schließlich ein Raubmord an einer Prostituierten. Was würde der Tag noch für ihn bereithalten? Er erreichte die Halle, stellte sein Fahrrad davor ab. Langsam ging er durch die Dunkelheit zur Tür. Er öffnete sie, trat ein.

Zu seinem Erstaunen war die Halle nicht komplett dunkel, wie er es erwartet hatte. Hier und da brannte eine Art Notbeleuchtung, wodurch man sich auf den Wegen auch ohne Lampe orientieren konnte. Zwischen den Stapeln von Brammen, Platinen und Blechen herrschte jedoch Finsternis.

Da, wo Maschinen standen, an denen gearbeitet wurde, gab es Inseln aus Licht. Auch der Kran, der sich oben unter der Hallendecke bewegte, beleuchtete den Bereich unter sich. Die Atmosphäre in der Halle war gespenstisch.

Ein Großteil der Halle wurde als Lagerfläche genutzt. Hier wurde nicht gearbeitet. Es war daher relativ leise. Eine Maschine im hinteren Teil der Halle erzeugte einen stampfenden, dumpfen Ton. Jarek vermutete eine große Stanze oder ein Hammerwerk dahinter.

Langsam ging er denselben Weg entlang, den er bereits mit Schöppke gegangen war. Er kam vorbei an der hell beleuchteten Blechpresse, die jedoch momentan nicht in Betrieb war. Wo befand sich der Arbeiter? War er zur Pause? Zur Toilette? Egal. Jarek setzte seinen Weg weiter fort bis zu der Wellblechhütte, in der der Doppelmord geschehen war. Er hörte, wie die große Drehbank auf der anderen Seite der Hütte arbeitete. Er ging bis zur Tür, hier drehte er sich um, blickte in die Halle.

An dieser Stelle hatte auch der Mörder gestanden. Schöppke hatte erwähnt, dass es mehrere Zugänge zur Halle gab. Jarek wusste daher nicht, in welche Richtung sich der Mörder vom Tatort entfernt hatte. Er beschloss, sich zunächst rechts umzusehen.

Hier wurden Spulen gelagert, aber auch große Kisten, in denen armdicke Metallstangen lagen. Waren das die Geschützrohr-Rohlinge, die an der Anlage produziert wurden? Wahrscheinlich. Jarek stieg auf eine der Kisten, schaltete die Taschenlampe ein: „Ach du Scheiße, was ist das denn?", entfuhr es ihm. Der Lichtschein der Taschenlampe reichte nur wenige Meter weit. „Da hat ja jeder Friedhofswärter eine bessere Lampe", dachte er.

Er leuchtete zwischen die Kisten: nichts. Er sah bei mehreren Spulen in das Auge, wie die Öffnung in der Mitte der Metallspulen genannt wurde. Auch hier: nichts. Rings um ihn herum standen etliche Spulen und Kisten. Alle Zwischenräume, Spalten und Augen zu kontrollieren, konnte lange dauern, sehr lange. Jarek stöhnte, er machte sich an die Arbeit.

Nach einer guten Stunde sah Jarek ein, dass seine Suche vergebens war. Es gab derart viele Möglichkeiten, hier eine Jacke zu verstecken, dass es Stunden, wenn nicht Tage gedauert hätte, alles abzusuchen. Und, er hatte ja erst in einer Richtung gesucht. Was, wenn der Täter in die andere Richtung geflohen war? Oder, wie Koslowski vermutete, die Sachen außerhalb der Halle versteckt hatte? Jarek beschloss, aufzugeben. Er ging an der Seite der Halle wieder zurück in die Richtung, aus der er gekommen war.

Er kam an einer Walzanlage vorbei, die jedoch nicht in Betrieb war. War dies das kleine Walzwerk, welches der Halle einst den Namen gegeben hatte? Die Anlage war schwach beleuchtet, scheinbar wurden Wartungs- oder Reparaturarbeiten durchgeführt. Am Boden sah Jarek eine breite Transportbahn. Auf ihr konnten der Anlage über dicke Rollen Bleche zugeführt werden. Den Hauptteil bildete ein hoher Turm, in dem Jarek das eigentliche Walzwerk vermutete. Er blieb vor dem Turm stehen, betrachtete die Anlage. Auch hier hätte der Täter sein Kleidung problemlos in Spalten und Ritzen verbergen können.

Er war schon an der Anlage vorbei, als er stockte. Aus den Augenwinkeln bemerkte er, dass hinter der Anlage ein Geländer hervorragte. Wozu war dort eine Treppe? Jarek musste das überprüfen. Er ging hinüber und traute seinen Augen nicht: Zwischen Hallenwand und Anlage führte eine schmale Treppe aus Gitterrosten hinunter in einen Keller. Er schaltete seine Lampe ein, leuchtete hinunter: Das Ende der Treppe war nicht zu erkennen. Jarek nahm seinen Dolch hinten aus dem Hosenbund, steckte ihn vorne hinein. Wie schon zuvor zog er den Dolch etwas aus der Scheide. Vorsichtig setzte er seinen Fuß auf die rostige Metalltreppe: Sie schien stabil zu sein. Die Lampe in der linken Hand, den Griff seines Dolches in der rechten, stieg er langsam hinab in die Dunkelheit.

Unten angekommen, blickte er sich um. Es war feucht hier unten, modrig. Er stand in einem länglichen Raum, an dessen Längsseite sich ein Gang befand. Der Raum lag direkt unter der Anlage. Er beinhaltete eine spiegelverkehrte Version des Walzwerkes. Jarek blickte nach oben. Er konnte sehen, dass es keine Decke gab, die Anlage selbst bildete die Decke. Auf dem Boden des Kellerraumes standen vier große Elektromotoren. Über Zahnräder und Antriebsketten wurden die Walzen oben angetrieben.

Jarek verstand. Um Platz zu sparen, waren verschiedene Elemente der Walzanlage nach unten in einen Maschinenkeller verlegt worden. Auch das spiegelverkehrte Walzwerk leuchtete ihm ein. Die Bleche mussten von beiden Seiten gleichmäßig gewalzt werden, also auch von unten.

Neben den Elektromotoren befanden sich in dem Raum mehrere Auffangbecken für Öl und Wasser, welches beim Walzvorgang von oben heruntertropfte. Jarek sah Putzlumpen, Ölkannen, einige alte Fässer. Einen scheinbar defekten Motor hatte man achtlos in eine Ecke gestellt. An den Wänden hingen verschiedene große Schraubenschlüssel, eine rostige Zange.

Hinter sich, aus der Dunkelheit, vernahm Jarek ein Geräusch. Dort bewegte sich etwas. Er spürte, wie sich sein Magen verkrampfte, er Gänsehaut bekam. Sich umdrehen, und dabei den Dolch herausziehen, das war eine einzige Bewegung. Jarek leuchtete in die finstere Ecke des Raumes. Ein Tier kroch am Boden entlang, die Augen funkelten im Licht der Lampe. Er dachte zuerst, es wäre eine Katze. Aber dann erkannte er eine Ratte. Die größte, die er je gesehen hatte. Scheinbar ohne Angst bewegte sie sich auf ihn zu, verschwand dann jedoch hinter einem der Fässer.

Jarek hatte unbewusst den Atem angehalten. Jetzt rang er nach Luft. Dieser Keller – wie viele Maschinen im Werk würden ebenfalls über so einen unterirdischen Raum verfügen? Es konnten etliche sein. Er behielt den Dolch zunächst in der Hand, einsatzbereit. Langsam ging er durch den Gang in den nächsten Raum.

Er war deutlich kleiner, noch schmaler. Hier befanden sich Schaltschränke und Sicherungskästen. An den Wänden Ventile, zwei große Absperrhähne. Und: eine schwere Stahltür. Im Schein der Taschenlampe sah er, dass sie an vielen Stellen angerostet war, die graue Farbe abblätterte.

Er ging hinüber zur Tür. Sie hatte eine Klinke, aber kein Schloss. Jarek hielt in der einen Hand den Dolch, in der anderen die Lampe. Um die schwere Tür zu öffnen, musste er eine Hand frei haben. Die Waffe aus der Hand zu legen, erschien ihm nicht ratsam. Aber jetzt auf Licht zu verzichten, das wäre lebensgefährlich. Er klemmte sich die Lampe vorn in den Hosenbund.

Die Idee war nicht schlecht. Er hatte nun die linke Hand frei. Er legte sie auf die Klinke. Vorsichtig drückte er sie herunter. Was würde ihn hinter der Tür erwarten? Die Klinge seines Dolches nach vorn gerichtet, zog er die Tür auf.

♦

Jarek stockte der Atem. Er hatte mit einem weiteren Raum gerechnet. Aber er blickte in einen beleuchteten Gang. Dieser verlief zunächst rund dreißig Meter geradeaus, dann nahm er eine Biegung nach rechts. Alle fünf, sechs Meter befand sich eine schwach leuchtende Glühbirne unter der Decke. Sie reichte aus, um den Gang notdürftig auszuleuchten.

Der Gang war ungefähr einen Meter breit, eins achtzig hoch. Die Wände bestanden aus grauem Beton. Links an der Wand verliefen diverse Rohre, drei dicke Stromkabel. Unten links am Boden befand sich ebenfalls ein Rohr. Es hatte einen Durchmesser von etwa zwanzig Zentimetern. Jarek öffnete die Tür so weit wie möglich, sie blieb in dieser Position stehen.

Er betrat den Gang nur zögernd. Er überlegte, was es mit den Leitungen und Rohren auf sich hatte, wozu dieser Tunnel wohl diente.

Die Walzanlage brauchte Strom für die Motoren. Die Bleche wurden während des Walzvorgangs mit Hilfe von Gasbrennern erwärmt. Wasser war notwendig, um die Bleche nach dem Walzen abzukühlen. Abwasser musste wieder abgeleitet werden.

Jarek erkannte, dass der Tunnel die Anlage mit Strom, Gas und Wasser versorgt. Es war einfacher und sicherer, die Versorgungsleitungen unter die Erde zu verlegen. Langsam ging Jarek weiter in den Tunnel hinein, bis er die Biegung erreichte. Ein lautes Geräusch schreckte ihn auf: Die Tür war hinter ihm zugefallen.

Im Tunnel herrschte nun Stille. Jarek spürte jedoch einen rhythmischen Herzschlag. Es war das Hammerwerk, das man hier unten noch wahrnehmen konnte. Vor sich an der Wand glaubte Jarek ein fast unhörbares Rauschen zu vernehmen: In einem der Rohre strömte Wasser oder Gas.

Niemand wusste, dass Jarek sich hier unten befand. Würde ihm etwas zustoßen, keiner würde ihn hier unten vermuten. Im Falle einer Verletzung konnte Jarek nicht auf Hilfe hoffen. Er war auf sich allein gestellt. Dennoch beschloss er, dem Gang noch einige Meter zu folgen. Er war sich sicher: Auch der Mörder kannte diesen Gang. Wo würde er enden? Oder würde er sich verzweigen? In weitere Gänge, Tunnel, Katakomben? Gab es ein unterirdisches Labyrinth unter dem Stahlwerk? Es wäre das perfekte Versteck – für einen Serienmörder.

Jarek folgte dem Gang vorsichtig. Die Luft war schlecht hier unten, warm, stickig, muffig, arm an Sauerstoff. Das Atmen fiel ihm schwer. Stellenweise drang Sickerwasser durch den Beton: Am Boden bildeten sich Pfützen, an den Wänden Kalkablagerungen. Jarek achtete auf Spuren, Fußabdrücke, er konnte jedoch nichts entdecken. Er selbst achtete darauf, keinerlei Spuren zu hinterlassen.

Die Lampe schaltete Jarek zunächst aus. Den Dolch steckte er wieder ein, seine Hand jedoch ließ er nahe am Griff. Er versuchte, sich lautlos fortzubewegen. Alle paar Meter stoppte er, lauschte.

Bereits nach einigen Minuten trat das ein, was Jarek befürchtet hatte: Hinter der Biegung teilte sich der Gang. Eine Abzweigung verlief nach links, der andere Tunnel geradeaus. Er entschied sich, dem linken Abzweig zu folgen. Auch im neuen Gang gab es Rohre und Kabel, nur verliefen sie jetzt an der rechten Wand.

Nach wenigen Minuten erreichte Jarek eine Metalltür, ähnlich der, durch die er gekommen war. Auch sie hatte kein Schloss. Er legte sein Ohr an die Tür: Ein surrendes Geräusch war zu hören. Vorsichtig öffnete er die Tür: Er blickte in einen schwach beleuchteten Raum. Er sah Sicherungskästen, Schaltschränke, ein Regal mit Werkzeug. Am Boden mehrere Benzinkanister aus verzinktem Blech. Auf einem Sockel aus Beton stand ein großer Motorblock, wie von einem Traktor. Der Motor lief, mehrere Rohre und Leitungen führten aus dem Sockel nach oben.

Am Ende des Raumes sah Jarek eine Treppe. Er ging zum Fuß der Treppe, verzichtete jedoch darauf, hinaufzusteigen. Ihm reichte ein Blick nach oben: Die Treppe endete in einer Halle.

Er kehrte zurück in den Tunnel, schloss die Tür hinter sich. Scheinbar hatten, wie erwartet, sehr viele Maschinen und Anlagen einen Keller. Und, diese Keller waren durch die Versorgungstunnel miteinander verbunden. Er ging zurück bis zur Gabelung, wählte dieses Mal das grade Teilstück.

Nach ungefähr zehn Minuten erreichte er eine Kreuzung. Die Tunnel, die seinen Gang kreuzten, waren schlechter beleuchtet. Hier gab es nur noch alle zehn, zwölf Meter eine Lampe. Auch in diesen Tunneln gab es Rohre und Kabel, sie waren jedoch an der Decke montiert. Am Boden konnte Jarek außerdem eine Besonderheit erkennen: Im Boden waren Schienen eingelassen. Scheinbar wurden diese Tunnel auch genutzt, um in kleinen Loren irgendwelche Güter zu transportieren.

Er entschloss sich, in den rechten Gang abzubiegen. Aber bereits nach wenigen Metern fragte er sich, ob dies eine gute Idee gewesen war. Der Gang bot nicht genug Platz, einem Schienenfahrzeug auszuweichen. Dennoch setzte Jarek seinen Weg fort.

Nach einiger Zeit erreichte er die nächste Kreuzung. Diese Tunnel waren jedoch nicht hoch genug, dass man ihnen aufrecht hätte folgen können. Zudem waren sie gänzlich unbeleuchtet. Jarek ging in die Hocke, leuchtete mit seiner Lampe in einen der Tunnel: Er verlief geradeaus, das Ende verlor sich in der Dunkelheit. Es war feucht, Wasser tropfte von oben herab. Jarek dachte an die große Ratte, die er zuvor gesehen hatte. Nein, in diesen Gang würde er nicht hineinkriechen.

Er versuchte sich vorzustellen, wo genau er sich unter dem Stahlwerk befand. Aber er hatte die Orientierung völlig verloren. Ein Blick auf seine Uhr zeigte ihm, dass es zehn Uhr war. Er schätzte, dass er sich bereits seit einer Stunde hier unten aufhielt. Er schwitzte, die warme, stickige Luft war unangenehm.

Langsam und vorsichtig drang er weiter in den Tunnel mit den Schienen vor. Es war vielleicht vier, fünf Minuten her, seit er die letzte Kreuzung passiert hatte. Plötzlich glaubte er, ein Geräusch zu vernehmen: Vor ihm, im Tunnel, da rauschte etwas. Er blieb stehen, lauschte. Das Rauschen wurde schnell lauter, kam näher. Jarek bekam Panik: War das etwa eine der Loren, die sich da näherte? Er blickte hastig nach rechts und links, aber er sah weder Nischen noch andere Einbuchtungen, in die er sich hätte retten können.

Das Rauschen wurde noch lauter, kam noch näher, immer näher. Es war zu schnell für eine Lore, dachte Jarek noch. Dann hatte das Rauschen ihn erreicht und füllte den Tunnel aus.

Laut kreischend schoss das Geräusch über ihn hinweg. Jarek duckte sich, blickte angsterfüllt nach oben: Was war das?

Das Geräusch entfernte sich so schnell wieder, wie es gekommen war, wurde dabei immer leiser. Jarek raste das Herz. Er hatte seine Augen weit aufgerissen, atmete schwer. Er blickte auf die Rohre unter der Decke. „Rohrpost!", entfuhr es ihm laut. Schöppke hatte ihm erzählt, dass es ein unterirdisches Netz von Rohrleitungen gab, durch das Kartuschen mittels Druckluft geschossen wurden. Er hatte soeben seine erste Rohrpostsendung miterlebt.

Vornübergebeugt fasste er sich erleichtert an die Brust: „Jesus, Maria und Josef, eine verdammte Rohrpost, ich fasse es nicht." Er brauchte einen Moment, bis er sich von dem Schrecken erholt hatte. Dann setzte er seinen Weg in die Unterwelt fort.

Als Jarek das nächste Mal auf die Uhr blickte, war es bereits elf. Das Tunnelsystem unter dem Stahlwerk, es war scheinbar unendlich: Es gab Gabelungen, Abzweigungen, Kreuzungen. Neben den Tunneln, die schwach beleuchtet waren, gab es solche, die über keinerlei Beleuchtung verfügten. Jarek vermied diese zunächst. Er würde sie bei einem späteren Besuch noch erkunden.

Auf seinem Weg durch die Tunnelwelt hatte er mehrere Türen entdeckt und geöffnet. Mal waren dahinter Maschinenkeller, durch die man nach oben gelangen konnte. Er fand jedoch auch Räume hier unten, die Teil des Versorgungssystems waren. Es gab Pumpstationen, Dampfkessel, Öltanks. Er fand einen kleinen Raum, der voll mit Ventilen und Absperrhähnen war. In einem anderen Raum surrte eine Gruppe von großen Transformatoren.

Vor ihm lag erneut eine Tür. Auch sie hatte eine Klinke, aber kein Schloss. Die Hand am Griff seines Dolches, versuchte Jarek, die Klinke herunterzudrücken: Sie bewegte sich nicht. Er setzte mehr Kraft ein, aber die Klinke gab keinen Millimeter nach. War sie festgerostet? Oder blockierte jemand von innen den Mechanismus? Jarek legte sein Ohr an die Tür. Nichts. Stille. Nur ein leises Stampfen, das von oben zu kommen schien.

Er beschloss, für heute seinen Erkundungsgang zu beenden. Er versuchte, den gleichen Weg zurück zu nehmen, wie er hergekommen war. Aber schnell musste er feststellen: Er hatte sich verirrt. Kein Problem, dachte Jarek. Er würde an der nächsten Tür, die eine Verbindung nach oben hatte, die Kellerwelt verlassen. Anschließend würde er die Straßen und Wege des Stahlwerks nutzen, um zu seinem Büro zurückzukehren. Das Fahrrad würde er morgen abholen.

Vorsichtig, wie schon zuvor, öffnete Jarek die nächste Stahltür. Aber was er sah, ließ ihm den Atem stocken: Er blickte in ein unbeleuchtetes Treppenhaus. Eine Treppe ohne Geländer führte viele Stufen noch weiter nach unten. Er schaltete seine Lampe ein, leuchtete hinunter. Dunkelheit. Jarek beschloss, zumindest einen kurzen Blick auf das zu werfen, was sich dort unten befand.

Langsam schlich er die Treppe hinunter. Er hatte keine Ahnung, wie alt die Batterien in seiner Lampe schon waren. Er hatte die Lampe heute gut eine Stunde genutzt. Würden ihn die Batterien hier unten verlassen – nein, daran wollte er nicht denken.

Unten angekommen, leuchtete er hinauf. Er schätzte, dass die Treppe ihn weitere fünf Meter nach unten gebracht hatte. Direkt gegenüber der Treppe befand sich eine große, schwere Stahltür. Sie machte einen noch massiveren Eindruck als viele der Türen, die er zuvor bereits gesehen hatte. Diese hier wurde nicht mithilfe einer Klinke geöffnet. In ihrer Mitte war ein Drehkreuz angebracht. Jarek steckte die Lampe wieder in seinen Hosenbund. Mit beiden Händen drehte er das Kreuz nach links bis zum Anschlag. Dann, drückte er die Tür nach innen auf.

Er leuchtete in den Raum dahinter. Er traute seinen Augen nicht: Er stand auf einem Balkon aus Beton und blickte hinab in eine riesige, von dicken Säulen getragene Halle. Seine Lampe war nicht stark genug, bis an das Ende der Halle zu leuchten. Er richtete sie nach unten, dort spiegelte sich das Licht seiner Lampe im Wasser.

Eine Zisterne. Hier unten befand sich ein gigantisches Wasserreservoir. Man konnte es nutzen, um Trinkwasser zu speichern. Oder aber, man leitete bei starken Regenfällen Wasser hier hinein, um ein Überlaufen der Kanalisation zu verhindern.

Eine Leiter aus Metall verlief vom Balkon aus nach unten. Jarek sah hinab in die Tiefe. Er konnte schlecht abschätzen, wie weit die Wasseroberfläche unter ihm lag, aber es waren mehrere Meter. Er verschloss die Tür hinter sich, ging die Treppe wieder hinauf.

Er setzte seinen Weg fort. Nach zwei weiteren Türen, hinter denen sich ebenfalls Wartungsräume verbargen, entdeckte er eine, hinter der sich erneut ein Treppenhaus befand. Zu seinem Erstaunen ging hier jedoch nicht nur eine Treppe hinab: Eine sehr steile Treppe führte nach oben. Kalte, frische Luft fiel von dort herab. Die Treppe selbst war feucht, rutschig und an einigen Stellen mit Moos bewachsen. Jarek beschloss, die Unterwelt hier zu verlassen.

Vorsichtig stieg er die Treppe hinauf. Wieder hörte er ein Rauschen. Es wurde lauter, je weiter er die Treppe hinaufstieg. Die Treppe endete in einem schmalen, unbeleuchteten, aus Ziegeln gemauerten Gang. Die Ziegel waren zum Teil verwittert, zerbröselten stellenweise. Der Gang hatte keine abschließende Tür, er war offen. Jarek trat hinaus.

Er stand inmitten eines riesigen, grauen Zylinders. Von oben her lief Wasser, laut rauschend, die Wände hinab: jede Sekunde Tausende Liter. Weit über sich erblickte er Wolken, einige Sterne. Er vermutete, dass er sich in einem der Kühltürme befand.

Jarek genoss den Moment. Wie ein Betender in einer Kathedrale stand er allein und andächtig, lauschte dem Klang des herabstürzenden Wassers.

Der Boden des Kühlturms bestand aus Gitterrosten. Unter ihnen tobte und rauschte das Wasser. Ein mit Geländern gesicherter Weg führte über die Roste. Jarek folgte ihm. Schließlich fand er einen Durchgang, der ihn auf die äußere Seite des Kühlturms brachte. Hier war es still, das Rauschen verstummte. Nur die nächtlichen Geräusche des Stahlwerks waren zu hören.

Jarek schätzte, dass er von hier bis zu seinem Büro noch fünf-zehn Minuten benötigen würde. Er schaltete seine Lampe ein, machte sich auf den Weg.

♦

Zurück in seinem Büro, wusch sich Jarek Gesicht und Hände mit kaltem Wasser. Irgendetwas da unten hatte sich auf seine Haut gelegt. Es war dort staubig, die Luft stickig. An einigen Stellen hatte er geglaubt, Gas und Rauch einzuatmen. Gut mög-lich, dass Abgase aus den Produktionshallen in die Gänge ein-drangen. Noch immer fiel ihm das Atmen schwer. Seine Augen brannten.

Die Unterwelt hatte ihn tief beeindruckt. Er vermutete, dass das gesamte Stahlwerk mit unzähligen Tunneln und Gängen durchzogen war. Es konnten Hunderte Kilometer sein. Er dach-te an die zweite Treppe, die abwärts ging. Wo führte sie hin? Was verbarg sich noch alles da unten?

Würde sich eine Person da unten verbergen, wäre es schwer, sie aufzuspüren. Jarek blickte auf die Karte an der Wand. Er hatte einen Ausgang am Kühlturm gefunden. Das war nicht weit entfernt vom Wasserturm, wo der Werkschutzmann Wit-tek ermordet worden war. Nutzte der Mörder das Tunnelsys-tem, um sich unbemerkt fortzubewegen?

Jarek war erschöpft. Und hungrig. Er nahm am Schreibtisch Platz und gönnte sich ein spätes Abendessen. Anschließend zog er die Akten zu sich herüber. Er würde sie erneut durcharbei-ten, sich alle Fotos noch einmal ansehen. Er würde nicht auf-geben, bis er das Muster erkannte.

Tag 4

Es war gegen vier Uhr morgens, als Jarek erwachte. Er war am Schreibtisch eingeschlafen. Brust und Kopf lagen auf dem Tisch, die Arme links und rechts vom Oberkörper. Sein Kopf lag auf der rechten Wange, seine rechte Hand auf einem Stapel Akten.

Er war wach, aber er verweilte zunächst in dieser Position. Genau so, dachte Jarek, lag auch der Tote Bruno Altbauer auf dem Tisch im Pausenraum. Unter seiner rechten Hand eine zusammengefaltete Zeitung.

Langsam, wie in Zeitlupe, hob Jarek seinen Kopf vom Tisch. Er richtete seinen Oberkörper auf, blickte auf den Tisch. In diesem Moment sah er es: das Muster.

♦

Es war kurz vor acht, als Jarek an Tor 1 ankam. Der Werkschutz verfügte hier über zwei Gebäude. Eines befand sich auf der rechten Seite der Straße. Hier wurden alle Fahrzeuge und Personen kontrolliert, die in das Werk einfahren wollten. Auf der linken Seite befand sich ein Gebäude, in dem die Lastwagen und Arbeiter kontrolliert wurden, die das Werk verließen. Beide Gebäude waren durch ein breites Dach miteinander verbunden. Unter dieser Überdachung konnten auch bei schlechtem Wetter Personenkontrollen durchgeführt werden.

Vor beiden Werkschutzgebäuden befanden sich große Parkplätze. Der Boden bestand aus Schotter und Schlacke. Überall hatten sich tiefe Pfützen gebildet, gefüllt mit schlammigem Wasser. Viele Lkws standen herum, die Fahrer warteten auf ihre Abfertigung. Einige standen, trotz des schlechten, regnerischen Wetters, in Gruppen zusammen.

Es wurde geraucht, geredet, geflucht. Man schimpfte vor allem auf den Werkschutz, der, wie immer, viel zu langsam arbeite.

Jarek hatte bereits einiges erledigt an diesem Morgen: Er hatte sich in der Kantine mit Nahrung versorgt. Anschließend hatte er sein Fahrrad abgeholt. Zum Glück war es in der Nacht nicht gestohlen worden.

Er hatte die Akten und Fotos sortiert, so dass er sie Schöppke in der richtigen Reihenfolge präsentieren konnte. Gegen sieben Uhr hatte er sich telefonisch mit der Polizeidirektion Duisburg verbinden lassen. Er hatte Glück: Der Kommissar, der den Fall Altbauer aufgenommen hatte, war bereits im Haus. Ein arroganter Arsch, wie Jarek fand. Aber seine Aussagen bestätigten Jareks Theorie.

Jarek hatte sich alle Argumente und Fakten noch einmal kurz in seinem Notizblock notiert. Oft half es ihm, etwas aufzuschreiben. Die Worte auf dem Papier zu sehen, sie visuell zu erfassen, das brachte Ordnung in seine Gedanken.

Er wusste, es wäre nicht einfach, Schöppke zu überzeugen. Seine Erkenntnisse über den Mörder und seine Motive waren nur schwer zu akzeptieren. Wenn er jedoch auch noch mit seinem Verdächtigen recht behielt, dann hätte er den Fall gelöst.

Er erkundigte sich bei einem Mann mit WS-Armbinde, in welchem Gebäude er Schöppke finden würde. Es war das Gebäude rechts. Er überquerte die Straße, stellte sein Fahrrad ab.

Wahrscheinlich würde ihm Schöppke zunächst eine Standpauke wegen der verletzten Männer halten. Er hoffte, dass die Sache nicht zu viel Staub aufgewirbelt hatte.

Durch eine große, verschrammte Holztür betrat Jarek die Werkschutz-Zentrale. Er stand in einem Raum, der wie eine Mischung aus Amtsstube und Bahnhofs-Wartehalle wirkte. Der Linoleumboden war verschlissen, an einigen Stellen gerissen und durchgelaufen. Gegenüber der Eingangstür gab es zwei Türen. Dazwischen hing eine große Uhr, darunter eine Hakenkreuzfahne.

Linkerhand standen ein Tisch und einige klapprige, alte Holzstühle. Zwei Männer saßen dort, wahrscheinlich Lkw-Fahrer, dachte Jarek. Einer rauchte, der andere döste vor sich hin. An der Wand hinter ihnen hingen Propaganda-Plakate.

Rechterhand befand sich ein Tresen, der Jarek bis knapp unter die Brust reichte. An der Wand dahinter ein Regal, das die gesamte Fläche der Wand einnahm. Es war restlos gefüllt mit alten, abgegriffenen Aktenordnern.

Hinter dem Tresen saß niemand. Jarek machte sich dennoch mit einem lauten „Guten Morgen" bemerkbar. Zu seinem Erstaunen erklang als Antwort ebenfalls ein piepsiges „Guten Morgen". Er beugte sich über den Tresen: Da saß der Kruck. Vor ihm eine dicke Kladde, in die er Kennzeichen und Nummernschilder eintrug. Eine Sammlung von Stempeln umringte ihn.

„Guten Morgen, Herr Kruck, wo finde ich denn den Schöppke?" Kruck blickte auf, nickte ihm zur Begrüßung zu. Dann zuckte er mit dem Kopf nach rechts: „In seiner Höhle, rechte Tür. Sie können gleich eintreten. Er erwartet Sie schon." Jarek ging hinüber zur Tür, klopfte kurz an und betrat dann Schöppkes Büro.

♦

Der in Schöppkes Büro vorherrschende Farbton war Braun. Der Schreibtisch, die Stühle, das Sofa, der Fußboden, die Bücher und Akten im Regal: alles braun. Durch zwanzig Jahre ausgiebigen Zigarrenkonsum hatte sich auch auf alles andere eine braune Patina gelegt. Die Wände, ursprünglich weiß, hatten einen hellen Braunton angenommen. Das vergitterte Fenster, rechts im Raum, ließ trübes, braunes Licht herein. Der Lampenschirm, an seiner Innenseite ursprünglich hell lackiert, leuchtete nun in einem warmen Braun. Selbst die Spinnenweben in den Zimmerecken schienen sich in dünne, braune Fäden verwandelt zu haben.

Es roch nach Nikotin, kaltem Kaffee, altem Holz. Es war nicht sonderlich warm im Büro. In den vergangenen Tagen hatte niemand den kleinen Kohleofen unter dem Fenster befeuert. Jetzt war ein leises Knistern zu vernehmen.

Der Raum war spartanisch ausgestattet. Links an der Wand ein Feldbett nebst Decke. Darüber ein großer, vergilbter Plan des Stahlwerks. In der linken Ecke ein schwerer Panzerschrank. Daneben, wie sollte es anders sein, dachte Jarek, zwei Kisten Bier.

Rechts in der Ecke ein Regal. Darin Akten, Bücher, einige verbeulte Pokale. Ein Volksempfänger, gerahmte Fotos. Alles war verstaubt und sah aus, als wäre es seit Jahren nicht angefasst oder bewegt worden. Rechts an der Wand ein altes, abgenutztes Sofa. Vor dem Regal, in der Mitte des Raumes, stand ein Schreibtisch.

Auf dem Schreibtisch türmten sich Stapel von Papieren. Jarek konnte keinerlei System erkennen. Alte Zeitungen mischten sich mit Akten und Lieferscheinen. Er bezweifelte, dass ein Schriftstück, welches in einen dieser Stapel geriet, je wiedergefunden würde. Wo auf dem Schreibtisch Platz war, standen leere Kaffeetassen, dazu zwei überfüllte Aschenbecher.

Vor dem Schreibtisch standen drei alte, abgegriffene Holzstühle. Hinter dem Schreibtisch saß Schöppke. Er las Zeitung, rauchte, blickte bei Jareks Eintreten nicht auf.

„Guten Morgen, Paul", grüßte Jarek freundlich. Schöppkes Antwort fiel kühl aus: „Was sollte die Scheiße gestern Abend?" Er sah weiter in die Zeitung. Jarek nahm sich einen Stuhl, schob ihn seitlich neben den Schreibtisch. Er saß nur ungern mit dem Rücken zu Tür.

Während er seine Jacke auszog und zusammen mit der Mütze auf das Sofa legte, erklärte er den Sachverhalt: „Die Männer wollten mit Gewalt verhindern, dass ich die Wahrheit erfahre.

Sie griffen mich gemeinsam an. Die Sache lief leider aus dem Ruder." Er setzte sich, seine Tasche auf dem Schoß.

Schöppke legte die Zeitung zusammen. Sie bekam ihren Platz auf einem der Stapel. Er blickte Jarek kalt an: „Du wirst wahrscheinlich bemerkt haben, dass ich zu vielen Männern hier im Werk eine kameradschaftliche Beziehung pflege." Jarek nickte. Schöppke fuhr fort, seine Stimme blieb dabei betont sachlich: „Ich bin jetzt seit zwanzig Jahren Leiter des Werkschutzes. Seit dieser Zeit bin ich bestrebt, das Vertrauen der Belegschaft zu gewinnen und zu erhalten."

Er stand auf, ging zum Ofen, öffnete die Tür. Er entleerte beide Aschenbecher in den brennenden Ofen. „Der Werkschutz ist nicht der verlängerte Arm der Polizei, und schon gar nicht der Gestapo. Der Werkschutz beschützt das Werk und die Männer und Frauen, die für das Werk arbeiten." Er kehrte an den Schreibtisch zurück.

„Seitdem es keine Gewerkschaften mehr gibt, kümmern wir uns auch um die Sicherheit der Arbeiter. Wenn es Ärger oder Probleme gibt, kommen die Leute zu mir. Der Grund dafür ist einfach: Weil sie mir und dem Werkschutz vertrauen." Er nahm wütend einen tiefen Zug, überlegte sich seine nächsten Worte. Mit gepresster Stimme fuhr er fort: „Wenn jetzt ein Werkschutzmann daherkommt und drei Männer krankenhausreif prügelt, dann ist das alles andere als hilfreich. Das ganze Werk redet heute Morgen über deine Aktion."

Jarek war erstaunt. Er war davon ausgegangen, dass die Männer einen Arbeitsunfall melden würden. Bevor er fragen konnte, klärte Schöppke ihn auf: „Natürlich haben die das als Unfall deklariert. Aber der Mühlbauer, der hat sein Maul nicht halten können und es in der Waschkaue ausgeplaudert. Heute bist du in Duisburg das Stadtgespräch. Bravo."

Das war natürlich alles andere als angenehm. „Bitte, Paul, hör dir erst mal meine Version der Dinge an." Jarek erzählte ihm, wie es zu dem Vorfall gekommen war. Er ließ kein Detail aus: das erste Verhör Bakkers, das Gespräch mit Eddi, den überraschenden Angriff von Knebel und seinen Männern. Schöppke beruhigte sich: „Das erklärt einiges. Hat sich der Einsatz denn wenigstens gelohnt?" Jarek nickte bedächtig: „Das will ich meinen: Ich habe das Muster gefunden."

Schöppke zog die Augenbrauen hoch. Er sah Jarek erstaunt an: „Na dann schieß mal los, Kruppa." Aber bevor Jarek anfangen konnte, unterbrach Schöppke ihn. Er hob die Hand, machte eine abwartende Geste. Laut rief er in Richtung Tür: „Frollein Kruuuck! Frollein Kruuuck!"

Es dauerte nicht lange, da steckte Kruck seinen Kopf durch die Tür: „Was los, Scheffe?" Er war es scheinbar gewohnt, in dieser Art gerufen zu werden. „Besorg uns mal ne große Kanne Kaffee, und zwar richtigen. Dazu Milch, Zucker und ein paar Stullen. Nimm die Sondermarken. Wenn einer fragt: Ist alles für die Werksleitung." Der Kopf verschwand. Schöppke räkelte sich auf seinem Stuhl: „Denke, deine Ausführungen werden wohl ein bisschen länger dauern."

Jarek nickte. „Da könntest du recht haben. Also, nachdem die drei sich eine blutige Nase geholt hatten, bin ich mit dem Bakker zum Toilettenhaus. Hier hat er mir dann gebeichtet, was da in den vergangenen Monaten abgelaufen ist. Fakt ist: Die Ackermann hat an der Spaltanlage angeschafft. Am Tag ihres Todes hatte sie fünf Freier." Schöppke nickte anerkennend: „Fleißiges Mädchen. Schade, dass sie nicht hier geputzt hat."

Jarek fuhr fort: „An dem Abend hat sie vierzig Reichsmark und eine Schachtel Zigaretten kassiert. Eine Menge Geld. Aber jetzt hör mal zu, was im Polizeibericht steht, was man bei der Leiche gefunden hat: eine Reichsmark, in Münzen zu fünfzig Pfennig." Er sah Schöppke an: „Vom Geld und den Zigaretten keine Spur. Der Täter hat sie bestohlen. Es war ein Raubmord."

Schöppke schüttelte den Kopf, er wollte die Sache nicht so

recht glauben. Aber als Jarek ihm berichtete, wie man sich neben dem Toilettenhaus verstecken konnte, wurde er nachdenklich: „Gut. Der Täter hat sich da verborgen, alles beobachtet. Vielleicht sogar nicht zum ersten Mal. Kann sein, dass es ein Raubmord war. Aber wo ist das Muster?"

Jarek nahm einige Akten und Fotos aus der Tasche. Er legte sie zunächst zur Seite. Er drehte sich zu Schöppke: „Letzte Nacht bin ich am Schreibtisch eingeschlafen." Er beugte sich nach vorn, breitete die Arme aus, legte den Kopf zur Seite. Sein Körper ruhte auf einem imaginären Schreibtisch.

Langsam hob er den Oberkörper, blickte auf den unsichtbaren Tisch vor sich. „Als ich aufwachte, blickte ich auf meinen Schreibtisch. Da standen noch die Reste meines Abendessens: meine Isolierkanne, ein Becher, die Brotdose, eine angebissene Schnitte, ein Apfel. Da ist es mir dann aufgefallen."

Jarek nahm die Akte, die er zur Seite gelegt hatte, und holte das Foto vom toten Altbauer heraus. Er reichte es Schöppke: „Genauso hat auch der Altbauer auf dem Tisch gelegen, du erinnerst dich?" Schöppke nickte gespannt. „Fällt dir was auf? Der Tisch ist, bis auf die Zeitung, leer. Er wollte Pause machen: Aber wo sind seine Brote, sein Henkelmann, seine Kaffeekanne?"

Während Schöppke sich das Foto ansah, sprach Jarek weiter: „Der Altbauer saß an einem leeren Tisch. Soll ich dir was sagen? Er wurde erschlagen, als er dabei war, seine Tasche auszupacken. Er hat es noch geschafft, die Zeitung herauszunehmen, aber das war's."

Schöppke, das Foto in der Hand, verzog das Gesicht zu einer Grimasse. Er konnte Jarek nicht so ganz folgen. Er wollte gerade etwas fragen, aber Jarek sprach weiter: „Die Witwe vom Altbauer hat einen Brief an die Polizei geschrieben. Da steht viel Mist drin, aber jetzt hör zu: Des Weiteren habe ich Anspruch darauf, dass man mir die persönlichen Gegenstände meines Mannes aushändigt. Dazu gehören die Arbeitstasche, seine Kaffeekanne, Brotdose sowie ein Feldgeschirr." Er blickte Schöppke an: „Verstehst Du? Der Mörder hat dem Altbauer die Tasche gestohlen. Es war ebenfalls ein Raubmord!"

Schöppke stand auf. Er schüttelte verärgert den Kopf, warf das Foto auf einen der Stapel: „Blödsinn! Die Tasche und alles andere hat die Polizei mitgenommen. Die haben doch den Tatort gesichert. Seine Sachen liegen alle bei der Polizei."

Damit hatte Jarek gerechnet. Er lächelte Schöppke an: „Irrtum! Ich habe mich heute morgen mit der Polizei verbinden lassen. Du kennst Kommissar Plattner? Er hat mir gesagt, dass die Polizei nur die Leiche und das Tatwerkzeug gesichert hat. Sonst nichts."

Langsam setzte sich Schöppke wieder hin. Sein Gesicht hatte einen nachdenklichen Ausdruck: „Willst du behaupten, der Altbauer wurde wegen ein paar Fressalien und ner Kanne Blümchenkaffee umgebracht? Das ist doch Unfug." Jarek hatte mit seinem Zweifel gerechnet: „Warte, bis ich fertig bin. Hier, schau dir das Bild vom Zelinski an."

Jarek stand auf, ging zur Tür. Er stellte sich vor die Tür, die rechte Hand am Oberschenkel. Die Hand hatte er zur Faust geballt, so, als ob er eine Tasche tragen würde. Schöppke sah ihm gespannt zu. „Der Zelinski kam zur Frühschicht. In der rechten Hand hielt er seine Tasche. Vor der Tür stoppte er, setzte die Tasche ab." Jarek bückte sich, stellte die imaginäre Tasche neben seine rechten Fuß. Dann griff er in seine Hosentasche, tat, als würde er einen Schlüssel herausnehmen. „Er steckte den Schlüssel ins Schloss. Genau in dem Moment hat der Täter zugestochen." Jarek sackte ein Stück zusammen. „Er sank auf die Knie. So an die Tür gelehnt, hat ihm der Täter dann die Kehle durchgeschnitten. Richtig?"

Schöppke nickte bedächtig: „Ja, richtig." Jarek setzte sich wieder auf seinen Stuhl: „Und jetzt schau dir mal das Foto an.

Siehst du die Blutlache? Da steht keine Tasche. Der Täter hat sie mitgenommen. Andernfalls würde man sie auf dem Foto sehen. Hätte man sie später vom Tatort entfernt, müsste man einen Abdruck in der Blutlache sehen." Schöppke blickte erst auf das Foto, dann hinüber zur Tür. „Ich nehme an, du hast auch dazu die Polizei gefragt?" „Ja, natürlich. Auch hier hat man keine Tasche mitgenommen. Auch der Mord an Zelinski war demnach ein Raubmord."

Es klopfte an der Tür, Kruck trat ein. Er trug ein Tablett, darauf eine große Isolierkanne, zwei Becher, in Papier eingeschlagene Brote. Er blickte auf das Chaos auf dem Tisch, entschied sich dann, das Tablett auf dem Panzerschrank abzustellen. „Sehr nett, Frollein Kruck, vielen Dank. Sie sehen heute übrigens wieder bezaubernd aus." Schöppke konnte es nicht lassen, seinen Mitarbeiter zu verspotten. Jarek dachte im Stillen, das wahrscheinlich auch Schöppke eines Tages ermordet aufgefunden würde.

Schöppke ging hinüber, schenkte zwei Becher Kaffee ein. Er reichte Jarek einen Becher: „Milch und Zucker hat der Kruck schon untergerührt. Hoffe, er gibt sonst keine weiteren Zutaten dazu." Misstrauisch blickte Jarek in den Becher. Ihm fielen diverse Dinge ein, mit denen Kruck sich bei seinem Chef revanchieren konnte. Schöppke lachte: „Ha, reingefallen. Das erledigt die Kantine. Aber ich weiß genau, was du gerade gedacht hast." Er prostete Jarek grinsend zu.

Die Männer tranken ein Schluck, dann fasste Schöppke zusammen: „Gut. Die Ackermann wurde bestohlen, das steht fest. Und auch bei Altbauer und Zelinski ist was weggekommen. Aber ich kann nicht glauben, dass die beiden wegen ihrer Fressalien ermordet wurden. Was ist mit den anderen Morden?" Er steckte sich eine dicke Zigarre an, lehnte sich abwartend zurück. Er blies eine dicke Wolke Rauch zur Decke.

Jarek reichte ihm ein weiteres Foto: „Es wäre mir nie aufgefallen. Erst als ich das Muster erkannt habe, wurde mir die Bedeutung klar." Es war ein Foto, das den Tatort des Doppelmordes zeigte. Der Fotograf hatte in der Tür gestanden. Nur von hier ließ sich der gesamte Tatort überblicken. „Erinnerst du dich noch, was links neben dem Steuerstand auf dem Regal stand?", fragte Jarek. Schöppke nickte: „Ja, ein Teddy. Den hat die Enkelin vom Wessler da hinstellen lassen. Soll auf die Seele vom Opa aufpassen." Jarek nickte. Auch ihm hatte sich dieses traurige Detail eingeprägt. „Und was stand neben dem Teddy, Paul? Richtig: Die Verpflegung vom Koslowski. Eine Brotdose, ein Henkelmann, eine Kaffeekanne."

Er stand auf, stellte sich neben Schöppke: „Jetzt schau mal hier: Da, unter dem Tisch, da siehst du eine Thermoskanne liegen. Es ist Wesslers Kanne. Auch der hatte seine Verpflegung auf dem Regal stehen. Der Mörder hat ihn erstochen, dann die Sachen an sich genommen. Als er raus wollte, kam es zum Kampf mit Bangemann. Dabei hat er die Kanne, und wahrscheinlich auch die anderen Sachen, fallen lassen. Nachdem er Bangemann umgebracht hat, ist er schnell abgehauen. Er ließ seine Beute zurück."

Schöppke blickte angestrengt auf das Foto. Jarek nahm es ihm aus der Hand, legte es zurück in die Akte: „Auch hier haben wir es mit einem Raubmord zu tun, wenn auch mit einem missglückten. Und auch hier ging es um so etwas Banales wie Verpflegung." Er setzte sich wieder, trank einen Schluck Kaffee. „Und das ist das Muster: Bei fast allen Morden ging es darum, sich etwas zu beschaffen: Nahrung, eine Taschenlampe, Kleidung, Geld."

Die Männer schwiegen. Jarek wartete darauf, dass Schöppke ihn mit weiteren Zweifeln und Fragen konfrontieren würde. Er lag richtig: „Was ist mit Botzki? Dem wurde doch nichts gestohlen, oder?" Jarek trank seinen Becher aus. Es war der erste echte Kaffee, den er seit Monaten getrunken hatte. „Ich kann noch nicht genau erklären, was da vorgefallen ist. Aber es passt ins Muster. Der Botzki arbeitete als Koch in einer Kantine. Ich bin mir sicher: Auch hier ging es um Nahrung."

Schöppke beugte sich über den Tisch, er war noch immer nicht überzeugt: „Was ist mit den Waschkauenwärtern?"

„Dazu kennst du meine Theorie schon. Der Waschkauenwärter Schneider überraschte unseren Freund in der Umkleide. Hier wird seit Kriegsbeginn gestohlen, und die Zahl der Diebstähle hat in allen Kauen zugenommen. Der Schneider hat den Täter bei einem Diebstahl überrascht, ihn dann in die Ecke getrieben. Deshalb musste er sterben."

Schöppke schüttelte langsam den Kopf: „Was ist mit dem Scheinwerk oder der Autowerkstatt? Du hast doch angedeutet, dass es da einen Zusammenhang mit den Morden geben könnte?" Jarek lachte trocken. Er stand auf, ging ans Fenster: „Ja, das Scheinwerk und die Kriegsgewinnler, das waren die Nebelkerzen, die mich verwirrt haben. Natürlich werden hier im Werk krumme Geschäfte gemacht, und zwar nicht zu knapp. Aber das Scheinwerk und eure Schiebereien haben nichts, gar nichts, mit den Morden zu tun. Wir sind hier einer Trugspur aufgesessen."

Schöppke nahm einen letzten Zug von seiner Zigarre, drückte sie aus. Er sah hinüber zu den Bierkisten, überlegte, ob er sich eine Flasche aufmachen sollte. Dann entschied er jedoch, dass es dafür noch etwas zu früh war. „Du glaubst also, es gibt hier im Werk einen Arbeiter, der seine Kollegen ermordet, um sie dann zu bestehlen? Warum sollte er das tun?"

Jarek ging zurück an seinen Platz. Er sah Schöppke ernst an, dann antwortete er ruhig: „Ich will dir sagen, was ich glaube, Paul. Ich glaube, der Mörder ist kein Arbeiter. Ich glaube, dass sich jemand hier im Werk versteckt. Ich war gestern Nacht in den Tunneln und Kellern unter dem Werk. Dort unten, Paul, lebt jemand. Im Verborgenen. Wahrscheinlich schon seit geraumer Zeit. Vielleicht schon seit Jahren. Ich bin überzeugt: Dieser Mann ist unser Mörder."

Die Wirkung, die diese Worte auf Schöppke hatten, war enorm. Schöppke war wie versteinert, er stand kurz unter Schock. Ungläubig starrte er regungslos auf Jarek. Er hatte aufgehört zu atmen. Es dauerte einen Moment, bis Schöppke sich wieder im Griff hatte. Jarek war elektrisiert: Schöppke wusste etwas über diesen Mann.

♦

Jarek war verunsichert. Er hatte damit gerechnet, dass Schöppke seine Theorie anzweifeln, infrage stellen würde. Aber die Reaktion von Schöppke ließ darauf schließen, dass da unter dem Stahlwerk tatsächlich etwas war. Gleichzeitig wirkte Schöppke jedoch auch überrascht, so, als ob er etwas vergessen oder verdrängt hätte. Was verheimlichte ihm Schöppke? Welches Geheimnis wurde hier gehütet?

Schöppke hatte sich wieder gefangen. Ihm war bewusst, dass Jarek seine Reaktion bemerkt hatte. Er versuchte, die Angelegenheit zu überspielen. Er lachte: „Kruppa, hör auf, was sind denn das für Gespenstergeschichten? Was um alles in der Welt hast du denn gestern Nacht wieder getrieben?" Er lehnte sich zurück, gab sich betont gelassen. Die Arme vor der Brust verschränkt, blickte er Jarek schmunzelnd an.

„Das kann ich dir sagen, Paul. Ich bin gestern Nacht in die Keller und Tunnel des Stahlwerks vorgedrungen. Fast vier Stunden war ich dort unten. Ich habe etliche Räume gefunden, die sich perfekt als Versteck eignen. Als ich dann heute morgen das Muster entdeckte, war die Sache für mich klar." Er stand auf, ging rüber zum Ofen, wärmte sich die Hände.

„Zuerst dachte ich, dass ein Arbeiter hier im Werk stiehlt, um damit jemanden zu Hause zu versorgen. Vielleicht seinen

Sohn, der sich vor der Wehrmacht versteckt. Du hast mir ja die Versorgungslage ausführlich beschrieben: Essen gibt es nur auf Karte. Die Rationen sind äußerst knapp bemessen. Jemanden mit Nahrung zu versorgen, der keine Karte hat, ist fast unmöglich." Er sah Schöppke an, der ihm regungslos zuhörte.

„Dann aber habe ich mir die Taten noch einmal genauer angesehen. Aus ihnen spricht pure Verzweiflung. Hier ist kein Vater am Werk, der seinen Sohn versorgt. Hier ist jemand am Verhungern. Irgend jemand ist so hungrig, dass er bereit ist, für Nahrung zu töten." Jarek ging hinüber zum Panzerschrank, nahm eines der eingepackten, belegten Brote. Er legte es vor Schöppke auf den Tisch, blieb neben ihm stehen.

„Hast du schon einmal gehungert, Paul? Nichts, gar nichts zu Essen gehabt? Darüber nachgedacht, Dinge zu essen, die nicht essbar sind? Papier vielleicht? Oder Gras? Hast du vor Hunger schon einmal etwas verzehrt, für das du dich heute schämst? Einen Hund? Oder eine Ratte?"

Schöppke blickte nachdenklich auf das Brot, das vor ihm auf dem Tisch lag. Er antwortete nur zögerlich: „Im Steckrübenwinter, Februar 1917, da war die Lage schlimm. Der Krieg, die Seeblockade, das Handelsembargo. Dann noch die Kartoffelfäule. Wir haben nur noch von Kohlrüben gelebt. Morgens, mittags, abends: Es gab nur noch Kohlrüben." Er machte eine Pause. Jarek dachte schon, Schöppke würde nicht weitersprechen, aber dann: „Mein Schwager, der hat eines Tages zwei Hasen angeschleppt. Fertig abgezogen und ausgenommen. Ich habe gleich gesehen, dass es keine Hasen waren. Es waren wohl zwei Katzen."

Jarek legte ihm die Hand auf die Schulter, ging dann wieder zum Ofen. „Und jetzt stell dir vor, du hast gar nichts zu Essen, tagelang. Du kannst nicht schlafen vor Hunger, nicht denken. Du spürst, wie sich dein Körper selbst verzehrt. Du wirst dünner und dünner. In deinem Gehirn gibt es nur noch einen Gedanken: Essen." Jarek setzte sich auf das Sofa. Er breitete seine Arme bequem aus, legte sie auf das Kopfteil.

„Ich denke, dass unser Freund so vor anderthalb Jahren im Stahlwerk untergetaucht ist. In den ersten Wochen und Monaten hat er es wohl ganz gut geschafft, sich mit Diebstählen über Wasser zu halten. Aber dann verschlechterte sich die Versorgungslage noch weiter und es wurde für ihn immer schwieriger, an Essen zu kommen. Bis er irgendwann schließlich bereit war, bis zum Äußersten zu gehen."

Jarek beobachtete Schöppke genau. Der wirkte wieder angespannt, nervös. Er war sich sicher: Schöppke kannte jemanden, auf den die Beschreibung zutraf. Er fuhr fort: „Ich habe da einen Verdacht: Hans Karbe. Hat hier bis vor anderthalb Jahren in der Güterabfertigung gearbeitet, bis er dann eingezogen wurde. Es ist denkbar, dass er desertiert ist und sich hier im Werk versteckt."

Schöppke entspannte sich wieder. Sein Gesicht, bis eben noch verkrampft, wirkte plötzlich gelöst. Er sah Jarek an, fragte: „Den Namen, den hast du letztens schon erwähnt. Der Aussätzige, richtig? Wie kommst du auf Karbe?" Jarek berichtete ihm von der nächtlichen Begegnung in der Waschkaue und was er am Bahnhof erfahren hatte. Schöppke hörte ihm aufmerksam zu.

Abschließend fasste Jarek zusammen: „Er stank wie ein Obdachloser. Das passt irgendwie zur Situation. Jemand, der sich hier versteckt, im Keller lebt, Nahrung stehlen muss. Als ich dann hörte, dass Karbe so einen Ausschlag hat, da war die Sache für mich klar. Der Karbe ist desertiert, versteckt sich hier unter dem Stahlwerk. Er könnte unser Mörder sein."

Schöppke zündete sich eine Zigarre an. Er wirkte dabei gelassen, fast zufrieden. Er paffte kräftig, bis seine Zigarre richtig brannte. Er lehnte sich weit zurück, legte die Füße auf den Tisch. „Kruppa, ich bin beeindruckt! Habe ja an die Geschichte vom Raubmörder nicht so recht geglaubt. Aber nimmt man alles zusammen und packt dann den Karbe noch dazu, dann ist das alles plausibel. Kompliment." Wie zur Belohnung ließ er einen großen Rauchpilz zur Decke steigen.

Jarek kam Schöppkes Verhalten merkwürdig vor. Als er seine Vermutung geäußert hatte, dass sich jemand im Stahlwerk versteckt hielt, wirkte Schöppke beunruhigt. Als Jarek jedoch Karbe als Verdächtigen benannte, entspannte er sich wieder. Hatte er befürchtet, Jarek könnte jemand anderes im Verdacht haben?

Ihre Unterhaltung hatte einiges an Zeit in Anspruch genommen. Jarek war am Morgen zu aufgeregt gewesen, um zu frühstücken. Er hatte über seiner Theorie gebrütet, sich die Akten und Fotos noch einmal angesehen, mit der Polizei telefoniert. Jetzt war es an der Zeit, etwas zu essen. Er ging erst zum Panzerschrank, schenkte dann sich selbst und Schöppke einen Kaffee ein. Anschließend nahm er sich ein belegtes Brot, begann zu essen.

Zwischen zwei Bissen wandte er sich an Schöppke: „Paul, wo müssen wir anrufen, um zu erfahren, ob jemand desertiert ist? Bei einer Kaserne? Dem Reichswehramt? Oder bei Karbes Eltern?" Schöppke drehte die Zigarre zwischen seinen dicken Lippen, feuchtete so das Ende an. Das Ganze hatte etwas Obszönes, fand Jarek. Besonders, als Schöppke die Zigarre mit einem schmatzenden Geräusch aus seinem Mund zog. „Das regelt die Polizei. Dort werden Fahnenflüchtige gemeldet und zur Fahndung ausgeschrieben."

Er zog rechts an seinem Schreibtisch eine große Schublade auf. Jarek sah einige leere Flachmänner, das Foto einer nackten Frau. Eine Zigarrenkiste. Diverse Schreibutensilien, ein Sammelsurium alter Stempel. Irgendwo dazwischen ein schwarzes Telefon.

Schöppke stellte den Apparat auf den Tisch, wählte eine Nummer. „Schöppke hier, Werkschutz, Germania Metall Union. Wer macht denn bei euch die Deserteure?" Mit hochgezogenen Augenbrauen sah er Jarek an. „Gut, stellen Sie mich durch, ich warte."

Während Schöppke telefonierte, verzehrte Jarek sein Frühstück. Er beobachtete Schöppke. „Ja, Tach auch. Schöppke hier, Germania Metall Union. Ich bräuchte da mal eine Info. Wir suchen einen Hans Karbe. Nein. Wie Kerbe, nur mit a. Steht der bei euch auf der Liste?"

Eine Pause trat ein, scheinbar war die Liste nicht sofort verfügbar. „Gut, wir warten. Bitte rufen Sie mich zurück auf der 331. Das ist die Zentrale vom Werk. Lassen Sie sich mit dem Büro Schöppke verbinden, danke." Schöppke legte geräuschvoll auf. Er lehnte sich zurück, sah Jarek an: „Wie willst du den Karbe da unten rausholen? Schon eine Idee?"

Jarek kaute, schüttelte wortlos den Kopf. Er trank einen Schluck Kaffee. Auch Schöppke bekam jetzt Hunger. Er hatte seine Zigarre brennend in den Aschenbecher gelegt. Der Rauch stieg kerzengerade empor. Schöppke packte die Stulle aus, tunkte eine Ecke in seine Kaffeetasse. Dann nahm er einen großen Bissen. Während er kaute, zwinkerte er Jarek verschmitzt zu.

Er hatte seinen ersten Bissen noch im Mund, da klingelte das Telefon. Es war ein lauter, unangenehmer Ton, fast wie eine Alarmglocke. Jarek zuckte zusammen. Schöppke hob ab, nuschelte mit vollem Mund: „Ja, Schöppke hier." Er sah Jarek an, seine Augen wurden groß. Er nickte, schluckte hastig herunter. „Verstanden. Danke." Behutsam legte er den Hörer auf. Er stellte das Telefon zurück, schloss die Schublade. Dann sprach er langsam zu Jarek: „Hans Karbe ist vor drei Monaten an der Ostfront gefallen. Er ist tot."

◆

Die Männer saßen einige Minuten schweigend da. Jeder ging seinen eigenen Gedanken nach. Jarek hatte zunächst alle Fotos und Akten wieder in die Tasche gepackt. Anschließend setzte er sich wie zuvor auf das Sofa. Von hier aus, dachte er, habe ich Schöppke besser im Blick. Jarek war als erfahrener Kriminalbeamter Rückschläge gewohnt. Die Theorie mit Hans Karbe war nicht schlecht. Es wäre jedoch ein großer Zufall gewesen, hätte er hier auf Anhieb richtig gelegen. Er war sich jedoch sicher, dass er vom Grundsatz her recht hatte: Jemand versteckte sich im Stahlwerk. Und dieser Jemand war der gesuchte Mörder.

Schöppke war der Appetit vergangen. Er hatte die angebissene Stulle wieder eingepackt und beiseite gelegt. Jetzt saß er da, die Zigarre in der Hand, und grübelte. Er rauchte nicht, er blickte nur starr auf den Tisch. Sein Gesichtsausdruck war der gleiche, wie am Vortag bei der Fahrt zum Bahnhof: Die Lippen zuckten leicht, die Augen suchten nach etwas. Er führte ein unhörbares Selbstgespräch. Sein Atem ging schwer.

„Na, Paul, was grübelst du da? Wir wissen doch beide, dass ich weiß, dass du etwas weißt, was ich vermutlich nicht wissen sollte." Schöppke erwachte aus seinen Gedanken. Es dauerte etwas, bis Jareks Spruch bei ihm ankam. Er lächelte gequält, zeigte mit dem Finger auf Jarek: „Nicht schlecht, Kruppa, nicht schlecht." Er zog lustlos an seiner Zigarre, fuhr fort: „Aber leider nicht lustig." Er wirkte müde, fast erschlagen. Was immer da auf seiner Seele lastete, es lastete schwer, dachte Jarek.

Aber darauf konnte Jarek keine Rücksicht nehmen: „Du kannst mich natürlich anlügen, Paul, das ist deine Entscheidung. Wer immer sich da im Keller versteckt, er ist der Mörder. Du weißt etwas über ihn. Warum willst du ihn schützen?"

Schöppke drückte seine Zigarre vorsichtig aus. Er hatte erst ein paar Züge gemacht. Später würde er sie vielleicht weiterrauchen. Er blickte Jarek traurig an. „Wenn ich lüge, Jarek, dann nicht, um den Mörder zu schützen. Ich will dich beschützen."

Er stand auf, nahm seine Jacke vom Stuhl. Wortlos zog er sie an. Irgendwo unten im Regal hatte er seine Mütze deponiert. Er hob sie auf, wandte sich an Jarek. „Los, zieh dich an. Wir machen einen kurzen Spaziergang. Hast du schon einmal einen Abstich gesehen?"

Draußen vor dem Werkschutzgebäude überquerten sie die Straße. Sie gingen auf einem Schotterweg Richtung Westen. Da lagen die Hochöfen. Beide hatte ihre Mützen tief ins Gesicht gezogen, die Kragen aufgestellt. Die Hände in die Taschen gesteckt, gingen sie wortlos nebeneinander her. Der Schotter knirschte unter ihren Schuhen. Ein kalter Novemberwind heulte in ihren Ohren.

„Wusstest du, dass ein Hochofen nach dem Anblasen fünf, in einigen Fällen sogar bis zu zehn Jahre fast ununterbrochen brennen kann?" Jarek verneinte. „Ich hatte dir den Hochofen ja wie einen großen Topf beschrieben. Der Topf wird oben befüllt, unten kommen Eisen und Schlacke raus." Sie gingen schnell, kamen zügig voran. „Der Topf wird jedoch ständig nachgefüllt. Der Nachschub an Koks und Erz darf daher nie abreißen."

Sie blieben stehen. Von ihrer Position aus hatten sie einen hervorragenden Blick über das Stahlwerk. Links sah Jarek die Reihe der Hochöfen, davor die riesigen Hallen. Der Rauch der zahlreichen Schornsteine vermischte sich mit den grauen Novemberwolken. Es sah aus, als würde das Stahlwerk den grauen Himmel selbst erzeugen.

Schöppke setzte seinen Vortrag fort: „Die ersten Hochöfen wurden bereits im 14. Jahrhundert errichtet. Mit ihnen konnte nur eine vergleichsweise kleine Menge Roheisen gewonnen werden. Heute erreicht jeder unserer Hochöfen eine Leistung von 500 Tonnen Roheisen pro Tag. Es gibt jedoch bereits Versuchsöfen, mit denen man die doppelte Menge Eisen gewinnen kann."

Nachdem sie einige Minuten schweigend weitergegangen waren, war Schöppke so weit: „Sagt dir der Name Julius Schreiter etwas?" Jarek überlegte nur kurz: „Ich denke, ja. Das ist der Lagerkommandant. Er befehligt die Wehrmachts- und SS-Truppen, die hier die Baracken der Zwangsarbeiter bewachen." Schöppke nickte. „Er hat hier vor ungefähr zwei Jahren angefangen. Er war zuvor an der Westfront, hat sich da aber nicht gerade mit Ruhm bekleckert." Schöppke musste plötzlich stark husten. Er zog geräuschvoll Schleim den Rachen hoch, spuckte aus. Jarek dachte an das braune Zimmer. Schöppke räusperte sich, fuhr fort. „Sie haben ihn dann hierher gesteckt. Quasi strafversetzt. Ist ja nicht gerade ein Traumposten für einen Offizier."

Schöppke bückte sich, rupfte eine kleine Blüte aus dem Gras neben dem Weg. Er roch daran. „Dass so was im November noch wächst, verrückt." Er warf die Blüte achtlos beiseite, erzählte weiter. „Es war vor achtzehn Monaten. Es sollten zwei Waggons neue Häftlinge angeliefert werden. Die Ankunft der Wagen war für drei Uhr nachmittags angesetzt. Sie versuchen, die Wagen immer im Hellen abzufertigen. Da hat man eine bessere Übersicht, falls doch mal jemand flüchten will."

Er sah Jarek bei seinen Ausführungen nicht an. Hätte er es getan, dann wäre ihm sicher dessen starrer Blick aufgefallen. Während Schöppke erzählte, erinnerte sich Jarek an seine eigene Ankunft hier im Lager.

„Nachts ist das so eine Sache, mit Verdunklung und so. Außerdem werden die Häftlinge ja nicht am Hauptbahnhof entladen, sondern ein ganzes Stück weiter oben, vor dem Sägewerk. Da gibt es zwar einen Bahnsteig, aber der ist eigentlich nicht für die Abfertigung von Personen gedacht, sondern von Gütern." Man merkte Schöppke an, dass er nicht gern über diese Vorgänge sprach.

Schöppke überlegte, wie er weitermachen sollte. Stockend fuhr er fort: „Na ja, an diesem Tag gab es Probleme. Der Zug kam von Hamburg. War da schon morgens früh los, so gegen vier. Irgendwo bei Münster ging dann die Lok in Arsch. Bis sie eine neue da hatten, das dauerte. Der Zug kam dann nicht wie geplant um drei Uhr nachmittags an. Er kam erst um drei Uhr nachts an."

Auch hier lief vor Jareks geistigem Auge ein Film ab. Sein Transport hatte sechs Tage gedauert. Er und seine Leidensgenossen waren mehrfach umgeladen worden. Aber auch sie mussten oft stundenlang in den überfüllten Waggons ausharren. Sie litten Hunger, Durst, Männer erleichterten sich in den Waggons. Einige Gefangene überlebten die Fahrt nicht.

„Schreiter hatte vor, noch bis zum Morgengrauen zu warten. Aber von Kessel drängte darauf, die Männer sofort zu entladen. Tote Arbeiter nützen dem Werk nichts." Schöppke holte tief Luft, atmete langsam wieder aus.

„Sofort nachdem sie die Türen des ersten Waggons geöffnet hatten, brach der Tumult aus. Von hinten wurde gedrängelt, alle wollten nur raus aus dem überladenen Wagen. Die Männer stürzten heraus, es brach Panik aus. Die Gefangenen schrien, die Wachmannschaften brüllten, die Hunde bellten. Bei allen lagen die Nerven blank. Dann ist es passiert."

Schöppke blieb stehen. Er hob einen kleinen Stein auf, warf damit nach einem Vogel, der in der Nähe am Boden saß. Er verfehlte ihn. „Einige der Gefangenen versuchten zu fliehen. Es war ja recht duster da am Sägewerk. Die Lage geriet außer Kontrolle. Es fielen Schüsse, zwei Gefangene wurden sofort getötet. Einer starb später an seiner Schussverletzung. Man drängte alle Gefangenen mit Gewalt zurück in den Waggon."

Die Männer blickten sich an. Jarek spürte, dass Schöppke gleich sein Geheimnis lüften würde: „Schreiter verfügte dann, dass die Waggons erst im Morgengrauen entladen werden.

So hat man es dann auch gemacht. Es hat ein paar Stunden gedauert, bis man alle Gefangenen ausgeladen und überprüft hatte. Da hat es dann der Stellvertreter von Schreiter bemerkt: Es fehlte scheinbar ein Gefangener."

Schöppke blickte rüber zum Hochofen: „Scheiße. Ich glaube, es ist zu weit. Lass uns umkehren." Sie gingen zurück. „Man hat alle nochmal antanzen lassen, alles überprüft. Es half nichts: Ein Gefangener blieb verschwunden." Jarek ahnte, wie es weiterging.

„Schreiter hat sich dann mit von Kessel beraten. Ihm gedroht. Immerhin waren die Waggons auf von Kessels Anordnung nachts entladen worden. Schreiter gab ihm die Schuld. Er wollte sich nicht die zweite Degradierung einhandeln. Die beiden haben schließlich beschlossen, den verschwundenen Gefangenen erst einmal unter den Teppich zu kehren." Schöppke lachte hämisch: „Mir haben sie dann die Akte in die Hand gedrückt. Ich sollte den verschwunden Gefangenen wieder auftreiben. Höchste Geheimhaltung. Nur Schreiter, sein Stellvertreter, von Kessel und ich wissen davon. Und jetzt: du."

Wieder blieb Schöppke stehen, er drehte sich zu Jarek. „Der Gefangene blieb verschwunden. Wir wussten nicht, ob er hier abgehauen war, oder schon vorher. Wurde er angeschossen, ist er irgendwo auf dem Gelände verblutet? Oder hatte er es verletzt in einen der Keller geschafft und war da gestorben? Verhungert? Keine Ahnung. Er ist vom Erdboden verschwunden."

Sie gingen langsam weiter. „Nach sechs Monaten wollte jemand aus Hamburg wissen, wie es dem Gefangenen geht. Schreiter und von Kessel haben dann beschlossen, ihn für tot zu erklären. Und hier ist das Problem: Sollte dieser Gefangene plötzlich wieder auftauchen, dann könnte das für die beiden Herren unangenehm werden. Sehr unangenehm."

Schöppke legte ihm freundschaftlich die Hand auf die Schulter: „Gehen wir mal davon aus, der Gefangene ist unser Mörder. Selbst wenn es Dir gelingen sollte, ihn zu erledigen: Schreiter wird darauf bestehen, dass du ebenfalls für immer verschwindest. Und ich traue von Kessel in dieser Sache ebenfalls zu, dass ihm das Hemd näher ist als die Jacke. Wenn du verstehst, was ich meine."

Er blieb abrupt stehen, drehte Jarek zu sich: „Ich habe von Kessel gestern das erste Mal in meinem Leben belogen. Ich habe ihm nicht gesagt, dass du etwas vom Scheinwerk weißt. Ich werde ihn auch heute Abend wieder belügen. Aber wie du weißt, ich bin kein guter Lügner. Er wird es wahrscheinlich erahnen. Und dann, Jarek, ist dein Leben in Gefahr."

Jarek atmete tief ein. Er wusste noch nicht, wie er mit diesen Informationen und der neuen Situation umgehen sollte. Er würde sich heute Abend einen Schlachtplan überlegen. Aber ihm blieb keine andere Wahl, er musste weiter nach dem Mörder suchen: „Danke, Paul, dass du mich nicht belogen hast. Wie lautet der Name des Gefangenen?"

Schöppke legte den Kopf in den Nacken, dabei schloss er seine Augen. Er erinnerte Jarek an einen Priester, der einen bösen Geist anruft: „Sein Name ist Doktor Carl …"

◆

… Hansen lag auf einem Lager, welches er sich aus alten Zeitungen, Putzlumpen und verdreckten Arbeitskleidern angefertigt hatte. Er trug nur eine schmutzige, blaue Hose, sein Oberkörper und seine Füße waren nackt. Er lag zusammengekrümmt da, in der Embryonalstellung. Er zitterte, schluchzte und weinte. Speichel lief aus seinem Mund. Die Hände hatte er zu Fäusten geballt, diese auf die Augen gepresst. Sein Körper zuckte. Seine Füße zogen sich verkrampft zusammen. Für einen Außenstehenden war nicht ersichtlich, ob er vor Schmerz oder Verzweiflung weinte.

Der unterirdische Raum, in dem Hansen lebte, hatte keine Fenster. Er war rund drei Meter breit, fünf Meter tief. An der linken Seite befand sich eine Vielzahl von Rohren. Einige waren nur zwei, drei Zentimeter dick, andere erreichten mehr als Armstärke. Eines brachte es auf einen Durchmesser von einem halben Meter. Es gab zahlreiche Armaturen und Schaugläser. Sie zeigten Druck, Temperatur, Durchflussgeschwindigkeit. An einigen Rohren fanden sich Ventile, an anderen Absperrhähne. In einigen der Rohrleitungen floss heißes Wasser, was den Raum stark aufheizte. Von den Rohren ging ein Rauschen und Zischen aus. Es klang wie ein Flüstern, ein leises Atmen.

An der hinteren Wand des Raumes war eine Lampe angebracht. Sie beleuchtete nur schwach, was sich in dem Raum abspielte: In der Mitte befand sich die Bettstatt, auf der Hansen lag. Um diese herum standen zahlreiche Thermoskannen, leere Flaschen, Henkelmänner, Brotdosen. In einer Ecke lagen einige geplünderte Arbeitstaschen. Ein Haufen alter, völlig verdreckter Arbeitskleidung stapelte sich daneben.

Am Kopfende seines Lagers hatte Hansen seine wenigen Besitztümer aufgebaut: Da war zunächst eine Ausgabe der Düsseldorfer Nachrichten vom 25. Oktober 1940. Der Führer empfing

Marschall Pétain, lautete die Schlagzeile. Hansen hatte die Zeitung an die einhundertmal gelesen, kannte sie zum Teil auswendig.

Auf der Zeitung stand eine Öllampe. Hansen hatte in eine alte Aluminium-Brotdose ein Loch gebohrt, dort einen selbst gedrehten Docht hineingesteckt. Er verwendete Schmieröl als Brennmaterial. Dieses konnte er in vielen Kellern des Werks finden. Die Lampe brannte nicht sehr hell, rauchte dabei stark. Sie flackerte, die Schatten der Flaschen und Thermoskannen zuckten um seine Bettstatt herum. Auf der Dose lag ein Feuerzeug, daneben etwas Münzgeld.

Er besaß eine Taschenlampe. Sie hatte einst einem Wachmann gehörte. Er erinnerte sich nur noch schwach daran, wie er den Mann am Wasserturm in einen Hinterhalt gelockt hatte, nur, um an die Lampe zu kommen. Sie hatte nur wenige Stunden gebrannt. Jetzt war sie für ihn nutzlos.

Vor der Lampe lagen einige Geldscheine, zwei Päckchen Zigaretten. Er hatte sie dem Mädchen weggenommen. Das Mädchen, dafür schämte er sich. Aber er hatte sie so oft beobachtet, hinter den Toiletten. Am Tag ihres Todes hatte er sie gesehen, vornübergebeugt, die Hände auf der Sitzfläche des Stuhls. Hinter ihr stand der Kleine, Gelockte. Er besorgte es ihr von hinten. Hansen hatte dabei an sein altes Leben gedacht. Vor dem Keller.

Das Geld, das konnte er nicht ausgeben. Seit Wochen hatte er keine Essensmarken mehr stehlen können. Früher, als er den Ausschlag noch nicht hatte, sprach er manchmal einen Arbeiter an. Er bot ihm Zigaretten zum Tausch gegen ein Brot oder einen Apfel. Jetzt, wo der Ausschlag ihn entstellte, traute er sich nicht mehr in die Nähe von Menschen. Eine kleine, fette Frau hatte ihn zudem in der Kantine wegen seines Geruchs angeschrien.

Er hatte versucht sich in der großen Zisterne zu waschen. Er hatte seine Taschenlampe oben auf die Mauer gestellt, sie hinunter leuchten lassen. Dann zog er sich aus, kletterte die rostige Leiter in das Becken hinab. Dort unten, da war es dunkel. Langsam war er in das kalte, schwarze Wasser eingetaucht. Er wusste nicht, wie tief es war. Er hatte Angst dass dort unten etwas lebte und dass seine Lampe erlöschen würde, während er sich in dem riesigen, dunklen Becken reinigte. Er hatte sich seit Wochen nicht mehr gewaschen.

Dann besaß er noch den Hammer. Er hatte ihn erst vor wenigen Tagen entwendet. Ein Schlosserhammer, gut ein Kilo schwer. Er würde ihn heute Abend mitnehmen. Ein Arbeiter mit einem Hammer in der Hand. Nichts Außergewöhnliches. Er hatte nicht vor, ihn zu benutzen. Aber sollte es notwendig sein, war es gut, ihn dabei zu haben.

Er lebte hier unten wie in einem Kerker. Der Hunger quälte ihn. Dazu die Einsamkeit. Der Ausschlag brannte auf seiner Haut. Der Gestank und das Ungeziefer wurden langsam selbst für ihn unerträglich. Er würde sich bald ein neues Lager suchen müssen.

Er nahm die Fäuste von den Augen, drehte sich langsam auf den Rücken. Er stöhnte vor Schmerz. Seine Gelenke waren entzündet, seine Lunge ebenfalls. Der Luft hier unten fehlte es an Sauerstoff. Er vermutete zudem, dass sich Gase aus den Werkshallen in einigen Tunneln sammelten. Vielleicht waren auch manche der Ventile undicht. Er bekam oft schreckliche Kopfschmerzen, Albträume.

Langsam richtete er sich auf. Durst, er musste etwas trinken. Er blickte auf die Isolierkannen, die sein Lager umringten. Es waren mehr als zwanzig Stück. Er überlegte, aus welcher er zuletzt getrunken hatte. Er griff eine Kanne, schraubte den Deckel ab.

♦

Jarek griff die Kanne, schraubte den Deckel ab: „Paul, willst du auch noch einen Kaffee?" Schöppke nickte, reichte ihm seinen Becher. „Werde auch den Kruck noch einmal aktivieren, dass er uns zwei Portionen Eintopf besorgt. Ist ja schon Mittagszeit." Während es sich Jarek wieder auf dem Sofa bequem machte, gab Schöppke die Besorgungen bei Kruck in Auftrag. Anschließend nahm er wieder an seinem Schreibtisch Platz. Die Füße auf dem Tisch, den Stuhl nach hinten gekippt, zündete er sich eine Zigarre an.

„Paul, was kannst du mir über Hansen erzählen? Wie hat er früher gelebt? Warum wurde er verurteilt?" Jarek ahnte, was nun kommen würde: Geschichten erzählen, da war Schöppke in seinem Element.

Die Kaffeetasse in der Linken, die Zigarre in der Rechten, so legte Schöppke los: „Doktor Carl Hansen war erst 39 Jahre alt, als er verhaftet wurde. Er hatte eine kleine Praxis, war Arzt für Allgemeinmedizin. Aber, aufpassen, er war auch Facharzt für Frauenheilkunde. Mein Traumberuf." Schöppke grinste Jarek breit an. Der dachte sich, dass sich wohl keine geistig gesunde Frau freiwillig von Schöppke untersuchen lassen würde.

„Er war Junggeselle. Was aber nicht heißt, dass er den Frauen abgeneigt war. Im Gegenteil. Er war wohl ein ganz schlimmer Finger. Hat nichts anbrennen lassen. Hatte mehrere Freundinnen. Er hat sich auch bei den Patientinnen beliebt gemacht. Und wohl auch bei seinem Personal." Rauch war ihm in die Augen getreten, er zog eine Grimasse. Nach einer kurzen Pause fuhr er fort: „Er selbst war wohl auch ein gutaussehender Mann. Groß, sportlich, blonde Locken. Soll ein sehr guter Tennisspieler gewesen sein. War Mitglied im Hamburger Golfclub. Und er hatte eine kleine Segeljacht im Hafen liegen."

Jarek war erstaunt, was Schöppke alles wusste: „Stand das alles in seiner Akte?" Schöppke schüttelte den Kopf: „I wo! Als er verschwunden ist, hat von Kessel über Umwege einige Nachforschungen anstellen lassen. Detektiv oder so. Von dem haben wir dann die ganze Geschichte erfahren."

Er kippelte weiter, balancierte seine hundertzwanzig Kilo auf den Hinterbeinen. „Na ja, er war wohl nicht nur im Bett und auf dem Platz sportlich. Er besaß ein schickes Cabrio von BMW. Dazu stand auch noch ein schönes Motorrad der Marke Puch in seiner Garage. Kurzum, er wusste, wie man lebt." Jarek hörte ein lautes Knarzen, Schöppke machte dazu große Augen. Sein Stuhl deutete an, dass er die Spielchen nicht mehr lange mitmachen würde. Schöppke ließ sich nach vorne fallen. Kaffee schwappte über den Rand der Tasse auf seine Brust. „Dreckige Scheiße!" Er stellte die Tasse ab, kramte ein Taschentuch hervor und tupfte sich damit ab.

„Aber damit nicht genug des Guten. Der Hansen war wohl auch oft zu Gast auf der Hamburger Trabrennbahn. Tja, jetzt kannst du ja mal zusammenzählen: mehrere Freundinnen, Mitglied im Golfclub, teure Hobbys, schöne Autos, dazu noch Pferdewetten. Alles ein bisschen viel für so eine kleine Arztpraxis. Er war ständig pleite." Schöppke beugte sich nach vorn, sprach jetzt leiser. „Er war aber kein Dummkopf. Also hat er sich was dazuverdient: Er war Engelmacher."

Jarek wusste, was ein Engelmacher war: Hansen hatte Abtreibungen durchgeführt. Im Deutschen Reich ein hochriskantes Geschäft. Schöppke erzählte weiter: „Er hatte ja recht gut betuchte Kundschaft. Da sprach sich sein Service schnell rum. Er war diskret, fachlich versiert, hat das vor allem nach Feierabend und auch am Wochenende durchgezogen. Der Laden hat gebrummt."

Jarek dachte nach. Viele Männer waren monatelang an der Front, die Frauen allein zu Haus. Wenn da eine ungewollte Schwangerschaft eintrat, dann konnte die nicht dem Ehemann untergeschoben werden. Für einen Engelmacher sicher eine gute Zeit. Schöppke riss ihn aus seinen Gedanken: „Hansen hat sich seine Dienste teuer bezahlen lassen. Mindestens zweihundert Reichsmark mussten die Frauen berappen. Aber er war ja ein Gentleman: Er hat auch Schmuck und sogar Eheringe in Zahlung genommen."

Was war Hansen für ein Mensch, fragte sich Jarek. Sicher hochintelligent. Ein Mediziner. Frauenheld und Lebemann. Die Engländer würden sagen, ein Playboy. Dazu ein guter Sportler. Aber auch jemand, der dem Glücksspiel zugetan war und der die Notlage von Frauen ausnutzte. Er war kaltblütig und durchtrieben genug, um in Hitlers Deutschland als Engelmacher zu agieren. Was würde Hansen wohl in diesem Moment tun, überlegte Jarek. Er führte seine Tasse zum Mund, genoss das Aroma des Kaffees.

♦

Ein fauliger Gestank trat aus der Kanne. Der kleine Rest an Kaffee war vergammelt und ungenießbar. Hansen stellte die Kanne wieder beiseite. Wasser hatte er hier unten genug. Zuerst hatte er aus Pfützen getrunken, wie ein Hund. Später hatte er undichte Rohre gefunden, aus denen sauberes Wasser tropfte. In einigen Kellern gab es sogar Wasserhähne, an denen er seine Flaschen auffüllen konnte.

Hansen saß am Rande seiner Bettstatt, betrachtete seine nackten Arme. Der Ausschlag hatte vor Monaten in den Achselhöhlen begonnen. Dann hatte er sich auf die Kniekehlen und Armbeugen ausgeweitet. Irgendwann hatte er ihn auch im Schritt, an den Seiten des Halses und an den Wangen.

Anfänglich vermutete er Vitaminmangel, denn er bekam kaum frisches Obst oder Gemüse zu essen. Dann hatte er fehlendes Sonnenlicht im Verdacht. Schließlich entdeckte er, dass sich diverses Ungeziefer in seiner Kleidung und in seinem Lager eingenistet hatte. Er bezog einen anderen Raum, wusch sich, wechselte die Kleidung. Aber es half alles nichts. Der Ausschlag blieb. Und auch das Ungeziefer kehrte schnell zurück.

Seine Fingernägel kürzte er durch Abbeißen. Bei den Füßen gelang ihm das nicht. Einige Nägel hatten sich bereits verwachsen, als er anfing, Flaschen zu zerschlagen und Glasscherben als Schneidwerkzeug zu verwenden. In einer Waschkaue konnte er einen Rasierer stehlen, aber das war schon lange her. Zudem fand er keine frischen Klingen. Er versuchte, sich auch mit Glasscherben zu rasieren und die Haare abzuschaben.

Vor seiner Verhaftung hatte er fast neunzig Kilo gewogen. Jetzt schätzte er sein Gewicht auf höchstens sechzig. Rippen und Schulterbeine traten hervor. Seine Augen lagen tief in den Höhlen. Das Zahnfleisch machte ihm große Probleme. Einige seiner Zähne faulten, drei hatte er bereits verloren. Im flackernden Schein seiner Öllampe hob er eine Flasche an. Sie enthielt noch etwas Wasser. Er trank einen Schluck.

Jarek trank einen Schluck. Echter Bohnenkaffee, dazu Milch und Zucker. Er war sich sicher, Hansen würde etwas anderes trinken. Schöppke holte ihn aus seinen Gedanken: „Hallo Polen? Ist da noch wer? Schön aufpassen, sonst hau ich mich auch auf mein Feldbett." Er ging rüber zur Bierkiste, nahm sich eine Flasche heraus. „So, zwölf Uhr, soll keiner sagen, ich hätte mich nicht unter Kontrolle." Es machte plopp, Schöppke zog die halbe Flasche in einem Zug weg.

Er rülpste, fuhr fort: „Mit der Engelmacherei kam er gut über die Runden. Eines Tages dann, Frühling 1940, bat ihn eine seiner Freundinnen bei einem jungen Mädchen eine Abtreibung vorzunehmen. Er willigte ein, die Kleine zahlte mit Goldschmuck. Die Sache lief wie immer glatt, alle waren zufrieden."

Schöppke sah Jarek an, deutete auf die Bierkiste: „Willst du auch eine Pulle? Nein? Na ja, nach drei Tagen steht die Polizei bei ihm auf der Matte, mit einem Haftbefehl. Die Kleine war in der Nacht zuvor verstorben, Blutvergiftung. Auf dem Sterbebett hat sie ihrem Papi gestanden, was passiert ist, Hansen verpfiffen."

Er trank den Rest aus, verschloss die Flasche wieder. „Was Hansen nicht wusste: Das Mädchen war die Tochter eines hohen Hamburger NSDAP-Bonzen. Der hat sofort alle Hebel in Bewegung gesetzt. Hansen wurde verhaftet. Ihm wurde ruck, zuck der Prozess gemacht, fuffzehn Jahre Arbeitslager. Der Staatsanwalt hatte eigentlich die Todesstrafe gefordert. Aber Hansens Anwalt konnte die Sache so drehen, dass es wie ein Behandlungsfehler aussah. Sie konnten ihm die Abtreibung nicht nachweisen."

Von draußen klopfte irgendjemand an die verdreckte Fensterscheibe. Eine Stimme mit stark sächsischem Einschlag wurde laut: „Schöppke, lös, söfört rünter vom Gruck. Dö alde Pöttsau!" Gelächter, mehrere Stimmen entfernten sich. Schöppke verzog missmutig das Gesicht. Wer seinen Mitarbeiter Fräulein ruft, der muss sich nicht wundern, dachte Jarek.

„Er hat wohl noch versucht, eine Strafminderung rauszuholen. Wollte sich als Arzt an die Front versetzen lassen und so. Aber Pustekuchen. Vier Wochen nach der Verhaftung haben sie ihn in den Zug nach Duisburg gesteckt. Und hier ist er dann leider verschwunden."

Das war natürlich ein Schicksal, dachte Jarek. Vom Playboy zum Sträfling in nur wenigen Wochen. Unfreiwillig erinnerte ihn das an sein eigenes Schicksal.

Wie war Hansen die Flucht wohl geglückt? Er wollte Schöppke dazu gerade etwas fragen, da betrat Kruck den Raum: „Meine Herren, Essen ist da!"

♦

„Ist noch etwas zu essen da?", fragte sich Hansen. Die Henkelmänner waren alle leer, da war er sich sicher. Er leckte sie, soweit möglich, restlos aus. Wo er mit der Zunge nicht herankam, nahm er die Finger. Er griff sich eine der Brotdosen, schüttelte sie. Nichts. Bei einer anderen hatte er mehr Glück. Sie enthielt ein kleines Stück hartes Brot, etwas angeschimmelt. Er kratzte den Schimmel ab, aß es langsam.

Hansen dachte oft zurück an den Tag seiner Festnahme. So auch jetzt. Nach dem Schock der Verhaftung, hatte er versucht, seine Beziehungen spielen zu lassen. Aber niemand wollte ihm helfen. Sein Anwalt sprach mit der Wehrmacht: Hansen wäre bereit, an der Front als Arzt zu dienen. Aber die Wehrmacht lehnte ab.

Sein gesamter Besitz ging an den Staat. Er selbst wurde mit anderen Männern in eine Zelle gesperrt: Schwerverbrecher, Kriegsgefangene, Zwangsarbeiter. Dann kam der Tag, an dem sie alle in einen Güterzug verladen wurden. Die Fahrt war eine Tortur. Sie standen stundenlang auf offener Strecke in der Hitze. Niemand gab ihnen Wasser oder etwas zu essen. Es roch nach Erbrochenem, Urin und Kot.

Schließlich dann, irgendwann in der Nacht, erreichten sie ihr Ziel. Der Zug kam zum Stehen. Hansen konnte Stimmen hören, Befehle wurden gebrüllt. Durch Spalten in den hölzernen Wänden des Waggons drang Licht hinein. Er sah erschöpfte, gezeichnete Gesichter. Als die Türen des Waggons sich öffneten, brach die Hölle los.

Alle wollten nur raus, raus aus dem stinkenden Waggon. Alles drängte nach vorn zum Ausgang. Hansen wurde, gegen seinen Willen, in Richtung der großen Schiebetür gedrückt. Plötzlich fielen draußen Schüsse. Auf dem Bahnsteig brach ein Tumult aus. Im Wagen herrschte Chaos. Die Männer draußen wichen vor den Schüssen zurück, von hinten wurde er in den Rücken gestoßen. Panik. Überall hörte man nur noch Schreie und Gebrüll.

Dann passierte es: Hansen stolperte. Eingeklemmt zwischen den anderen Männern rutschte er zur Seite, war plötzlich von Beinen und Füßen umringt. Er hatte Angst, dass man ihn zu Tode treten würde. Er schrie, aber niemand hörte ihn oder wollte ihm helfen.

Plötzlich spürte er, dass er mit einem seiner Arme nach unten greifen konnte: Er lag genau auf dem Spalt zwischen Waggon und Bahnsteig. Er bekam die Schulter in den Spalt, dann die Hüfte. Von oben wurde er förmlich heruntergetreten, rutschte immer tiefer. Er zog sich Quetschungen zu, Prellungen, aber auf einmal lag er unter dem Waggon.

Über ihm, auf dem Bahnsteig, trieb man die Gefangenen mit roher Gewalt in die Waggons zurück. Er hörte Schmerzensschreie, Hundegebell. Aufgeputscht vom Adrenalin raste sein Herz. Er begann, sich unter dem Zug hindurch von der Lok zu entfernen.

Über den Schotter zu kriechen, war schmerzhaft, er riss sich die Knie auf. Im Dunkeln stieß er mit dem Kopf an die Kupplung zwischen den Wagen. Blut lief ihm die Stirn hinunter. Aber schließlich erreichte er das Ende des Zuges. Niemand stand hier noch am Bahnsteig, Dunkelheit umgab ihn. Er erhob sich, lief geduckt die Schienen entlang. Der Tumult blieb zurück, bis ihn plötzlich Stille umgab.

Sein Körper schüttete nun kein Adrenalin mehr aus, Erschöpfung und Angst erfassten ihn. Er fing an zu weinen. Was sollte er tun, wohin sollte er gehen? Er besaß nur seine zerrissene Häftlingskleidung. Die Flucht war nicht geplant. Er wusste noch nicht einmal, wo er sich befand. Man bringe sie in ein Stahlwerk, wurde im Waggon erzählt. Aber stimmte das?

Als er wieder zu Atem kam, ging er vorsichtig und leise an den Gleisen entlang. Niemand schien ihm zu folgen. Aber, da war er sich sicher, man würde sein verschwinden bemerken. Er brauchte schnell ein Versteck. Im Mondschein sah er einige große, bedrohliche Vierecke am Horizont. Schwarz ragten sie in die Nacht. Wenn das ein Stahlwerk war, dann mussten das Hallen sein. Hier würde er zunächst Zuflucht suchen.

Nach einigen Minuten sah er rechts die erste Halle. Um zu ihr zu gelangen, musste er die Gleise verlassen und über ein offenes Feld gehen. Hier stürzte er in eine mit Wasser gefüllte Baugrube. Zunächst bekam er Panik, aber dann trank er von dem Wasser. Mühsam kämpfte er sich aus der Grube, über und über mit Schlamm bedeckt.

Schließlich erreichte er die Halle. Er blickte nach oben in den Nachthimmel, sah eine einzige, schwarze Wand. Vorsichtig schlich er die Wand entlang, bis er eine Tür entdeckte. Er öffnete sie einen Spalt, blickte hindurch: Dunkelheit. Ängstlich betrat er die Halle. Hier wurden scheinbar große Metallplatten gelagert. Er beschloss, sich zwischen den Metallplatten zu verbergen. Er brauchte eine Pause. In einigen Stunden würde er nach einem besseren Versteck suchen. Er berührte eine der Platten: Sie war kochend heiß.

◆

„Verdammt, die ist ja kochend heiß", schimpfte Schöppke. Kruck hatte ihnen zwei Henkelmänner mit dampfender Kartoffelsuppe hereingereicht. Dazu gab es für jeden eine dicke Scheibe Graubrot. Jarek pustete über seinen Löffel, aß langsam. Schöppke hatte sich für eine andere Taktik entschieden: Er tunkte sein Brot direkt in die Suppe.

Die Männer aßen zunächst wortlos, was Schöppke jedoch nicht lange durchhielt. „Erzähl doch mal, was du gestern noch alles erlebt hast, nachdem du die Arbeiter vermöbelt hast."

Auch Jarek verbrühte sich den Mund. Vielleicht war es nicht schlecht, die Suppe noch etwas abkühlen zu lassen. „Ich habe zunächst nach der blutigen Arbeitskleidung gesucht. Aber das war, wie die Suche nach der berühmten Nadel im Heuhaufen. Ich hatte schon aufgegeben und war auf dem Weg nach draußen, als ich hinter einer Anlage eine Treppe entdeckte. Ich bin da runter und von dort in die Kellerwelt gelangt. Wie viele Zugänge gibt es zu diesem unterirdischen Irrgarten?"

Schöppke lachte: „Ha, das weiß keiner so genau. Etliche Anlagen haben einen Maschinenkeller, eigentlich fast alle. Schon beim Bau des Werkes hat man beschlossen, die Versorgungsleitungen unter die Erde zu legen. Einige dieser Tunnel wurden dann miteinander verbunden, andere nicht. Zudem gibt es noch andere, ältere Tunnelsysteme." Vorsichtig schlürfte Schöppke die Suppe vom Löffel.

Jarek deutete auf den vergilbten Plan an der Wand. „Gibt es eine Karte, die uns einen Überblick verschafft, wie die Kellerwelt genau aufgebaut ist?", wollte er wissen. Schöppke schüttelte den Kopf: „Seit 1937 liegen die Karten im Rüstungsministerium. Es war geplant, unter Teilen des Stahlwerks auch Rüstungsanlagen zu errichten. Man hatte sogar schon mit dem Bau eines unterirdischen Bahnhofs begonnen."

Es klopfte an der Tür, Kruck steckte den Kopf herein: „Scheffe, ich mach dann jetzt mal Pause, wenn's recht ist." Schöppke prustete: „Willst du mich verarschen? Du machst schon dein ganzes Leben lang Pause. Aber ich habe nichts dagegen, wenn du deine Pause jetzt für eine Pause unterbrichst." Die Tür schloss sich, Schöppke zwinkerte Jarek zu.

Was Jarek gestern Abend gesehen hatte, war also nur ein Bruchteil des Tunnelsystems. Er sah zur Karte: Wie sollten sie Hansen da unten finden? Wenn Hansen sich dort seit anderthalb Jahren verborgen hielt, dann kannte er jeden Tunnel, jeden Raum. Wo würde er sich momentan verstecken?

♦

Hansen versteckte sich bis zum Morgengrauen zwischen den Blechen und Platinen. Dann schlich er vorsichtig in der Halle umher. Außerhalb der Halle würde man ihn mit der Häftlingsuniform sofort entdecken. Ihm war klar, er brauchte sofort unauffällige Arbeitskleidung. Und er brauchte einen Platz zum Schlafen. Wenn er sich ausgeruht und umgezogen hätte, dann würde er sich auf die Suche nach etwas Essbarem machen.

Schließlich fand er einen Schacht neben einer großen Anlage. Es führte eine Leiter hinunter. Er stieg hinab, sah sich um. Ein einzelner, leerer Raum. Scheinbar konnten von hier unten Wartungsarbeiten an der Maschine durchgeführt werden.

Fürs Erste nicht schlecht, dachte Hansen. So, wie es aussah, kam hier nur selten jemand herunter. Er legte sich auf den Boden und fiel in einen unruhigen Schlaf. Einige Stunden später stieg er wieder hinauf. Wenn diese Maschine einen Keller hat dann vielleicht auch andere. Schnell wurde er fündig. Neben einer Maschine stieg er eine Treppe hinunter: auch hier ein Wartungskeller, wesentlich größer als der zuvor.

In einem Nebenraum entdeckte er eine Tür. Dahinter lag ein schwach beleuchteter Tunnel. Hansen entdeckte in diesem Moment die Kellerwelt, die in den kommenden Monaten sein Zuhause werden würde. Er weinte vor Freude, denn er wusste, dass er hier unten vor einer Entdeckung sicher war.

Anderthalb Jahre später wusste Hansen, dass er hier unten sterben würde. Die Kellerwelt hatte sich zu seinem privaten Verlies entwickelt. Anfänglich verlief alles gut. Er fand ein sicheres Versteck. Es gelang ihm, aus einer Umkleide einen passenden Arbeitsanzug zu stehlen. Er besorgte sich einen Helm, ein Paar Handschuhe. Er stellte fest, dass er sich so gekleidet ungehindert im Werk bewegen konnte.

Er entwickelte eine Überlebensstrategie: Er schlich umher, in der Regel bei Nacht. Er beobachtete die Arbeiter, prägte sich ihre Gewohnheiten ein. Schaute, wo die Männer ihre Taschen oder Beutel deponierten. Er war vorsichtig. Nie stahl er eine ganze Tasche, sondern immer nur eine Brotdose, einen Apfel, einen Henkelmann. Er versuchte, möglichst jede Nacht woanders im Werk seine Bedürfnisse zu decken. Er wusste, würde er in einer Halle zu oft stehlen, würden die Männer übervorsichtig.

Dennoch verschlechterte sich seine Lage zusehends. Es gelang ihm nicht jede Nacht, seinen Bedarf an Nahrung zu decken. Oft hatte er nur eine einzelne Scheibe Brot zu essen. Er begann, auch in den Waschkauen offene Spinde zu durchsuchen. Hier fand er manchmal Zigaretten, kleinere Geldbeträge, sehr selten auch Essensmarken. Er traute sich sogar in die Kantine, versorgte sich dort mit Nahrung.

Er dachte auch an Flucht. In Hamburg hatte er Freunde, Familie. Aber würden sie ihr Leben riskieren, um ihm zu helfen? Wo könnten sie ihn verstecken? Wie sollten sie ihn versorgen? Wie würde er ohne Papiere bis nach Hamburg gelangen? Er war in der Kellerwelt gefangen.

Zum Hunger gesellte sich bald auch die Angst, die Einsamkeit. Er sprach mit niemandem. Er hatte weder ein Radio noch Bücher. Selten konnte er an eine alte Zeitung gelangen. Er las sie etliche Male, wieder und wieder. Seine Tage bestanden aus Warten. Regungslos lag er auf seinem Lager aus Lumpen. Stundenlang, tagelang.

Nach einigen Monaten erkannte er, dass die Flucht seine Lage nur verschlimmert hatte. Hoffnungslosigkeit erfasste ihn. Er war körperlich und geistig in elender Verfassung. Das Leben im Keller zerstörte ihn. Er dachte daran, sich zu stellen, aufzugeben. Aber was würde man mit ihm machen? Flüchtige, das wusste er, hatten von den Wachmannschaften keine Gnade zu erwarten. Man würde ihn erschießen oder aufhängen. Vielleicht würden sie ihn auch, zur Abschreckung, zu Tode prügeln.

Sein Leben glich irgendwann dem einer Ratte. Er versteckte sich im Keller. Stahl Essen. Er suchte in den Abfalleimern der Kantinen nach Nahrung. Er verzehrte Dinge, die ein Schwein nicht gefressen hätte. Oft wurde er krank, von den Abfällen, die er zu sich nahm. Ungeziefer hauste in seinem Lager und auf seinem Körper.

Er entschloss sich schließlich, seinem Dasein ein Ende zu bereiten. Er wollte nicht als Ratte leben. Er ging in die große Zisterne, dort zog er sich aus. Er stieg die Leiter hinab, schwamm in die Dunkelheit hinein. Oben, auf der Mauer, brannte seine Öllampe. Er wusste: Würde die Lampe erlöschen, er würde nicht zur Leiter zurückfinden.

Schließlich erlosch das Licht der Lampe. Totale Finsternis umgab ihn. Er schwamm langsam in der Dunkelheit umher. Er berührte eine Säule, änderte die Richtung. Er wusste längst nicht mehr, wo sich die Leiter befand. Doch dann stieß er an die Wand. Plötzlich war ihm klar: Würde er an der Wand entlangschwimmen, würde er zur Leiter gelangen. Der Überlebenswille war stärker als sein Todeswunsch. Eine Stunde später stieg er, vor Kälte zitternd, aus dem Becken. Er kehrte zurück in sein Versteck.

Hansen erwachte aus seinen Gedanken. Der Versuch, sich umzubringen, war Monate her. Jetzt saß er auf seiner Bettstatt, sein Zustand noch elender als damals. Lange würde er nicht mehr leben, das war ihm klar. Die Unterernährung, der Mangel an Vitaminen, sein psychischer Zustand. Es ging zu Ende. Würde er sich jetzt mit einer Krankheit anstecken, einer Grippe vielleicht, er würde es nicht überleben. Aber noch waren die Instinkte, die ihn am Leben hielten, zu stark. Er musste sich auf den Weg nach oben machen, etwas zu essen finden. Er stand auf.

◆

Schöppke stand auf, ging rüber zur Bierkiste. Er nahm sich eine Flasche und stellte sich damit hinter seinen Schreibtisch. Wie ein Dozent begann er, Jarek einen Vortrag zu halten: „Du magst vielleicht glauben, ich sei ein ordinärer Alkoholiker. Aber dem ist nicht so, mein lieber Freund. Ich leide an einer seltenen Bluterkrankung. Mein Blut ist zu dick. Ich muss es daher regelmäßig mit etwas Alkohol verdünnen."

Als ob er ein Medizinfläschchen in der Hand halten würde, öffnete er vorsichtig die Bierflasche. Es gab kein Plopp, wie sonst. Schöppke trank behutsam ein kleines Schlückchen, gleich so, als ob sich eine bittere Medizin in der Flasche befinden würde.

„Wenn der Alkoholgehalt in meinem Blut unter 0,5 Promille fällt, dann sterbe ich. Ein Pegelabriss würde mein sofortiges Ende bedeuten. Ich darf daher die 0,5 Promille nie unterschreiten." Wie zum Beweis zog er die halbe Flasche in einem Zug weg. Er setzte sich wieder, sprach weiter: „Da es sehr schwer ist, genau an der Promillegrenze zu trinken, hab ich eine spezielle Form der Verabreichung entwickelt: immer mindestens ein Promille, dann kann mir nichts passieren." Er setzte an, trank den Rest aus ohne abzusetzen.

Jarek klatschte leise in die Hände, nickte anerkennend. Die Darbietung hatte tatsächlich komödiantische Züge. „Wahrscheinlich hast du dir das alles auch vom Werksarzt schriftlich bestätigen lassen. So kannst du auch zu Hause deiner Frau, Schwarz auf Weiß belegen, dass dein Alkoholkonsum deiner Gesundheit dient. Richtig?" Schöppke grinste über beide Backen: „Richtig."

Sie hatten nach dem Mittag lange über Hansen gesprochen. Die Situation, in der er lebte, erklärte vieles. Wie ein Gefangener, lebte er dort unten in der Kellerwelt. Schöppke hatte ihn mit dem Grafen von Monte Christo verglichen. Nur hatte der Graf einen Kameraden, mit dem er reden konnte. Hansens Lage war deutlich schlechter. Er war eingekerkert, musste sich jedoch seine Nahrung selbst besorgen. An eine Flucht war nicht zu denken. Zum Aufgeben war es zu spät. Er war dazu verdammt, dort unten vor sich hin zu vegetieren.

Der Aussätzige, den er nachts in der Waschkaue gesehen hatte, das war Hansen. Da war Jarek sich sicher. Schöppke hatte ihn als einen sportlichen, gutaussehenden Mann beschrieben. Ein Frauenheld, ein Lebemann. Was Jarek gesehen hatte, war ein abgemagertes, stinkendes Wrack. Der Hautausschlag deutete auf schwere gesundheitliche Probleme hin. War es eine späte Form von Krätze? Sicher plagten ihn auch Ungeziefer, Flöhe und Läuse.

Was war von Hansen noch übrig? Körperlich war er am Ende. Aber war er geistig noch gesund? Wie hatten ihn die vielen Monate im Keller verändert? Die Einsamkeit, der Hunger? Er musste sich selbst erniedrigen, Abfälle verzehren. Jarek dachte an die Fischgedärme in der Mülltonne. Er dachte auch an das Foto von Botzkis zerschmettertem Kopf, daneben der Hammer.

♦

Den Hammer, den würde er heute mitnehmen. Er hatte sich angewöhnt, geeignetes Werkzeug, wenn möglich, im Voraus zu besorgen. Der Hammer war ideal. Nicht zu groß, unauffällig, gut ein Kilo schwer. Ein Schlag sollte ausreichen.

Ursprünglich hatte er nie vor, jemanden zu ermorden. Als er in der Waschkaue von dem Wärter überrascht wurde, wollte er zunächst flüchten. Man hatte ihn auch vorher schon erwischt. Aber immer konnte er erst in die Dunkelheit fliehen, dann in seine Kellerwelt.

Der verdammte Wärter aber, der trieb ihn in die Ecke. Er brüllte ihn an, nannte ihn einen Hurensohn, ein mieses Schwein. Dazu stach er nach ihm, mit seinem Wischer. „Endlich hab ich dich, du mieses Schwein", rief er immer wieder. Hansen wollte sich an ihm vorbeidrängen, aber der Wärter hielt ihn fest.

Schließlich packte er den Wärter mit beiden Händen am Hals. Die Daumen auf seinem Kehlkopf, presste er zu. Der Wärter hatte nicht mit so einer massiven Gegenwehr gerechnet. Er blickte eher erstaunt auf Hansen. Seine Arme hingen an seinem Körper herab. Er wehrte sich nicht.

Hansen drückte mit aller Kraft zu. Der Kopf des Wärters wurde blau, die Zunge und die Augen quollen aus seinem Kopf. Hansen hörte sein Röcheln, spürte sein Zucken. Er konnte riechen, wie Blase und Darm seines Opfers sich entleerten. Er blickte in seine Augen, konnte sehen, wie das Leben aus ihnen wich.

Ein unbeschreibliches Gefühl durchströmte Hansen. Er, der als Ratte im Keller lebte, sich von Abfällen und Dreck ernährte, hatte plötzlich göttliche Macht. Er konnte über Leben und Tod entscheiden. Adrenalin und Endorphin schossen durch seinen Körper. Sein Herz raste, seine Haut prickelte. Der Mord löste einen Rausch in ihm aus.

Als er die Leiche auf dem Boden ablegte, war sein eigenes Gesicht zu einer dämonischen Fratze verzerrt. Er richtete sich auf, zitterte dabei am ganzen Körper. Er spürte das Verlangen zu schreien, seine Lungen explosionsartig zu entleeren. Aber er unterdrückte es.

Das erste Mal seit seiner Verhaftung fühlte er sich wieder wie ein Mensch. All die Erniedrigungen der letzten Monate, sie waren vergessen. Er war keine Ratte mehr, er war ein Raubtier. In dieser Sekunde wurde ihm bewusst, dass es kein Zurück mehr gab: Er würde in Zukunft töten, um an Nahrung zu gelangen.

Es dauerte jedoch lange, bis er den nächsten Mord begann. Als er in jener Nacht in seinen Keller zurückkehrte, ergriffen ihn schwere Schuldgefühle. Er weinte bitter. Was war aus ihm geworden? Er war Arzt, hatte den Eid des Hippokrates geschworen. Jetzt hatte er gemordet. Es war endgültig der Bruch mit seiner alten Existenz. Depressionen quälten ihn in den kommenden Wochen, er mied bei seinen Raubzügen die Nähe von Menschen.

Vier Wochen später mordete er erneut. Er hatte den Mann lange beobachtet. Er würde nicht unbemerkt an seine Tasche gelangen. Hansen wollte kein Blut vergießen, sein Opfer nicht verletzen. Er brach dem Mann das Genick. Aber die Ekstase, die er bei seinem ersten Mord erlebt hatte, sie stellte sich nicht erneut ein. Jetzt verspürte er nur noch Ekel vor sich selbst.

Im Folgenden wählte er für seine Taten Werkzeuge aus. Er mied den Körperkontakt zu seinen Opfern. Aus der Distanz erwies sich das Töten als einfacher. Er hatte zudem bereits vor geraumer Zeit eine Methode entdeckt, mit der er seine Opfer beobachten konnte, ohne dass sie es bemerkten. Und er tötete nur, wenn er sich sicher war, dass es sich lohnte.

Er suchte auch andere Wege, um an Nahrung zu gelangen. So hatte er alle Kantinen des Werkes ausgespäht. Hier Nahrung zu stehlen, schien unmöglich. Die Lieferungen waren gut organisiert, nichts blieb unbewacht. Er entdeckte aber, dass ein Zwangsarbeiter an einer Kantine täglich Abfälle ausleerte. Er sprach den Mann an.

Botzki, so war sein Name, war wie er ein Gefangener. Er gab sich ihm als entflohener Häftling zu erkennen. Er hoffte, der Mann würde für einen Leidensgenossen vielleicht eher etwas riskieren als für einen normalen Arbeiter. Er bot ihm Geld und Zigaretten im Tausch gegen Nahrung. Botzki willigte ein.

Zunächst war Hansen guter Dinge. Botzki schmuggelte unter seiner Mütze Lebensmittel aus der Kantine: Eier, gekochte Kartoffeln, Wurst. Nicht viel, aber für jemanden, der am Verhungern war, durchaus beachtliche Portionen. Er deponierte die Lieferungen bei den Mülleimern, wo Hansen sie abholte.

Aber dann fing Botzki an, ihn zu erpressen. Er wollte immer mehr Geld, mehr Zigaretten. Hansen konnte seine Forderungen nicht erfüllen. Schließlich stellte Botzki seine Lieferungen ein. Er drohte, Hansen den Wachen zu melden, sollte er noch einmal an den Mülltonnen auftauchen.

Hansen ließ einige Wochen vergehen. Dann beschloss er, Botzki zu bestrafen. Der Mann hatte ihn betrogen, seine Lage ausgenutzt. Er würde ihm eine Lehre erteilen. Aber nachdem er den Mann erschlagen hatte, spürte er keine Befriedigung.

Der Zwangsarbeiter war sein sechster Mord. Das Töten war für ihn fast zur Routine geworden. Wollte er überleben, dann musste er töten. Auch heute Abend würde er, wenn es sich nicht vermeiden ließ, den Hammer einsetzen. Er zog seine Jacke an und machte sich auf den Weg.

♦

Jarek zog sich seine Jacke an: „Paul, ich mache mich jetzt auf den Weg. Wie besprochen treffen wir uns morgen früh bei mir im Büro. Wo ist denn die Taschenlampe, die du mir besorgt hast? Auf dich ist kein Verlass, ich nehme sie besser gleich mit."

Die Männer hatten den Nachmittag damit verbracht, ihren Gegenspieler zu analysieren. Ihr Plan sah vor, morgen in die Kellerwelt einzudringen und zunächst nach Spuren von Hansen zu suchen. Würden sie sein Versteck finden, dann könnten sie ihn da vielleicht überraschen. Oder aber, sie würden auf ihn warten, bis er von seinen Raubzügen zurückkehrte. Überzeugt war Jarek nicht, aber irgendwo mussten sie anfangen. Wenn Hansen bei seinem Zeitplan blieb, dann stand eine neue Tat unmittelbar bevor.

Auch Schöppke hatte sich erhoben. Im Lauf der Besprechung hatte er ununterbrochen geraucht, nach Jareks Rechnung fünf Bier getrunken. Ein Pegelabriss war jedenfalls nicht zu befürchten, dachte Jarek.

Sein Freund drückte den Rücken durch, ächzte: „Vorsichtig, panie Kruppa, jaaanz vorsichtig. Du hast zwar die Knaben an der Spaltanlage verhauen, aber ich bin ein anderes Kaliber. Außerdem bin ich immer bewaffnet, denk daran." Er zog das Springmesser aus der Tasche, ließ die Klinge herausschnellen.

Das erinnerte Jarek: „Verdammt, gut, dass du's sagst. Du brauchst morgen noch eine weitere Waffe. Hansen ist gefährlich, mit deinem Zahnstocher kommst du da nicht weit. Hast du noch was anderes in petto?" Schöppke klappte die Klinge wieder ein, nickte: „Jupp. Ich hab schon drüber nachgedacht. Ich werde morgen ein schönes, kleines Brecheisen mitbringen. So fünfzig Zentimeter lang. So ein ähnliches hat er ja dem Wittek reingesteckt. Vielleicht kann ich mich revanchieren."

Er kramte hinter sich im Regal, reichte Jarek eine Taschenlampe, dazu einen Satz Reservebatterien. „Hier, Glupek, auf dass sie dich erleuchtet. Ich bin morgen um acht bei dir. Soll ich sonst noch was mitbringen?" Jarek nickte: „Kann sein, dass wir den ganzen Tag da unten im Keller verbringen müssen. Nimm eine Tasche mit, was zu essen und was zu trinken."

Schöppke kam um den Schreibtisch herum, legte Jarek die Hand auf die Schulter: „Da habe ich eine gute Idee: Ich bringe den Kruck mit. Der kann dann ein Kiste Bier hinter uns hertragen. Ich brauche ja stündlich meine Medizin." Er lachte, und auch Jarek musste schmunzeln. Sie verabschiedeten sich kurz, dann ging Jarek hinaus in die Dunkelheit.

♦

Der Himmel sah aus wie dunkelgraue Wolle. Es war unangenehm feuchtkalt, ein leichter Sprühregen lag in der Luft. Der Rauch des Stahlwerks vermischte sich mit dem Regen. Die Straßen glänzten schwarz, wie frisch lackiert. Es war noch keine Verdunklung angesetzt. Die Lichter der Lampen spiegelten sich in der Straße.

Jarek trat in die Pedale. Der Regen legte sich wie ein feiner Film auf sein Gesicht, er konnte den Rauch darin schmecken. Er hatte seine Mütze tief heruntergezogen, dennoch stachen die feinen Regentropfen in seine Augen. Eine Scheißidee, dachte er, bei diesem Wetter mit dem Fahrrad unterwegs zu sein.

Während der Fahrt hatte er Zeit, den Tag zusammenzufassen. Es war ein verrückter Tag gewesen. Heute morgen, direkt nach dem Aufwachen, hatte er das Muster entdeckt. Darauf basierend hatte er Hans Karbe als möglichen Täter ausgemacht. Jetzt, einen halben Tag später, wusste er es besser. Ein entflohener Häftling versteckte sich im Untergrund. Doktor Carl Hansen war sein Name, und dass Jarek ihn kannte, war alles andere als vorteilhaft.

Dass ihm die Flucht gelungen war, wurde von dem Kommandanten der Wachmannschaften, Julius Schreiter, und dem Leiter des Stahlwerks, Hermann von Kessel, verheimlicht. Solche Missgeschicke wurden natürlich an oberer Stelle nicht gern gesehen. Unfähigkeit wurde von den Nazis nicht geduldet.

Hansens Flucht könnte die Karriere der beiden Männer empfindlich stören. Würden sie erfahren, dass Jarek von Hansens Flucht wusste, dann könnte das sein Leben gefährden.

Bei ihrem ersten Treffen hatte von Kessel durchaus einen vertrauenerweckenden Eindruck auf Jarek gemacht. Aber seitdem er wusste, welche Geschäfte im Stahlwerk abliefen, traute er von Kessel nicht mehr. Zu viel Geld stand hier auf dem Spiel.

Schöppke würde seinem Chef daher heute Abend beim Rapport verheimlichen, dass Hansen der Täter war. Er und Jarek hatten vereinbart, dass zunächst Hans Karbe weiterhin als Hauptverdächtiger genannt wurde. Sollte es ihnen gelingen, Hansen zu erledigen, dann würden sie nach einer passenden Geschichte suchen. Sollte ihre Suche erfolglos bleiben, Hansen weiter morden, dann müsste sowieso ein anderer Plan gefunden werden.

Jarek war sich sicher, dass Hansen seinen Keller nahezu jeden Tag verließ. Er kam an die Oberfläche, suchte nach Nahrung. Er konnte hier etwas stehlen, da eine Kleinigkeit entwenden. Aber irgendwie gelang es ihm, seine Opfer unbemerkt zu beobachten. Er wusste, bei wem es besonders viel zu holen gab. War ein unauffälliges Anschleichen nicht möglich, dann griff er zur Gewalt. Und sein Tatmuster zeigte, dass sich seine Gewalttaten häuften.

Jarek dachte darüber nach, ob man Hansen nicht einfach mit Nahrung versorgen konnte. Was wäre, wenn man an verschiedenen Orten im Keller Fresspakete deponieren würde, damit Hansen sie fände? Hätte er genug zu essen, gäbe es für ihn keinen Grund mehr zu morden. Aber da sie nicht wussten, wo genau Hansen sich versteckt müssten das sehr viele verschiedene Orte sein. Und würde jemand von der Belegschaft dahinterkommen, dass sie einen Mörder mit Nahrung versorgten, es gäbe einen Aufstand. Man stelle sich vor: Die Bevölkerung hungert und ein brutaler Serienmörder bekommt dicke Präsentkör be frei Haus. Nein, er und Schöppke mussten in den Keller und Hansen dort aufstöbern.

◆

Zurück in seinem Büro, nahm Jarek zunächst ein Abendessen zu sich. Er hatte sich ja am morgen noch in der Kantine versorgt. Der Ersatzkaffee war mittlerweile fast kalt, die Isolierkanne kam hier an ihre Grenzen. Aber die Stullen waren noch frisch, er ließ es sich schmecken.

Während er am Schreibtisch saß, kam er nicht umhin, an Hansen zu denken. Welch ein tragisches Schicksal. Als Frauenarzt hatte man ihn vom Militärdienst befreit. Er hatte ein gutes Einkommen, ein gutes Leben gehabt. Doch sein aufwändiger Lebensstil hatte ihn zu riskanten Aktionen verleitet. Urplötzlich war er aus seiner Existenz gerissen worden.

Dass ihm die Flucht gelang, ein unglaublicher Zufall. Aber welch eine Ironie des Schicksals, die Flucht brachte ihn erst recht in die Hölle. Einsamkeit, Hunger, Krankheit, Hansen lebte mehr schlecht als recht, schlimmer als ein Tier. Eine Ratte, dachte Jarek, hatte es da unten wahrscheinlich besser.

Der Schreibtisch sah schon wieder aus wie Sau. Jarek machte sich ans Aufräumen. Er nahm die Akten aus der Tasche, deponierte sie in einer Schublade. Sie hatten ihre Schuldigkeit getan. Seine Jacke war von der langen Fahrt durchnässt, er hatte sie über die Heizung gehängt.

Er ging in die Toilette, rasierte sich. Heute morgen hatte er dazu nicht die Ruhe gehabt. Er blickte in den Spiegel. Vor wenigen Tagen war er noch erschrocken, jetzt hatte er sich an sein in der Haft gealtertes Gesicht gewöhnt.

Es war erst kurz nach acht, eigentlich zu früh, um sich hinzulegen. Er studierte die Karte an der Wand. Wo überall konnte sich Hansen hier verstecken? Wie viele Tunnel gab es? Das Gebiet, das das Stahlwerk einnahm, war einfach riesig.

Jarek blickte auf seinen Dolch, der auf dem Schreibtisch lag. Sollte er heute Abend noch einmal hinuntergehen, Hansen alleine suchen?

Plötzlich klopfte es an seiner Tür. Er griff sich den Dolch, verbarg ihn hinten im Hosenbund. Er ging zur Tür, öffnete sie vorsichtig. Vor ihm stand ein Fahrer, bekleidet mit einer schwarzen Uniform. Die Mütze hatte er abgenommen. Hinter ihm stand der große Mercedes, den Jarek bereits kannte. Er neigte höflich den Kopf, es war fast eine Verbeugung: „Guten Abend. Mein Name ist Werner, ich bin der Chauffeur von Herrn Doktor von Kessel. Er bittet Sie, ihn in der Hauptverwaltung zu besuchen." Er musterte Jarek, der nur ein Unterhemd anhatte. „Ich warte dann im Wagen auf Sie."

♦

In den vergangenen Monaten hatte Hansen die Kellerwelt ausgiebig erforscht. Er kannte mittlerweile jeden Gang, jeden Tunnel, jeden Raum. Er wusste genau, wo es Ausgänge gab, an denen in der Regel nicht gearbeitet wurde. Er kannte natürlich auch die Ausgänge, die man besser vermeiden sollte, wo viel los war. Auf seinen Erkundungszügen hatte er auch Ausgänge außerhalb der Hallen gefunden. Es gab sie überall auf dem Werksgelände.

Wie eine Spinne, die in einem unterirdischen Höhlensystem lebt, bewegte er sich hier unten. Er schlich durch die Gänge, betrat über die Kellertreppe eine Halle, sah sich dort um. Aus dem Dunkel heraus beobachtete er die Arbeiter. Lautlos näherte er sich den Lichtinseln in den Hallen, wartete auf seine Gelegenheit. Konnte er irgendwo etwas stehlen, dann griff er zu und verschwand wieder in den Tunneln. Hier unten schlich er weiter, in die nächste Halle.

Heute war er bereits seit einigen Stunden unterwegs. Seine Ausbeute war dabei nicht schlecht. Zunächst hatte er draußen vor einer Halle einen Lkw-Fahrer beobachtet, der scheinbar Probleme mit seiner Ladung hatte. Er stieg ab, ging um den Wagen herum, kletterte auf die Ladefläche. Hansen ergriff seine Chance. Wie ein Schatten huschte er durch die Dunkelheit. Er öffnete die Beifahrertür, hier lagen zwei in Butterbrotpapier eingeschlagene Brote, daneben eine Flasche Milch.

Zurück im Tunnel trank er gierig die Milch. Er kippte sie förmlich in sich hinein. Aus seinen Mundwinkeln rann Milch an seinem Hals herunter, bildete zwei weiße Streifen auf dem blutroten Ausschlag. Danach verschlang er wie ein hungriges Tier die beiden Leberwurstbrote.

Er mied die heißen Hallen. Hier war es ohne Hitzeschutzanzug nicht ungefährlich. Zudem befürchtete er, dass sich dort Gase in den Tunneln sammelten. Einfacher war es in den zahlreichen Hallen rechts vom Bahnhof. Hier bot sich immer eine Gelegenheit. Der Bahnhof, das war heute Nacht sein nächstes Ziel.

Nachdem er die Brote gegessen und die Milch getrunken hatte, fühlte er sich besser. Zügig lief er nun durch die Tunnel. Einmal hatte er hier unten eine Kolonne von Arbeitern gesehen. Sie waren auf der Suche nach einer verstopften Rohrleitung. Bevor sie ihn bemerkten, hörte er ihre Stimmen. Er kehrte um, nahm einen anderen Weg. Keiner kannte die Tunnel besser als er.

Der Ausgang am Bahnhof lag versteckt hinter einem unscheinbaren Betonhäuschen. In dem kleinen Gebäude war Signaltechnik untergebracht. Kaum ein Arbeiter wusste, dass sich dahinter eine Treppe verbarg.

Sein Ziel war die Bude des Rangierleiters. Er hatte beobachtet, dass dieser seinen Arbeitsplatz häufig verlassen musste, um seinen Männern Anweisungen zu geben. In dieser Zeit ließ er die kleine Holzhütte offen und unbewacht. Mit Sicherheit würde sich dort etwas Brauchbares finden. Nahrung, vielleicht auch eine neue Taschenlampe.

Geduckt lief er zwischen den Gleisen hindurch. Es gab hier vereinzelt eine schwache Notbeleuchtung. Schemenhaft konnte man abgestellte Züge erkennen. Glaubte er, jemand käme ihm entgegen, kroch er schnell unter einen Waggon. Man musste jedoch aufpassen, denn auf einigen Wagen befanden sich heiße Bleche und Platten.

Dann sah er sie, die Bude des Rangierleiters. Eine kleine Lampe beleuchtete den Eingang, aus einem Fenster schien ein schwacher Lichtschein. Eigentlich galt ja Verdunklung, aber ohne Licht konnte man nun einmal keine Lieferpapiere lesen. Hansen bezog Stellung, nur wenige Meter vom Eingang entfernt.

Er wartete bereits eine halbe Stunde, dann sah er einen Mann mit einer Taschenlampe. Er ging auf die Bude zu, sprach dabei mit sich selbst: „Wie oft schon haben wir das besprochen. Aber nein, immer die gleiche Scheiße. Wie soll ich ohne die Blechnummer kontrollieren, ob alles richtig verladen wurde?" Er klopfte kurz und kräftig einmal an die Tür, dann trat er ein.

Aus dem Inneren vernahm Hansen laute Stimmen. Scheinbar gab es Streit. Schließlich der Moment, auf den er gehofft hatte: Zwei Männer verließen die Bude. Noch immer streitend verschwanden sie im Dunkel zwischen den Zügen.

Er huschte hinüber, öffnete die Tür. Auf einem kleinen Tisch lag ein Stapel Papiere, auf dem Boden ein Stoffbeutel. Er ergriff den Beutel, blickte hinein: mehrere Äpfel, in Papier eingeschlagene Stullen. Dazu ein schweres, verschlossenes Einmachglas. Auf dem Tisch eine Zeitung, er stopfte sie in den Beutel. Hastig zog er sich zurück in die Dunkelheit.

Gerade noch rechtzeitig. Der Rangierleiter kam zurück. Hansen war bereits auf dem Rückweg, da hörte er, wie jemand in der Bude fluchte: „Verdammte Inzucht, ist es denn möglich? So eine elendige Sauerei!" Das Gefluche ging weiter, Hansen eilte zurück zur Kellertreppe. Unten angekommen, prüfte er die Ausbeute: drei Äpfel, genauso viele Stullen. In dem Glas ein Kompott, er glaubte Kirschen zu erkennen.

Ein guter Abend. Er würde zurückkehren zu seinem Versteck. Er musste langsam in einen anderen Raum umziehen. Der Gestank und das Ungeziefer, sie waren unerträglich. Heute Nacht wäre dafür vielleicht ein guter Zeitpunkt. Auf dem Weg dahin würde er noch in der Halle vorbeisehen, wo sie die Ersatzteile lagerten. Hier gab es oft Putzlumpen und Altpapier. Den Hammer in der rechten, den Beutel in der linken Hand, so schlich er durch die Kellerwelt.

♦

Der Wagen hielt vor der Hauptverwaltung. Der Fahrer öffnete Jarek höflich die Tür: „Ich werde mir erlauben, Sie zu begleiten. Sonst bekommen Sie womöglich Probleme mit dem Wachpersonal."

Jarek und der Fahrer eilten durch die Halle, stiegen gemeinsam in den Paternoster. Der Fahrer sah auf den Boden. Er schwieg. Jarek blickte auf seine Uhr: exakt acht Uhr fünfzehn. Es war genau fünf Tage her, dass Schöppke ihn in diesem Paternoster auf das Gespräch vorbereitet hatte.

Es hatte sich viel geändert in diesen fünf Tagen. Jarek hatte hinter die Kulisse des Stahlwerks geblickt. Er hatte die Kriegsgewinnler entdeckt, das Scheinwerk. Und: Er hatte das Muster gefunden, schließlich auch den Mörder. Schöppke hatte von Kessel täglich Bericht erstattet. Und ihm gestern und heute nicht die Wahrheit mitgeteilt.

Er erinnerte sich an die Verabschiedung vor fünf Tagen: „Wenn es zwingend notwendig ist, dann werden wir uns noch einmal treffen", so von Kessel damals. Was war geschehen? Warum ließ von Kessel ihn jetzt holen? Hatte er Schöppkes Lügen durchschaut?

Sie stiegen aus, schritten gemeinsam durch den langen Gang. Die große Holztür, noch weit entfernt, öffnete sich. Eine Frau trat heraus. Sie war schwarz gekleidet, kam ihnen entgegen. Jarek erkannte Frau Konrady, die Dame vom Personalbüro. Auch sie erkannte Kruppa im Vorbeigehen, nickte ihm wortlos zur Begrüßung zu. Was tat sie so spät noch bei von Kessel? War sie eine Vertraute? Oder waren es private Gründe?

Sie erreichten die Tür. Der dort postierte Wachmann klopfte an, steckte den Kopf hinein: „Herr Doktor, Ihr Besuch ist eingetroffen." Er drehte sich um, zeigte auf Jarek: „Sie können eintreten."

Es war wie ein Déjà-vu: der große Raum, das Licht, das Kaminfeuer und von Kessel, der hinter seinem Schreibtisch saß. Jarek blieb an der Tür stehen, wartete, dass von Kessel ihn dort abholte. Doch der ließ sich Zeit. Scheinbar unterschrieb er im Akkord diverse Schriftstücke. Jarek musste warten.

Dann erhob er sich, kam langsam auf Jarek zu. Er lächelte freundlich, deutete auf den Besprechungstisch. „Guten Abend, Herr Kruppa. Schön, Sie wiederzusehen. Bitte, nehmen Sie Platz." Wie erwartet, verzichtete er auf den Handschlag zur Begrüßung.

Die Männer saßen sich gegenüber. Von Kessel musterte Jarek, wie schon bei ihrer ersten Begegnung: „Gut sehen Sie aus, Herr Kruppa, sehr gut. Bisschen Farbe im Gesicht, bisschen zugelegt, frisch rasiert. Auch der Anzug steht Ihnen ausgezeichnet."

Jarek erlaubte sich eine Spitze: „Ja, da sehen Sie mal, wie ein paar Tage Urlaub von der Lagerhaft sich auswirken. Man ist da gleich wie ausgewechselt." Von Kessel neigte anerkennend den Kopf: „Oh, wie ich seh hat sich auch Ihr Selbstbewusstsein gut erholt. Und scheinbar sind Sie zu viel mit Schöppke zusammen. Sein zweifelhafter Humor, der färbt schnell auf einen ab."

Er deutete auf die Mitte des Tisches, wo diverse Flaschen und Gläser standen: „Darf ich Ihnen heute etwas zu trinken anbieten?" Jarek lehnte dankend ab. Von Kessel zog einen großen, bernsteinfarbenen Aschenbecher zu sich heran, zündete sich eine Zigarette an. „Wie laufen denn Ihre Ermittlungen so, Herr Kruppa? Kommen Sie voran?" Er lächelte charmant, als ob es bei seiner Frage um etwas Belangloses gehen würde und nicht um Mord.

Jarek war sich sicher, dass das eine Falle war. Natürlich hatte von Kessel bereits mit Schöppke gesprochen. Er wollte sehen, ob sich Jareks Angaben und der Bericht von Schöppke deckten. Jarek antwortete zunächst ausweichend: „Wir kommen gut voran. Heute haben wir eine entscheidende Entdeckung gemacht. Ich denke, wir sind dem Täter auf der Spur."

Von Kessel legte seine Zigarette im Aschenbecher ab. Er stützte die Ellenbogen auf den Tisch, verschränkte seine Hände. Er sah Jarek ernst an, seine Stimme hatte nichts Freundliches mehr: „Schöppke hat mich dreimal in zwei Tagen belogen. Für mich bedeutet das: Entweder, Sie kennen den Täter, oder aber, Sie tappen total im Dunkeln. Helfen Sie mir bitte, Herr Kruppa."

Bereits während der Fahrt hatte Jarek sich überlegt, was er von Kessel sagen konnte. Er wollte seinen Freund Paul Schöppke nicht unnötig belasten. Dass Schöppke für ihn lügen musste, gefiel ihm nicht. Letztendlich würde von Kessel die Wahrheit doch erfahren.

„Ich denke, wir kennen den Täter. Sie kennen ihn übrigens auch. Es ist Doktor Carl Hansen. Der Gefangene, den Sie seit geraumer Zeit vermissen."

Es war interessant, wie von Kessel reagierte: Der Satz traf ihn wie ein Peitschenschlag. Seine Augen zuckten, er schüttelte kurz den Kopf, als wäre er eben erst erwacht. In seiner Stimme lag mehr als nur ein Erstaunen. Es war Entsetzen: „Was? Was erzählen Sie da? Hansen? Unmöglich! Der ist doch tot! Seit Monaten tot!" Eine Erregung erfasste ihn, er sprang auf. Wütend blickte er auf Jarek hinab, die Hände zu Fäusten geballt.

Jetzt war es Jarek, der ihn charmant anlächelte: „Ja, das hat Schöppke auch gedacht. Bei der Flucht angeschossen, irgendwo im Werk verblutet. Aber Sie wissen doch: Totgesagte leben meistens länger. Ich bin mir sicher: Hansen ist unser Mann."

Von Kessel war sichtlich geschockt, alle Farbe aus seinem Gesicht gewichen. Er griff zu den Flaschen, schenkte sich einen Cognac ein. Nachdem er einen großen Schluck zu sich genommen hatte, setzte er sich wieder zu Jarek. Er nahm einen tiefen Zug von seiner Zigarette, blies langsam durch die Nasenlöcher aus: „Na, dann los, Kruppa. Erzählen Sie mir die ganze Geschichte. Und wenn ich bitten darf: ohne Lügen."

Jarek erzählte. Er beschrieb die Ermittlungen und wie er das Muster gefunden hat. Er berichtete von seiner nächtlichen Begegnung an der Waschkaue, dem Aussätzigen, der wie ein Obdachloser stank. Von seinem Verdacht gegen Hans Karbe und wie sie hier enttäuscht wurden. Er erläuterte von Kessel, wie er und Schöppke sich den Werdegang Hansens vorstellten: vom Dieb, der hungernd in den Kellern des Stahlwerks lebte, bis hin zum Raubmörder.

Von Kessel hörte ihm zu, unterbrach ihn nicht ein einziges Mal. Als Jarek fertig war, nickte er anerkennend, salutierte mit seinem Cognacglas: „Gratulation, Kruppa, ich bin beeindruckt. Ich ahnte, dass Sie das Scheinwerk finden. Und mir war klar, dass einem Profi wie Ihnen auch andere Dinge auffallen würden. Aber mit Hansen habe ich nun überhaupt nicht gerechnet." Er trank das Glas aus, stellte es unangenehm laut auf den Tisch. „Jetzt wird mir auch klar, warum Schöppke gelogen hat. Hat er es Ihnen erzählt?"

„Sie wissen doch, dass Schöppke kein guter Lügner ist. Und ohne die Wahrheit wäre es noch schwerer, Hansen zu finden. Ja, er hat mir alles erzählt." Jarek nahm die Sodaflasche, schenkte sich ein Glas ein. Von Kessel blickte wortlos in das Kaminfeuer. Beide Männer schwiegen. Nach einiger Zeit drehte sich von Kessel zu Jarek: „Wie wollen Sie Hansen finden? Haben Sie einen Plan?"

Jarek schüttelte den Kopf. „Nein, nicht wirklich. Und wenn ich ehrlich bin, denke ich, dass wir den nächsten und auch den übernächsten Mord nicht verhindern können. Hansen lebt dort unten seit achtzehn Monaten, er kennt jeden Tunnel, jeden Gang. Wir brauchen Glück und Geduld."

Im Kaminfeuer platzte ein Holzscheit. Es knackte laut, Funken flogen aus dem Kamin. „Herr Kruppa, was wir nicht haben, ist Zeit. Was, wenn wir eine Hundertschaft Soldaten anfordern? Ich lasse das ganze Kellersystem durchsuchen! Können wir ihn da unten nicht ausräuchern?" Jarek lachte: „Ha! Wissen Sie, wie groß die Kellerwelt ist? Es sind Hunderte Kilometer Tunnel. Es gibt noch nicht mal eine Karte, auf der alle Ein- und Ausgänge verzeichnet sind. Nein, ich und Schöppke gehen morgen runter und schauen uns da erst mal um."

Von Kessel stand auf, ging zum Kamin, legte Holz nach. „Was erhoffen Sie sich, Kruppa? Nach was wollen Sie suchen? Wenn das System so groß ist, wie wollen Sie ihn aufspüren?" Er kehrte zurück an den Tisch, setzte sich. Fragend blickte er zu Jarek hinüber.

Der tauchte zwei Finger in sein Wasserglas, zeichnete dann mit seinen nassen Fingern eine Schlangenlinie auf den Tisch:

„Wenn er dort unten lebt, dann gibt es Spuren von ihm. Er wird dort irgendwo so etwas wie eine Toilette haben. Er wird irgendwo seinen Müll abladen. Es wird Zugänge geben, die er bevorzugt. In anderthalb Jahren wird er mehrere Verstecke genutzt haben."

Von Kessel schien nicht überzeugt. Aber Jarek war noch nicht fertig: „Und er wird weiter morden. Der nächste Tote, der wird uns in seine Nähe bringen. Bisher habe ich nur nach Aktenlage ermittelt. So traurig es ist: In den nächsten Stunden werde ich einen frischen Tatort besuchen. Dann habe ich die Möglichkeit, mich an seine Fersen zu heften."

Sie saßen bereits seit über einer Stunde zusammen. Von Kessel blickte auf seine Uhr, er antwortete müde: „Das leuchtet ein. Die Spuren eines Mörders findet man am ehesten dort, wo er mordet. Nur leider wird das Rüstungsministerium von Ihrer Theorie nicht begeistert sein. Herr Kruppa, wir müssen Hansen finden, bevor er wieder mordet." Er sah Jarek an, dann erhob er sich. Jarek ging davon aus, dass die Besprechung damit beendet war.

Sie gingen gemeinsam zu Tür: „Herr Doktor von Kessel, ich halte es für ausgeschlossen, Hansen vor dem nächsten Mord zu fassen. Denken Sie an Ihre eigenen Worte: Ich kann den Mörder nicht herbeizaubern." Von Kessel öffnete ihm die Tür: „Aber Sie müssen es versuchen."

♦

Der Fahrer brachte Jarek zurück zur Hochstraße. Hier setzte er sich noch einmal vor die Karte des Stahlwerks und dachte nach.

Er hatte Hansen mit einer Spinne verglichen. Es gab Spinnen, die saßen versteckt am Rand des Netzes. Hier warteten sie auf ihre Opfer. Und es gab Spinnen, die warteten in der Mitte des Netzes. Hansen konnte es sich nicht erlauben, sein Versteck an den Rand des Werks zu setzen, denn das Werk war riesig. An Hansens Stelle würde er sein Versteck in die Mitte setzen und sich von hier aus sternförmig ausbreiten. Die Mitte des Spinnennetzes, da würden sie morgen suchen.

Jarek zog sich aus, löschte das Licht. Er grübelte noch lange, ob es klug gewesen war, von Kessel die Wahrheit zu sagen. Hatte er sein eigenes Todesurteil ausgesprochen, als er den Namen Hansen nannte? Wie würde sich von Kessel verhalten? Würde er, zusammen mit Schreiter, Jarek endgültig zum Schweigen bringen?

Schließlich schlief Jarek ein. Wie so oft in Mordermittlungen, begleiteten ihn Opfer und Mörder bis in die Träume. Er träumte von Henrietta Ackermann, wie sie ihn hinter dem Toilettenhaus befriedigte. Er träumte von der Zisterne. Sie war leer, er stand am Grund, die Leiter viele Meter über ihm. Er träumte von Schöppke, der schreiend in die Tiefe stürzte. Er träumte vom Aussätzigen. Er hatte eine Glocke in der Hand, klingelte damit. Er klingelte. Er klingelte. Es klingelte. Jarek erwachte. Das Telefon klingelte. Er hob ab, meldete sich. Es war Schöppke: „Mord, Jarek, Mord!"

Tag 5

Der Tatort lag im Ersatzteillager, nicht weit weg vom Bahnhof. Artur Burgdorf, die Lederhand, hatte ihn mit einem klapprigen Citroën abgeholt.

Schöppke wartete auf ihn vor der Halle. Er sah reichlich verschlafen und verkatert aus. Seine Augenringe waren noch dunkler als sonst, die Augen glasig und rot. Unter der Jacke trug er noch immer seinen Pyjama, an seinen Füßen ein Paar alte, abgewetzte Pantoffeln. Die Kollegen hatten ihn kurz nach eins zu Hause rausgeklingelt. Jarek hatte ihm eingeschärft, dass sie beim nächsten Toten vor der Polizei am Tatort sein mussten.

In der Halle selbst standen etliche große Regale. Sie waren befüllt mit Kisten und Kartons. Daneben sah Jarek jedoch auch Teile, wie sie in den Maschinen und Anlagen des Werks verwendet wurden. Dazu zählten vor allem Zahnräder, Walzen und Kugellager. In einem Regal standen ausschließlich Fässer und Kanister. In einem anderen lagerten große Spulen, auf denen Stahlseile aufgewickelt waren. Neben einem der Regale lagen tonnenschwere, rostige Ketten.

Auf dem Weg vom Eingangstor zum Tatort konnte Jarek auch Regale sehen, in denen Werkzeug lagerte. Dazu Presslufthämmer, Gasflaschen, Schläuche, Förderbänder aus Gummi, aufgerollt zu dicken Walzen. Das Lager beinhaltete Hunderttausende Verschleiß- und Ersatzteile. Alles, was bei einem Defekt sofort ersetzt werden musste, wurde hier bevorratet.

Sie hetzten durch die Halle, die durch Lampen an den Wänden und an den Regalen gut beleuchtet war. Schöppke, der Jarek hinterherlief, erklärte: „Es hat Willi Pape erwischt. Er war hier Vorarbeiter, etwas über fuffzig. In der Halle lagert allerlei teures Zeug, welches schnell mal Beine bekommt. Die Halle ist daher nachts immer verschlossen. Wer was braucht, der muss am Tor klopfen." Das schnelle Tempo war nichts für Schöppke, er kam außer Atem. Er hechelte: „Kleinteile und richtig teures Material, die lagern im Käfig. Da hat der Pape auch seinen Schreibtisch. Da drüben, da siehst du ihn schon."

Der Tisch, an dem der Tote saß, stand im Inneren eines großen Gitterkäfigs. Der Käfig hatte eine Seitenlänge von etwa fünf mal fünf Meter. Im Käfig standen mehrere hohe Regale. Auch in ihnen lagerten diverse Kisten und Kartons.

Der Mann saß aufrecht an einem kleinen Schreibtisch. Sein voluminöser Oberkörper war eingeklemmt zwischen Stuhllehne und Tischplatte. Er hatte den Stuhl ganz nach vorn an den Tisch herangezogen. Ein alter, grauer Arbeitsanzug spannte an Schultern und Bauch. Ein verschrammter Helm lag rechts auf dem Tisch. Die Arme des Mannes waren dicker als Jareks Oberschenkel, sie hingen schlaff am Körper herab. Sein Kopf war ein Stück nach vorn gesunken. Durch das stattliche Doppelkinn hielt er jedoch den Kopf noch immer nahezu aufrecht.

Man hätte denken können, er wäre am Schreibtisch eingenickt. Wäre da nicht der Hammer gewesen: Er steckte inmitten seines Kopfes. Der Täter hatte von hinten ein einziges Mal zugeschlagen. Der Schlag hatte genau die Kopfmitte des Mannes getroffen. Die flache Seite des Hammers hatte ein sauberes, viereckiges Loch in die Glatze gestanzt. Der Hammer war bis zum Stil eingedrungen. So steckte er nun im Kopf des Mannes. Aus der Wunde trat etwas Blut aus. Es lief in dünnen Linien, fast wie mit einem Pinsel gemalt, an den Seiten und im Gesicht herunter.

Er hatte die Augen und den Mund geöffnet. Der Blick richtete sich starr auf die Tischmitte, aus dem Mund zog sich ein feiner Speichelfaden. Die Augäpfel waren schwarz durch eingedrungenes Blut.

Auf dem Tisch lag eine aufgeschlagene Kladde, in die eingetragen wurde, welche Teile angefordert wurden. Mit einer schönen, deutlichen Handschrift waren Name, Abteilung, Teilenummer, Tag und Uhrzeit vermerkt. Dahinter die Unterschrift der Person, die das entsprechende Teil abgeholt hatte. Außer dem Helm, der Kladde, einem Bleistift und einer Schreibtischlampe befand sich nichts auf dem Tisch.

Jarek näherte sich vorsichtig dem Toten. Er umrundete den Schreibtisch, sah sich den Tatort von allen Seiten an. Er blickte unter den Tisch: Hier stand nichts. Etwas verleitete ihn dazu, am Stil des Hammers zu riechen. Er glaubte, den fauligen Geruch, den er bei Hansen bemerkt hatte, wahrzunehmen. Aber das konnte auch Einbildung sein.

Vor der Halle hatten drei Männer auf sie gewartet. Sie waren ihnen gefolgt, beobachteten von außerhalb des Käfigs, was sich im Inneren abspielte. Jarek verließ den Käfig, winkte die Männer heran. Alle drei wirkten blass. Zwei hatten rote, verweinte Augen. Der jüngste von ihnen machte einen gefassten Eindruck. Jarek sprach ihn an: „Wer hat den Toten entdeckt?" Der Mann zeigte mit dem Daumen auf sich selbst: „Ich war's. Wir waren hinten im Lager unterwegs, haben eine eilige Bestellung zusammengestellt. Da wir einige Teile nicht finden konnten, bin ich zum Willi. Der kennt das Lager wie seine Westentasche. Ich dachte erst, der pennt. Aber dann habe ich den Hammer gesehen."

Er schluckte, blickte ängstlich zur Leiche seines Kollegen. Jarek ging zurück in den Käfig. Er deutete dem Mann an, dass er mitkommen solle. Auch Schöppke folgte ihm. „Was hat denn der Willi gemacht? Wollte der hier in der Kladde etwas notieren?" Er ahnte bereits, was er als Antwort hören würde: „Nein, der Willi hat hier gern seine Pause gemacht. Wir haben unseren Pausenbereich eigentlich da hinten. Aber Willi war beim Essen gern für sich."

Schöppke und Jarek blickten sich kurz an, Schöppke zwinkerte. Jarek legte dem Mann tröstend die Hand auf die Schulter: „Vielen Dank. Gehen Sie mit Ihren Kollegen bitte nach vorn zum Tor. Wir sehen uns hier noch kurz um und kommen dann gleich nach."

Als sie allein im Käfig beieinanderstanden, steckten sie die Köpfe zusammen: „Genau wie du es gesagt hast, Jarek: keine Tasche. Der Hansen hat ihm eine verplättet, ist dann mit der Tasche stiften gegangen. Meinst du, hier gibt es auch einen Kellerzugang?" Jarek blickte sich um: „Da bin ich mir ganz sicher. Und ich bin mir auch hier sicher, dass der Dicke nicht zufällig von Hansen ausgewählt wurde. Der hat garantiert mehr als einen Apfel und eine Stulle dabeigehabt."

Sie gingen an den Rand der Halle. Von hier aus zog sich ein schmaler Weg zum Hallenende. Sie folgten dem Weg. Rechts und links standen diverse in Kisten verpackte Teile. In der hinteren Ecke dann, was Jarek vermutet hatte: eine Art vergitterte Luke. Jarek hob die Luke an, eine Leiter führte nach unten in die Dunkelheit. „Hier ist er rausgekommen. Dann rüber zum Käfig. Und anschließend wieder hier hinunter. Ich bin mir sicher, auch in der Autowerkstatt gibt es so eine Luke." Jarek ließ das Gitter wieder hinunter.

Bevor sie umkehrten, blickte Jarek sich noch einmal um. Es gab auch in dieser Halle Möglichkeiten, sich zu verstecken. Aber bei Weitem nicht so viele, wie in den dunklen Lagerhallen oder in der Autowerkstatt. An der Wand sah Jarek eine Metalltreppe, die nach oben unter die Hallendecke führte. Er schüttelte den Kopf: „Komm Paul, lass uns nach vorn gehen. Du kannst jetzt die Polizei rufen. Erzähl denen aber nichts von unseren Erkenntnissen. Die fuschen uns sonst noch dazwischen."

Während sie zurückgingen, grübelte Jarek. Auch hier hatte Hansen sein Opfer unbemerkt beobachtet. Aber wie? Schöppke weckte ihn aus seinen Gedanken: „Bleibt es dabei, morgen früh bei dir? Und was erzähle ich von Kessel?" Jarek fiel ein, dass Schöppke ja noch nichts von seinem gestrigen Treffen mit von Kessel wusste. Er setzte ihn ins Bild. Schöppke wurde blass: „Oha, er hat's gemerkt. Na, wenn das keinen Ärger gibt. Ich werde ihn morgen früh um sieben anrufen und ihm die frohe Kunde berichten. Du weißt ja, was dem Überbringer schlechter Nachrichten droht."

Jarek beruhigte seinen Freud: „Erinnere ihn daran, was ich ihm gesagt habe: Die Spuren eines Mörders findet man am ehesten dort, wo er mordet. Wir werden morgen hier in die Kellerwelt abtauchen und nach Hansen suchen. Ich werde von Kessel anschließend anrufen und ihm Bericht erstatten."

Die Lederhand fuhr ihn zurück zur Hochstraße. Unterwegs dachte Jarek an den Hammer, der im Kopf von Willi Pape steckte. Er hatte eine Idee. Er würde sie morgen mit von Kessel und Schöppke besprechen.

♦

Der Tag war grau und regnerisch, neblig. Es war kurz vor acht, noch immer herrschte draußen Dunkelheit. Jarek hatte sich bereits in der Kantine versorgt, seine Tasche gepackt. Heute hatte er sich den blauen Arbeitsanzug angezogen. Wie erwartet, war er an Armen und Beinen etwas zu lang, er krempelte ihn um.

Er studierte gerade die Karte, als er hörte, wie sich hinter ihm die Tür öffnete. Schöppke trat wortlos herein. „Na Paul, heute bist du es aber, der reichlich bescheiden aussieht", begrüßte er seinen Freund. Schöppke sah tatsächlich schrecklich aus. Seine Augen verquollen, das Gesicht aufgedunsen. Die Lippen blass, auf seiner Stirn zeigte sich ein leichter Schweißfilm.

Bekleidet war er mit einem einteiligen, grauen Arbeitsanzug. An den Füßen hatte er schwere Lederstiefel. Er hatte einen Helm dabei, über seiner Schulter hing eine prall gefüllte braune

Arbeitstasche, ähnlich der von Jarek. In der rechten Hand hielt er eine kurze Brechstange.

Müde und langsam kam er zum Schreibtisch, wo er sich mürrisch hinsetzte. Er lehnte sich zurück, atmete tief ein: „Seit gestern Nacht habe ich auch kein Auge mehr zugemacht. Und auch davor war die Nacht ja nicht gerade lang. Habe vielleicht zwei Stunden geschlafen."

Er legte die Brechstange auf den Tisch, dann rieb er sich die Augen. Jarek machte sich Sorgen. Es würde ein harter und vielleicht auch gefährlicher Tag werden, da unten im Keller. War Schöppke dem gewachsen? Ohne, dass er ihn bitten musste, fasste Schöppke zusammen, was letzte Nacht noch alles passiert ist: „Nachdem du abgehauen bist, habe ich die Polente verständigt. Hat schon mal eine Stunde gedauert, bis die da waren. Die haben dann das übliche Prozedere veranstaltet: zwei Fotos, ein paar Fragen, das war's. Dann haben sie den Toten und den Hammer eingesackt, auf Wiedersehen."

Er stand auf, ging in die Toilette, wo er sich etwas kaltes Wasser ins Gesicht spritzte. Ohne sich abzutrocknen, kam er zurück. Er kramte ein Zigarrenetui aus seiner Jackentasche, dazu ein Feuerzeug. Nach kurzer Überlegung legte er beides auf den Tisch. Er fuhr fort:

„Ich habe mir dann die drei Kollegen vom Willi Pape vorgeknöpft. Ich habe denen erklärt, dass der Tod ein bedauerlicher Arbeitsunfall war: Aus einem Regal ist ihm ein Zahnrad auf den Kopf gefallen. Fertig. So wird es auch die Polizei der Frau vom Pape mitteilen." Wasser lief ihm von der Stirn in die Augen. Er wischte sich mit dem Ärmel über das Gesicht.

„Außerdem habe ich den Männern mitgeteilt, dass sie ab sofort zwei Tage Sonderurlaub bekommen. Und dass der Mord an Pape Geheimsache ist. Wenn nur einer von ihnen plaudert, kommen sie alle drei wegen Wehrkraftzersetzung vor ein Kriegsgericht."

Jarek unterbrach ihn: „Glaubst du, dass sie tatsächlich den Mund halten?" Schöppke schüttelte den Kopf: „Nee, in ein paar Tagen wird sich das schon rumsprechen. Aber nur ganz vorsichtig, unter der Hand. Jeder weiß, was Wehrkraftzersetzung bedeutet. Und so ein Arbeitsunfall, der kommt ja schon mal vor. Es ist ja erst vor ein paar Wochen ein Kranführer abgestürzt."

Er sammelte sich kurz, erzählte dann weiter. „Wir haben dann noch ein bisschen aufgeräumt. Anschließend habe ich den Vorarbeiter von der Frühschicht holen lassen und eingewiesen. Um fünf war ich zu Hause. Da habe ich mich umgezogen und ausgerüstet. Um sechs war ich schon wieder im Büro."

Jareks Thermoskanne stand auf dem Tisch. Sie enthielt zwar nur Ersatzkaffe, dennoch schenkte er Schöppke und sich einen Becher ein. Sie tranken etwas, Schöppke fuhr fort: „Was dann passiert ist, das ist einfach unglaublich. Hör zu: Ich sitze im Büro, die Tür ist offen. Ich bereite mich geistig auf das Gespräch mit von Kessel vor. Da kommt ein Lkw-Fahrer rein und geht nach vorn, zum Tresen vom Kruck." Er sah jetzt Jarek an, grinste dabei.

„Der Fahrer schnauzt den Kruck an: Warum das hier immer so lange dauert, warum wir so faul sind und so'n Scheiß. Weißt du, was Kruck ihm antwortet?" Er äffte nun Krucks Stimme nach, was ihm erstaunlich gut gelang: „Wenn Ihnen das Tempo der Abfertigung nicht zusagt, dann können Sie gleich mit unserem neuen Kollegen Herrn Kruppa sprechen. Der hilft Ihnen sicher gern."

Schöppke räusperte sich, fuhr dann mit normaler Stimme fort: „Der Fahrer stottert: Nee, lass mal, ist schon in Ordnung. Ich warte gern." Er lachte, schlug sich auf den Schenkel: „Scheinbar hat sich dein Name herumgesprochen. Für Kruck bist du jedenfalls ein Held."

Das Ganze war Jarek peinlich. Und dass sein Name in diesem Zusammenhang im Umlauf war, das war ebenfalls unangenehm. Schöppke wurde wieder ernst: „Um sieben habe ich dann von Kessel angerufen. Der wusste es schon. Ich denke mal, die Polizei hat ihn wohl verständigt. Er lässt ausrichten, er erwartet deinen Anruf heute Abend. Merk dir mal die Nummer: Es ist die 1212.“ Jarek notierte sich die Nummer in seinem Notizblock.

„Wie geht es jetzt weiter, Kruppa?“, wollte Schöppke wissen. Jarek stand auf, ging zur Karte: „Der Hansen, der haust unter dem Stahlwerk im Keller. Das Werk ist zwar riesig, aber es macht für ihn keinen Sinn, sich irgendwo in den Außenbereichen zu verstecken. Wenn ich Hansen wäre, dann würde ich ein Versteck hier irgendwo in der Mitte wählen. Schön zentral. Von dort aus könnte ich bequem meine Raubzüge planen.“

Er setzte sich auf den Schreibtisch, zog seine Tasche zu sich heran. „Wir machen uns jetzt fertig, dann steigen wir drüben im Ersatzteillager in die Kellerwelt ein. Hast du deine Taschenlampe und alles, was du sonst brauchst?“ Schöppke nahm das Brecheisen vom Tisch, winkte damit: „Es kann losgehen.“

Sie standen über der geöffneten Gitterluke. Schöppke, der die größere Taschenlampe hatte, leuchtete nach unten: Ein Schacht, ein Meter im Quadrat, an seinen Wänden bröckelte der Putz ab. Dahinter kamen Ziegel zum Vorschein. An einer Seite eine rostige Leiter aus Metall. Von unten stieg ihnen warme, muffige Luft entgegen.

Sie beschlossen, dass Schöppke zuerst gehen würde. Er befestigte seine Lampe mit einem Lederriemen am Gürtel. Sein Brecheisen steckte er in die Umhängetasche. Es ragte ein Stück heraus. Jarek hatte es einfacher. Seine Lampe verfügte über eine Spange, mit der man die Lampe am Knopf der Brusttasche befestigen konnte.

Schöppke kletterte vorsichtig in den Schacht. Jarek hielt ihn fest, bis seine Beine sicher auf der Leiter standen. Die Sache war nicht ohne: Ein Sturz in den Schacht war von hier oben aus sicher tödlich. Schöppke war anzusehen, dass ihm die Angelegenheit nicht geheuer war. Er atmete schwer, seine Augen waren angstvoll geöffnet. Langsam sah Jarek seinen Freund nach unten steigen.

Er gab ihm etwas Vorsprung. Zusammen wogen die Männer rund zweihundert Kilo. Die Leiter machte nicht den stabilsten Eindruck. Gut möglich, dass die Bolzen, die sie in der Wand hielten, für so viel Gewicht zu schwach waren.

Jarek stieg hinterher. Er zählte die Sprossen: Es waren bis nach unten dreiundsechzig Stück. Bei einem Abstand von geschätzt dreißig Zentimetern war der Schacht somit fast zwanzig Meter tief. Das war enorm, dachte Jarek. Und viel tiefer als die Treppe zu den Tunneln, die er gestern heruntergestiegen war. Sie mussten sich folglich unterhalb der Tunnel befinden.

Unten angekommen, erwartete ihn Schöppke. Seine Beine zitterten etwas, wohl von der ungewohnten Anstrengung. Er hatte seine Lampe vom Gürtel gelöst, leuchtete Jarek. Sie blickten sich um. Sie befanden sich in einem großen Abwasserschacht. Der Schacht war tonnenförmig, an seiner höchsten Stelle gut vier Meter hoch. An beiden Seiten befand sich ein gepflasterter Weg, einen Meter breit. Dazwischen lag ein zwei Meter breiter Abwasserkanal. Das Wasser war schlammig, graubraun. Es floss langsam, etwas Nebel lag auf der Oberfläche. Leise hörte man es plätschern, hier und da fielen Wassertropfen von der Decke herab.

„Leuchte mal da rüber", flüsterte Jarek. Sie hatten vereinbart, dass sie sich in der Kellerwelt so leise wie nur irgend möglich bewegen würden.

Schöppke leuchtete in den Kanal hinein: Das Licht wurde von der Dunkelheit verschluckt. Der Kanal war augenscheinlich sehr lang, er verlief zu beiden Seiten geradeaus. Mit seiner eigenen Lampe suchte Jarek auf dem Boden nach Spuren. Aber es war nichts zu sehen.

„Los, erst mal da lang", gab Jarek die Richtung vor. Langsam und leise gingen sie den Kanal entlang. Das Wasser roch nicht nach Fäkalien, eher nach Öl und Rauch. Er vermutete, dass es überwiegend Kühlwasser aus den Walzwerken war. Das würde auch die Wärme hier unten erklären.

Nach einigen Minuten erreichten sie eine Leiter, gleich der, durch die sie soeben herabgestiegen waren. Schöppke leuchtet hinauf: „Die geht wahrscheinlich in die Halle neben an. Ich wusste nicht, dass so viele Hallen an die Kellerwelt angeschlossen sind."

Beide Männer hatten Schweiß im Gesicht. Es war unangenehm schwül. Schöppke atmete schwer, und auch Jarek fühlte sich nicht wohl. Aber sie mussten weiter.

Leise hallten ihre Schritte durch den Schacht. Plötzlich bewegte sich etwas im Wasser neben ihnen. Jarek erschrak, er leuchtete hinüber: Mehrere Ratten schwammen durch den Kanal. Auf der anderen Seite angekommen, kletterten sie ans Ufer, wo sie sich das Wasser aus dem Pelz schüttelten. Schöppke pfiff leise durch die Zähne: „Mann, sind die groß. Was fressen die hier unten?" Jarek antwortete knapp: „Wahrscheinlich andere, kleinere Ratten."

Schließlich erreichten sie einen Steg aus dicken Holzbohlen, der über den Kanal führte. Auf der anderen Seite befand sich eine verrostete Metalltür. Die Männer gingen getrennt über den Steg, Jarek horchte an der Tür. Nichts. Er öffnete sie vorsichtig. Sie sahen auf eine steile Treppe, die nach oben führte. Der Schacht war schwach beleuchtete, alle paar Meter war eine Lampe angebracht. Sie schalteten ihre eigenen Lampen aus, stiegen die Treppe hinauf.

♦

Hansen hatte gestern einen guten Tag gehabt. Erst der Lkw-Fahrer, dann die Bude vom Rangierer. Der Dicke hätte nicht mehr sein müssen. Er wollte eigentlich nur einen Sack Putzlumpen mitnehmen. Aber als er die Männer in der Halle beobachtete, sah er, dass beim Dicken reichlich was zu holen war. Er änderte spontan seine Pläne. Er versteckte sich in der Nähe des Käfigs. Als der Dicke sich zur Pause hinsetzte, war er bereit.

Jetzt lag er in seinem Raum. Der Umzug konnte warten. Morgen oder übermorgen würde er sich um alles kümmern. Er brauchte auch frische Kleidung, eine neue Lampe. Momentan besaß er nur ein Benzinfeuerzeug, und dies war schon fast leer. Er wusste, wo er alles bekommen würde. Er hatte da schon jemanden im Auge. In der Brennhalle.

♦

Am Ende der Treppe wartete ein Gang auf sie. Die Wände aus Beton, man konnte noch die Abdrücke der Holzverschalung erkennen. Es sah fast aus, als wären versteinerte Holzbohlen an den Wänden. Der Gang stieg leicht an, alle zwanzig Meter gab es eine Stufe. Es gab keine Rohre in dem Gang. Einige dünne Stromkabel hingen unter der Decke, dazu eine schwache Beleuchtung aus nackten Glühbirnen. Vereinzelt tropfte Wasser von der Decke herab.

„Was hast du genau vor, Jarek? Einfach draufloslaufen scheint mir nicht sehr vielversprechend zu sein." Jarek zog seine selbst gezeichnete Karte heraus: „Wenn mich nicht alles täuscht, müssten wir uns in etwa hier befinden." Er zeigte mit seinem Stift auf den Bahnhof. „Wir gehen jetzt eine Stunde möglichst geradeaus in diese Richtung, also Norden. Dabei kontrollieren wir alle Türen und Räume." Er blickte auf seine Uhr, es war kurz vor neun. „Dann biegen wir links ab, das Spiel wiederholt sich. Nach einer weiteren Stunde geht es wieder nach links und dann noch einmal. Wir versuchen also, ein Viereck abzusuchen, welches hier unter der Mitte des Stahlwerks liegt."

Schöppke blickte auf die Karte, er versuchte, sich zu orientieren. Dabei musste er den Kopf leicht einziehen. Der Gang war etwas zu niedrig, um darin aufrecht stehen zu können. „Tollen Spaziergang hast du dir da ausgedacht. Frische Luft, schöne Aussicht, und auch sehr gesund für meinen Rücken. Los, du gehst vor."

Die Männer prüften zunächst ihre Ausrüstung. Jarek steckte sich den Dolch griffbereit vorn in die Hose, die Klinge bereits leicht aus der Scheide gezogen. Schöppke hatte das Brecheisen in der Hand. Leise machten sie sich auf die Suche nach Carl Hansen.

Nach etwa einer Viertelstunde erreichten sie die erste Kreuzung. Der Gang, der den ihren kreuzte, war stockdunkel. Sie leuchteten hinein, entschieden sich daraufhin, ihn nicht weiter zu untersuchen. Es roch extrem feucht, modrig. Am Boden hatten sich große Wasserlachen gebildet. Die Wände waren mit Moos überzogen. Weder am Moos noch im Schlamm der Pfützen konnten sie irgendwelche Spuren erkennen. Sie gingen weiter.

Sie erreichten eine weitere Kreuzung, die jedoch eine Besonderheit aufwies: Ein schwerer Gitterrost lag hier auf dem Boden. Er hatte die Breite des Ganges und war in etwa zwei Meter lang. Vorsichtig prüfte Jarek mit dem Fuß die Festigkeit. Er ging hinüber. Schöppke folgte ihm, er blieb jedoch in der Mitte stehen. Geräuschvoll zog er Schleim den Rachen hoch, spuckte dann durch das Gitter: „Einundzwanzig, zweiundzwanzig, dreiundzwanzig." Leise hörte man, wie die Spucke unten aufschlug. „Rechne mal damit, dass es hier mindestens zehn Meter runtergeht. Der Schacht, das ist wahrscheinlich ne Gasfalle."

Er sah, dass Jarek ihn fragend anblickte: „Hier unten können sich gefährliche Gase bilden oder sammeln. Teilweise sind das schwere Gase aus den Hallen, aber auch die Rohre hier unten können Undichtigkeiten aufweisen. Hier an der Gasfalle können die dann absinken und sich unten im Kanal breitmachen." Er zeigte drohend mit dem Finger auf Jarek: „Da sollten wir dran denken, wenn wir noch mal da runtersteigen. Die Luft kann dort unten sehr giftig sein."

Sie setzten ihren Weg fort, bis sie die erste Tür entdeckten. Sie befand sich an der rechten Seite. Jarek horchte zunächst an der Tür, aber da war nur Stille. Die Männer sahen sich an. Sie hatten besprochen, dass Schöppke die Tür möglichst ruckartig öffnen würde. Er sollte dann mit seiner starken Lampe in den Raum hineinleuchten. Jarek stand derweil mit gezogenem Dolch neben der Tür. Würde jemand herauskommen, Schöppke attackieren, konnte Jarek den Angreifer sofort von der Seite her angehen.

Sie schalteten beide ihre Lampen ein und bezogen Position. Jarek stand, mit dem Rücken zur Wand, neben der Tür. Den Dolch in der Rechten, nickte er Schöppke zu. Der drückte die Klinke herunter, riss die Tür auf. Mit einem lauten Quietschen öffnete sie sich. Niemand kam heraus. Schöppke, die Augen weit geöffnet, leuchtete in den Raum: „Da ist niemand", flüsterte er. Jarek blickte hinein. Durch den kleinen Raum hindurch verliefen drei dicke Gasrohre. Sie hatten jeweils einen Durchmesser von einem halben Meter. Drei große Ventilkreuze boten die Möglichkeit, das Gas abzustellen.

Beide hatten die Luft angehalten. Jetzt atmeten sie geräuschvoll aus. „Das Vergnügen werden wir heute wohl noch ein paarmal haben", sagte Jarek. Er schaltete seine Lampe wieder aus, steckte den Dolch ein. „Los jetzt, weiter geht es." So setzten die Männer ihren Weg durch die Kellerwelt fort.

Nach kurzer Zeit veränderte sich der Gang. Er wurde höher und breiter. An der Decke befanden sich verschiedene Rohre, dicke Stromleitungen. Schöppke konnte jetzt, ohne Helm, aufrecht stehen. Sie gingen langsam weiter, als sie ein Geräusch vernahmen: Ein leises Zischen oder Rauschen war zu hören. Es kam näher, wurde lauter. Jarek ahnte, was es war. Schöppke nicht.

Die Augen zusammengekniffen, spähte er in den Gang hinein: „Verdammt, was ist das? Es kommt auf uns zu! Hörst du das?" Jarek nickte wortlos, ging weiter. Das Geräusch kam sehr schnell näher, wurde immer lauter. Schöppke blieb stehen, er blickte jetzt panisch in den Gang: „Verdammt! Jarek, da ist irgendwas. Was zur Hölle ist das?" Dann war das Geräusch da. Laut zischend raste es über sie hinweg. Schöppke duckte sich, er blickte angsterfüllt nach oben. Jarek drehte sich zu ihm um: „Kein Angst, Paul, das ist nur die Rohrpost. In Polen kennt die jedes Kind. Komm schon, vorwärts!" Schöppke blickte ihm wütend hinterher. Mit dem Brecheisen machte er dabei eine drohende Geste.

So vergingen die nächsten anderthalb Stunden. Sie waren bereits einmal links abgebogen. Die Gänge veränderten ihr Aussehen alle zwanzig Minuten. Mal wurden sie schmaler, mal breiter. Es gab gemauerte Tunnel, Gänge aus Beton, sogar ein Teilstück, welches mit rot gestrichenen Metallplatten ausgekleidet war. Irgend etwas sagte Jarek, dass sich dieses Teilstück in der Nähe des E-Werks befand. Der Tunnel hatte auch einen Abzweig, der in diese Richtung wies, aber sie blieben bei ihrem Plan.

Schließlich erreichten sie erneut einen Raum, den es zu überprüfen galt. Jarek horchte an der Tür – nichts. Sie bezogen Position und schalteten ihre Lampen ein. Jarek, den Dolch einsatzbereit, gab das Zeichen.

Schöppke drückte leise die Klinke herunter, dann riss er die Tür auf. Er leuchtete hinein: „Grundgütiger! Was ist das? Ein Kerker? Ein Folterkeller?" Ein fürchterlicher Gestank kroch aus dem Raum. Es roch nach Schweiß, Urin, Kot. Und nach Verwesung. Jarek hielt die Luft an. Vorsichtig beugte er sich um die Tür, leuchtete in den Raum hinein: „Nein Paul, das ist kein Folterkeller. Es ist das Zuhause von unserem Freund. Hier lebt Doktor Carl Hansen."

In der Mitte des Raumes befand sich eine Art Bett, angefertigt aus Lumpen, Altpapier, verdreckter Arbeitskleidung. Um das Lager herum standen diverse Flaschen und Isolierkannen, dazu Becher. Jarek schätzte die Zahl auf über vierzig Behältnisse. Auch einige Brotdosen lagen am Boden, dazwischen fleckiges Butterbrotpapier. Am Kopfende standen auf einem umgedrehten Einmachglas einige heruntergebrannte Kerzenstummel. Daneben lag eine verdreckte, zerknitterte Zeitung: „Abwehrerfolge an allen Brennpunkten!", lautete die Schlagzeile.

Sie sahen sich um. An der hinteren Wand des Raumes standen vier große Behälter. Sie reichten vom Boden bis zur Decke. Jarek nahm an, dass es sich um Tanks handelte. Rechts in der Ecke sah er etwas, das sein Interesse weckte. Er ging hinüber, leuchtete auf den Boden: eine Kugel aus blauer Wolle. Er stieß sie mit dem Fuß an, sie zerfiel. Es zeigte sich, dass es sich um die Überreste mehrerer Ratten handelte, zum Teil bereits skelettiert. Blauer Schimmel hatte sich über den Kadavern ausgebreitet. Er leuchtete in die anderen Ecken, aber da war nichts. Neben der Tür lag ein Holzbalken. Daneben ein verdreckter Eimer, den Hansen wohl für seine Notdurft nutzte.

Jarek ging zur Bettstatt, hob vorsichtig einen der Putzlumpen an. Er ging mit der Lampe nah ran, betrachtete ihn: „Da lebt nichts mehr, keine Flöhe, keine Wanzen. Nichts", flüsterte er. Die Lampe auf die verwesenden Ratten gerichtet: „Die liegen da auch schon ein paar Monate. Den Flaschen nach zu urteilen, hat er hier schätzungsweise drei, vielleicht auch vier Monate gelebt. Aber ich denke, genauso lange ist er auch schon nicht mehr hier." Schöppke war sichtlich blass und geschockt. Er blickte auf das Lager aus Lumpen, die toten Ratten: „Meinst du, er hat die Ratten gegessen?", fragte er mit brüchiger Stimme. Jarek nickte: „Ja, aber wahrscheinlich nicht roh. Er wird sie zuvor irgendwo im Werk auf ein heißes Blech gelegt haben." Schöppke wurde übel.

Auf der Zeitung lag eine kleine Spieluhr aus Metall. Jarek hob sie auf, drehte am Hebel. Die Trommel bewegte sich, eine Melodie erklang: Für Elise, von Ludwig van Beethoven. Er ließ die Musik einige Sekunden spielen, dann steckte er die Spieluhr in seine Jackentasche. Die beiden Männer blickten sich an. Schöppkes Stimme klang brüchig: „Jarek, niemand hat das hier verdient. In diesem Keller leben zu müssen, alleine, tote Ratten essen. Was ist das für ein grausames Schicksal?" Schöppke standen die Tränen in den Augen.

Jarek nahm seinen Freund am Arm, zog ihn aus dem Raum. Auch er war ergriffen. Er biss die Zähne zusammen, blickte grimmig. Er zog Schöppke zu sich heran, seine Stimme klang schneidend: „Aber Paul, die Ackermann, die hat es auch nicht verdient. Der Zelinski, der hat es auch nicht verdient. Und der Wittek, der mit einer Brechstange im Bauch verreckt ist, der hat es auch nicht verdient. Denk an den Bangemann, die arme Sau, der hat es auch nicht verdient." Er ließ seinen Freund los, der immer noch betreten in den Raum hineinblickte.

„Denk auch an die Kinder und die Ehefrauen, die jetzt Waisen und Witwen sind. Denk an die Eltern, die Freunde, die Kollegen. Bei vielen Morden stirbt nicht nur das Opfer. Es sterben auch die Familien. Nur sterben sie nicht sofort. Ihr Tod, der dauert viele Jahre."

Während Schöppke tief durchatmete, sah Jarek auf seine Karte. Sie befanden sich wahrscheinlich irgendwo zwischen E-Werk und Hochstraße. Das passte auch zu den Morden, die in dieser Gegend erfolgt waren. Hansen mochte scheinbar keine langen Fußmärsche. Der letzte Mord war in der Nähe des Bahnhofs geschehen. Hatte er da sein aktuelles Versteck? „Komm Paul, wir müssen weiter."

Sie waren ein weiteres Mal links abgebogen. Schöppke hatte sich wieder gefangen. Schweigsam trottete er hinter Jarek durch die Gänge und Tunnel. Schließlich fanden sie einen weiteren Raum, den sie kontrollierten. Er war, bis auf einen hüfthohen Betonsockel, leer. An der rechten Seite verlief eine Vielzahl von Rohren, dazu einige armstarke Stromkabel. Jarek blickte auf die Uhr. Sie waren seit zweieinhalb Stunden unterwegs. „Los Paul, lass uns hier Pause machen. Der Raum ist ideal. Auf dem Sockel kann man gut sitzen, und Licht gibt es auch."

Die Männer nahmen Platz und packten ihre Taschen aus. Schöppke legte sein Brecheisen dabei an den Rand des Sockels. Schweigsam nahmen sie ihre Brote zu sich. Jarek hatte sich eine Flasche Wasser eingepackt. Schöppke, wie sollte es anders sein, natürlich eine Flasche Bier. Er sah immer noch ergriffen aus. Hansens selbst gewähltes Verließ beschäftigte ihn noch immer. „Hör zu, Paul. Was Hansen widerfahren ist, das ist tatsächlich ein grausames Schicksal. Aber du darfst kein Mitleid mit ihm haben. Hansen hat sich hier unten in ein Monster verwandelt. Und er wird keine Sekunde zögern, dich oder mich zu töten, wenn wir ihn finden. Ist dir das klar?" Schöppke kaute lustlos und müde. Sein Blick war starr nach vorn gerichtet. Er nickte langsam, sah Jarek jedoch nicht an. Er schwieg.

Schließlich beendeten die Männer ihre Pause. Jarek warf noch einen Blick auf seine Karte, dann hängte er sich seine Tasche wieder um. Die Unterbrechung und die Mahlzeit hatten Schöppke scheinbar gutgetan. Er hatte wieder Farbe im Gesicht, die Mattigkeit war verschwunden. Er zwinkerte Jarek zu: „Guwno. Ich habe meine Zigarren, und mein Feuerzeug bei dir im Büro vergessen. Wehe, du paffst mir die heute Abend weg."

Beim Versuch, sich seine Tasche umzuhängen, stieß er gegen die Brechstange. Sie fiel vom Betonsockel und von dort direkt auf ein Metallrohr, welches unten an der Wand entlanglief. Ein lautes, metallisches Geräusch war die Folge. Schöppke hob die Brechstange auf, tippte sich damit an die Stirn: „Führer befiehl, wir folgen. Du gehst vor." Sie setzten ihren Weg auf der Suche nach Carl Hansens Versteck fort.

♦

Hansen lag auf seinem Lager und döste. Er hatte die Zeitung bereits mehrfach gelesen. Sein verwirrter Geist versuchte, sich die Lage im Reich vorzustellen. Er träumte immer noch davon, dass der Krieg endete, er den Keller verlassen konnte. Würden die Nazis den Krieg verlieren, dann würden die Sieger ihn vielleicht begnadigen. Die Abtreibung konnte ihm schließlich nicht bewiesen werden. Aber dann wurde ihm bewusst, dass er keine Gnade zu erwarten hatte. Er war jetzt ein Mörder.

Die Einsamkeit im Keller nagte an seinem Verstand. In den ersten Wochen war es ihm gelungen, sich in Tagträumen in sein altes Leben zurück zu versetzen. Mit geschlossenen Augen lag er dann da, dachte an sein Haus, sein Segelboot, an seine Freundinnen. Er masturbierte, das einzige Vergnügen, das ihm hier unten blieb.

Aber der Hunger und der verdammte Ausschlag zerstörten jedes Verlangen in ihm. Nur einmal, wie er das Mädchen beobachtete, da kehrte es in ihn zurück.

Der Mangel an Sauerstoff konnte ihn in einen Dämmerzustand versetzen. Gelang es ihm einzuschlafen, dann schlief er oft viele Stunden. Noch war er wach, aber er hoffte, dass er gleich hinabsinken und seine trostlose Umgebung vergessen würde.

Plötzlich vernahm er das Geräusch. Er kannte jeden Laut hier unten. Die Rohre, manchmal gluckerte etwas darin. Das Zischen, es wurde lauter, wenn oben viel Gas verbraucht wurde. Aber dieses Geräusch war anders. Es kam nicht von oben. Es war ein metallisches Geräusch. So, als ob jemand mit einem Hammer gegen eines der Rohre geschlagen hätte. Jemand war hier unten. Jemand war im Keller. Jemand suchte nach ihm.

♦

Sie waren erst ein paar Minuten unterwegs, als sie die nächste Kreuzung erreichten. Die Gänge kamen Jarek bekannt vor. Gut möglich, dass er hier bei seiner ersten Exkursion in die Unterwelt bereits entlanggegangen war.

Auch hier blieben sie ihrem Plan treu, nicht vom gewählten Gang abzuweichen. Sie setzten ihren Weg fort. An der nächsten Kreuzung jedoch wiesen die abgehenden Gänge eine Besonderheit auf. Sie waren höher und breiter, schienen neueren Datums zu sein. Schöppke hatte erwähnt, dass das Rüstungsministerium eine Erweiterung der Kellerwelt plante.

Jarek blickte in den linken Gang, der ihren Tunnel kreuzte. Weit hinten im Gang konnte er sehen, dass scheinbar eine Tür offenstand. Das war ungewöhnlich. Er beschloss, dem nachzugehen: „Komm Paul, wir schauen uns die Sache mal an." Schöppke hatte sich zwar wieder gefasst, war aber dennoch sehr wortkarg. Die schlechte Luft machte auch Jarek zu schaffen. Sein Kopf schmerzte, seine Lunge ebenfalls. Es wurde Zeit, dass sie wieder nach oben kamen.

Sie verließen ihren Gang und begaben sich auf den Weg zur offenstehenden Tür. Misstrauisch blickte Jarek sich um, er achtete auf jedes Geräusch. Aber da war nichts. Sie waren scheinbar allein hier unten.

Einige Meter vor der Tür blieben sie stehen. Im Tunnel dahinter herrschte Dunkelheit. Die Deckenbeleuchtung funktionierte nicht. Jarek hatte bereits darauf geachtet. Er sah keinerlei Schalter oder andere Vorrichtungen, mit denen man die Beleuchtung steuern konnte. Der dunkle Gang machte ihn nervös. Er zog seinen Dolch heraus, während sie sich der Tür näherten.

◆

Er hatte gewusst, dass sie ihn irgendwann suchen würden. Er hatte die Arbeiter oben über ihn reden hören. Neuer Fritz Haarmann, so nannten sie ihn. Aber bis jetzt war ihm niemand in die Kellerwelt gefolgt. Keiner wusste, dass er sich hier unten verbarg. Er war vorsichtig, wählte immer unterschiedliche Eingänge. Er hatte bisher schon sechsmal sein Versteck gewechselt. Morgen würde er erneut umziehen.

Als er das leise Geräusch hörte, erfasste ihn Angst. Der Schall wurde sehr gut von den Eisenrohren übertragen. Wer immer sich da annäherte, er war noch weit weg. Ihm blieb noch ausreichend Zeit, sich einen Plan zurechtzulegen.

Bei seinen Verstecken achtete er darauf, dass gute Fluchtwege in der Nähe waren. Und er hatte einige Überraschungen vorbereitet, würde man nach ihm suchen.

Eine offene Tür, da war er sich sicher, würde seine Verfolger neugierig machen. Er hatte einige Räume präpariert. Würde es ihm gelingen, seine Feinde dort hineinzulocken, es wäre ihr Ende.

♦

An der Tür angekommen, leuchteten sie in den dunklen Gang, aber da war nichts zu sehen. Schöppke hatte die Brechstange zum Schlag erhoben, Jarek seinen Dolch in der Hand. Beiden raste das Herz. Jarek gab Schöppke wortlos ein Zeichen, etwas zurückzubleiben. Er würde sich der Tür zunächst alleine nähern. Er versuchte, so lautlos wie möglich zu gehen. Aber unter seinen Sohlen knirschte der Dreck.

Die schwere Metalltür stand etwa einen halben Meter weit offen. Im Inneren des Raumes brannte Licht. Vorsichtig blickte er um die Tür herum durch den Spalt. Eine Lampe war an der Decke montiert. Jemand hatte Zeitungspapier darübergeklebt, das Licht so gedämmt. Der Raum war relativ groß, vielleicht fünfzehn Quadratmeter. Jarek konnte erkennen, dass es eine zweite Tür gab, hinten links an der Wand.

An der Wand selbst befanden sich mehrere, dicke Rohre. Es gab Ventile und Absperrhähne. Jarek schob sich durch den Türspalt, leuchtet in den Raum. Da, am Boden, in der rechten Ecke: zwei Isolierkannen, mehrere leere Flaschen. Hansen war hier gewesen.

Vorsichtig öffnete er die Tür. Verdammt schwer, dachte Jarek. Er leuchtete erst in die Ecke rechts von der Tür, dann links. Da lag sie: eine blutüberströmte Jacke. Sie war es, nach der er vorgestern Nacht gesucht hatte. Jarek winkte Schöppke heran, dann betrat er den Raum.

Außer den wenigen Behältnissen und der Jacke deutete nichts auf Hansen hin. Es gab keinerlei Fäkalgeruch, keine Bettstatt. Aber die Jacke, der Mord an Bangemann war noch nicht lange her. Er musste kürzlich hier gewesen sein. Sie würden die hintere Tür öffnen.

◆

Hansen stand in der Dunkelheit des Gangs, eng an die Wand gepresst. Eine Nische verbarg seine Silhouette. Er sah zwei Männer, beide bewaffnet. Das waren keine Arbeiter: Sie suchten ihn.

Ein großer Dicker und ein kleinerer Schmaler. Sie schlichen zur Tür. Plötzlich leuchtete einer von ihnen in den Gang. Er zuckte zurück. Keiner der Männer sprach, es herrschte Stille. In seiner rechten Hand hielt Hansen ein Stahlrohr. Würden sie dem Gang folgen, er würde sie angreifen. Aber das Licht verschwand. Er wartete kurz, spähte dann wieder zur Tür.

Der Kleine beugte sich in den Raum hinein. Es dauerte ein wenig, dann öffnete er die Tür, ging hinein. Der Dicke folgte ihm. Sie hatten angebissen. Sie würden sterben.

◆

Schöppkes Augen waren angstvoll geweitet. Und auch Jarek war nervös. Hansen war in der Nähe, er konnte es spüren. Er deutete mit dem Kopf zur hinteren Tür, schlich hinüber. Schöppke blickte auf die Ansammlung von Flaschen und Thermoskannen. Auch er begriff, dass Hansen hier war. Seine Brust hob sich, er atmete nicht wieder aus. Beiden Männern lief der Schweiß über das Gesicht.

Jarek nahm wieder seine Position rechts neben der Tür ein, den Dolch zum Stoß bereit. Schöppke legte die Hand auf die Klinke, drückte sie wie in Zeitlupe herunter. Er wartete auf Jareks Zeichen, dann riss er die Tür auf.

◆

Hansen konnte sie durch die offene Tür beobachten: Sie machten sich an der hinteren Tür zu schaffen. Gut so. In ihrer Erregung hatten sie nicht bemerkt, wie er durch den Gang schlich. Er wartete hinter der Tür auf den richtigen Moment. Jetzt.

◆

Der Knall war ohrenbetäubend, wie bei einer Explosion. Schöppke zuckte zusammen. Die Brechstange fiel ihm aus der Hand, der Helm rutschte ihm vom Kopf. Er wankte, taumelte zwei Schritte nach hinten. Fast wäre er gestürzt. Auch Jarek war kurz geschockt. Aber er stand mit dem Gesicht in Richtung der Eingangstür. Er konnte sehen, was geschah. Sein Gehirn brauchte nur den Bruchteil einer Sekunde, um die Lage zu erkennen: Hansen hatte die Tür mit voller Wucht zugeworfen. Er rannte zur Tür, warf seinen Körper dagegen, doch sie gab keinen Millimeter nach. Dann sah er es: Die Klinke fehlte. Jemand hatte sie abmontiert.

◆

Die Tür war geschlossen. Hansen hatte seine Hände immer noch an der Tür. Er konnte spüren, wie jemand von innen dagegen anrannte. Aber es war zu spät. Es war ein großartiges Gefühl, seine Falle hatte funktioniert. Er legte den Kopf in den Nacken und schrie. Es war ein Schrei der Freude, der Erlösung.

♦

Während Jarek noch ungläubig auf die Tür starrte, erklang dahinter ein Schrei. Es war ein animalisches Gebrüll, fast ein Triumphgeheul. Seine Kopfhaut zog sich zusammen, er wich ungewollt ein Stück zurück.

Er konnte es nicht glauben, nicht fassen: Sie waren Hansen in die Falle gegangen. Er hatte diesen Raum vorbereitet, die Klinke entfernt. Er war in der Nähe, hatte sie beobachtet. Wann hatte er sie bemerkt? Wo hatte er sich verborgen?

Jarek wollte ebenfalls schreien. Wut raste durch seinen Verstand. Er hatte versagt. Aber er zwang sich, Ruhe zu bewahren. Er drehte sich zu seinem Freund Paul um.

Schöppke blickte ihn entsetzt an. Er hatte hinter der Tür Hansen erwartet. Als er sie öffnete, dachte er, Hansen würde ihn im nächsten Moment anspringen. Stattdessen der Knall, der sein Herz zum Stehen brachte. Er hatte noch immer nicht richtig begriffen, dass Hansen sie eingesperrt hatte.

Jarek ging zur Tür in der Ecke, leuchtete hinein. Was er sah, war kein Raum. Die Fläche betrug gerade einmal einen Quadratmeter. Sie wurde ausgefüllt von einem einzigen, dicken Rohr. Es kam oben aus der Decke, verschwand im Boden. In der Mitte ein Absperrkreuz, welches an das Steuerrad eines Schiffes erinnerte.

Er blickte zu Boden: das Brecheisen! Er steckte den Dolch ein, hob das Brecheisen auf. Rasch ging er zur Eingangstür, suchte eine Stelle, wo er das Eisen ansetzen konnte. Er fand einen Spalt, zwängte das Eisen hinein. Er zog, aber die Tür gab keinen Millimeter nach. „Los, Paul, fass mit an!" Schöppke sammelte sich. Etwas zu tun, das half ihm. Gemeinsam zogen sie am Brecheisen. Kurz dachten sie, die Tür würde nachgeben. Aber der Riegel und die Tür waren zu stark. Es war das Brecheisen, welches sich verbogen hatte. Sie waren Gefangene von Doktor Carl Hansen.

♦

Hansen zitterte vor Aufregung. Er konnte nicht glauben, dass es ihm geglückt war, die beiden Männer in den Raum zu locken. Er könnte sie dort verhungern lassen. Bei dem, was er durchgemacht hatte, wäre es nur gerecht. Es war jedoch möglich, dass andere herunterkommen würden, um sie zu suchen. Nein, er würde ihnen ein schnelles Ende bereiten.

Er hatte nicht nur die Klinke entfernt. Auch die Rohre hatte er manipuliert. Die beiden Männer würden sich bald wundern. Hansen lächelte, während er den dunklen Gang entlanglief. Er würde sein Ziel auch ohne Lampe finden.

♦

Jarek hatte sich wieder im Griff. Es ließ sich nicht ändern: Sie saßen in der Falle. Was hatte Hansen vor? Würde er sie hier verdursten und verhungern lassen? Kruck wusste, dass sie im Keller waren. Schöppke hatte es ihm gegenüber erwähnt. Auch von Kessel wusste, wo sie sich aufhielten. Würde der verabredete Anruf heute Abend ausbleiben, würde von Kessel sicher die richtigen Schlussfolgerungen ziehen und Maßnahmen treffen.

Wenn sie mit dem Brecheisen gegen die Tür schlagen würden, würde man den Krach noch in großer Entfernung hören. Auch gegen die Rohre könnten sie hämmern. Jetzt erinnerte sich Jarek, wie Schöppke das Brecheisen heruntergefallen war. Genau auf eines der Rohre. Das Geräusch hatte sich mit Sicherheit weit im Keller verbreitet.

Schöppke wirkte noch immer benommen. Seitdem sie Hansens ersten Raum entdeckt hatten, war ihm eine Beklemmung anzumerken. Jarek hatte ihn falsch eingeschätzt: Seine Nerven waren dem hier nicht gewachsen.

Schöppke saß jetzt auf dem Boden, den Rücken an die Wand gelehnt. Sein Blick war leer. Jarek hockte sich neben ihn, legte ihm die Hand auf die Schulter: „Hör zu, Paul. Es ist alles halb so schlimm. Kruck und von Kessel wissen, dass wir hier unten sind. Wenn ich nicht wie vereinbart anrufe, dann wird er sich seinen Teil denken. Sie werden eine Suchaktion starten. Wir werden dann mit dem Brecheisen auf die Tür und auf die Rohre schlagen. So machen wir sie auf uns aufmerksam."

Jarek stand auf, seine Knie schmerzten. Schöppke blickte zu ihm hoch, er wollte gerade etwas antworten. Da hörten sie ein Geräusch. Es kam aus einem der Rohre. Schöppkes Augen weiteten sich panisch: „Gas! Er lässt Gas in den Raum!"

◆

Hansen hatte all das vorbereitet, als die Lampe des Wachmanns noch funktionierte. Aber jetzt brauchte er keine Lampe mehr. Er fand die Tür auch so. Langsam tastete er sich durch die Dunkelheit. Genau gegenüber des Eingangs, so erinnerte er sich, war das Ventil.

Es war schwergängig, es war lange Zeit nicht benutzt worden. Er musste seine ganze Kraft aufwenden, dann löste es sich. Mit beiden Armen drehte er es auf. Immer weiter, bis zum Anschlag.

◆

Das Geräusch wurde schnell lauter. Jarek dachte zunächst, dass es sich nur um eine Rohrpost handeln würde. Auch er blickte nun mit aufgerissenen Augen auf die Rohre an der Wand. Schöppke erhob sich mühsam, wich rückwärts zur Eingangstür zurück.

Gebannt blickten sie auf die Rohre. Das Geräusch, ein lautes Zischen, wurde lauter und lauter. Dann explodierte es: Wasser, schoss aus einem der Rohre. Ein kraftvoller Strahl spritzte mit großer Wucht an die rechte Wand. Hansen hatte an einem der Rohre die Endkappe entfernt, das Wasser konnte ungehindert austreten. Der Strahl war sicher fünfzehn Zentimeter stark, schon war der Boden des Raumes mit Wasser bedeckt.

„Er will uns ersaufen, das Schwein. Er wird den Raum fluten, wir werden krepieren wie die Ratten. Jarek, was machen wir jetzt?" Schöppke lagen die Nerven blank. Und auch Jarek war zunächst mit der neuen Situation überfordert.

Das Wasser spritzte meterweit von der Wand, sie standen beide wie im Regen. Der Krach, den der Strahl dabei erzeugte, war enorm. Der Wasserpegel stieg beachtlich schnell. Das Wasser umspielte bereits ihre Knöchel.

Jarek dachte daran, eines der Ventile zuzudrehen. Oder alle. Aber das Rohr, aus dem das Wasser schoss, hatte kein Ventil. Er ging zu dem dicken Rohr hinter der Tür. War das die Hauptzufuhr? Er packte das Steuerrad, versuchte, es nach rechts zu drehen: Es saß fest. Er blickte über seine Schulter, rief nach Schöppke: „Los Paul, hilf mir!"

Gemeinsam schafften sie es, das Ventil zu schließen. Sie mussten ihre gesamte Kraft aufwenden, da scheinbar ein großer Druck in dem Rohr herrschte. Aber es hatte keinerlei Auswirkung auf den Zufluss: Der Raum füllte sich immer weiter.

♦

Unter der Tür lief etwas Wasser hindurch. Im Inneren konnte Hansen Stimmen hören, dazu ein lautes Prasseln. Er schätzte, dass es zehn, vielleicht auch fünfzehn Minuten dauern würde, bis der Raum sich gefüllt hätte. Die beiden würden elendig ertrinken.

Man würde sie suchen, wenn nicht heute, dann morgen. Hier, in der Nähe seiner Falle, war er nicht mehr sicher. Er würde seinen Umzug vorbereiten. Bereits heute Abend würde er von hier verschwinden, in einen anderen Teil des Stahlwerks. Sie würden ihn nie finden.

♦

In ihrer Verzweiflung hatten sie auch alle anderen Ventile geschlossen. Wie befürchtet, hatte dies keinerlei Einfluss auf den Wasseraustritt in ihrem Raum. Das Wasser schoss weiterhin ungehindert und mit voller Kraft aus dem Rohr.

Jarek, deutlich kleiner als Schöppke, konnte bereits nicht mehr stehen. Er hielt sich an einem der Rohre fest, zog seinen Körper nach oben. Schöppke stand neben ihm. In wenigen Minuten würde das Wasser sein Gesicht erreichen.

Immerhin lag die Austrittsöffnung unterhalb des Wasserspiegels. Das ehemals laute Rauschen war nur noch gedämpft zu vernehmen.

Das Wasser war nur wenige Grad warm. Jarek wusste nicht, ob Schöppke vor Angst oder vor Kälte zitterte. Vielleicht beides. Er hatte versucht, beruhigend auf ihn einzureden, aber Schöppke reagierte nicht. Er war starr vor Entsetzen.

Auch Jarek erfasste jetzt Panik. In diesem Keller hier zu ersaufen, das war ein Albtraum. Das Wasser erreichte jetzt Schöppkes Nase. Er legte den Kopf in den Nacken. Jarek fiel ein, dass Schöppke erwähnt hatte, dass er nicht schwimmen konnte. Aber selbst, wenn. Es würde ihm nicht helfen.

Schöppke gab auf. Er ließ seinen Kopf unter Wasser sinken. Er wollte nicht gegen das Ertrinken ankämpfen. Er hatte gehört, dass der Tod dadurch noch schmerzhafter wäre. Er wollte untertauchen, versuchen, das Wasser möglichst schnell einzuatmen.

Jarek sah, dass der Kopf seines Freundes unter Wasser geriet. Er packte Schöppke im Genick, zog ihn mit einer Hand zu sich. Er wollte ihn anbrüllen, ihn auffordern zu kämpfen. Aber Schöppke reagierte nicht.

Plötzlich hörte Jarek ein lautes Knacken. Eigentlich hörte er es nicht, er spürte es. Ruckartig riss es ihn und Schöppke nach vorn, in Richtung der Tür.

Der enorme Wasserdruck hatte geschafft, was den beiden Männern mit ihrem Brecheisen nicht gelungen war: Die schwere Metalltür sprang auf. Die Verriegelung und die Scharniere hielten dem Druck nicht mehr stand und barsten. Die Tür wurde in den Tunnel geschleudert, das Wasser drückte aus dem Raum.

Mit großer Wucht wurden die Männer an die Wand geworfen, danach spülte das Wasser sie hinfort. Jarek wurde in den dunklen Teil des Tunnels gespült, Schöppke entgegengesetzt.

Das Wasser verteilte sich schnell. Jarek lag erschöpft auf dem Boden, unter sich nur noch ein Rinnsal. Die Flutwelle hatte ihn mehrere Meter in den Tunnel hineingeschoben. Hastig griff er an seine Hüfte. Der Dolch war immer noch da. Auch seine Tasche hing immer noch um seinen Hals. Er wollte raus aus der Dunkelheit, hier war er in Gefahr. Hastig stand er auf, ging in Richtung Licht.

Er sah Schöppkes Körper auf dem Boden liegen. Er lag auf dem Rücken, die Augen geschlossen. Die Arme und Beine hatte er weit von sich gestreckt. An seiner Stirn hatte er eine Platzwunde, Blut lief über sein Gesicht.

Jarek konnte sehen, dass Schöppkes Brustkorb sich bewegte. Er lebte. Sie hatten die teuflische Falle von Hansen überlebt. Aber noch waren sie nicht in Sicherheit. Noch waren sie im Keller. Das war Hansens Gebiet. Sie mussten hier raus. So schnell wie möglich.

Sein Raum war nicht weit entfernt von der Falle. Er saß auf dem Lumpenlager, die Öllampe brannte. Er blickte in die zuckende Flamme. Die Schatten der Flaschen tanzten um ihn herum. Sie wirkten auf ihn wie ein Publikum, das ihm applaudierte. Noch immer spürte er die Euphorie des Sieges. Es war wie ein Aufputschmittel, seine Hände zitterten.

Die Männer mussten mittlerweile tot sein. Er wollte noch zehn Minuten warten. Dann würde er das Wasser wieder abstellen. Aber auf einmal spürte er eine Erschütterung. Irgendetwas stimmte nicht. Er stand auf, griff sich das Stahlrohr. Er musste nachsehen.

Jarek half Schöppke dabei, sich aufzurichten: „Los Paul, streng dich an. Wir müssen hier weg. Wir müssen nach oben. Schnell!" Schöppkes Gesicht war völlig blutverschmiert. Aber Jarek sah, dass es nur eine kleine Platzwunde am Haaransatz war. Das Wasser vermischte sich mit dem Blut, ließ die Verletzung dramatischer erscheinen. Er griff unter Pauls Achseln, zog ihn nach oben. Wankend blieb sein Freund stehen.

Jareks Gedanken rasten. Er war sich sicher, dass Hansen den Lärm, den die berstende Tür verursacht hatte, gehört haben musste. Es war möglich, dass er zurückkam.

Weder er noch Schöppke waren nach dem Mordanschlag in der Verfassung, sich zu verteidigen. Ihnen blieb nur die Flucht. Ihre Kleidung jedoch war tropfnass. Sie würden eine Spur hinterlassen, der Hansen leicht folgen konnte.

Jarek überlegte, in den dunklen Tunnel zu flüchten. Aber was, wenn Hansen sich genau dort versteckte? Auch bezweifelte er, dass Schöppke bereit wäre, ihm in die Dunkelheit zu folgen. Er entschloss sich, in die Richtung zurückzukehren, aus der sie gekommen waren. Sie würden den nächsten Ausgang suchen, die Kellerwelt umgehend verlassen.

Hansen war im Vorteil. Aber er wusste nicht, dass sie verletzt und lediglich mit Messern bewaffnet waren. Das war ihr Vorteil.

◆

Barfuß und mit nacktem Oberkörper eilte Hansen durch die Gänge. Er hatte, wie ein drohendes Tier, die Zähne gebleckt. Der rote Ausschlag wirkte wie eine Kriegsbemalung. Mit beiden Händen umklammerte er das Stahlrohr. Er würde sofort zuschlagen.

Was war passiert? Hatte der Wasserdruck die Tür gesprengt? Oder sogar die Tunnelwand? Hatten die beiden Männer sich retten können? Er vernahm bereits leise das Rauschen des Wassers, welches immer noch aus dem Rohr schoss. Hinter der nächsten Kreuzung, lag der Raum mit der Falle. Plötzlich, ganz nah, wurde eine energische Stimme laut:

„Hansen, hier spricht die Polizei Duisburg. Sie haben versucht, zwei unserer Männer zu töten. Wir haben sie befreit. Ergeben Sie sich. Widerstand ist zwecklos. Andernfalls machen wir sofort von der Schusswaffe Gebrauch. Los, Leute, sucht ihn. Wenn ihr ihn seht, sofort schießen!"

Bewaffnete Polizei? Er hatte nur zwei Männer gesehen. Wie war die Polizei in den Keller gekommen? Wieder hörte er die Stimme, dieses Mal noch näher: „Hansen, ergeben Sie sich. Andernfalls schießen wir sofort!" Er zog sich hastig zurück.

♦

Als er die Kreuzung erreichte, glaubte Jarek, schwach den modrigen Geruch Hansens wahrzunehmen. Mit lauter Stimme rief er: „Hansen, ergeben Sie sich. Andernfalls schießen wir sofort!" Er hielt die Luft an und lauschte, aber da war nur Stille. Den Dolch in der Hand, blickte er vorsichtig um die Ecke: Da war niemand.

Sie bogen links ab, folgten wieder ihrem ursprünglichen Gang. Während sie ihre Flucht fortsetzten, spielte Jarek seine Scharade weiter: „Wenn ihr ihn seht, sofort schießen, Männer."

Schließlich fanden sie einen Ausgang, der sie durch einen Maschinenkeller in eine Halle brachte. Hinter einer großen Blechpresse verließen sie über eine Treppe die Kellerwelt. Die Arbeiter an der Anlage erschraken, als sie die beiden ramponierten und durchnässten Gestalten erblickten. Besonders Schöppke mit seinem blutüberströmten Gesicht erregte Aufsehen.

Am Ausgang der Halle sah Jarek, dass sie unverhofftes Glück hatten. Die Hochstraße war nur wenige hundert Meter entfernt. Ihre Kleidung war noch immer feucht, der Novemberwind schneidend kalt. Dennoch entschloss er sich, so schnell wie möglich zum Büro zu gehen.

Schöppkes Blick war wieder klar. Endlich aus dem Keller raus zu sein, wieder frische Luft zu atmen, das belebte ihn sichtlich. Gemeinsam gingen sie schnellen Schrittes in Richtung der Hochstraße. In wenigen Minuten wären sie im Büro. In Sicherheit.

♦

Die Heizung hatten sie voll aufgedreht. Jarek hatte sich frische, trockene Kleidung angezogen. Nur seine Schuhe waren noch feucht, sie standen jetzt unter dem Heizkörper.

Schöppke saß, lediglich mit seiner Unterwäsche bekleidet, bibbernd auf einem Stuhl am Schreibtisch. Über seinen Schultern hing der Mantel, den er Jarek vor wenigen Tagen mitgebracht hatte. Jetzt kam er ihm zupasse. Auf seinen Beinen lag die dicke Wehrmachts-Wolldecke. Den Arbeitsanzug hatten sie zum Trocknen über die Heizung gehängt.

Auch ihre Ausrüstung hatten sie zum Trocknen ausgebreitet. Die Ledertaschen standen aufgeklappt am Fußboden, die Taschenlampen ebenfalls. Ob die Batterien den Ausflug ins Wasser überstanden hatten, das musste sich noch zeigen.

Pauls Wunde erwies sich als harmlos. Nachdem er sich das Gesicht abgewaschen hatte, zeigte sich, dass die Wunde bereits Schorf angesetzt hatte. Es würde eine kleine Narbe zurückbleiben, sonst nichts. Ein schönes Andenken an den Mordversuch durch Doktor Carl Hansen.

Nachdem er Schöppke notdürftig versorgt hatte, organisierte Jarek aus der Kantine etwas zu essen. Jetzt saßen sie gemeinsam am Schreibtisch und aßen heiße Kartoffelsuppe mit Speckwürfeln. Da sie nur über einen Löffel und einen Henkelmann verfügten, mussten die Männer improvisieren. Jarek hatte sich seinen Anteil Suppe in eine Tasse gefüllt und verwendete den Löffel. Schöppke trank die Suppe direkt aus dem Henkelmann.

Zu seinem Erstaunen war es Schöppke, der als Erster das Wort ergriff. Er sprach langsam und müde: „Na, Kruppa, das war knapp. Der Hansen hat uns da unten fertig gemacht. Die Sache mit der Falle, da hat nicht viel gefehlt. Ich hatte mit dem Leben schon abgeschlossen. Wir haben gedacht, der Hansen ist nicht ganz dicht im Kopp. Aber denkste."

Er sah Jarek bei seinen Worten nicht an. Er blickte auf seinen Henkelmann, so, als würde er ein lautes Selbstgespräch führen. „Dass die Tür durch den Druck aufgesprungen ist, da hatten wir Glück. Ein paar Sekunden länger, und es wäre vorbei gewesen. Wie zwei Karnickel sind wir da rein in die Falle. Wie zwei Vollidioten." Er schüttelte ungläubig den Kopf.

Nachdem er den Rest der Suppe verzehrt hatte, stellte er den Behälter lustlos auf den Tisch. Mit dem Handrücken wischte er sich über den Mund. Danach zog er den Mantel über seiner Brust zusammen. Noch immer war ihm kalt.

Er sah jetzt zu Jarek herüber: „Keine zehn Pferde bekommen mich da noch einmal hinunter. Wenn ihr, du und der verdammte Kessel, mich dazu zwingen wollt, dann melde ich mich freiwillig an die Ostfront. Der Hansen, der hat da unten noch andere Überraschungen parat. Darauf kannst du einen lassen."

Jarek war jetzt ebenfalls mit dem Essen fertig. Er stellte seine Tasse ab, rieb sich müde über das Gesicht. Auch an ihm waren die Stunden im Keller und der Mordanschlag nicht spurlos vorübergegangen. Er rückte seinen Stuhl näher an den Tisch, lehnte sich auf seine Ellenbogen. Er beugte sich zu Schöppke hinüber:

„Hör zu, Paul. Es war mein Fehler. Ich habe Hansen falsch eingeschätzt. Ich dachte, die Monate im Keller hätten ihn psychisch deformiert. Ihn zerstört. Aber das trifft nur auf seinen Körper zu. Mit so etwas Raffiniertem wie der Wasserfalle hätte ich niemals gerechnet. Es tut mir leid, dass du da mit reingeraten bist."

Er schaute zu Schöppke herüber, aber der wich seinem Blick aus. Die Stunden im Keller hatten ihm hart zugesetzt. Sah er heute morgen schon schlecht aus, war er nun um Jahre gealtert. Jarek stand auf, ging um den Schreibtisch herum. Aus der Schublade nahm er zwei Äpfel, die letzten. Einen reichte er Schöppke.

„Du hast recht. Der Keller, das ist Hansens Revier. Gut möglich, dass er weitere Fallen vorbereitet hat. Ihn da unten zu suchen, ist lebensgefährlich. Ich habe daher beschlossen, dass wir die Suche abbrechen werden." Er zog sein Springmesser heraus, teilte seinen Apfel in vier Teile. Dann schob er das Messer über den Tisch hinüber zu Schöppke. Der tat es ihm gleich.

Plötzlich lächelte Schöppke ihn an: „Aber wie du dich in den Hauptmann von Köpenick verwandelt hast, alle Achtung." Er ahmte jetzt Jareks Tonfall nach: „Hansen, ergeben Sie sich. Wir schießen sofort!" Die Männer mussten beide lachen. „Lernt man so etwas bei der polnischen Polizei? Frag doch den Kessel nach einer Erbsenpistole und Platzpatronen. Die gibt er dir bestimmt." Wieder lachten die Männer.

Aber dann wurde Jarek ernst. Er lehnte sich zurück, verschränkte die Arme hinter dem Kopf. Er wartete, bis sein Freund Paul aufhörte, über seinen eigenen Witz zu lachen. „Nein, Paul. Ich habe eine andere Idee. Mir ist da etwas an Hansen und an seinem Verhalten aufgefallen. Ein Detail, das wir uns zunutze machen können. Mit etwas Glück wird es uns direkt zu seinem Versteck führen."

Schöppkes Neugier war geweckt. Er schnappte sich seine Zigarren, zündete sich eine an. Nachdem er sich in dichten Rauch eingehüllt hatte, signalisierte er seine Aufmerksamkeit: „Na, dann schieß mal los, Kruppa."

Jarek erläuterte ihm seinen Plan. Er erklärte Schöppke, welches wichtige Detail er bemerkt hatte. Er ging alle zehn vergangenen Morde durch. Bei fast jedem konnte er beweisen, dass seine Theorie stimmte: Er hatte ein zweites Verhaltensmuster an Hansen entdeckt.

„Mit etwas Glück wird er dieses Verhalten auch beim nächsten Mord zeigen. Wir brauchen jetzt nur jemanden, der uns bei der Sache hilft. Hast du da eine Idee, Paul?"

Schöppke musste nicht lange überlegen: „Jupp. Der Kollege nennt sich Jelinek. Hat früher mal hier im Werk gearbeitet. Wurde vor einem Jahr versetzt. Du musst von Kessel fragen, ob er ihn zurückholen lassen kann. Sollte er noch leben, dann wären er und sein Freund Faust die Richtigen für diesen Auftrag."

Jarek ging zum Telefon. Er wählte die 1212, von Kessels Anschluss. Es wurde ein längeres Gespräch. Er verheimlichte dabei nicht, dass Hansen die beiden Männer fast ermordet hatte. Dann erläuterte er seine neue Theorie zu Hansens Verhaltensmuster.

Als Jarek ihm seinen Plan erklärte, lehnte von Kessel zunächst ab. Aber Jarek konnte ihn überzeugen, dass es keine Alternative gab. Schließlich willigte er ein. Er würde dafür sorgen, dass Jelinek umgehend benachrichtigt wurde. Ab morgen früh könnte Jarek über ihn verfügen.

„Das wäre geritzt, Paul. Jetzt heißt es abwarten." Sie besprachen weitere Einzelheiten zu Jareks Theorie. Kruck und die Lederhand wurden informiert. Auch sie waren Teil von Jareks Plan. Es durfte nichts schiefgehen. Sie hatten nur noch einen Versuch.

Als sie mit allem fertig waren, war es kurz nach fünf. Mittlerweile war es dunkel geworden. Das Wetter hatte sich nicht verbessert, im Gegenteil: Ein leichter Schneeregen fiel auf das Stahlwerk herab. Schöppke rief sich einen Fahrer. Er zwängte sich in seinen Anzug, der immer noch etwas feucht war. „Den Mantel, den nehme ich erst mal wieder mit. Hab keine Lust, mir ne Lungenentzündung einzufangen. Bin dem Hansen entkommen, da wäre es ja eine Schande, wenn ich jetzt an so etwas Profanem sterben würde."

Der Abschied hatte etwas Verkrampftes. Gestern Abend noch, in Schöppkes Büro, da hatten sie gescherzt. Heute war den Männern nicht nach Scherzen zumute. Fast wären sie gestorben. Ihr Feind war gefährlicher, als sie dachten. Vielleicht würde einer von ihnen die Jagd nach dem Mörder nicht überleben.

Als es draußen hupte, begleitete Jarek seinen Freund zur Tür. Hier klopfte er ihm auf die Schulter: „Fahr nach Hause, Paul. Schlaf dich mal richtig aus. Der Tag war hart, dazu der Pegelabriss. Ich rufe dich an, sollte sich etwas Wichtiges ergeben." Schöppke nickte nur kurz, dann ging er hinaus zum wartenden Wagen.

♦

Erst, nachdem er allein war, wurde Jarek der Umfang des heutigen Desasters bewusst. Er hatte sich völlig verschätzt. Hansen hatte ihn in eine Falle gelockt. Nur mit Glück hatten er und Schöppke überlebt. Eigentlich traf ihn keine Schuld. Er war erst fünf Tage mit dem Fall betraut. Er wusste nichts über Hansen. Dennoch war es naiv gewesen in der riesigen Kellerwelt zu zweit nach einem Mörder zu suchen. Zumal sich dieser dort seit Monaten aufhielt, jeden Winkel kannte.

Er legte seine feuchte Arbeitskleidung auf die frei gewordene Heizung. Die Schuhe waren fast trocken, ebenso die Tasche. Er probierte die Lampe aus: Sie brannte. Er musste sich dennoch morgen eine neue Batterie besorgen.

Er legte die Tasche, seinen Dolch, das Springmesser, die Handschuhe und seine sonstigen Besitztümer auf den Tisch. Schöppke hatte sein Zigarrenetui und sein Feuerzeug vergessen. Zusammen mit seinem Notizbuch und dem bisschen Geld, welches er noch in der Tasche hatte, waren das seine ganzen Besitztümer. Würde sein Plan scheitern, könnte er nicht viel auf seine Flucht mitnehmen.

Auch er würde sich heute früh zur Ruhe begeben. Er überlegte, noch einmal rüber in die Waschkaue zu gehen, sich heiß abzuduschen. Aber er verwarf das Vorhaben. Er zog sich aus, ging in die Toilette, setzte sich auf das WC.

Während er so dasaß, blickte er auf die Tür. Er hatte sie hinter sich geschlossen, das war die Macht der Gewohnheit. Im Schlüsselloch steckte kein Schlüssel, er war wohl verloren gegangen.

Neben der Tür stand ein schmales Kantholz, rund einen Meter lang. Jarek überlegte, welchen Zweck es wohl hatte, hier auf der Toilette. Vielleicht wurde damit ein verstopftes Abflussrohr befreit?

In diesem Moment hatte Jarek das Gefühl, jemand würde ihm eiskaltes Öl auf den Kopf gießen. Ein Gedanke formte sich im Bruchteil einer Sekunde in seinem Gehirn, breitete sich aus.

Er erkannte, wozu das Kantholz da war. Ihm wurde bewusst, dass er ein ähnliches heute bereits einmal gesehen hatte. Und er erinnerte sich, dass er zwei Tage zuvor vor einer Tür gestanden hatte, hinter der es dieses Kantholz ebenfalls gab. Er wusste plötzlich, wo Hansen sich versteckte.

Da man die Toilettentür nicht verschließen konnte, stellte man das Kantholz unter die Klinke. So ließ sie sich von außen nicht mehr herunterdrücken. Als sie heute Hansens verlassenen Raum gefunden hatten, lag dort ein ähnliches Kantholz neben der Tür. Und als er vorgestern Nacht im Keller unterwegs gewesen war, hatte er vor einer Tür gestanden, deren Klinke sich nicht bewegen ließ. Er war sich sicher: Hinter dieser Tür befand sich das momentane Versteck von Carl Hansen.

Jarek erledigte sein Geschäft in aller Eile. Dann zog er sich an. Er nahm die Lampe, Handschuhe, beide Messer und die Tasche. Er würde heute Nacht noch einmal in die Kellerwelt zurückkehren.

♦

Der Regen peitschte in Jareks Gesicht. In der Eile hatte er vergessen, seine Mütze aufzusetzen. Er empfand jedoch den kalten Wind und den Regen nicht als störend. Im Gegenteil. War er vor wenigen Minuten noch müde und erschöpft, sorgten jetzt Adrenalin und die Elemente dafür, dass er hellwach war.

Jarek hatte beschlossen, wieder an der stillgelegten Walzanlage in die Kellerwelt einzusteigen. Er würde den gleichen Weg gehen, wie er ihn schon vorgestern Nacht gewählt hatte. Er war sich sicher, so den Raum mit der blockierten Klinke wiederzufinden. Was würde ihn in diesem Raum erwarten? Würde er dort auf Hansen treffen?

Ihm war bewusst, dass seine Aktion lebensgefährlich war. Die Kellerwelt, das war Hansens Revier. Bereits seit anderthalb Jahren war sie sein Zuhause. Er kannte jeden Tunnel, jeden Raum, jeden Ausgang. Und er war geistig bei Weitem nicht so kaputt, wie Jarek ursprünglich angenommen hatte. Gut möglich, dass Hansen weitere Fallen vorbereitet hatte.

Aber Jarek hatte keine andere Wahl. Er musste seine Theorie überprüfen. Undenkbar, mit dem Wissen, wo Hansen sich eventuell diese Nacht aufhielt, zu Bett zu gehen. Vielleicht konnte er Hansen dabei überraschen, wie er seinen Raum verließ. Auch wäre es möglich, dass er Spuren zu Hansens neuem Aufenthaltsort fände.

Bei dem schlechten Wetter war die Fahrt mit dem Fahrrad alles andere als ungefährlich. Dazu noch die Verdunkelung, die mangelhafte Beleuchtung am Fahrrad. Jarek war froh, als er endlich an der Halle ankam. Er stellte sein Rad ab, eilte zur Treppe an der alten Walzanlage.

Bevor er in die Kellerwelt abstieg, bereitete er seine Ausrüstung vor. Den Dolch steckte er griffbereit vorn in die Hose. Er testete kurz die Lampe, sie funktionierte einwandfrei. Er befestigte sie an der rechten Brusttasche. Die Ledertasche war komplett leer. Den Gurt legte er in die Tasche, dann verschloss er sie. Jetzt steckte er seinen Arm unter dem Überwurf hindurch. Wie einen Schild konnte er die Tasche nun vor sich halten. Sollte Hansen ihn mit einem Messer angreifen, würde ihm dieser Schild einen gewissen Schutz bieten.

Jarek atmete tief durch. Es war erst wenige Stunden her, dass er Hansens Reich verlassen hatte: durchnässt, erschöpft, gedemütigt. Jetzt stand er kurz davor, sich seinem Feind erneut zu stellen.

Das alles erinnerte ihn an seine Jugend. Verlor er als Boxer einen Kampf, dann war es seinem Trainer wichtig, dass er umgehend wieder in den Ring stieg. Das Beste für das Selbstvertrauen eines Kämpfers ist ein Sieg, hieß es.

Vorsichtig stieg Jarek in die Dunkelheit des Kellers hinab.

Die erste halbe Stunde kam er gut voran. Er erinnerte sich an die Gänge und Tunnel, die Kreuzungen und Abzweigungen. Dann aber hatte er das Gefühl, er hätte sich verlaufen. Er biss sich auf die Unterlippe, überlegte, die Suche abzubrechen. Aber dann hörte er das Geräusch einer Rohrpost. Sie zischte in einem der Quergänge vorbei. Das war sein Ziel. Von dort aus, würde er seinen Weg wiederfinden.

Einige Minuten später stand er in einem Tunnel, den er kannte. Die Decke war abgerundet, der Tunnel selbst nur schulterbreit. Wasser tropfte von der Decke herab, mehr, als ihm lieb war. An einigen Stellen war der Beton rissig, regelrechte Vorhänge aus feinen Wassertropfen bildeten sich. Es roch modrig und feucht. Am Boden hatten sich Pfützen gebildet. Jarek achtete auf Spuren, aber da war nichts. Aber er war auf dem richtigen Weg. Jarek zog den Dolch heraus, hielt ihn einsatzbereit.

Schließlich erreichte er die entscheidende Kreuzung. Gegenüber erkannte er den Gang, in dem Hansen sie in die Falle gelockt hatte. Das Wasser floss nicht mehr. Hansen hatte es scheinbar abgestellt. Er und Schöppke hatten den Gang verlassen, sie waren links abgebogen. Er entschied sich, jetzt in die entgegengesetzte Richtung zu gehen.

♦

Woher wusste die Polizei, dass er sich in den Tunneln verbarg? Würde sie jetzt das ganze Tunnelsystem durchsuchen? Gewiss würden sie sein Versteck entdecken. Es war nicht sicher, sich dorthin zurückzuziehen. Er würde sich daher zunächst an einem Ort verbergen, wo ihn niemand finden konnte. Es gab einen trockenen Abwasserkanal, nur hüfthoch, tief und unbeleuchtet. Niemand würde dort hineinkriechen, um nach ihm zu suchen.

In seiner Erregung hatte er die Jacke und die Schuhe in seinem Raum zurückgelassen. Er würde also später dorthin zurückkehren müssen. Besonders die Schuhe waren wichtig für ihn. Wären sie verloren, würde er umgehend einen Arbeiter töten müssen, um an ein neues Paar zu gelangen.

Er kauerte in dem Abwasserkanal und lauschte. Nichts. Stundenlang vernahm er kein ungewöhnliches Geräusch. Wo war die Polizei? Die Stimme hatte von anderen Männern gesprochen, im Befehlston Anweisungen erteilt.

Langsam dämmerte es ihm: Sie hatten ihn getäuscht. Die beiden Männer waren allein gewesen. Irgendwie war ihnen die Flucht gelungen. Sie ahnten, dass er in der Nähe war. Also hatten sie ihm etwas vorgespielt. Ein gelungener Schachzug. Wer waren diese Männer? Werkschutz? Privatdetektive?

Er kroch aus dem Kanal, schlich langsam zurück in Richtung seines Verstecks. Immer wieder hielt er an, lauschte. Er war sich sicher: Da war niemand. Er wählte zunächst einen Weg, der ihn in den dunklen Raum mit dem Absperrhahn brachte. Hier stoppte er die Wasserzufuhr.

Vorsichtig näherte er sich dem Raum, in dem er die Männer eingesperrt hatte. Seine Befürchtung bewahrheitete sich: Die Tür hatte dem Druck nicht standgehalten. Der Raum war leer, keine Leichen. Die Männer waren entkommen. Auf dem Fußboden lag ein Brecheisen. Er hob es auf und setzte seinen Weg fort. Sein Versteck war nur wenige Minuten entfernt.

◆

Jarek hatte die Körperhaltung eines Gladiators eingenommen. Er ging geduckt, den linken Arm mit seinem Schild eng am Körper. Er hatte ihn so weit hochgezogen, dass Brust und Hals geschützt wurden. Der Dolch ragte unter der Tasche hervor, bereit, jederzeit zuzustoßen.

Er war jetzt in dem Gang, in dem er die blockierte Tür vermutete. Langsam bewegte er sich voran. Alle paar Meter hielt er an, lauschte. Der Tunnel war nur spärlich beleuchtet. Er hätte gern seine Lampe eingeschaltet, doch hätte ihn der Lichtschein leicht verraten können.

Nur noch wenige Meter bis zur Tür. Er hatte nicht darauf geachtet, doch der Boden war hier nicht mehr mit Wasser bedeckt. Als Jarek jetzt nach unten blickte, sah er sie: Fußabdrücke. Jemand war barfuß hier entlanggegangen, erst vor wenigen Minuten. Sein Magen zog sich zusammen.

Er hatte den Blick noch nach unten gerichtet, da öffnete sich plötzlich die Tür. Eine Gestalt trat aus dem dunklen Raum heraus: Es war Hansen. Er stand im schwachen Schein der Tunnelbeleuchtung.

Er war bekleidet mit einem blauen, völlig verdreckten Arbeitsanzug. Die Jacke war offen, er trug kein Hemd darunter. An den Füßen trug er abgetragene Lederstiefel. Er hatte eine Tasche umgehängt, ähnlich der, die Jarek als Schild verwendete. In der rechten Hand hielt er ein spitz zugeschliffenes Stahlrohr. Mit der linken umfasste er das Kantholz, mit dem er die Tür verriegelte, sowie ein Brecheisen.

Sein Gesicht glich einem Totenkopf. Die Augen lagen tief in den Höhlen, die Wangenknochen standen hervor. Er hatte Spuren von irgendeinem Schlamm im Gesicht. Seine Hände waren schwarz vor Dreck. Sein Kopf war kahl. Jarek konnte etliche Schrammen und Kratzer erkennen. Am Hals und an den Wangen sah er den roten Ausschlag.

Schöppke hatte von einem gutaussehenden, blond gelockten Mann gesprochen, Anfang vierzig. Hier stand ihm nur noch ein Monster gegenüber. Hansens Blick war wirr, aber es war nicht der Blick eines Wahnsinnigen. Wut und Hass lagen darin. Er griff Jarek sofort an.

Von dem Moment, in dem Hansen aus der Tür trat, bis zu seinem Angriff dauerte es nur einen Wimpernschlag. Hansen nutzte das Stahlrohr wie einen Degen, stach damit nach Jareks Gesicht. Der zog die Tasche hoch, schützte damit seinen Kopf. Der Stoß war kraftvoll, er taumelte ein Stück zurück. Gut, dass er die Tasche hatte, dachte er. Vorsichtig blickte er über den oberen Rand der Tasche.

Hansen hatte sich ebenfalls zurückgezogen. Er wartete auf Jareks Reaktion. Als diese nicht sofort kam, griff er erneut an. Wieder stach er nach Jareks Gesicht. Und wieder zog Jarek die Tasche hoch. Sein Plan war, das Rohr im Moment der Berührung zur Seite zu drücken, um dann schnell nach vorn zu springen und zuzustechen. Aber Hansen überraschte ihn.

Der Stich zum Kopf war nur angedeutet. Nachdem Jarek die Tasche hochgezogen hatte, stach Hansen unter der Tasche hindurch. Das Stahlrohr stieß ihm schmerzhaft in die Rippen, jedoch ohne ihn ernsthaft zu verletzen. Er wich schnell einen Schritt zurück.

Jarek war verblüfft. Er hatte erwartet, dass Hansen unkontrolliert auf ihn einprügeln und einstechen würde. Aber Hansen setzte seine Waffe überlegt und geschickt ein: Er konnte fechten. Jareks Gedanken rasten. Wo hatte Hansen das Fechten gelernt? Beim Militär? Oder war er als Student Mitglied in einer Burschenschaft gewesen? Er musste äußerst vorsichtig sein. Das angeschliffene Stahlrohr war in der Hand von jemandem, der damit umgehen konnte, eine gefährliche Waffe. Zudem wirkte Hansen unaufgeregt, so wie jemand, der im Kampf geübt war.

Auch Hansen war erstaunt. Der Mann, der ihn überraschte, war etwas über eins siebzig groß, schlank, breitschultrig. Sein Gesicht war hager, dazu kurzgeschorene Haare wie bei einem Gefangenen. Sein Blick war kalt, er schien keinerlei Angst zu haben. Er trug Zivilkleidung, sah nicht aus wie ein Polizist oder Werkschutzmann. Wie es aussah, war er allein hier unten, auf der Suche nach ihm. Und scheinbar hatte er keine Pistole, sonst hätte er längst geschossen. Hansen konnte unter der Tasche eine lange Klinge erkennen, einen Kampfdolch. Wer war der Mann, der sich ihm alleine, nur mit einem Messer bewaffnet, entgegenstellte?

Jarek entschied sich für einen Überraschungsangriff. Er machte einen schnellen Schritt nach vorn, dabei streckte er den Arm mit der Tasche aus. Er wollte Hansen dazu verleiten, die Tasche abzuwehren. Sollte das gelingen, würde er an der Spitze des Rohres vorbei Hansen anspringen.

Aber Hansen durchschaute die Finte. Er wich seinerseits einen Schritt zurück, schleuderte Jarek das Brecheisen und die Latte entgegen. Damit hatte Jarek nicht gerechnet. Im Halbdunkel sah er die beiden Gegenstände auf sich zufliegen. Er versuchte, die Objekte mit der Tasche abzuwehren. Aber das gelang ihm nur zum Teil. Die Holzlatte traf ihn am Kopf, das Brecheisen prallte gegen die Tasche.

Hansen erkannte seinen Vorteil sofort. Er ergriff das Rohr nun mit beiden Händen, stürmte auf Jarek zu. Mit großer Wucht rammte er die Spitze gegen Jareks Oberkörper. Jarek, von dem Treffer der Holzlatte noch irritiert, gelang es, im letzten Moment die Tasche hochzureißen. Er konnte durch das dicke Leder hindurch spüren, wie die Spitze sich gegen seinen Unterarm drückte. Er wehrte den Stoß ab, zog den Arm mit der Tasche schnell zur Seite. Gleichzeitig stieß er mit dem Dolch in Richtung von Hansens Kopf.

Es fehlten nur Zentimeter. Hansen bog den Oberkörper reaktionsschnell nach hinten, im selben Moment setzte er einen Schritt zurück. Die Spitze des Stahlrohrs war weiterhin abwehrend auf Jarek gerichtet. Auch Jarek hatte wieder seine Gladiatoren-Grundstellung eingenommen. Die Idee mit der Tasche hatte ihm das Leben gerettet.

Die Männer standen sich schweigend gegenüber. Es war eine Pattsituation: Der schmale Tunnel ließ es nicht zu, den Gegner von der Seite her zu attackieren. Es war nur ein Frontalangriff möglich. Mit seinem spitzen Stahlrohr hatte Hansen eine effiziente, gefährliche Distanzwaffe. Diese konnte Jarek jedoch gut mit der zum Schild umfunktionierten Tasche abwehren. Würde sich Hansen zu nah an Jarek heranwagen, könnte dieser ihn mit dem Dolch verletzen.

Es war Hansen, der beschloss, sich zurückzuziehen. Langsam entfernte er sich von Jarek, ging rückwärts in den Tunnel hinein. Seinen Blick und die Spitze seiner Waffe hatte er dabei unentwegt auf Jarek gerichtet.

Jarek überlegte, ihm zu folgen. Wenn er sich jetzt auf Hansen stürzen würde, könnte er vielleicht das Stahlrohr zu Seite drücken, Hansen einen tödlichen Stoß versetzen. Vielleicht. Genauso gut könnte es Hansen gelingen, ihm das Rohr in die

Brust oder den Unterkörper zu rammen. Er ließ Hansen ziehen.

Langsam rückwärts gehend, entfernte sich Hansen immer weiter von ihm. Schließlich verschwand er in der Dunkelheit am Ende des Tunnels. Jarek war sich sicher: Sie würden sich wiedersehen. Und dann würde einer von ihnen sterben.

Tag 6

Schöppke starrte auf die Lampe, die unscheinbar auf dem Schreibtisch stand. Er konnte nicht glauben, was Jarek ihm gerade berichtete. Der fuhr fort: „Als ich sicher war, dass Hansen sich wirklich entfernt hatte, habe ich mir schnell seinen verlassenen Raum angesehen. Es zeigte sich in etwa das gleiche Bild, das wir auch in dem Raum zuvor vorgefunden haben: ein stinkendes Lager aus Lumpen, dazu ein Haufen leere Behältnisse. Und eine Taschenlampe. Ich denke, es ist die vom Wittek."

Jarek legte die Ledertasche auf den Tisch, schob sie zu Schöppke hinüber: „Ich habe gestern Abend noch ein Gebet gen Himmel geschickt und mich beim Bangemann bedankt. Seine Idee hat ihm zwar nicht helfen können, mir jedoch schon."

Mit offenem Mund zog Schöppke die Tasche zu sich heran. Das dicke Leder zeigte zwei tiefe Schmarren. Wäre das Stahlrohr in dieser Weise in Jareks Körper eingedrungen, wären schwere Verletzungen die Folge gewesen. Er schüttelte den Kopf, wollte seinen Freund für die Aktion rügen. Aber Jarek sprach weiter:

„Zwei Dinge habe ich gestern gelernt. Erstens: Unser Freund ist körperlich in besserer Verfassung, als wir dachten. Er mag krank sein, dazu stark unterernährt. Aber er ist durchaus in der Lage, sich zu verteidigen. Zweitens: Auch sein psychischer Zustand ist besser als angenommen. Er handelt rational. Und er ist verblüffend kaltblütig. Kein Zweifel: Hansen ist ein überaus gefährlicher Gegner."

Jarek hatte gestern Abend den nächstbesten Ausgang gewählt, um die Kellerwelt schnellstmöglich zu verlassen. Zu Fuß ging er durch das dunkle Stahlwerk zur Hochstraße zurück. Im Büro angekommen, zitterten ihm immer noch die Hände. Er verriegelte die Tür, legte sich angezogen auf das Bett. Es dauerte lange, bis die Erregung der Erschöpfung wich und er einschlief.

Jetzt saßen sich die beiden Männer am Schreibtisch gegenüber. Schöppke hatte sich zunächst über die dicke Beule an Jareks Stirn lustig gemacht: „Oh, wie ich sehe, hast du dir aus Solidarität zu mir auch eine verpasst. Aber du brauchst dich gar nicht einschleimen: Ich gehe nicht mehr in den Keller. Noch nicht mal in unseren eigenen Kohlenkeller." Auch er hatte unter seiner Platzwunde einen beachtlichen Höcker vorzuweisen. Als Jarek ihm dann berichtete, wie er auf der Toilette die Idee mit der Türklinke hatte, und dass er gestern erneut im Keller war, konnte er es nicht fassen.

Schöppke schüttelte ungläubig den Kopf. Er saß rauchend auf seinem Stuhl, den Blick noch immer auf Witteks Lampe gerichtet: „So blöd möchte ich auch mal sein. Nur mal für eine Minute, damit ich weiß, wie das so ist. Da bringt uns der Kerl fast um, und du latschst da freiwillig ein zweites Mal runter. Kaum zu fassen."

Jarek goss beiden einen Becher echten Kaffee ein. Schöppke hatte heute morgen eine Kanne davon mitgebracht, dazu noch einige Kekse. Er reichte ihm den Becher hinüber. „Was hätte ich denn sonst machen sollen? Als ich die Idee mit der blockierten Türklinke hatte, musste ich einfach runter und nachsehen. Aber ich muss zugeben, ich hätte nicht erwartet, dass er noch in der Nähe ist." Jarek nahm sich einen Keks aus der Papiertüte, die auf dem Tisch lag. Er tauchte ihn in seinen Kaffee ein, leider mit mäßigem Erfolg. Das aufgeweichte Stück brach ab und versank in der Tasse. Schöppke lachte: „Na, Alter, das müssen wir aber noch üben."

Schöppke lehnte sich zurück. Er sah heute morgen, von der Beule abgesehen, ausgeruht und frisch aus. Er trug ein hellgraues Hemd, darüber eine schwarze Weste. Die Ärmel hatte er hochgekrempelt. Eine goldene Kette führte zu einer Taschenuhr.

Als er gestern nach Hause gekommen war, hatte er zunächst ein heißes Bad genommen. In der Wanne kamen ihm die Tränen. Fast wäre er ertrunken in diesem grässlichen Keller. Er erinnerte sich, wie er den Kopf zurückgelehnt hatte, das Wasser einatmen wollte. Dann hatte er Jareks Hand gespürt, im selben Moment den Ruck. Er war aus dem Raum gespült worden, gegen die Wand geprallt. Wie durch ein Wunder war er dabei, bis auf die Platzwunde, unverletzt geblieben.

Als er dann wieder stand und Jarek plötzlich einen Polizisten imitierte, war ihm die Gefahr bewusst geworden. Hansen war immer noch in der Nähe. Er würde sie ein zweites Mal angreifen. Er hatte Angst gehabt, schreckliche Angst. Auf dem Weg durch den Keller war er Jarek wie ein Kind hinterhergelaufen. Er schämte sich für seine Angst. Als er nun hörte, dass Jarek ein zweites Mal in den Keller hinabgestiegen war, wurde ihm klar, dass er nicht für diesen Auftrag geeignet war. Er würde tatsächlich nie wieder in die Kellerwelt hinabsteigen.

Nach seinem Bad hatte er sich ins Bett gelegt und völlig erschöpft bis heute früh durchgeschlafen. Er fühlte sich gut, aber immer noch schämte er sich für seine Angst. Wie würde er reagieren, wenn er Hansen tatsächlich einmal gegenüberstehen sollte? Zweifel nagten an ihm.

Während der Fahrt ins Werk hatte er über Jareks Plan nachgedacht. Gestern noch hatte er alles organisiert und in die Wege geleitet. Er trank einen Schluck Kaffee und erstattete Jarek Bericht: „Ich habe heute morgen erfahren, dass Jelinek und Faust bereits im Werk sind. Kruck und Burgdorf haben sich Feldbetten und Decken besorgt, sie sind rund um die Uhr in der Zentrale erreichbar. Ich habe zwei Autos für uns reserviert. Sollte etwas passieren, dann sind alle sofort einsatzbereit."

Jarek war nervös. Der Rauch von Schöppkes Zigarren störte ihn zusehends. Er stand auf, ging zur Tür, öffnete sie. Was er draußen sah, war das gleiche Bild wie in den Tagen zuvor: ein grauer Novembertag. Das Werk versank im Nebel. Aus den Wolken fiel ein feiner Sprühregen, der sich auf den Straßen zu Pfützen sammelte. Die Schornsteine des Stahlwerks bließen zusätzlich grauen Dunst in den Himmel. In der Luft lag der Geruch von brennendem Stahl, stärker noch als in den Tagen zuvor.

Er hatte am Morgen bereits mit von Kessel telefoniert, ihm von seinem weiteren Kellerbesuch berichtet. Auch seine Einschätzung bezüglich der Gefährlichkeit Hansens hatte er ihm mitgeteilt. Unumwunden sagte er von Kessel die Wahrheit: Hätte er über eine Schusswaffe verfügt, die Sache wäre gestern erledigt gewesen.

Nochmals und mit Nachdruck bat er von Kessel um eine Pistole. Ohne Umschweife sprach er dabei das Thema Flucht an. Er vermutete, dass von Kessel hier die größten Bedenken hatte, Jarek eine Waffe auszuhändigen. Von Kessel lenkte schließlich ein. Er würde Jarek eine Waffe organisieren. Es könne jedoch ein bis zwei Tage dauern.

Von Kessel hatte das Gespräch genutzt, um den Druck auf Jarek zu erhöhen. Das Rüstungsministerium war äußerst unzufrieden, teilte er ihm mit. Die Produktionszahlen waren weiter gefallen. Man erwartete eine umgehende, signifikante Steigerung. Sollte von Kessel diese Forderung nicht erfüllen, dann wäre seine Abberufung unausweichlich. Jarek wusste, was das für ihn bedeutete.

Er dachte über seinen Plan nach. Hansen würde wieder morden. Sie müssten dann sofort am Tatort sein, je schneller, desto besser. Wenn er recht hatte, und sein Plan funktionierte, dann könnten sie ihn fassen. Aber sie hatten nur einen Versuch.

Schöppke beobachtete seinen Freund, während dieser grübelnd an der Tür stand. Er konnte sich denken, was in ihm vorging. Würde es ihnen nicht gelingen, Hansen zu fassen, dann müsste Jarek wieder in das Gefangenenlager. Vermutlich wäre es sogar seine Aufgabe, ihn dorthin zurückzubringen. Ihm war klar, dass er dazu nicht fähig war.

Aber welche Möglichkeiten boten sich ihm, Jarek zu helfen? Sein Einfluss auf das, was im Lager passierte, war gering. Der Krieg konnte noch Jahre weitergehen: Jarek würde die Gefangenschaft nicht überleben.

Jarek aus dem Stahlwerk herauszuschaffen, ihn irgendwo in Duisburg zu verstecken, das war unmöglich. Schöppke hätte ihn zwar ausreichend mit Lebensmitteln versorgen können. Das Problem aber war ein sicheres Versteck. Und würde die Gestapo ihm nachweisen, dass er einem Kriegsgefangenen bei der Flucht geholfen hatte, wäre das sein Todesurteil.

Blieb die Möglichkeit, Jarek auf dem Gelände des Stahlwerks zu verstecken. Er dachte an die Ruinen der alten Hauptverwaltung. Oder aber an die Kellerwelt. Seitdem er jedoch gestern gesehen hatte, wie Hansen dort unten lebte, zweifelte er daran. Jarek würde, genau wie Hansen, dort unten zum Monster werden. Schöppke könnte ihn zwar mit Nahrung versorgen, aber nicht mit Leben. Er wäre lebendig begraben.

Jarek schloss die Tür, kehrte zum Schreibtisch zurück. Die Männer würden den Tag gemeinsam verbringen, auf den nächsten Mord warten. Nur zum Schlafen würde Schöppke in sein Büro zurückkehren. Auch ihre Fahrbereitschaft, Kruck und Burgdorf, durften das Werk nicht verlassen.

Jarek hatte alle angewiesen, sich ausreichend mit Lebensmitteln zu versorgen. Da damit zu rechnen war, dass Hansen erneut in der Dunkelheit zuschlagen würde, waren besonders die Abend- und Nachtstunden kritisch. Alle Männer mussten auf dem Posten sein. Hoffentlich schaffte von Kessel die Waffe rechtzeitig heran, dachte Jarek.

Er blickte zu Schöppke herüber. Der musterte ihn sorgenvoll. Er ahnte, was in ihm vorging. Auch Jarek war bewusst, welche Folgen ein Scheitern hätte: Schöppke würde ihn wieder im Gefangenenlager abliefern müssen. Seine Häftlingsuniform lag immer noch im Regal, wartete dort auf ihn. Er hatte bereits überlegt, inwieweit ihm Schöppke bei einer Flucht helfen konnte. Aber er wollte seinen Freund nicht in Gefahr bringen. Sie waren zum Erfolg verdammt. Er beschloss, Schöppke etwas aufzumuntern:

„Du siehst heute gut aus, Paul. Ausgeschlafen, frisches Hemd. Dazu die schicke Weste. Man könnte dich glatt als gepflegte Erscheinung bezeichnen." Schöppkes Miene hellte sich auf. Er lehnte sich zurück, legte die Hände hinter den Kopf: „Du willst mich wohl schon wieder anpumpen. Aber den Trick kenn ich. Vergiss es."

Plötzlich fiel es Jarek siedend heiß ein: „Verdammt! Ich habe vergessen, dem Eddi das Geld wie versprochen zukommen zu lassen. Herrgott noch mal!" Schöppke lachte jetzt laut: „Ha, da kann ich dich beruhigen. Da ja an der Spaltanlage durch einen bedauerlichen Arbeitsunfall mehrere Männer für Wochen ausfallen, hat man den Eddi befördert. Er hat jetzt einen festen Posten an der Anlage." Jarek war beruhigt. Dennoch beschloss er, dass Eddi seine Belohnung noch bekommen sollte.

Schöppke stand auf, er ging zu seiner Tasche, die er neben dem Eingang abgestellt hatte. Sie machte einen prall gefüllten Eindruck. Er brachte sie zum Schreibtisch: „Glücklich ist, wer verfrisst, was nicht zu versaufen ist. Unser Familienmotto seit 1650. Meine Alte hat uns was Feines zum Frühstück eingepackt. Komm, wir stärken uns erstmal. Und dann müssen wir sehen, wie wir den Tag herumbekommen."

Er hatte recht. Sie waren zum Warten verdammt. Irgendwann, im Laufe des Tages, während der Nacht oder vielleicht auch erst Morgen, würde das Telefon klingeln. Erst, wenn Hansen wieder in Erscheinung trat, würden sie sehen, ob Jareks Plan funktionierte.

♦

Hansen lag auf dem blanken Betonboden. Er hatte seine Kleidung, entgegen seiner Gewohnheit, in der vergangenen Nacht nicht abgelegt. Der Juckreiz wurde schlimmer, wenn er mit Kleidung schlief. Auch an den Füßen machten ihm die Schuhe Probleme. Aber der Mann, der ihn suchte, bereitete ihm Sorgen. Er war gefährlich.

Die beiden Männer waren nicht zufällig im Keller gewesen. Als er sie beobachtet hatte, konnte er sehen, dass sie bewaffnet waren. Wenn hier unten jemand herumlief, und dazu noch bewaffnet, dann war er der Grund. Sie suchten nach ihm.

Irgendwie waren sie ihm auf die Schliche gekommen. Und seit gestern wussten sie mit Gewissheit, dass er sich hier unten verbarg. Sie würden wiederkommen, weitersuchen.

Er konnte seine gestohlene Nahrung retten, auch die Öllampe hatte er mitgenommen. Irgendwann in der Nacht war er zurückgeschlichen und hatte auch die Brechstange und die Holzlatte geholt. Zudem hatte er zwei Flaschen mit Wasser gefüllt.

Mittlerweile hatte er nahezu alle Vorräte verbraucht. Irgendwann heute Nacht würde er losziehen. Erst würde er sich etwas besorgen, das als Matratze dienen konnte. Dann brauchte er dringend neue Kleidung, denn in seiner wimmelte es vor Ungeziefer. Auch die starke Verschmutzung war ein Problem. Er war einfach zu auffällig.

Er hatte gehofft, in einem Spind etwas Geeignetes zu finden. Dazu hatte er vor wenigen Tagen der Waschkaue unter der Hochstraße einen Besuch abgestattet. Aber entweder passten die Sachen nicht oder sie waren bereits selbst zu stark verschmutzt.

Heute Nacht würde er sich saubere, passende Kleidung besorgen. Er hatte da auch schon einen Arbeiter im Auge, in der Brennhalle.

Er legte sich auf den Rücken, verschränkte die Arme auf der Brust, schloss die Augen. Über seinem Kopf brannte die Öllampe. So lag er da, wie ein aufgebahrter Toter.

♦

Nach dem ausgiebigen Frühstück gingen die Männer ihren eigenen Gedanken nach. Schöppke reinigte sich ungeniert mit einem Messer die Fingernägel. Er ärgerte sich, dass er vergessen hatte, den Volksempfänger aus seinem Büro mitzubringen. Schlechte Unterhaltung war immer noch besser als gar keine Unterhaltung.

Er hatte jedoch eine Zeitung in der Tasche, die Jarek jetzt interessiert studierte. Die Schlagzeilen sprachen für sich: Hakenkreuzfahne über Stalingrad. Stukas im Luftkampf über dem Kanal. Nächtliche Bombenangriffe auf London. U-Boot-Fahrer im Glück bei grober See. Spanien und die Achsenmächte. Wer will Offizier werden? Hauptmann Streib wurde mit dem Ritterkreuz ausgezeichnet. Der Krieg, er beherrschte die ersten drei Seiten. Kein einziger Beitrag über gefallene oder verwundete Soldaten.

Zu Jareks Erstaunen gab es auch einen großen Kultur- und Sportteil: Fortuna bei Hamborn 07 zu Gast. Handball am Sonntag. Benrath ungefährdet auf Platz eins. Jarek fragte sich, wer da noch auf dem Platz stand, wenn nahezu alle wehrtüchtigen Männer an der Front kämpften.

Bruckners Achte unter Karajan bekam gute Kritiken: schwungvoll und tonschön. Walter Lieds „Anneliese" wurde in Berlin uraufgeführt. Der Rheinische Literaturpreis wurde vergeben. Und der Richard-Wagner-Verband Deutscher Frauen gab seine Termine bekannt.

Auf der letzten Seite Lokales und Informatives: untreue Kassiererin – krankhafte Veranlagung mildert Strafe. Vortrag zur Bekämpfung von Diphterie-Erkrankung. Aufstieg zum Ingenieur – die Partei hilft. Verwundete treiben Leibesübungen mit KdF. Trotz Rationierung und Kriegswirtschaft enthielt die Zeitung auch Werbung: ATA – zum Reinigen stark verschmutzter Arbeitshände. Eckstein-Zigaretten: sparsam in der Packung, wertvoll im Inhalt; Stückpreis nur dreieinhalb Pfennige. Unreine Haut? Dr. Schieffers Stoffwechsel-Salz hilft. Und: Schuhe wollen Collonil.

Alles erweckte den Anschein einer gewissen Normalität. Jarek war sich darüber im Klaren, dass die Zeitung ein Produkt der deutschen Propaganda war. Er hatte dennoch gehofft, einen Hinweis darauf zu erhalten, wie lange der Krieg wohl noch dauern konnte. Er beschloss, Schöppke daraufhin anzusprechen.

„Paul, wenn man die Zeitung liest, könnte man glauben, alles im Reich nimmt seinen geregelten Gang. Aber wie ist die Lage denn wirklich? Werden die Deutschen den Krieg gewinnen? Was meinst du?"

Schöppke beendete abrupt seine Maniküre. Er zog überrascht die Augenbrauen hoch, überlegte, inwieweit er Jarek seine Meinung anvertrauen konnte. Er rückte näher an den Tisch heran, sprach leise: „In der Zeitung wirst du darüber nichts erfahren. Aber wenn man die englische BBC abhört und dazu noch die Berichte der Fronturlauber nimmt, dann zeigt sich ein düsteres Bild. Die deutschen Truppen sind in Stalingrad eingekesselt. Anfang November haben uns die Tommys in Ägypten besiegt. Und auch in Algerien und Marokko sind alliierte Truppen gelandet."

Er machte eine Pause, sammelte seine Gedanken. „Der russische Winter zermürbt unsere Soldaten. Die Rote Armee setzt uns schwer zu. Sollte Stalingrad fallen, wäre das eine Katastrophe. Die Stimmung in der Bevölkerung ist seit der letzten Kürzung der Rationen weitestgehend im Arsch. Momentan sieht es nicht gut aus."

Er sah Jarek ernst an: „Ich denke nicht, dass Deutschland den Krieg noch gewinnen kann. Aber er ist noch nicht verloren. Der Kampf kann noch zwei oder drei Jahre weitergehen. Ehrlich gesagt, ich rechne mit dem Schlimmsten."

Jarek nickte traurig. Für ihn und für seine Fluchtpläne waren das düstere Aussichten. „Wie steht es denn in Holland, Frankreich und Polen? Hast du da auch Informationen?"

Schöppke atmete tief ein. Während seiner Antwort blickte er betreten zu Boden: „Was man aus dem Osten hört, verheißt nichts Gutes. Die deutschen Truppen kämpfen da erbarmungslos gegen jeden Widerstand. Besonders in Polen wird mit großer Härte gegen die Bevölkerung vorgegangen. Im Westen sieht die Lage besser aus. Aber auch hier hungert und leidet die Zivilbevölkerung."

Jarek hatte keine Familie mehr in Polen. Seine Frau und seine Tochter waren tot, seine Eltern ebenfalls. Dennoch schnürte ihm der Gedanke an seine besetzte Heimat die Luft ab. Was war aus seinen Freunden geworden, aus seinen Kollegen? Selbst wenn er den Krieg überlebte: Wohin sollte er zurückkehren?

Es klopfte vorsichtig an der Tür. Schöppke ließ seinen Standard-Spruch los: „Herein!", und dann, ganz leise: „Wenn's nicht der Führer ist." Die Tür öffnete sich, ein Mann in Uniform trat herein. Es war Werner, der Chauffeur von von Kessel. Er verbeugte sich höflich: „Guten Morgen, die Herren. Ich hoffe, ich störe nicht. Ich habe eine Lieferung für Herrn Kruppa." Er hielt eine Zigarrenkiste in der Hand.

Jarek stand auf, er ging auf den Mann zu: „Guten Morgen, Herr Werner. Darauf habe ich schon gewartet. Vielen Dank." Er nahm die Schachtel entgegen, worauf sich der Fahrer wieder verabschiedete. Jarek kehrte zurück an den Tisch, wo er die Schachtel abstellte.

Es war eine schöne Schachtel aus edlem Tropenholz. Ein Brandzeichen auf dem Deckel verriet den Inhalt: Collegium Zigarren. Mittels einer bunt bedruckten, umlaufenden Banderole aus Papier war die Schachtel einst verschlossen gewesen. Die Banderole war jedoch beschädigt.

Schöppke blickte neugierig auf die Schachtel. Er nickte anerkennend, gab einen hohen Pfiff von sich: „Collegium Zigarren. Nicht schlecht, Herr Specht. Weißt du, was die kosten? Die bekommt man nur noch unter der Hand. Was hast du damit vor? Ich denke, du rauchst nicht?"

Jarek zog die Schachtel zu sich heran, öffnete sie. „Nein, Paul. Du weißt doch: Rauchen ist ungesund." Schöppke konnte den Inhalt nicht erkennen, weil der Deckel ihm die Sicht darauf versperrte. Jarek griff vorsichtig in die Kiste hinein – und zog eine Pistole hervor. „Einige behaupten sogar, man kann davon sterben."

Die Waffe war eine Luger P 08. Schwarzes Metall, dunkelbrauner Holzgriff. Jarek entnahm das Magazin: Es war gefüllt. Mit dem Daumen entleerte er das Magazin: Acht Patronen kamen zum Vorschein. Er prüfte, ob sich noch eine Patrone in der Kammer befand, aber sie war leer. Er befüllte das Magazin wieder, führt es in den Griff der Waffe ein. Dann lud er durch, die Waffe war jetzt gespannt. Jetzt brauchte man nur noch den Sicherungshebel an der rechten Seite umzulegen, damit war die Waffe schussbereit. Er legte die Pistole zurück in die Schachtel.

„Ich habe heute Morgen mit von Kessel telefoniert. Nach den Ereignissen des gestrigen Tages ist ihm klar geworden, dass wir Hansen nicht ohne Schusswaffe begegnen können. Ich werde morgen versuchen, auch für dich eine Pistole anzufordern. Aber eins nach dem anderen."

Der Erhalt der Waffe hatte seine trübe Stimmung vertrieben. Würde sein Plan aufgehen, dann hatte er jetzt eine gute Chance, Hansen zu erledigen.

Jetzt fehlte nur noch Hansen. Er würde erst in der Dunkelheit zuschlagen. Jarck blickte auf seine Uhr: zehn Uhr dreißig, Vormittag. Es würde ein langer Tag werden, im Büro unter der Hochstraße.

♦

Es war lange her, dass er am Flügel gesessen hatte. Früher hatte er die Angewohnheit, jeden Tag mindestens eine Stunde zu spielen. Aber seit einigen Monaten fehlte ihm dazu die innere Ruhe. Heute versuchte er es. Aber nach zwanzig Minuten gab er auf, kehrte an den Schreibtisch zurück.

Der Pole machte ihn nervös. Er wusste vom Scheinwerk. Und sicher waren ihm auch die kleinen Geschäfte, die im Werk abliefen, nicht verborgen geblieben. Er hatte zudem in Erfahrung gebracht, was es mit Hansen auf sich hatte. Egal wie die Sache ausging: Kruppa wusste zu viel.

Von Kessel war sich von Anfang an bewusst gewesen, welches Risiko er mit dem Polizisten aus Warschau einging. Wäre Kruppa geflüchtet oder untergetaucht, hätte ihn das in eine prekäre Lage gebracht. Würde ihn die Gestapo außerhalb des Stahlwerks fassen, in der Tasche einen Werksausweis der Germania Stahl Union, müsste er Schöppke opfern.

Sollte Kruppa flüchten, würde er Schöppke der Mittäterschaft bezichtigen und ihn verhaften lassen. Man würde ihn vor ein Kriegsgericht stellen und vermutlich zum Tode verurteilen. Es gab keinerlei Schriftstücke, die ihn, von Kessel, belasten konnten.

Heute hatte er Kruppa eine Pistole zukommen lassen. Schreiter, der Kommandant der Wachmannschaften, hatte sie ihm besorgt. Selbstverständlich wollte er wissen, wozu von Kessel die Waffe benötigte. Selbstschutz, war seine Antwort. Ein Mörder lief frei herum, er war schließlich in Gefahr. Natürlich nahm Schreiter ihm das nicht ab. Aber eine Kiste echten französischen Cognacs, und Schreiter stellte keine weitere Fragen.

Von Kessel dachte darüber nach, ob er Schreiter einweihen sollte. Aber je weniger Personen von seinem polnischen Geheimpolizisten wussten, desto besser. Er hoffte, dass es Kruppa und Schöppke gelingen würde, Hansen unauffällig zu beseitigen. Würden sie versagen, waren die Folgen nicht auszudenken.

Momentan lief alles bestens für ihn. Jeden Monat floss Geld auf sein Konto. Die Konrady war seine persönliche Buchhalterin. Sie war es auch, die die Idee mit den Briefkastenfirmen gehabt hatte. Wer etwas von ihm wollte, der bekam eine Rechnung. Von den Einnahmen kaufte er Immobilien. Mittlerweile gehörten ihm mehrere stattliche Villen am Rhein. Und auch die Konrady hatte ihren Anteil erhalten.

Würden sie ihn jetzt abberufen, wäre alles in Gefahr. Seinem Nachfolger würden die Geschäfte im Stahlwerk nicht verborgen bleiben. Entweder, er wäre so schlau, die Gelder zu sich umzuleiten. Oder aber, er war so fanatisch, dass er von Kessel anklagen würde.

Ihm waren die Hände gebunden. Er würde abwarten müssen, ob der Pole recht behielt. Sein Plan war nicht schlecht. Morgen früh würden sie vielleicht mehr wissen. Entgegen seiner Angewohnheit schenkte er sich bereits jetzt ein Glas Cognac ein. Die verdammte Warterei machte ihn wahnsinnig.

♦

Jarek hatte Schöppke schließlich erlaubt, ihnen beiden etwas zum Mittag aus der Kantine zu besorgen. Etwas Warmes würde ihnen guttun. Und auch der Kaffee war zur Neige gegangen. Zudem war es unwahrscheinlich, dass Hansen bereits heute Mittag wieder in Aktion treten würde.

Nach dem Essen hatte Schöppke kein Problem damit, sich auf Jareks Feldbett zu legen. Er schlief umgehend ein. Kurz darauf ließ lautes Schnarchen darauf schließen, dass er so schnell nicht aufwachen würde.

Jarek öffnete die Tür und setzte sich auf die Schwelle. Die frische Luft tat ihm gut. Der Regen hatte aufgehört, aber noch immer lag eine dichte graue Decke über dem Stahlwerk. Er überlegte, wann er das letzte Mal einen blauen Himmel gesehen hatte. Es war lange her. Den gesamten November über begleitete ihn das nasskalte, graue Wetter.

Er wäre gern etwas herumgelaufen. Nur dazusitzen und zu warten, zermürbte ihn. Auf der anderen Seite war ihm aber auch bewusst, auf was er da wartete: auf einen weiteren Mord. Ein Mensch wurde geopfert, damit sie Hansen endlich fassen konnten. Aber noch war nicht gewiss, ob Jareks Plan aufgehen würde.

Er ging zurück an den Schreibtisch nahm die Waffe aus der Schachtel. Eine schöne Pistole, fast ohne Gebrauchsspuren. Er machte einige Zielübungen. Sie lag gut in der Hand, wie für ihn gemacht. Gern hätte er einige Schüsse abgefeuert, die Waffe getestet. Aber leider bot sich dazu keine Möglichkeit. Er würde erst wissen, ob sie funktionierte, wenn er Hansen gegenüberstand.

Leider hatte ihm von Kessel kein Holster mitgeliefert. Er steckte sich die Waffe hinten in den Hosenbund. Er war zufrieden: Sie saß fest, ohne zu drücken. Auch beim Laufen würde sie ihm nicht aus der Hose rutschen.

Die Pistole verschoss Projektile im Kaliber neun Millimeter Parabellum. Jarek erinnerte sich, was er in der Polizeischule dazu gelernt hatte. Der Österreicher Georg Luger hatte das Kaliber entwickelt und ihm den Namen gegeben. Er hatte sich dabei an einem lateinischen Sprichwort orientiert: Si vis pacem para bellum – Wenn du Frieden willst, bereite den Krieg vor.

Er legte die Waffe zurück in die Zigarrenkiste. Wann würde Hansen zuschlagen? Sie mussten warten.

Jarek öffnete die Schublade des Schreibtischs, in die er die Akten gelegt hatte. Für einen der Morde gab es keine Akte, fiel ihm ein: Gustav Glaser. Er erinnerte sich daran, was von Kessel und Schöppke ihm über den Mann erzählt hatten. Gustav Glaser war Waschkauenwärter im E-Werk. Ein in sich gekehrter Kriegsinvalide, der laut Schöppke „auch am Kopp was abgekommen" hatte. Vor seiner Ermordung lebte er zurückgezogen in einer Wohnung irgendwo im Stahlwerk. Hansen hatte ihn niedergeschlagen, ihm dann den Schädel eingetreten. Er hatte keine Freunde oder Familie, niemand betrauerte oder vermisste ihn.

Um den Mord zu vertuschen, ließ Schöppke die Leiche Gustav Glasers in einem der Hochöfen verbrennen. Würde Jarek versagen, wie würde von Kessel wohl mit seiner Leiche verfahren? Jarek schloss die Schublade wieder. Gustav Glaser war Hansens zehntes Opfer. Sie warteten nun auf Nummer zwölf.

♦

Sie spielten Schach. Schon die zwanzigste Partie. Kruck verlor. Er verlor immer. Er hatte noch nie gegen Burgdorf gewonnen. Kruck war nicht dumm. Aber so richtig begriff er Schach einfach nicht. Manchmal schaffte er es, auch einige Figuren zu schlagen. Aber irgendwann verlor er den Überblick über das Spielgeschehen. Einmal vergaß er, dass er die weißen Figuren hatte, führte somit einen Zug gegen sich selbst aus. Burgdorf lachte Tränen.

♦

Die Dunkelheit hatte sich wieder über dem Werk ausgebreitet. Jarek hatte sich einige der alten Zeitungen aus der Toilette geholt, blätterte gelangweilt in Ausgaben von vor zwei Jahren.

Schöppke saß auf seinem Platz, die Füße auf dem Tisch. Er hatte sich mittlerweile das zweite Bier aufgemacht. Er lehnte sich gemütlich zurück. Die Hand mit der Flasche hatte er auf seinem voluminösen Bauch abgestellt. Er übte eifrig Rauchringe, wobei ihm auch einige bemerkenswerte Exemplare gelangen. Zwischendurch erzählte er Jarek einige Flüsterwitze.

„Was ist ein Arier?" Kurze Pause: „Das Hinterteil von einem Proletarier." Als Jarek nicht lachte, versuchte er es mit einem anderen: „Die Zähne werden in Deutschland zukünftig durch die Nase gezogen, weil niemand mehr den Mund aufmachen darf." Auch den fand Jarek nicht besonders gelungen. Schöppke gab nicht auf: „Wann gibt es wieder Schlagsahne?" Nach einer Pause: „Wenn alle Hitler-Bilder entrahmt sind."

So zog sich der Abend dahin.

Auch Hansen wartete. Er hatte seine restlichen Vorräte verzehrt, fühlte sich ausgeruht und gestärkt. Aber es war noch zu
früh, um nach oben zu gehen. Heute würde er die Brechstange
mitnehmen. Er würde versuchen, kein Blut zu vergießen. Was
hatte er davon, wenn die neue Jacke gleich wieder verschmutzt
war?

◆

Kurz vor elf rief Schöppke in der Zentrale an: „Kruck? Ihr
könnt mich abholen. Ein bisschen dalli, bitte." Müde setzte er
sich hin, gähnte ungehemmt wie ein Pavian. Die Weste hatte er
irgendwann abgelegt. Sein Hemd spannte sich gefährlich über
dem stattlichen Bauch. Jarek hob abwehrend die Hand, so, als
ob er sein Gesicht schützen wolle: „Vorsicht, wenn die Knöpfe
abplatzen, dann gehen die los wie Geschosse."

Schöppke lachte: „Ja, vielleicht kann ich mich ja so gegen den
Hansen wehren. Erst betäube ich ihn mit meiner Alkoholfah-
ne, dann vernebele ich seine Sicht mit Rauchringen. Und zum
Schluss verpasse ich ihm ein paar Schuss mit der Knopfpistole.
Sieg Heil!"

Die Männer lachten. Irgendwann hupte es draußen. „So, ich
hau ab. Ich rufe dich an, sollte was passieren. Versuch ein bisschen zu pennen. Kannst es gebrauchen." Jarek begleitete seinen
Freund zu Tür.

Tag 7

Es war heute Morgen ungewohnt voll in der Kantine. Es dauerte eine Zeit, bis Jarek begriff, dass Monatsanfang war. Die Männer hatten in den Tagen zuvor ihre Lohntüten erhalten, wieder etwas Geld in der Tasche. Jetzt konnte man sich etwas leisten, also bildete sich eine lange Schlange vor der Essensausgabe.

Jarek war das gar nicht recht. Er hatte heute morgen um fünf in der Werkschutz-Zentrale angerufen. Kruck hob ab und informierte ihn: nichts. Bisher war Hansen nicht in Erscheinung getreten. Schöppke schlief noch, keine besonderen Vorkommnisse.

Um sechs rief er erneut an, die Lage war unverändert. Er teilte Kruck mit, dass er für zwanzig Minuten zur Kantine fahren würde. Würde in dieser Zeit etwas passieren, sollten sie einen Wagen zum Büro schicken.

Jetzt stand er bereits seit fünfzehn Minuten in der Schlange. Während er wartete, betrachtete er die Arbeiter: Es waren größtenteils alte Männer. Die meisten wirkten müde und ausgelaugt. Jarek dachte an das, was Schöppke ihm gestern erzählt hatte. Wie viele der Männer hatten einen Sohn oder jüngeren Bruder, der irgendwo an der Front kämpfte? In knapp drei Wochen war Weihnachten, für viele würde es ein trauriges Fest werden.

Endlich war er an der Reihe. Das Mariechen stand hinter dem Tresen, sie erkannte ihn sofort: „Oh, da ist ja der kleine Bruder vom Schöppke. Haben wir denn mittlerweile begriffen, wie das hier funktioniert? Oder brauchen wir immer noch Hilfe?" Jarek war peinlich berührt, einige Männer in der Schlange lachten.

Aber er wusste natürlich, wie er seine Bestellung aufgeben musste. Schnell bekam er seine Brotdose und den Henkelmann gefüllt. Auch die Thermoskanne ließ er sich mit Kaffee voll machen. „Dann gib dem Schöppke mal ein Küsschen von mir, aber bitte mit Zunge. Und sach ihm, der Kruck hat hier noch nen Deckel offen. Bevor der nicht bezahlt ist, bekommt der Werkschutz nichts mehr auf Rechnung."

Die große Uhr über der Essensausgabe zeigte sechs Uhr dreißig. Er schwang sich auf sein Fahrrad. In fünf Minuten wäre er wieder im Büro. Er rechnete nicht damit, dass es in dieser kurzen Zeit etwas Neues von Hansen gab.

Es war kalt und trocken an diesem Morgen. Wenn er ausatmete, bildete sich Hauch vor seinem Mund. Hinten in der Hose spürte er die Pistole, vorn drückte sich der Dolch in seine Hüfte. Er fuhr so schnell er konnte, trotz der Dunkelheit. Als er vor der Bürotür bremste, hörte er das Telefon bereits klingeln.

♦

„Sie haben ihn draußen vor der Brennhalle gefunden. So wie es aussieht Genickbruch. Der Vorarbeiter hat am Telefon gesagt, dem Toten hätte man den Helm, die Jacke und wohl noch andere Gegenstände entwendet. Sie haben den Tatort erst mal weiträumig abgesperrt." Schöppke war aufgeregt, er sprach schnell und hastig. In seinen Mundwinkeln hatte sich ein feiner, weißer Schaum gebildet. Bereits fünf Minuten, nachdem ihn Kruck am Telefon informiert hatte, hupte es draußen. Schöppke saß selbst hinter dem Steuer. Jetzt rasten sie durch das Werk zur Brennhalle.

„Was ist mit Jelinek und Faust, sind die schon unterwegs?", wollte Jarek wissen. „Ja, der Burgdorf ist sofort losgefahren, als der Anruf kam. Die warten am Tatort schon auf uns." Mit den abgeklebten Scheinwerfern war die Fahrbahn kaum auszumachen. Schöppke fuhr viel zu schnell.

„Was ist das für ein Ort, die Brennhalle? Gibt es da einen Zugang zur Kellerwelt?" Die Beleuchtung des Armaturenbretts warf ein schwaches Licht auf Schöppkes Gesicht. Er hatte die Augen weit aufgerissen, saß verkrampft hinter dem Steuer. „In der Brennhalle werden Platinen auf Maß geschnitten. Dazu legt ein Kran die Platinen auf übergroße Tische aus Stahlträgern. Arbeiter mit Schneidbrennern schneiden die Platinen dann zu. Wenn sie fertig sind, werden die Platinen auf Güterwaggons verladen und ausgeliefert."

Der Wagen legte sich mit quietschenden Reifen in die Kurve. „Ich denke schon, dass es da einen Zugang zur Kellerwelt gibt. Glaube, da stand mal ein Hammerwerk. Die Dinger haben eigentlich immer einen Keller. Aber ich weiß es nicht genau." Er hupte, als ein Lkw sich vor sie drängen wollte. Schöppke zog haarscharf an ihm vorbei. „Die Brennhalle ist nicht weit weg vom Bahnhof. Wir sind gleich da."

„Wäre schön, wenn wir da auch lebend ankommen", dachte Jarek. Schöppke fuhr wie der Henker. Bei der mangelhaften Beleuchtung übersah er einen Radfahrer: Der Mann entging nur um Haaresbreite einem Zusammenstoß. „Da drüben ist es, ich sehe schon den Wagen vom Burgdorf." Abrupt kamen sie neben dem Wagen zum Halten, stiegen aus.

Sie liefen einen Trampelpfad entlang. In einiger Entfernung konnten sie den Schein von mehreren Taschenlampen erkennen. Jarek kramte in seiner Ledertasche, bis er seine eigene Lampe fand und sie einschaltete. Schließlich erreichten sie den Tatort.

Mehrere Männer und ein Hund standen etwas abseits der Leiche. Die Leiche lag, einige Meter von der Halle entfernt, neben einem geschotterten Weg. Sie näherten sich zuerst den Männern. Jarek sprach den Mann mit dem Hund an: „Sie müssen der Herr Jelinek sein, richtig?"

Der Mann, den Jarek im Halbdunkel nur schlecht erkennen konnte, nickte. „Dann ist das also Faust. Guten Morgen, Faust."

Jarek kannte sich gut mit Hunden aus. Er näherte sich langsam dem Tier, streichelte seinen Kopf. Faust wedelte aufgeregt mit dem Schwanz. Sein intelligenter Blick deutete darauf hin, dass er merkte, dass er gleich zum Einsatz kommen würde. Faust war ein Hannoverscher Schweißhund, eine Rasse, die für ihren exzellenten Spürsinn bekannt war.

Jelinek ergriff das Wort. Er hatte einen leicht österreichischen Akzent: „Ich kann Ihnen nicht garantieren, dass der Hund die Fährte aufnimmt. Er ist nicht auf Menschen trainiert, sondern auf Tiere. Und vor allem auf deren Blut. So, wie Sie es geschildert haben, hinterlässt der Täter jedoch nur eine sehr starke Geruchsspur. Wir müssen sehen, was passiert."

Jarek war irgendwann aufgefallen, dass Hansen seine Tatwerkzeuge fast immer am Tatort zurückließ. Egal ob Messer, Hammer oder Knüppel, er verwendete eine Waffe immer nur einmal. Dieses Verhalten war nichts Ungewöhnliches bei Mördern. Die Tatwaffe war das Corpus Delicti. Es nach der Tat noch mit sich zu führen, war gefährlich. Außerdem wollten viele Mörder nach der Tat keine Verbindung mehr zum Opfer haben. Die Tatwaffe noch zu besitzen, würde diese Verbindung herstellen.

Zudem hatte Jarek bemerkt, dass Hansen sich die Tatwaffen im Voraus besorgte. Fand er irgendwo einen Gegenstand, der sich als Mordwerkzeug eignete, dann nahm er diesen zunächst an sich. Er trug ihn am Körper, verwahrte ihn in seinem Versteck. Hansens extremer Geruch übertrug sich so auf die Gegenstände. Jarek hoffte nun, dass ein Spürhund diesen Geruch wahrnehmen und verfolgen konnte. Sein Plan war, den Hund auf Hansens Spur zu setzen. Er und Jelinek würden Hansen in die Kellerwelt verfolgen.

„Ihr wartet erst mal hier. Los Paul, schauen wir uns den Toten mal genauer an." Sie gingen hinüber zur Leiche. Der Mann lag auf dem Bauch, den Oberkörper nur bekleidet mit einem abgetragenen Unterhemd. Die Schuhe lagen neben dem Körper. Hansen hatte versucht, ihm auch die Hose auszuziehen. Sie war heruntergezogen bis zu den Knien. Aus irgendeinem Grund hatte er sein Vorhaben jedoch nicht beendet.

Einen Meter oberhalb des Kopfes lag ein Brecheisen. Jarek erkannte es im Schein der Taschenlampe sofort: Es war etwas verbogen. Auch Schöppke erkannte es. Er zog scharf die Luft durch die Zähne ein: „Dieses Schwein. Er hat mein Brecheisen verwendet. Erkennst du es?" Jarek nickte: „Ja, und er hat es zurückgelassen. Schauen wir, ob ich recht habe. Faust!"

Jelinek und der Hund näherten sich dem Toten. Jarek zeigte auf das Brecheisen. Jelinek führte den Hund nah heran, stieß ihn mit der Schnauze an das Eisen: „Such danach, Faust, such danach!" Sofort schnüffelte der Hund erregt am Eisen. „Such vorhin, Faust, vorhin!" Jarek kannte die Befehle aus der Jägersprache nicht. Aber sein Plan ging scheinbar auf: Der Hund bewegte sich, den Kopf nah am Boden, Richtung Halle. Jelinek bestätigte seine Vermutung: „Er hat eine Fährte aufgenommen. Such, Faust, such!"

Sie folgten dem Schotterweg an der Längsseite der Halle. Nach wenigen Minuten erreichten sie ein geöffnetes Tor. Jarek war gespannt, wie gut der Hund die Fährte in der Halle finden würde. Immerhin gab es hier viel Staub und Rauch, dazu Lärm, Funken, viele andere Gerüche. Aber der Spürsinn des Jagdhunds war enorm: Er folgte der Fährte scheinbar unbeirrt.

Sie setzten die Verfolgung fort. Der Hund führte sie an das Ende der Halle. Jarek war nervös. Wenn Hansen keine Treppe nutzte, um in die Kellerwelt einzusteigen, sondern eine Leiter, wie würden sie den Hund herunterbekommen?

Seine Befürchtungen bewahrheiteten sich. In der hinteren linken Ecke der düsteren Halle hielt der Hund vor einem vergitterten Schacht. Aber was war das? Nachdem er den Schacht beschnuppert hatte, führte er die Männer weiter in die Halle hinein.

Sie folgten jetzt einem Weg, der an der kürzeren Seite der Halle entlangführte. Noch immer schien Faust einer eindeutigen Fährte zu folgen.

Schließlich stoppte er vor einer Treppe, die hoch nach oben unter die Hallendecke führte. Jarek blickte hinauf. Die schmale Treppe aus Gitterrosten war wohl der Zugang für den Kranführer, dachte er. Der Hund versuchte, die Treppe zu besteigen, aber Jelinek hielt ihn zurück. „Der Hund kann die Gitterroste nicht hochgehen. Seine Pfoten könnten sich verklemmen. Aber so wie es aussieht, ist ihr Mann da hochgelaufen."

Jarek gab seine Tasche und die Lampe Schöppke: „Ihr wartet hier. Ich sehe mir das an!" Rasch stieg er die Treppe hoch. Warum sollte Hansen hier hochklettern? Die Treppe zog sich im Zickzack nach oben. Die Brennhalle war sicher dreißig Meter hoch, da mussten schon einige Stufen genommen werden.

Jarek konnte sehen, wie unten am Hallenboden an vielen Tischen die großen Metallplatten zugeschnitten wurden. Er sah die blauen Flammen der Schweißbrenner. Sie schnitten sich in den Stahl, der in einer hellgelben Schmelze nach unten abfloss. Funken spritzten nach oben heraus, viele Meter hoch. In der Halle arbeiteten an die zwanzig Brenner, es war ein faszinierendes Lichtspiel.

Aber je höher Jarek kam, desto dunkler wurde es. Auch die Temperatur stieg rasch an. War es unten in der unbeheizten Halle nicht sonderlich warm, hatte es hier oben sicher fast dreißig Grad. Die heiße Abluft der Schneidbrenner stieg nach oben, sammelte sich unter der Hallendecke.

Schließlich erreichte er das Ende der Treppe. Er stand auf einer Art Balkon und konnte nach unten sowie über die gesamte Halle blicken. Es war ein beeindruckender Anblick. Unten am Hallenboden spritzten die Funken. Vor ihm, etwa in der Mitte der Halle, arbeitete der Brückenkran. Er beleuchtete den Bereich unter sich. Jarek sah ein großes Lager mit etlichen Platinen. Links an der Halle standen Waggons, die beladen wurden. Es war, wie Schöppke es beschrieben hatte: Direkt unter dem Kran war es taghell.

Am Balkon war eine Art übergroßer Klingelknopf angebracht. Jarek ahnte, wozu er diente. Mit ihm konnte man dem Kranfahrer signalisieren, dass hier am Balkon jemand stand und auf Abholung wartete. Würde man den Knopf drücken, käme der Kran zurück zum Balkon und würde Jarek aufnehmen. Wahrscheinlich wurde die Klingel vorrangig beim Schichtwechsel genutzt.

Vom Balkon aus gingen jedoch auch zwei Stege, ebenfalls aus Gitterrost, zu den Längsseiten der Halle. Die Stege waren mit einem Geländer versehen, man konnte sie also gefahrlos entlanggehen. Jarek folgte dem Steg zur rechten Hallenseite.

Hier war eine der Schienen verlegt, auf der der Kran entlangfuhr. Sie zog sich über die gesamte Länge der Halle. Auf der anderen Seite würde sich das Gegenstück finden. Der Kran lag auf diesen beiden Schienen, überspannte wie eine Brücke die Halle.

Neben der Schiene und der Hallenwand befand sich ein rund vierzig Zentimeter schmaler Weg. Auf ihm konnte man, Schwindelfreiheit vorausgesetzt, die Halle überqueren. Der Weg war jedoch nicht mit einem Geländer gesichert. Es war lebensgefährlich, ihn zu benutzen.

Jarek verließ den Steg und kletterte vorsichtig auf den Weg. Er bezweifelte, dass er zur regulären Nutzung gedacht war. Vermutlich war es eine Art Notausgang, falls der Kran einmal wegen eines Defekts in der Mitte der Halle stehen bleiben würde.

Langsam setzte er einen Fuß vor den anderen. Es gab keine Möglichkeit, sich festzuhalten. Der Weg war eigentlich breit genug, um sich darauf sicher zu bewegen. Aber es war Psychologie: Am Abgrund entlangzubalancieren, erzeugte in Jarek automatisch Angst.

Er atmete nur flach, schritt langsam voran. Den Blick hatte er nicht nach unten gerichtet, sondern nur direkt vor sich. Der Kran arbeitete in der Hallenmitte. Es waren sicher mehr als achtzig Meter, die er so zurücklegen musste. Langsam, ganz langsam, kam er voran.

Er war vielleicht zwanzig Meter den Weg entlanggeschlichen, als der Kran sich ihm plötzlich näherte. Einige Aufbauten ragten in den Weg hinein. Würde der Kran ihn erreichen, müsste er sich eng an die Wand pressen, um nicht von ihnen erfasst zu werden.

Die Luft war heiß, trocken und stickig hier oben. Ihm lief der Schweiß über das Gesicht. Die Anspannung und die Hitze, dazu die schlechte Sicht: Jarek war nervös. Der Kran kam immer näher. Er hatte in etwa Schrittgeschwindigkeit. Als er Jarek erreichte, verlangsamte er seine Bewegung. Rasch stieg Jarek auf.

Er musste aufpassen, denn die Stahlräder, auf denen der Kran lief, waren rund fünfzig Zentimeter hoch. Es gab keine Leiter oder Ähnliches. Er suchte einen Halt für seine Hände und zog sich nach oben.

Der Kran war in einem schmutzigen Ockergelb gestrichen. Staub und Ruß hatten ihn jedoch so weit verfärbt, dass er auf der Oberseite nahezu braun war. Er überspannte die Halle in ihrer gesamten Breite. Jarek schätzte, dass es ungefähr dreißig Meter waren.

Auf seiner Oberseite hatte der Kran zahlreiche Aufbauten: Schaltschränke und Sicherungskästen, Motoren, Kabelkanäle. Es gab armdicke Antriebsstränge, die zu den Rädern führten.

Unter einem Gehäuse hörte Jarek laute Geräusche, vermutlich die Zahnräder eines Getriebes.

Inmitten des Gewirrs aus Aufbauten verlief ein schmaler Weg aus geriffeltem Metallblech. Er führte zu einer rostigen, steilen Treppe. Jarek blickte hinab. Die Treppe reichte rund zwei Meter nach unten. Sie endete in einer schmalen Plattform, daneben eine Tür. Über diese Tür erreichte man schließlich den Zugang zur verglasten Fahrerkabine.

Der Kran setzte sich wieder in Bewegung, dieses Mal in die entgegengesetzte Richtung. Vorsichtig kletterte Jarek über die Aufbauten an die vordere Kante des Krans. Hier blickte er in die Halle hinab.

Plötzlich, in einem einzigen Augenblick, explodierte eine Erkenntnis in seinem Kopf: Er hatte das fehlende Puzzlestück gefunden. Stets hatte er sich gefragt, wie Hansen seine Opfer auswählte. Er musste sie irgendwie unbemerkt beobachten.

Hansen lebte und versteckte sich in der Kellerwelt. Seine Opfer, die er bestahl und später auch ermordete, arbeiteten in den Hallen. Von hier oben, vom Kran herab, konnte er völlig unbemerkt das Geschehen am Hallenboden beobachten.

Wie ein Raubvogel, der lautlos in der Thermik kreiste, hatte Hansen seine Opfer im Visier. Er konnte sehen, wer zur Schicht kam, wer ging, wo die Männer ihre Taschen abstellen. Er konnte mitverfolgen, wer zur Pause ging oder zur Toilette.

Vom Kran aus hatte Hansen beobachtet, was an der Spaltanlage vor sich ging. Der Raum, in dem Wessler und Bangemann gearbeitet hatten, hatte keine Decke. Er wusste, wo die Männer ihr Essen abstellten. Er hatte den dicken Pape beobachtet. Er konnte ihm beim Essen zusehen, wusste, dass er ein lohnendes Opfer war.

In nahezu allen Hallen des Werks gab es Brückenkrane. Sie waren für Hansen perfekte Beobachtungsposten. Er konnte sich hier oben hinlegen, an den Rand des Krans, und unbemerkt stundenlang das Treiben in der Halle beobachten. Irgendwann kannte er die Gewohnheiten der Männer da unten. War seine Zeit gekommen, kletterte er hinab, um zu stehlen oder zu morden.

Aber warum hatte der Hund ihn zum Kran hingeführt? War Hansen aus dem Keller herausgekommen und anschließend auf den Kran gestiegen? Hatte er sein Opfer beobachtet, war herabgestiegen, hatte es getötet war und wieder heraufgestiegen? In diesem Moment nahm Jarek einen Schatten neben sich wahr.

◆

Schöppke wurde langsam nervös. Jarek war nun schon recht lange da oben, fast eine halbe Stunde. Er blickte angestrengt nach oben: Die Hallendecke lag in der Dunkelheit verborgen. Die Treppe verschwand irgendwo im Nichts. „Verdammt, was macht der Kerl da oben so lange?"

◆

In dieser Nacht war Hansen sehr erfolgreich gewesen. Er hatte sich zunächst einen ganzen Sack Lumpen besorgt, diesen bereits in sein Versteck gebracht. Dann hatte er zwei Lkw-Fahrer bestohlen. Sie hatten wohl eine längere Fahrt vor sich, die Ausbeute war beachtlich. Er hatte zunächst alles mit hoch auf den Kran genommen, hier verborgen. Dann hatte er gewartet, bis sein Opfer sich auf den Feierabend vorbereitete. Er stieg hinab, das Brecheisen hatte er dabei.

Alles lief wie geplant. Er war dabei, seinem Opfer die Hose auszuziehen, als er Stimmen hörte. Irgendwer näherte sich. Er wich zunächst in Richtung der Halle zurück. Er hatte die Jacke, einen Helm, die Tasche und eine neue Lampe. Eine neue Hose, die konnte zur Not noch warten. Er würde seine Sachen vom Kran holen, anschließend in die Kellerwelt verschwinden.

♦

Hansen war vielleicht noch hier oben. Diese Erkenntnis traf Jarek wie ein Blitz. Als er dann den Schatten sah, wusste er es. Er wollte sich umdrehen, als ihn ein brutaler, schmerzhafter Schlag in den Rücken traf.

Mit beiden Fäusten hämmerte Hansen auf Jareks Rücken. Er legte seine ganze Kraft in diesen Schlag, warf seinen Körper gleichzeitig nach vorn.

♦

Albert Loose war wahrscheinlich der älteste Arbeiter im Stahlwerk. Mit achtundsechzig war er in Rente gegangen, das war noch vor dem verdammten Krieg. Aber dann, vor ein paar Monaten, kam ein Brief von der Hauptverwaltung: Sie baten ihn, wieder als Kranführer anzufangen.

Über vierzig Jahre hatte er auf dem Kran verbracht, mehr als die Hälfte seines Lebens. Sein Rücken war kaputt, er litt böse an Hämorriden. Seine Augen spielten nicht mehr mit, oft konnte er die Zeichen der Anschläger unten in der Halle nicht richtig erkennen.

Er hasste das Stahlwerk. Allein die Treppe zum Kran hochzusteigen, dafür brauchte er fast zwanzig Minuten. Musste er sich erleichtern, benutzte er einen Eimer, den er draußen im Vorraum abstellte.

Er versuchte, sich zu drücken. Aber sie ließen nicht locker. Schließlich willigte er ein: zwei Tage die Woche, nicht mehr als zehn Stunden. Heute musste er noch zwei Stunden durchhalten, dann war Feierabend.

Der Schlag kam so unverhofft und hart, dass Jarek keine Chance hatte, ihn abzufangen. Er war nur einen Meter von der Kante des Krans entfernt, dahinter lauerte die Tiefe. Sein Körper wurde durch die Wucht des Schlags nach vorn geschleudert, über den Abgrund hinaus. Er schrie. Panische Angst erfüllte ihn: Er würde jetzt sterben.

„Warten Sie bitte noch kurz. Wenn Jarek herunterkommt, dann soll er entscheiden, wie es weitergeht. Es kann sein, dass wir doch noch in den Keller hinabsteigen." Jelinek wollte raus aus der Halle, und auch der Hund machte langsam Schwierigkeiten. Schöppke überlegte, ob er die Treppe hochsteigen sollte, aber sein Knie würde da nicht mitmachen. Burgdorf wartete vor der Halle. Er überlegte gerade, ob er ihn holen und hochschicken sollte, als von oben ein entsetzlicher Schrei erklang: Irgendjemand schrie in Todesangst.

Er sollte heute noch fertig zugeschnittene Bleche auf den Zug aufladen. Der Vorarbeiter hatte ihm dazu eine Liste gegeben, welche Bleche auf welchen Waggon mussten. Die Arbeiter unten verarschten ihn jedoch.

Nach dem Brennen wurde jedes Blech mit einer Teilenummer beschriftet. Die Nummer wurde mit weißer Farbe oben auf das Blech geschrieben. Normalerweise war die Nummer so groß, dass man sie von hier oben aus ohne Probleme lesen konnte.

Da die Arschlöcher aber wussten, dass er auf dem Kran saß, malten sie die Nummer extra klein auf das Blech. Er musste die Bleche daher fast ganz zu sich hochziehen, um die Nummer lesen zu können.

Er hatte das Blech soweit hochgezogen, dass er die Nummer erkennen konnte, als ein grässlicher Schrei erklang. Er erschrak, denn der Schrei kam nicht etwa unten aus der Halle. Es klang, als ob jemand hier oben auf dem Kran schrie.

In diesem Moment schlug ein Mann auf dem Blech auf. Er musste oben auf dem Kran gestanden haben, gestürzt sein. Er prallte mit großer Wucht auf. Zuerst die Füße, dann fiel er vornüber auf die Knie, den Oberkörper, dann das Gesicht. Er rutschte noch ein ganzes Stück. Loose befürchtete, er würde noch über das Blech hinausrutschen. Aber dann blieb er regungslos liegen. Ein Arm hing vom Blech herunter.

Loose öffnete das Fenster an seiner Fahrerkabine: „Um Himmels willen! Komm von der Kante weg, schnell!"

♦

Jarek hörte seinen eigenen Angstschrei. Er blickte hinunter in die Halle, konnte kleine blaue Flammen und rote Funken sehen. Er fiel nach vorn, der tödliche Absturz war unvermeidlich. Aber als sein Oberkörper sich schließlich über die Kante bewegte, konnte er unter sich ein graues Band erkennen. Drei, vielleicht vier Meter unter ihm ragte ein Blech unter dem Kran hervor. Nicht weit, vielleicht einen Meter. Er erkannte, dass er genau auf dem Rand des Bleches aufkommen würde.

Er schlug der Länge nach auf. Er spürte, wie sein Kinn mit großer Wucht aufprallte, er fast ohnmächtig wurde. Die Luft wurde aus seinen Lungen gepresst, sein Schrei verstummte abrupt. Der Aufschlag war unglaublich schmerzhaft. Seine Knie, seine Hände, sein Kopf, alles schmerzte. Er rutschte noch ein Stück weiter, dann kam sein Körper am Rand des Bleches zur Ruhe. Er blickte in die Halle herunter, als er von hinten eine laute Stimme hörte: „Um Himmels willen! Komm von der Kante weg, schnell!"

♦

Sie hielten sich an den Händen. Gemeinsam liefen sie die Straße entlang. Agnes lachte, hüpfte von einem Fuß auf den anderen. Sie war ein sehr lebhaftes, aufgewecktes Kind. Heute hatte sie ihr Lieblingskleid an, himmelblau mit weißen, gestickten Rüschen. Auf dem Rücken trug sie einen kleinen, gelben Ranzen. Jarek hatte ihr den Ranzen zum vierten Geburtstag geschenkt. Sie ging zwar noch nicht zur Schule, aber auch für den Besuch bei der Tagesmutter nahm sie den Ranzen gern mit. Sie packte Spielsachen hinein, Stifte, ihren Lieblingsteddy.

Es war ein wunderschöner Frühlingstag. Mariola hatte heute nur eine Vorlesung, daher hatte sie die Kleine schon etwas eher abgeholt. Bis zur Bushaltestelle waren es nur ein paar Minuten. Die Bäume an der Königsallee trugen weiße Blüten. Die Sonne schien durch das Blätterdach, tauchte den Fußweg in ein warmes, schillerndes Lichtspiel.

Viele Spaziergänger waren unterwegs. Ein Musikant mit einem Leierkasten spielte ‚für Elise', eines von Mariolas Lieblingsliedern. An einem Verkaufswagen wurden kandierte Mandeln und Zuckerwatte angeboten.

Auf der Straße neben dem Fußweg herrschte kaum Verkehr. Es waren immer noch mehr Pferdefuhrwerke und Kutschen unterwegs als Autos. Jede Stunde fuhr ein Bus, hier und da ein Laster. Personenkraftwagen sah man eher selten. Das Fahrrad war nach wie vor das beliebteste Fortbewegungsmittel in Warschau.

Mariola studierte Chemie. Nach dem Tod von Jareks Eltern hatten sie ein beachtliches Vermögen sowie die Villa geerbt. Eigentlich hätten weder sie noch Jarek irgendeiner Arbeit nachgegen müssen. Aber, Jarek war gern Polizist. Auf Streife zu gehen, den Bürgern Warschaus zu dienen, das erfüllte ihn mit Stolz. Momentan war er bei der Verkehrspolizei im Einsatz. Die Abteilung befand sich noch im Aufbau.

Bei einem Besuch in Berlin hatten sie gesehen, wie das Automobil die Stadt veränderte. Jarek meinte, dass es auch in Warschau irgendwann so zugehen würde. Ein schrecklicher Gedanke, fand Mariola. Der Krach und der Gestank, den Autos verursachten, schreckten sie ab.

Ein Straßenverkäufer bot mit Gas gefüllte Luftballons an. Beim Anblick der großen Traube bunter Ballons kreischte Agnes vor Vergnügen. Sie zog Mariola am ausgestreckten Arm hinüber und bettelte so lange, bis Mariola schließlich nachgab. Stolz ging die Kleine neben ihr, den Blick nach oben auf den Ballon gerichtet.

Für eine Studentin war Mariola viel zu elegant gekleidet. Sie trug ein hellgraues Kostüm, maßgeschneidert, dazu eine rosafarbene Seidenbluse. Die weiße Handtasche hatte Jarek ihr in Berlin gekauft. An der Universität wurde viel über sie getuschelt: Wie konnte sich eine junge Studentin, Frau eines einfachen Polizisten, so teure Kleidung leisten?

Agnes wuchs zweisprachig auf. Jarek bestand darauf, dass auch Mariola Deutsch lernte, was ihr nicht leicht fiel. Heute Abend hätte sie wieder eine Stunde Privatunterricht. Herr Knabe, ihr Lehrer, war ein fast achtzig Jahre alter Deutscher. Die Liebe hatte ihn vor fünfzig Jahren nach Warschau verschlagen. Er war sehr charmant und leider auch sehr vergesslich. Bereits zweimal hatte er einen Unterrichtstermin verstreichen lassen.

Sie standen an der Bushaltestelle. Mariola blickte sich um. Unter den Wartenden entdeckte sie Renata Nowak, eine Kommilitonin aus ihrem Semester. Sie hatte Renata seit einigen Wochen nicht gesehen. Die beiden Frauen umarmten sich zur Begrüßung. „Wo hast du denn die ganze Zeit gesteckt?", wollte Mariola von ihrer Freundin wissen.

In diesem Moment fegte eine Windböe durch die Allee. Viele der Bäume verloren einige ihrer weißen Blütenblätter. Wie Schnee regnete es auf sie herab. Die Menschen an der Haltestelle lachten. Mariola blickte nach oben, als sie hinter sich die Stimme ihrer Tochter vernahm: „Mutti, Mutti, er haut ab!"

Als sie sich umdrehte, sah sie, dass der Ballon sich von der Schnur gelöst hatte. Der Wind trieb ihn über die Straße. Bevor sie reagieren konnte, hatte sich Agnes in Bewegung gesetzt. Sie lief dem Ballon hinterher. Reflexartig setzte Mariola ihr nach: „Bleib stehen!"

Etliche Male schon hatte Jarek die letzten Minuten im Leben seiner Frau und Tochter geträumt. Er versuchte jedes Mal aufzuwachen, bevor es zum Unfall kam. Die Bilder der beiden zerschmetterten Körper waren zu schrecklich. Manchmal gelang es ihm, so auch heute.

Sein Kopf schmerzte entsetzlich. An seinem Kinn brannte eine Stelle wie Feuer. In seinen Füßen und Händen pochte und kribbelte es. Auch sein Rücken schmerzte.

Sein Rücken: Hansen hatte ihn berührt, ihn angefasst. Abrupt setzte er sich auf, als ob glühende Kohlen unter seinen Schulterblättern liegen würden. Der Gedanke, dass Hansen in körperlichem Kontakt zu ihm gestanden hatte, ließ ihn erschaudern.

Ein heftiger Schmerz zuckte durch seinen Kopf. Jarek öffnete die Augen: Er saß auf seinem Feldbett, die Beine unter der Wolldecke. Neben ihm saß Schöppke, der müde auf ihn herabsah: „Dzien dobre, panie Kruppa. Bleib mal besser noch liegen. Der Arzt sagt, dass du wahrscheinlich eine leichte Gehirnerschütterung hast."

Langsam lehnte er sich wieder zurück. Er hob die Hand zum Kinn, tastete vorsichtig die brennende Stelle ab. „Hast dir da eine böse Platzwunde eingefangen. Der Arzt hat sie mit fünf Stichen genäht. Aber wie heißt es so schön: Einen hässlichen Mann, den kann eh nichts mehr entstellen."

Schöppke stand auf, blickte ihm von oben in die Augen: „Wie sieht es denn mit dem Verstand aus? Hat der auch was abbekommen? Bist ja vor dem Unfall auch nicht der Hellste gewesen. Aber vielleicht hat dich das ja gerettet. Das Glück ist ja bekanntlich mit den Doofen."

Jareks Verstand arbeitete tatsächlich noch etwas langsam. Aber was redete Schöppke da? Unfall? Sein Freund reichte ihm eine Tasse Kaffee: „Hier, trink langsam. Und jetzt erzähl mal: Warum bist du da runtergefallen? Was hast du dir dabei gedacht, da oben rumzuklettern?"

Langsam dämmerte es Jarek: Außer ihm wusste niemand, dass sich Hansen da oben aufgehalten hatte. Vorsichtig trank er einen Schluck, setzte sich behutsam wieder auf. Sein Kopf brummte. Hansen war erneut entkommen. Und: Fast hätte er Jarek getötet. Zum zweiten Mal.

„Hansen war oben auf dem Kran. Er hat mich von hinten gestoßen." Schöppke, der sich gerade wieder gesetzt hatte, sprang von seinem Stuhl auf: „Was? Das kann doch nicht wahr sein? Wozu sollte er nach dem Mord da hochklettern?"

Jarek verzog schmerzhaft das Gesicht und gab Schöppke zu verstehen, dass dieser leiser sprechen sollte. „Der Hund hat angezeigt. Ich ging davon aus, dass Hansen dort heruntergekommen ist. Dem war auch so. Aber: nach dem Mord ist er die Treppe wieder hochgegangen. Ich hätte nicht gedacht, dass er sich da oben noch aufhält."

Jarek erzählte ihm seine Geschichte: „Als ich oben auf dem Kran stand, und heruntersah, da wurde mir plötzlich alles klar. Von da oben kann Hansen die ganze Halle beobachten, völlig unbemerkt. Er setzt sich da einfach hin, und während der Kran hin- und herfährt, sucht er sich in Ruhe sein nächstes Opfer aus. Wie ein Raubvogel."

Diese Information musste Schöppke erst einmal sacken lassen. Jarek trank derweil seinen Kaffee aus, er fühlte sich langsam besser: „Wie spät ist es denn? Was ist passiert, nachdem ich da oben aufgeschlagen bin?"

Schöppke berichtete ihm: „Ich hab deinen Schrei gehört. Dann erst mal nichts mehr. Plötzlich hat der Kranführer ganz langsam das Tragwerk mit der Platine abgesenkt. Und da hab ich dich liegen sehen: auf dem Rücken, eine Hand breit neben dem Rand. Du hast gleich zweimal Glück gehabt."

Schöppke stand auf, holte sich ein Bier aus der Kiste: „Das letzte, verdammt. Na ja, du warst ohnmächtig. Wir haben dich dann hierhergebracht, den Arzt verständigt. Der hat dir eine Spritze gegeben, dann das Kinn genäht. Das war vor zwölf Stunden."

Zwölf Stunden. Jarek dachte nach. Hansen hatte von oben mit ansehen können, wie Jarek abtransportiert wurde. Vermutlich war ihm klar, dass er überlebt hatte. Anschließend war er völlig ungestört herabgestiegen und in irgendeiner Halle in die Kellerwelt abgetaucht. In einigen Tagen würde er erneut zuschlagen.

Jarek setzte sich an die Bettkante, versuchte aufzustehen: „Hast du von Kessel schon angerufen?" Während er zur Toilette ging, informierte ihn Schöppke: „Klaro. Der war wenig begeistert. Die Sache mit dem Toten, die konnten wir nicht verheimlichen. Aber irgendwie nehmen das die Männer mittlerweile ziemlich gelassen. Es hat jedenfalls keinerlei Aufstand deswegen gegeben."

Jareks Füße schmerzten erbärmlich beim Gehen. An der Hüfte hatte sich der Griff des Dolches gegen den Knochen gepresst. Hier würde ihn in den kommenden Tagen ein großer, blauer Fleck an das Abenteuer erinnern. Vor dem Spiegel betrachtete er sein Gesicht: Zur Beule an der Stirn hatte sich jetzt noch eine Beule am Kinn gesellt. Die Narbe darauf war fast vier Zentimeter lang. Er wusch sich das Gesicht mit kaltem Wasser, spülte sich vorsichtig den Mund aus. Zum Glück hatte er keine Zähne verloren.

Er hatte Hunger. Er überlegte, wo er sein heute morgen besorgtes Essen verstaut hatte. Die Tasche stand neben dem Schreibtisch. Er schnappte sie sich, ging wieder zum Bett.

„Was hat von Kessel sonst noch gesagt? Bekomme ich noch eine Chance?" Schöppke zögerte mit der Antwort. Nervös pulte er das Etikett von der Bierflasche, blickte dabei zu Boden: „Er lässt dir ausrichten, dass es keinen weiteren Toten mehr geben darf. Du hast noch fünf Tage, um Hansen zu erledigen. Danach wird er Schreiter über den Stand der Dinge informieren." Er machte eine Pause, seine Stimme wurde leiser: „Wenn Du Hansen nicht findest, wird man dich zurück ins Lager bringen. Schreiter wird dann mit einer Gruppe Soldaten die Kellerwelt so lange durchsuchen, bis sie Hansen gefunden haben."

Jarek verging der Appetit. Aber Schöppke war noch nicht fertig: „Ich vermute, du wirst nie lebend im Lager ankommen. Schreiter wird dich vorher beseitigen. Sie werden dann behaupten, dass du der Mörder bist, den sie suchen."

So etwas hatte sich Jarek bereits gedacht. Er packte die Tasche wieder beiseite, legte sich vorsichtig aufs Bett. Seine Gedanken rasten. Was immer der Arzt ihm gespritzt hatte, es wirkte nicht mehr. Er hatte starke Schmerzen, konnte sich nicht konzentrieren.

„Hör zu, Paul. Ich versuche jetzt noch etwas zu schlafen. Bis morgen früh werde ich mir überlegen, wie wir Hansen doch noch zu fassen bekommen. Wir sehen uns wie immer um acht. Einverstanden?" Schöppke nickte leise, stand auf. Er wollte Jarek die Hand zum Abschied reichen, da fiel ihm etwas ein. Er griff in seine Jackentasche: „Hier, die Pistole. Sie wäre fast von der Platine runtergefallen. Sie muss dir wohl aus der Hose gerutscht sein, als du aufgeschlagen bis. Pass gut darauf auf."

Jarek nahm die Waffe. „Danke, Paul. Schlaf gut." Schöppke verabschiedete sich, Jarek war allein. Er blickte auf die Pistole. Sollte es ihm nicht gelingen, Hansen in den nächsten fünf Tagen zu fassen, würde er sich damit selbst richten. Er hatte es schon einmal versucht.

Jarek stand auf und ging zum Tisch hinüber. Seine Arbeitsjacke hing über der Stuhllehne. Er wollte die Pistole in die rechte Tasche stecken, spürte jedoch einen Gegenstand darin. Er legte die Waffe zunächst beiseite, griff dann in die Tasche. Er zog die Spieluhr hervor, die er in Hansens Raum gefunden hatte. Langsam drehte er an der Kurbel.

Der Fahrer versuchte noch zu bremsen, aber es ging alles zu schnell. Zuerst erfasste der Lkw Mariola. Ihr Oberkörper wurde durch den Aufprall auf den Kühler völlig zertrümmert. Ihre Beine schleiften unter dem Motor, schließlich wurde ihr Körper nach unten unter den Wagen gerissen.

Agnes wurde erst vom linken Kotflügel auf die Straße geschleudert, dann überrollte sie der Wagen der Länge nach. Der Lkw kam erst zwanzig Meter nach der Haltstelle zum Stehen.

Die beiden zerstörten Körper lagen auf der Straße. Agnes hatten die breiten Reifen fast vollständig zerquetscht. Mariolas Leiche wurde unter dem Lkw mehrfach verdreht. Wie zusammengefaltet lag sie da.

Die Menschen an der Haltestelle standen unter Schock. Eine Frau wurde ohnmächtig. Jemand begann zu schreien. Renata Nowak, Mariolas Freundin, sank auf die Knie und betete.

Jemand rief die Polizei. Jarek und sein Kollege Georg Krol wurden zum Unfallort geschickt. Als sie ankamen, war bereits ein Krankenwagen vor Ort, aber die Leichen lagen noch auf der Straße. Man wollte mit dem Abtransport warten, bis die Polizei den Unfall aufgenommen hatte.

Es bot sich den beiden Beamten ein schreckliches Bild. Ein kleines Mädchen und seine Mutter waren die Opfer. Die Leichen waren entsetzlich entstellt. Der Kopf der Frau lag mit dem Gesicht nach unten in einer riesigen Blutlache. Das Kind sah noch schlimmer aus. Jarek konnte nicht hinsehen, drehte sich um.

Da fiel sein Blick auf einen kleinen, gelben Ranzen. Er lag, aufgerissen und zerdrückt, neben der Leiche des Kindes. Ein Teddy schaute heraus.

Es dauerte vier Monate, bis Jarek wieder zum Dienst erscheinen konnte.

Nach zwei Tagen im Krankenhaus kehrte er zunächst in die Villa zurück. Überall lagen Dinge, die Mariola und Agnes gehörten. Es war, als ob die beiden dort noch leben würden. Fluchtartig verließ er das Haus. Er beauftragte den Verkauf, nahm sich eine Wohnung auf der anderen Seite der Stadt.

Er war wie gelähmt. Er konnte nicht arbeiten, nicht schlafen. Wenn er die Augen schloss, dann sah er seine Frau und seine Tochter. Mal sah er sie lebend, mal sah er ihre zerschmetterten Körper. Am Tag glaubte er manchmal, ihre Stimmen zu hören.

Ohne Alkohol konnte er nicht mehr schlafen. Er fing an zu

trinken. Früh morgens wachte er auf, oft völlig verkatert. Den Tag über war er unfähig, irgendeiner Tätigkeit nachzugehen. Er grübelte, weinte viel. Aber es war keine Trauer. Sein Innerstes, seine Seele, war zerstört. Schließlich konnte er auch den Tag nur noch mit ein, zwei Flaschen Wodka ertragen.

Er verfiel körperlich immer mehr. Kollegen besuchten ihn, aber er ließ niemanden herein, öffnete nicht. Seine Wohnung verwahrloste. Was er brauchte, ließ er sich von einem Botenjungen besorgen.

Dreieinhalb Monate nach dem Unfall beschloss er, seinem Leben ein Ende zu bereiten. Zunächst betrank er sich hemmungslos. Er verfluchte Gott: Was, um alles in der Welt, hatte er verbrochen, dass er diese Prüfung durchstehen musste? Schließlich setzte er die Dienstpistole an seine Schläfe. Aber als er abdrücken wollte, glaubte er, Mariolas Stimme zu hören: „bitte nicht".

Am nächsten Tag blieb er nüchtern. Er räumte die Wohnung auf, brachte die leeren Flaschen hinaus. Er ging zum Frisör, kaufte sich neue Kleidung. Er begann wieder zu laufen, täglich fünfzehn Kilometer. Daneben machte er Liegestütze und Klimmzüge. Er zwang sich, gut zu essen. Er verzichtete komplett auf Alkohol.

Als er zwei Wochen später zum Dienst erschien, war er nicht mehr der Selbe. Seine Kollegen tuschelten, dass er in den vier Monaten um vier Jahre gealtert wäre. Er teilte seinen Vorgesetzten mit, dass er nicht mehr für die Verkehrspolizei arbeiten wolle. Er bat um Versetzung zur Kriminalpolizei.

Hier begann seine Karriere. Er kannte keinen Feierabend, kein Privatleben. Bekam er einen Fall zugeteilt, arbeitete er täglich bis zu zwanzig Stunden daran. Arbeit war ihm lieber als Schlaf. Denn immer noch träumte er von seiner toten Familie.

Jarek legte die Spieluhr auf den Tisch, nahm stattdessen die

Waffe in die Hand. Es war nicht einfach, sich selbst das Leben zu nehmen. Er war sich nicht sicher, ob er den Mut dazu aufbringen würde. Er betrachtete noch kurz die schwarze Pistole in seiner Hand, verstaute sie dann in der Jackentasche.

Am liebsten wäre er noch heute Nacht wieder in die Kellerwelt abgestiegen, hätte Hansen gesucht. Aber er war verletzt. Sein Kopf schmerzte, auf seinen Füßen konnte er kaum stehen.

Er zwang sich, etwas zu essen und zu trinken. Danach verschloss er die Tür, löschte das Licht. Er würde seinem Körper einen Tag Ruhe gönnen müssen. Danach würde er sich wieder auf die Suche machen, nach Doktor Carl Hansen. Er wusste auch schon, wo er ihn suchen und finden würde.

Tag 9

„Mein Name ist Friedrich, aber nennen Sie mich ruhig Fritz, das machen hier alle." Der Mann war vielleicht Ende 60. Er hatte einen runden Kopf, eine knubbelige Nase, einen verschmitzten Blick. Seine dichten Augenbrauen wucherten, die äußeren Haare schauten zentimeterlang hinaus. Anders auf seinem Kopf: Hier wucherte nichts mehr. Lediglich an den Seiten zeigte sich noch ein grauer Haarkranz.

Bekleidet war er mit einer kurzen Hose und einem alten Unterhemd. An den nackten Füßen trug er einfache, abgetragene Sandalen. Er saß vornübergebeugt auf einem gepolsterten Sessel. Seine behaarten Arme hatte er nach links und rechts ausgestreckt. Große, schwielige Hände umklammerten die Steuerknüppel, mit denen der Kran bedient wurde.

Es war bullig warm in der verglasten Fahrerkabine. Jarek schätzte die Temperatur auf rund dreißig Grad. Hier zehn, zwölf Stunden arbeiten, das war körperlich sicher sehr anstrengend, dachte Jarek.

„Was sich oben auf dem Kran abspielt, da bekommen Sie hier nichts von mit. Da könnte eine Hochzeitsgesellschaft tanzen, hier unten hören Sie das nicht. Die Motoren machen Lärm, und wenn der Kran sich vorwärtsbewegt, dann scheppert der wie eine alte Straßenbahn. Hier, hören Sie mal." Friedrich verstellte die beiden Steuerknüppel. Der Kran bewegte sich nach vorn, das Hubwerk zur Seite. Gleichzeitig wurde die Last an dicken Stahlseilen nach oben gezogen.

Die Schienen, auf denen der Kran fuhr, waren tatsächlich sehr verschlissen. Der Kran wackelte und ruckelte stark. Die Motoren jaulten, Umlenkrollen und Getriebe ratterten. Der Geräuschpegel war beachtlich.

Jarek stand hinter dem Fahrer in der kleinen Kabine. Er blickte hinunter auf den Hallenboden. Die Menschen und Maschinen da unten wirkten klein, wie Spielzeug. Durch die Beleuchtung am Kran konnte man jedoch alles sehr gut erkennen.

Es war jetzt zwei Tage her, dass Hansen ihn von diesem Kran in die Tiefe gestoßen hatte. Den kompletten gestrigen Tag er in seinem Feldbett verbracht, Schöppke hatte ihn versorgt. Anders, als er gehofft hatte, ging es ihm am Tag nach dem Sturz nicht besser. Seine Füße und sein Kopf schmerzten. Er sah sich nicht in der Lage, die Ermittlungen fortzuführen.

Er war sich jedoch sicher, dass Hansen sich am Tag nach seinem letzten Mord nicht zeigen würde. Er war ausreichend mit Nahrung und Ausrüstung versorgt. Erst, wenn seine Vorräte verbraucht wären, käme er wieder aus dem Keller. Außerdem wusste er jetzt, dass man nach ihm suchte, seine alten Verstecke kannte. Er würde vorsichtiger sein, abwarten.

Jarek blieben noch vier Tage, um Hansen zu fassen. Er hatte darüber nachgedacht, wo dieser wohl als nächstes zuschlagen würde. Bei einem Serientäter gab es in der Regel zwei typische Verhaltensmuster. Einige Täter kehrten gern an den Ort ihrer Tat zurück. Hier kannten sie sich aus. Sie wissen, wo sie sich verstecken konnten, wo es gute Fluchtwege gab. Die Örtlichkeit war ihnen vertraut, das gab ihnen Sicherheit. Hier hatte es schon einmal geklappt, warum also kein zweites oder gar drittes Mal?

Der andere Tätertyp mied indes einen bereits besuchten Tatort. Er hatte ein schlechtes Gewissen, wollte nicht an eine vergangene Tat erinnert werden. Die Menschen am Tatort waren zudem gewarnt, vorsichtig, misstrauisch. Was, wenn ihn jemand ansprach oder sogar erkannte? Ein neuer, unbelasteter Tatort wurde von diesen Serientätern bevorzugt.

Als Jarek sich die Karte mit den Tatorten ansah, wurde ihm bewusst, dass Hansen zur zweiten Gruppe zählte. Bisher hatte er an jedem Tatort nur ein einziges Mal gemordet. Er würde sich also mit großer Wahrscheinlichkeit für seine kommende Tat auch wieder eine neue Halle aussuchen.

Aber: Hansen wusste jetzt, dass nach ihm gefahndet wurde. Er hatte Jarek im Keller angegriffen und auch auf dem Kran. Sie waren ihm auf den Fersen. Gut möglich, dass er daher seine Taktik ändern würde.

Wenn man Hansen nicht in der riesigen Kellerwelt aufspüren konnte, dann vielleicht oben auf den Kränen. Hansen mordete nicht täglich, aber spätestens alle zwei Tage machte er sich auf die Suche nach neuer Nahrung. Jarek war sich sicher, dass Hansen fast täglich viele Stunden hier oben verbrachte, nach Gelegenheiten und Opfern suchte. Er würde sich auf die Lauer legen.

Jarek hatte heute morgen beschlossen, sich zunächst den Kran anzusehen, an dem er vor zwei Tagen fast ermordet worden wäre. Jetzt stand er hinter Friedrich, sah dem Mann bei der Arbeit zu. Geschickt steuerte der den Kran und zeitgleich die tonnenschwere Last. Jarek tippte ihm auf die Schulter: „Ich sehe mich dann oben mal ein bisschen um."

Er stieg die schmale Treppe hoch. Oben auf dem Kran war es genauso stickig wie in der Kabine. Es war duster, da nur wenig Licht bis nach hier oben durchdrang. Schemenhaft konnte Jarek die Aufbauten, Schaltschränke und Motorgehäuse erkennen. Wenn man sich hier irgendwo dazwischen hockte und kleinmachte, bemerkte einen niemand, dachte er.

Vorsichtig blickte er sich um. Bereits als er vorhin angekommen war, hatte er alles mit der Taschenlampe abgesucht. Er war hier oben allein. Die Pistole trug er griffbereit vorn im Hosenbund. Dennoch traute er der Sache nicht: Hansen kannte die Kranwelt sicher so gut wie die Kellerwelt.

Friedrich hatte ihm erklärt, dass es bei allen größeren Kränen zwei reguläre Aufstiege gab. Zunächst waren da die Treppen. An jeder kurzen Hallenseite befand sich eine an der Wand angebrachte Gitterrost-Treppe, die im Zickzack nach oben führte.

Für Notfälle gab es zudem eine Leiter, die in der Mitte der Halle an der rechten Hallenwand angebracht war. Sollte der Kran durch einen Motorschaden oder Brand stehenbleiben, konnte sich der Fahrer zügig über die Leiter in Sicherheit bringen. Den schmalen Notweg an der Seite, den Jarek vorgestern genommen hatte, den würden nur Selbstmörder nehmen, so Friedrich.

Und Mörder, dachte Jarek. Hansen wartete sicher nicht, bis der Kran an einem der zwei Stege stoppte. Er nahm den Notweg, schlich auf den Kran, versteckte sich. Er beobachtete die Menschen am Hallenboden, ging anschließend den Notweg zurück.

Jarek stand am Rand des Krans, an der gleichen Stelle, an der Hansen ihn gestoßen hatte. Der Kran bewegte sich mit Schrittgeschwindigkeit vor und zurück.

Er beobachtete das Treiben am Hallenboden. Er sah, wie Arbeiter mit Schweißbrennern Platten zerschnitten. An anderer Stelle standen zwei Männer und diskutierten angeregt. Einer der beiden nahm seinen Helm vom Kopf, warf ihn wütend auf die Erde. An der Hallenwand pinkelte jemand hinter einen Eisenbahnwaggon.

Jarek beobachtete einen Rangierer, der seine Schicht begann. Er stellte seine Tasche in einen leeren Waggon, zog dann die Tür zu. Danach verschwand er langsam Richtung Lok. Das war es, wonach Hansen gesucht hätte. Jetzt würde er hinabsteigen, die Tasche oder den Inhalt daraus stehlen.

Schichtwechsel. Jarek blickte auf seine Uhr: kurz vor sechs. Er hatte genug gesehen. Er würde zunächst zum Büro zurückkehren, sich mit Schöppke besprechen. Alleine würde er es niemals schaffen, Hansen hier oben in nur vier Tagen aufzuspüren. Sein Freund Paul würde ihm sicher helfen.

♦

Schöppke war sichtlich erregt. Er stand vor Jarek, fuchtelte hektisch mit den Armen. In der rechten Hand hielt er eine Zigarre. Irgendwie hatte er versehentlich die Glut abgestreift, sie war im hohen Bogen hinter den Schreibtisch geflogen. Seine Augen hatte er wie ein Tollwütiger weit aufgerissen. Beim Sprechen spritzte der Speichel aus seinem Mund. Einige Tropfen davon trafen Jarek, der am Schreibtisch saß.

„Ich habe dir klipp und klar gesagt, ich gehe nicht mehr in die Kellerwelt. Jetzt willst du, dass ich auf einen Kran hochsteige und da auf Hansen warte? Vergiss es! Ich bin nicht schwindelfrei. Und: Ich habe ein kaputtes Knie, schon vergessen?" Er holte kurz Luft, dann schimpfte er weiter: „Du hast am eigenen Leib erfahren, wie gefährlich Hansen ist. Und ich soll mich ihm jetzt alleine gegenüberstellen, nur mit einem Messer bewaffnet? Nie im Leben!"

Er hatte damit gerechnet, dass Paul nur wenig Begeisterung zeigen würde. Aber dass er sich so vehement weigern würde, das war ein Problem. Er erinnerte sich, wie erschlagen Schöppke nach der Attacke in dem überfluteten Kellerraum gewirkt hatte. Kein sehr belastbares Nervenkostüm, dachte Jarek damals. Aber er musste ihm auch recht geben: Nur mit einem Messer bewaffnet sollte man sich Hansen besser nicht nähern.

Jarek stand auf. Er ging zu seiner Jacke, die auf dem Feldbett lag. Hier nahm er die Pistole aus der Tasche. Am Lauf haltend, reichte er sie Schöppke: „Du sollst ihm nicht mit dem Messer begegnen. Hier, nimm die. Weißt du, wie man damit umgeht?"

Schöppke blickte kritisch auf die Waffe. Er hatte bei der Armee mal mit einer Pistole geschossen, erwies sich jedoch als miserabler Schütze. Seine großen Hände und dicken Finger passten nicht sonderlich gut zu dieser Art von Waffe. Sein Ausbilder hatte damals gelästert: „Schöppke, mit den Wurstfingern können wir Sie nur mit Handgranaten und nem Spaten ausrüsten. Abtreten!"

Er hatte gehofft, sich aus der aktiven Suche nach Hansen zurückziehen zu können. Nach dem Anschlag im Keller hatte er dies auch von Kessel mitgeteilt. Dass Jarek jetzt von ihm verlangte, dass er hoch oben auf den Kränen nach Hansen suchen sollte, passte ihm nicht. Er hatte zudem Angst vor Hansen, aber das würde er natürlich nicht offen zugeben.

Mit der Hand machte er eine abwehrende Geste: „Nee, behalt die mal. Ich bin nicht für die Mördersuche geeignet. Ich helfe dir, wo ich kann. Aber ich gehe in keinen Keller und ich klettere auf keinen Kran. Basta!"

Jarek war enttäuscht. Vorsichtig legte er die Waffe auf den Schreibtisch. Die beiden Männer setzten sich wieder. Es herrschte zunächst eine angespannte Stille. Jarek gab nicht auf: „Ich bitte dich nur darum, dass du dich in den kommenden vier Tagen tagsüber auf einem Kran versteckst. Du sollst Hansen nicht suchen, das erledige ich." Er stand auf, ging rüber zur Karte.

„Hier, schau her. Hansen wird wahrscheinlich in einer Halle zuschlagen, in der er bisher noch nicht gemordet hat. Diese vier Hallen kommen meiner Meinung nach infrage." Jarek zeigte mit dem Finger auf die Hallen, die rund um die Kantine lagen, hinter der Botzki ermordet worden war. „Du besuchst jeden Tag eine andere Halle. Ich werde derweil auf Patrouille gehen und schauen, ob ich Hansen irgendwo aufstöbern kann."

Nachdem er sich wieder gesetzt hatte, fuhr Jarek fort. „Einer legt sich auf die Lauer, der andere geht auf die Jagd. Du musst nichts weiter tun, als zu warten. Wenn jemand auf den Kran geklettert kommt, auf den die Beschreibung zutrifft, schießt du ihm ohne Ansage in die Brust." Schöppke blickte wortlos auf die Waffe. Jarek beschloss, ihm etwas Druck zu machen: „Ich brauche deine Hilfe. Wenn ich Hansen in den nächsten vier Tagen nicht zur Strecke bringe, dann weißt du, was mir blüht."

Schöppke war nicht wohl in seiner Haut. Er war sich nicht sicher, ob er in der Lage wäre, im Ernstfall richtig und konsequent zu handeln. Andererseits konnte er Jarek nicht hängen lassen. Würden sie Hansen nicht stellen, bedeutete das Jareks Todesurteil.

Ängstlich zog er die Waffe zu sich heran. Vorsichtig nahm er sie in die Hand. Er zielte auf einen imaginären Gegner in Richtung der Tür. „Und wie willst du dich verteidigen, falls du auf Hansen triffst? Hast ja erlebt, wozu er fähig ist. Besteht vielleicht die Möglichkeit, dass von Kessel noch eine zweite Pistole rausrückt?"

Jarek schüttelte den Kopf: „Ausgeschlossen. Von Kessel gewährt mir noch eine Gnadenfrist. Er wird keinesfalls noch eine weitere Waffe oder eine größere Geldsumme zur Verfügung stellen. Er hat Angst, dass ich flüchte, falls ich Hansen nicht erwische. Mir bleiben der Kampfdolch und der Zahnstocher.

Nimm du mal die Pistole, ich komme schon zurecht."

Schöppke legte die Waffe vor sich auf den Tisch. Vier Tage, die würden schnell vorbeigehen, dachte er. Die Wahrscheinlichkeit, dass er oben auf einem Kran auf Hansen stoßen würde, war gering. Er musste Jarek helfen. Niemals würde er es sich verzeihen können, wenn er jetzt nicht mitzog. Er gab sich einen Ruck: „Ich bin dabei. In welcher Halle soll ich anfangen?"

Jarek ließ sich seine Erleichterung nicht anmerken. Er blickte auf die Uhr: viertel nach neun. „Du fängst sofort an. Hier, in der Halle über der Kantine, geht es heute los. Dann nimmst du dir in den kommenden Tagen die drei Hallen daneben vor. Denk an etwas zu essen und zu trinken. Da oben ist es warm, sehr warm. Und melde dich beim Kranfahrer, damit der weiß was gespielt wird."

Die Männer erhoben sich. Schöppke ging zum Telefon, bestellte sich einen Wagen. Er musste seine Tasche holen, sich Verpflegung besorgen. Anschließend würde er wie besprochen seinen Posten auf dem Kran einnehmen.

Die Waffe steckte er sich zunächst in die Jackentasche. Jarek zeigte auf die Tasche, die vom Gewicht der Waffe nach unten gezogen wurde: „Noch etwas. Es kann sein, dass ich mit dir sprechen muss und dich oben auf dem Kran besuche. Schieß also erst, wenn du dir deiner Sache sicher bist. Es wäre ja traurig, wenn ausgerechnet du mich niederstreckst."

Schöppke grinste: „Ich hab ne Idee. Wir vereinbaren eine Parole. Bevor ich abdrücke, frage ich danach. Welche Parole nehmen wir?" Jarek antwortete trocken: „Leck mich am Arsch."

♦

Langsam tauchte er mit seinem Kopf unter Wasser. Noch immer war ihm das dunkle, riesige Bassin der Zisterne unheimlich. Wie tief war das Wasser hier wohl? Mit einer Hand hielt er sich an der Leiter fest, mit der anderen wusch er sich. Er reinigte sich besonders im Schritt, unter den Armen, zwischen den Gesäßbacken. Wenn er dabei mit dem Wasser spritzte, dann hallte das Geräusch laut von den Wänden des Raumes wider.

Er hatte seine neue Taschenlampe mit einem Draht an der Leiter befestigt, sodass sie nach unten auf ihn herableuchtete. Im Schein der Lampe konnte er seine Arme betrachten. Der Ausschlag hatte sich deutlich verschlimmert. Das kalte Wasser verschaffte ihm jedoch Linderung, der ständige Juckreiz ließ etwas nach.

Er würde sich Seife besorgen müssen. Dazu plante er, einer der Waschkauen einen Besuch abzustatten. Aber das eilte nicht.

Als er auf dem Kran den Mann erblickt hatte, hatte er es nicht glauben können. Es war derselbe Mann, der ihn im Keller gestellt hatte. Wie war es möglich, dass er ihn, nur eine halbe Stunde nach dem Mord, auf dem Kran aufgespürt hatte?

Nachdem er den Mann in die Tiefe gestoßen hatte, hatte er dessen Todesschrei vernommen. Doch dieser war zu abrupt verstummt. Als er über die Kante sah, lag der Mann nur wenige Meter unter ihm auf einem Blech. Er lebte.

Hansen beobachtete, wie der Kranführer das Blech herabließ. Zwei Männer eilten unten am Boden herbei, einer von ihnen hatte einen Hund an der Leine. Einen Jagdhund. Die Schweine hatten einen Hund auf ihn angesetzt.

Nachdem sich die Aufregung gelegt hatte, stieg er ab. Niemand schenkte ihm Beachtung. Er entsorgte die alte Jacke, kehrte zurück in sein unterirdisches Versteck.

Der Mann war nicht tot. Sie würden die Suche weiter fortsetzen. Hansen beschloss, es ihnen nicht einfach zu machen.

Langsam wurde ihm kalt im Wasser. Behutsam kletterte er die Leiter wieder hinauf. Oben angekommen, zog er die saubere Jacke an. Die völlig verdreckte Hose hatte er zuvor sorgfältig ausgewaschen. Er würde sie in seinem Raum zum Trocknen aufhängen. Zukünftig würde er versuchen, unnötig starken Körpergeruch zu vermeiden. Auch seiner Behausung würde er mehr Beachtung schenken.

Er begab sich auf den Weg zurück in sein Versteck. In der linken Hand trug er die tropfende, nasse Hose. Rechts hielt er das angespitzte Stahlrohr. Sein Unterkörper war nackt. Würde ihn jemand in diesem Zustand erblicken, er würde sicherlich erschaudern. Wie Neptun aus einem Albtraum, so schlich Hansen durch die Kellerwelt.

In seinem Versteck angekommen, legte er sich auf den Lumpensack. Für die kommenden zwei, drei Tage war er ausreichend versorgt. Es bestand keinerlei Grund, in die Hallen zurückzukehren. Vielmehr würde er die Zeit nutzen, die Umgebung abzusichern. Er würde in einigen Gängen die Beleuchtung ausschalten und einige Fallen vorbereiten. Wenn nur die Hose endlich trocknen würde, dachte er.

◆

Es war nicht das erste Mal, dass Kruck ein Telefonat seines Chefs abhörte. Er hielt sich den Hörer an das Ohr, die Sprechmuschel hatte er mit der Hand abgedeckt. Er versteckte sich dabei hinter seinem Pult, den Kopf ängstlich eingezogen.

Schöppke telefonierte von seinem Büro aus mit von Kessel. Er schimpfte, dass er auf den Kränen nach Hansen suchen sollte. Es war nie abgemacht, dass er sich dem Mörder selbst stellte.

Unterstützen sollte er den Polen. Jetzt musste er selbst sein Leben riskieren. Schreiter und von Kessel würden ihm die ganze Arbeit und das volle Risiko überlassen.

Von Kessel versuchte, ihn zu beruhigen. Er erwähnte eine beachtliche Prämie, dazu Sonderurlaub. Sollte Schöppke ablehnen, könne man Schreiter sofort hinzuziehen. Noch heute würde der Pole verhaftet, Schreiters Männer würden den Keller umgehend durchsuchen. Aber, auch daran müsste sich Schöppke beteiligen. Es läge alles in seiner Hand.

Schließlich akzeptierte Schöppke. Die Germania Stahl Union würde ihm für seine Verdienste ein kleines Haus am Stadtrand von Duisburg vermieten. Sehr preisgünstig, betonte von Kessel. Bedingung war natürlich, dass Hansen endlich gestellt wurde. Er und Kruppa hätten noch vier Tage Zeit, dann käme Plan B zum Einsatz.

Kruck war aufgeregt. Er kam sich vor wie ein Geheimagent. Ein Mörder wurde gejagt. Er beschloss, sich an der Jagd zu beteiligen.

♦

„Guwno, Kurwa, Pizda! Der Mistkerl hat mich reingelegt. Verfluchte Scheiße!" Schöppke stand oben auf dem Kran. Es herrschte eine Bullenhitze. Der Kran fuhr hin und zurück, hin und zurück, immer wieder. Die Schienen waren total ausgelutscht, Schöppke wurde ununterbrochen durchgeschüttelt. Er befürchtete, auf Dauer seekrank zu werden.

Seine Jacke und das Hemd hatte er bereits ausgezogen. Nur das Unterhemd behielt er an. Der Schweiß lief ihm am Hintern herunter, die Innenseiten seiner Beine waren klatschnass. Kein Wunder, dass der Kranführer aussah, als ob er gradewegs aus dem Badeurlaub kommen würde: Er trug lediglich eine kurze Unterhose.

Er wollte sich irgendwo hinsetzen, aber die Aufbauten oben auf dem Kran waren dazu weitestgehend ungeeignet. Überall gab es scharfkantige Schrauben oder vorstehende Kanten. Schließlich fand er eine am Boden festgeschweißte Werkzeugkiste. Er legte seine Jacke und das Hemd als Sitzkissen drauf, nahm Platz.

Vorsichtig packte er seine Tasche aus. Beim Versuch, sich einen Kaffee einzugießen, verschüttete er die Hälfte. Schließlich gab er es auf. Er trank etwas Wasser, aß eine Stulle.

Von seiner Position aus konnte er den Notweg überblicken. Würde Hansen auf den Kran aufsteigen, dann würde er ihn von hier aus sofort sehen. Die Waffe und die Taschenlampe hatte er griffbereit.

Vier Tage sollte er diese Tortur durchstehen. Er bezweifelte, dass er nur einen Tag überleben würde.

♦

Planlos schlenderte Jarek durch die Halle. Er hatte sich den Blaumann angezogen, trug einen Helm. Seine Tasche hatte er sich umgehängt, gefüllt mit Proviant für einen Tag. Zudem hatte er Handschuhe dabei, die Taschenlampe. Und selbstverständlich den Kampfdolch und das Springmesser.

Es gab für Hansen keinen Grund, heute den Keller zu verlassen. Sicher hatte er vorgestern gute Beute gemacht. Dennoch musste Jarek nach ihm suchen. Die Zeit saß ihm im Nacken.

In der Halle unterhalb der Kantine befand sich ein Hammerwerk. Riesige, dampfgetriebene Hammeranlagen schlugen auf glühende Metallblöcke. Der Lärm war ohrenbetäubend. Kurbelwellen für Schiffe und U-Boote wurden hier hergestellt, erklärte ihm ein Vorarbeiter.

Von einem Ofen aus, in dem sie erhitzt wurden, wurden die glühenden Werkstücke an den Hammer transportiert. Ein Kran übernahm diese Arbeit. Anschließend wurden die Werkstücke über Walzen dem Hammerwerk zugeführt. Mittels verschiedener Vorrichtungen konnte das Werkstück dabei auch gedreht werden.

Mit jedem Hammerschlag spritzten die Funken meterweit. Dampf strömte dabei zischend an den Seiten aus dem Hammer. Direkt an der Anlage sah Jarek keine Arbeiter, sie verbargen sich in einem für ihn nicht erkennbaren Steuerstand.

Die Halle war genauso schlecht beleuchtet wie viele der anderen Hallen, die er bereits gesehen hatte. Er suchte sich einen halbwegs ruhigen Platz in der Nähe eines Tores. Von hier aus beobachtete er die Männer, die die Halle betraten.

Nach dem Schichtwechsel war hier nicht viel los. Keiner der Arbeiter hatte Hansens lange, dünne Statur. Gut eine Stunde saß Jarek hier, bis er es aufgab. Es war Zeit, auf den Kran hochzusteigen, dachte er sich.

Nicht weit weg vom Tor war die Treppe für den Kranaufgang angebracht. Auch sie war aus Gitterrosten gefertigt. Langsam stieg Jarek sie hinauf. Oben angekommen, überlegte er, nach dem Kran zu klingeln. Aber sollte sich Hansen auf dem Kran aufhalten, wäre er alarmiert. Der Kran fuhr in der Regel nur zum Schichtwechsel bis an die Hallenwand heran. Jarek beschloss daher, wieder den riskanten Notweg zu nehmen.

Als er die ersten zwei, drei Meter zurückgelegt hatte, stockte ihm der Atem. Dieser Notweg schien noch schmaler zu sein als der, den er bereits kannte. Auch war die Halle, und somit die Kranbahn, noch höher. Wie ein Zirkusartist balancierte er vorsichtig den Weg entlang. Von unten beleuchtete ihn das orangefarbene Licht des glühenden Metalls.

Etwa in der Mitte der Halle bewegte sich der Kran auf ihn zu. Er hatte eine riesige Kurbelwelle am Haken. Sein Ziel war der Ofen, in dem sie erwärmt werden sollte. Obwohl der Kran nur Schrittgeschwindigkeit fuhr, gelang es Jarek nicht, aufzusteigen. Der Kran war deutlich höher gebaut als der, auf den Jarek zuletzt aufgestiegen war.

Während der Kran ihn passierte, glaubte Jarek zu spüren, dass der Weg, auf dem er stand, sich bewegte. Er täuschte sich nicht. Kran und Last wogen weit über hundert Tonnen. Die tragenden Wände reagierten auf dieses enorme Gewicht und gaben etwas nach.

Über dem Ofen kam der Kran schließlich zum Stehen. So schnell, wie es hier oben möglich war, ging Jarek hinüber. Er sah, dass man einige Sprossen an der Seite des Krans angeschweißt hatte. Gerade als er aufstieg, fuhr der Kran wieder an. Es zog ihn gefährlich zur Seite, aber er schaffte es, den Kran zu besteigen.

Ein gebranntes Kind scheut das Feuer, dachte Jarek. Vorsorglich zog er seinen Dolch, schlich langsam über den Kran. Er blickte in jeden Spalt, schaute hinter jeden Aufbau. So wie es aussah, war er, den Fahrer ausgenommen, alleine hier oben.

Bereits nach wenigen Minuten lief ihm der Schweiß über das Gesicht, den Hals, bis auf die Brust. Er glaubte zu verstehen, warum Hansen diese Hallen bisher gemieden hatte. Es war schier unmöglich, sich über längere Zeit in dieser Hitze aufzuhalten.

An der Kante blickte er hinab in die Halle. Wieder konnte er die Arbeiter unten unbemerkt beobachten. Die Hitze, die Höhe und die schlechte Luft veranlassten ihn jedoch, seine Observierung abzubrechen. Er würde sich auf halber Höhe auf der Treppe positionieren.

Es erwies sich als schwierig und gefährlich, über die angeschweißten Sprossen den Kran wieder zu verlassen. Er konnte nicht absehen, wann der Kran abbremste oder beschleunigte. Auf der Treppe wurde er daher hin- und hergerissen. Schließlich sprang er ab, prallte dabei jedoch gegen die Wand.

Er versuchte, sich am Kran abzustützen, kam dabei den großen Stahlrädern gefährlich nahe. Sicher hatte auch Hansen dieses Abenteuer einmal erlebt.

Als er die Treppe erreichte, war er völlig von seinem eigenen Schweiß durchnässt. Er stieg bis zur Mitte hinab, setzte sich auf die Stufen. Die Jacke zog er aus, den Helm legte er ab. Er nahm eine Flasche Wasser aus der Tasche, trank sie ohne abzusetzen aus. Er würde sich später irgendwo Nachschub besorgen müssen.

Während Jarek auf der Treppe saß, überkam ihn eine tiefe Beklemmung. Er kannte seinen Gegner, wusste, wo dieser sich versteckte. Aber er kam nicht an ihn heran. Er konnte nur warten, bis Hansen aus seinem Loch herauskam. Die Wahrscheinlichkeit, dass er dann am rechten Ort sein würde, war gering. Er hatte das Spiel verloren.

♦

Anfänglich machte Schöppke sich Sorgen, dass er hier oben vielleicht pissen musste. Die Treppe runter, dann durch die Halle zum Klo und wieder hoch auf den Kran, das war schon fast eine Expedition. Aber seine Sorge war unbegründet. Heute Abend, falls er dann noch leben würde, hätte er sicherlich mehrere Liter Flüssigkeit ausgeschwitzt. Wahrscheinlich bräuchte er die ganze nächste Woche nicht mehr pissen, dachte er. Auch sein Stuhlgang würde vermutlich austrocknen und mumifizieren, in dieser gottverdammten Wüstenhitze.

Ängstlich drückte er die Hand auf die Seite seines Bauches. „Hoffentlich bekomme ich keine Nierenkolik", durchfuhr es ihn. Seinen Schwager, den hatte es 1932 erwischt. Böse Sache. Er beschloss, morgen mehrere Flaschen Bier mit hochzunehmen.

Er hatte Kruck beauftragt, ihn um zehn Uhr unten vor der Halle abzuholen. Bis dahin waren es noch vier Stunden. Hansen, Kruppa, von Kessel, der Krieg, alles war ihm mittlerweile egal. Er wollte nur noch runter vom Kran.

♦

Nachdem seine Kleidung wieder halbwegs trocken war, setzte Jarek seine Erkundungstour am Boden fort. Für Hansen war es ideal, von oben aus die Arbeiter zu beobachten. Er jedoch suchte nach einer bestimmten Person, nach einem Gesicht. Es beschloss, dass er am Boden schneller und effizienter nach Hansen fahnden konnte.

An einer Toilette füllte er seinen Wasservorrat auf. Er nutzte die Gelegenheit, wusch sich das Gesicht, trank einige Schluck direkt aus dem Hahn. Anschließend mischte er sich unter die Arbeiter.

Glühende, lange Metallstangen wurden auf Förderbändern durch die Halle transportiert. Wenn sie an ihm vorbeiglitten, konnte er die enorme Hitze spüren. Männer mit verdunkelten Visieren vor den Gesichtern und langen Schiebern in den Händen schoben die Stangen zusammen. Eine Maschine erfasste das Bündel, wickelte mehrfach Draht darum. Jarek erkannte, was hier hergestellt wurde: Metallstreben, wie sie in Stahlbeton eingegossen wurden. Bei den ganzen Bunkern, die in Deutschland momentan gebaut wurden, war der Bedarf sicher enorm, dachte Jarek.

Schließlich fand er, wonach er suchte. Am Rand der Halle führte hinter einer Anlage eine unscheinbare Treppe hinab. Der Treppenaufgang war schwach beleuchtet. Jarek überlegte nicht lange: Wenn er Hansen in der kurzen Zeit aufspüren sollte, dann müsste er ihn auch in der Kellerwelt suchen. Langsam stieg er die Treppe hinab.

Schnell fand er die Stahltür, hinter der sich einer der unheimlichen Tunnel verbarg. Dieser hier war extrem schmal, Jareks Schultern berührten an beiden Seiten die weiß gekalkten Wände. Es gab keinerlei Rohre. An der Decke verlief ein einzelnes Kabel, alle zehn Meter leuchtete daran eine nackte Glühbirne.

Jarek schloss die Tür hinter sich und ging, den Oberkörper leicht zur Seite gedreht, in den Gang hinein. Ihm war bewusst, dass er ohne die Pistole Hansen gegenüber im Nachteil war. Aber er hatte keine Wahl mehr, keine Zeit. Er musste alles riskieren. Würde er auf Hansen treffen, es würde für einen von ihnen den Tod bedeuten.

Bereits nach wenigen Metern bog ein Gang rechts ab. Jarek blickte hinein. Der Gang war gut zwei Meter breit, die Wände bestanden aus verwitterten, rotbraunen Ziegelsteinen. Rechts und links gab es mehrere geschlossene Metalltüren. Weiter hinten im Gang konnte Jarek erkennen, dass eine der Türen geöffnet war. Ein schmaler Lichtschein fiel heraus.

Die Situation erinnerte ihn an die Falle, die Hansen ihm und Schöppke gestellt hatte. Auch hier gab es einen fast komplett dunklen Gang, eine offene Tür. Er zog seinen Dolch heraus, legte den Riemen der Tasche über die Schulter. Er schlich vorsichtig in den Gang hinein. Unter seinen Füßen knirschte es leise.

Irgendwo über ihm arbeitete das Hammerwerk. Sein eigener Herzschlag schlug zeitweise synchron mit dem Hammer, was ihn stark irritierte. Kurz glaubte er, dass sein Herz so laut schlug, er sich den Hammer nur einbildete. Aber er konnte spüren, wie der Boden mit jedem Hammerschlag leicht vibrierte. Er zwang sich, ruhig weiterzuatmen.

An der ersten Tür angekommen, drückte er langsam die Klinke herunter. Als er die Tür öffnen wollte, musste er jedoch feststellen, dass sie verschlossen war.

Auch die anderen Türen hatten, entgegen denen, die Jarek bisher vorgefunden hatte, ein Schloss. Sie waren ebenfalls verschlossen.

Schließlich erreichte er die angelehnte Tür. Irgendetwas oder irgendjemand bewegte sich in dem Raum. Jarek konnte leise, kratzende Geräusche hören. Seine Nackenhaare hatten sich aufgestellt, er hielt den Atem an. Angestrengt lauschte er an der Tür. Er konnte von innen ein Atmen vernehmen. Jemand befand sich in dem Raum.

Er verfluchte sich, dass er die Pistole Schöppke überlassen hatte. Auch dass er sich keine Distanzwaffe besorgt hat, war ein Fehler. Hätte Hansen wieder sein spitz zugeschliffenes Rohr dabei, wäre er klar im Vorteil.

Jarek spähte durch den Türspalt. Er konnte am Boden einen Schatten erkennen. Es war der Schatten eines großen, schlanken Mannes. Der Oberkörper bewegte sich, zuckte hin und her.

Langsam, ganz langsam, stellte Jarek seine Tasche ab. Er beschloss, einen Überraschungsangriff zu starten. Er würde die Tür aufreißen, Hansen sofort angreifen und versuchen, zuzustechen.

Er ergriff die Kante der Tür mit der linken Hand, atmete tief und leise ein. Mit der rechten umklammerte er den Griff seines Dolches.

Mit einem Ruck zog er die Tür auf, sprang in den Raum hingen. Ein Mann von der Statur Hansens stand an der Wand vor einem Regal. Jarek packte ihn am Genick, stieß ihn mit voller Wucht gegen das Regal. Verschiedene Kartons und Päckchen fielen dabei heraus.

Jareks rechter Arm war bereit, zuzustechen. Aber irgendetwas stimmte nicht. Der Mann war viel zu sauber, stank nicht. Er fing zudem laut an zu schreien: „Nein, nein, bitte, nicht!"

Es war nicht Hansen. Jarek ließ den Mann los, wich einen Schritt zurück: „Wer sind Sie? Was zum Teufel machen Sie hier?" Der Mann drehte sich zu ihm um. Seine Augen waren vor Angst geweitet, er zitterte, war kreidebleich. Als er das Messer in Jareks Hand erblickte, wich er hastig zurück. Er prallte gegen das Regal, wurde panisch: „Bitte, bitte, nein, verschonen Sie mich!"

Schnell legte Jarek das Messer auf den Boden, zeigte dem Mann seine leeren, geöffneten Hände: „Beruhigen Sie sich. Ich bin vom Werkschutz. Es war ein Irrtum." Der Mann brach zusammen. Er sank auf die Knie, Tränen liefen ihm aus den Augen. Sein Gesicht war vor Angst verzerrt, er schluchzte. Er erhob seine Hände, als wolle er sich ergeben: „B-bitte, töten Sie mich nicht", stammelte er.

Jarek ging in die Hocke. Er wiederholte seine Worte: „Bitte, beruhigen Sie sich, ich will ihnen nichts antun. Ich bin vom Werkschutz. Ich habe Sie irrtümlich angegriffen."

Es stellte sich schließlich heraus, dass der Mann Manfred Rotstein hieß. Als Elektriker kümmerte er sich um die Anlagen in der Halle über ihnen. Aus Platzgründen hatte man diverse Ersatzteile und Verbrauchsmaterialien im Keller eingelagert. Daher die verschlossenen Türen. Er war gerade auf der Suche nach einigen Sicherungen, als Jarek ihn attackierte.

Es dauerte fast eine halbe Stunde, bis Rotstein in der Lage war, mit Jareks Hilfe den Keller zu verlassen. Jarek begleitete ihn zu seinem Vorarbeiter, wo er den Zwischenfall erklärte. Er entschuldigte sich mehrfach, aber weder Rotstein noch sein Vorarbeiter zeigten sich davon sonderlich beeindruckt. Neben dem Mörder versuchte jetzt auch noch der Werkschutz, die Arbeiter zu ermorden, so ihr Vorwurf.

Schließlich konnte Jarek nichts weiter tun, als sich nochmals zu entschuldigen. Er zog sich zurück, ging hinüber in die benachbarte Halle. Nach dem Vorfall brauchte auch er eine Pause. Er suchte sich eine ruhige Ecke, setzte sich. Fast hätte er einen

Unschuldigen getötet. Für die kommenden Tage war dies kein gutes Omen. Der Druck, der auf ihm lastete, war einfach zu groß.

Er zwang sich, etwas zu essen und zu trinken. Danach suchte er einen Vorarbeiter, und zeigte ihm seinen Werkschutz-Ausweis. Er erklärte ihm, was er benötigte. Der Mann konnte ihm helfen. Zehn Minuten später überreichte er Jarek eine Eisenstange. Sie war einen Meter lang, in etwa zwei Zentimeter dick. An einem Ende hatte man sie nadelspitz angeschliffen.

Auch in dieser Halle fand Jarek einen Kellerzugang. Er hatte keine Wahl: Er musste Hansen finden. Mit entschlossenem, grimmigem Blick stieg er die Treppe hinab.

Tag 12

Hansen fühlte sich gut, so gut, wie seit Langem nicht mehr. Das Wissen, dass jemand nach ihm suchte, ihn verfolgte, gab ihm Kraft. Vor wenigen Tagen hatte er jammernd und zitternd in seinem Versteck gelegen. Jetzt hatte er ein Ziel, eine Aufgabe: Wer immer die Männer waren, die ihn zur Strecke bringen wollten, er würde es ihnen nicht leicht machen.

Der Umzug in einen sauberen Raum sowie der Kleiderwechsel trugen ihren Teil dazu bei, dass er sich besser fühlte. Er hatte in den vergangenen Tagen jeden Tag die Zisterne aufgesucht, sich gewaschen. Er hatte ausreichend Nahrung gefunden, letzte Nacht war er wieder oben gewesen. Die Lkw-Fahrer waren jetzt vorsichtig, aber am Bahnhof hatte er einen Lokführer bestehlen können.

Anschließend war er in eine Waschkaue gegangen. Hier hatte er mithilfe eines Schraubendrehers zwei Spinde aufgebrochen und dabei unverhofftes Glück. Er fand Seife, zwei gültige Essensmarken. In einem Spind lag, neben etwas Nahrung, ein großes Küchenmesser. Er hatte es an sich genommen, es würde ihm sicher gute Dienste leisten. Auch eine warme Jacke, die ihm passte, gehörte zu seiner Beute.

An einigen Stellen um sein Versteck hatte er Fallen aufgebaut. Sollten die Männer, die ihn verfolgten, sich seinem Versteck nähern, würden sie eine böse Überraschung erleben.

Es war jetzt fünf Tage her, dass er den Mann vom Kran gestoßen hatte. Heute würde er wieder damit beginnen, von den Kränen aus Ausschau zu halten. Er wickelte die Klinge des Messers in eine zusammengelegte Zeitung. Mit diesem provisorischen Schutz konnte er das Messer sicher im Hosenbund verstauen. Das angeschliffene Eisenrohr war ihm zu auffällig.

Er schätzte, dass es früher Vormittag war, vielleicht halb elf. Es setzte seinen Helm auf, klappte den Kragen hoch. Dann machte er sich auf den Weg nach oben.

♦

Jarek sah schlecht aus, sehr schlecht. Er hatte in den vergangenen drei Tagen kaum geschlafen, so gut wie nichts gegessen. Er kam nicht dazu, sich zu waschen oder zu rasieren. Er roch nach Schweiß, seine Kleidung war von dem ständigen Aufenthalt in den Hallen, auf den Kränen und im Keller völlig verdreckt. Unter seinen Augen zeigten sich dunkle Ringe.

Pausenlos hatte er nach Hansen gesucht. Er durchstreifte etliche Hallen, schlich kilometerweit durch die Kellerwelt. Er kletterte auf mehrere Kräne. Nichts. Hansen war wie vom Erdboden verschluckt.

Er hatte mehr Zeit in den Tunneln verbracht als in den Hallen. Ausgehend von Hansens letztem Aufenthaltsort untersuchte er etliche Räume. Er fand dabei zwei ehemalige Verstecke. Leere Flaschen und stinkende Lumpen wiesen darauf hin, dass Hansen sich dort aufgehalten hatte. Aber keine Spur von seiner neuen Unterkunft.

Mit Schöppke hatte er nur einmal kurz telefoniert. Sein Freund machte einen müden, schwachen Eindruck. Die Hitze auf den Kränen machte ihm schwer zu schaffen. Auch bei ihm gab es keine Spur von Hansen. Er berichtete von einem Kranführer, der zu früh zur Schicht gekommen war. Schöppke hatte ihn mit der Pistole bedroht. Schließlich erkannte er jedoch an der kleinen Statur, dass es nicht Hansen sein konnte.

Jarek war erst heute früh in sein Büro zurückgekehrt. Er hatte zwei, vielleicht drei Stunden unruhig geschlafen. Jetzt saß er auf dem Rand seines Bettes, müde und erschöpft. Er blickte auf seine Hände. Sie waren dreckig, die Fingernägel zu lang, mit dunklen Trauerrändern. Er überlegte, sich zu duschen, aber dafür war keine Zeit. Er musste wieder raus, das Stahlwerk durchsuchen.

Er fühlte sich nicht mehr wie ein Mensch, eher wie eine Ratte. Wie ein Getriebener hetzte er durch das Werk, kroch durch Keller und Tunnel. Von Kessels Ultimatum saß ihm im Nacken. Heute war der letzte Tag, die letzte Gelegenheit, sein Leben zu retten. Würde es ihm nicht gelingen, Hansen endlich zu stellen, wäre alles vorbei.

Er stand auf, ging zum Schreibtisch. Die Brotdose lag obenauf, er öffnete sie. Die Käsestulle war bereits leicht schimmelig. Er kratzte den Schimmel ab, verzehrte das Brot. Anschließend trank er am Waschbecken in der Toilette einige Schluck Wasser.

Sein Vorrat an Essensmarken war ihm ausgegangen. Später würde er versuchen, in der Kantine mit seinem Dienstausweis etwas zu bekommen. Aber er war sich nicht sicher, ob man ihm etwas geben würde.

Er zog sich die Arbeitsjacke an, nahm Helm und Tasche an sich. Die Uhr zeigte kurz vor halb elf. Nachdem er sich den Dolch hinten in die Hose gesteckt hatte, griff er seinen Spieß und machte sich auf den Weg. Die Hallen, Keller und Tunnel warteten auf ihn.

♦

Kurz vor halb elf. Gleich käme Kruck, um ihn zu den Hallen hinüberzufahren. Zum letzten Mal würde er oben auf einem Kran Posten beziehen, Wache schieben. Wahrscheinlich würde er nie wieder einen Kran besteigen. Auch Kranführer und überhaupt alles, was mit Kränen zu tun hatte, würde er bis an das Ende seiner Tage meiden wie die Pest.

Hatte Schöppke am ersten Tag geglaubt, es wäre da oben warm, belehrte ihn der Tag danach eines Besseren. Die Hitze war dermaßen unerträglich, dass er einmal glaubte, ohnmächtig zu werden. Er musste sich jede Stunde vom Kranführer an den Steg bringen lassen, wo er für einige Zeit Pause machte. Er stieg die Treppe bis zur Mitte herab, hier war die Temperatur halbwegs erträglich.

Er dachte mehrfach daran, aufzugeben. Aber er war es seinem Freund Jarek schuldig, ihn bei der Suche nach Hansen zu unterstützen. Außerdem hatte er selbst eine Rechnung mit Hansen offen. Immerhin hatte dieser versucht, ihn zu ertränken.

Vorgestern hatte er beinahe einen Kranführer erschossen. Der Mann war außerplanmäßig früh zur Schicht erschienen. Schöppke hatte überhaupt nicht bemerkt, dass er auf den Kran gestiegen war. Wie aus dem Nichts stand er vor ihn. Er bedrohte ihn mit der Pistole, den Finger am Abzug. Aber der Mann war viel zu klein, Kruppa hatte Hansen als sehr groß und schlank beschrieben.

Nach dem Vorfall hatte Schöppke vor Aufregung gezittert. Das war knapp, dachte er. Die Hitze und der Schlafmangel forderten ihren Tribut, dazu das schlechte Licht. Er war froh, wenn alles vorbei war.

Für heute hatte er fünf Flaschen Wasser dabei. Die Idee mit dem Bier erwies sich als nicht praktikabel. Es wurde da oben zu schnell warm, schmeckte nicht. Auf feste Nahrung verzichtete er. Er würde heute Abend versuchen, etwas zu essen.

Sie würden Hansen wohl nicht mehr fassen. Er hatte keine Ahnung, was Jarek dann plante. Schöppke für seinen Teil wollte ihm anbieten, ihn im Werk zu verstecken. Er würde dafür sorgen, dass man die Tasche und den Werksausweis am Bahnhof in Duisburg fand. Von Kessel sollte glauben, Jarek wäre geflüchtet, hätte das Werk verlassen.

Die alte Hauptverwaltung käme als Versteck infrage, zumindest vorerst. Nahrung würde Schöppke besorgen können, wenn auch nicht sonderlich viel. Das Problem sah er eher darin, Jarek die Verpflegung unauffällig zukommen zu lassen. Aber hier würde sich ein Weg finden.

Es klopfte kurz an der Tür, Kruck steckte seinen Kopf herein: „Scheffe, wir können dann los. Ich wäre abfahrbereit." Schöppke stand auf, griff sich die Tasche. Die Pistole trug er am Mann, es konnte losgehen. „Na dann, auf geht's. Heute steige ich zum letzten Mal in meinem Leben auf einen Kran."

♦

Von Kessels Terminkalender war heute prall gefüllt. Da war das Telefonat mit Berlin, angesetzt für elf Uhr. Um zwölf hatte er eine vertrauliche Besprechung mit Frau Konrady. Von zwei bis vier erwartete er Besuch, einige Ingenieure aus dem Rüstungsministerium. Um fünf kam für gewöhnlich der Bericht der Produktionsleitung. Um sechs würde er Schreiter anrufen und zu sich bestellen.

Er ging nicht davon aus, dass es Kruppa heute noch gelingen würde, den Fall abzuschließen. Schöppke hatte sich in den vergangenen Tagen nur einmal kurz gemeldet, es gab nichts Neues. Die beiden Männer durchstreiften das Werk auf der Suche nach Hansen, bisher erfolglos.

Von Kessel saß im Fond seines Wagens. Werner, sein Chauffeur, steuerte das Fahrzeug. Seine Villa lag etwa eine halbe Stunde vom Werk entfernt. Wenn er nach draußen blickte, dann war da das dunkle Grau, das bereits seit Wochen über Duisburg hing: Wolken, Regen, Nebel und Kälte.

Es tat ihm leid um Kruppa. Ein tüchtiger Kerl, dem das Schicksal übel mitgespielt hatte. Wäre es ihm gelungen, Hansen zu stellen, hätte er seinen Teil der Abmachung eingehalten. Aber so wie die Fakten lagen, sah es nicht gut für ihn aus. Wenn er Schreiter einweihen musste, gab es für den Polen keine Rettung.

Die kleine Uhr im Armaturenbrett stand auf halb elf. Sie waren spät dran. Er wollte noch in Ruhe frühstücken und versuchen, mit seiner Frau in Frankreich zu telefonieren. Das Gespräch hatte er bei der Telefonzentrale für halb zwölf angemeldet. „Werner, geben Sie doch bitte mal ein bisschen Gas. So wie Sie fahren, wäre ich ja mit dem Hüttenbus schneller im Werk." Der Chauffeur tat, wie ihm geheißen. Der Mercedes beschleunigte, in wenigen Minuten wären sie am Ziel.

♦

Mittlerweile kannte Jarek alle Kellerzugänge in der Umgegend. Er ließ das Fahrrad im Büro, überquerte die Hochstraße, ging rüber zur nächstgelegenen Halle. Es dauerte keine zehn Minuten, da hatte die Kellerwelt ihn wieder zurück.

Durch einen feuchten, zugigen Tunnel begab er sich auf den Weg in Richtung Süden. Tunnel und Gänge, die unterhalb der Hallen verliefen, waren meistens trocken. Lagen sie jedoch in Gebieten, die unbebaut waren, drang von oben Nässe ein.

Unterwegs würde er alle Räume überprüfen, die auf dem Weg lagen. Er horchte dazu kurz an der Tür, dann öffnete er sie rasch. In der rechten Hand hielt er dabei seinen Spieß, den er sich wie eine Lanze ein Stück unter den Arm klemmte.

Verzweiflung und Erfolglosigkeit hatten dazu geführt, dass er bei seiner Suche nach Hansen mittlerweile recht unvorsichtig vorging. Er achtete nicht mehr darauf, besonders leise zu sein.

Bis zur Halle, in der er Schöppke heute erwartete, waren es mehrere Kilometer. Er musste sich ranhalten, wenn er gegen zwölf dort sein wollte.

♦

Nachdem Schöppke den Kran herbeigerufen hatte, meldete er sich beim Kranführer. Der staunte nicht schlecht, als er erfuhr, dass der Chef des Werkschutzes heute auf seinem Kran Wache schieben würde.

Zu Schöppkes Freude war es auf diesem Kran weniger heiß als befürchtet. Obwohl unten in der Halle Strahlträger gefertigt wurden und überall rote Glut zu sehen war, hielt sich die Temperatur in Grenzen.

Der Grund hierfür war einfach: Einige große Dachluken waren geöffnet. Qualm und Dampf konnten abziehen, kühle, frische Luft strömte herein. Es war immer noch warm, aber kein Vergleich mit den Tagen zuvor. Seine Laune besserte sich.

Er suchte sich einen Platz, an dem er den Kran und den Notweg gut überblicken konnte. Auch hier hatte er heute Glück. Ein große, ebene Blechklappe über einem Getriebe bot ihm einen komfortablen Sitzplatz.

Gegen zwölf Uhr wollte Jarek auf dem Kran vorbeikommen. Er blickte auf seine Taschenuhr: noch knapp eine Stunde.

♦

Furchtlos stand Hansen am Rand der Kranbahn und blickte in die Halle hinab. Es war die Autowerkstatt, in der er vor einiger Zeit bereits einmal erfolgreich gewesen war. Um diese Zeit war hier heute jedoch viel zu viel los.

Er beobachtete die Arbeiter unten in der Halle, entdeckte einige gute Gelegenheiten. Er mochte es jedoch nicht, wenn er bei Tag so nah an Menschen heranmusste.

Hansen beschloss, später wiederzukommen. Er würde sich zunächst die Hallen hinten an der Kantine ansehen. Es war lange her, dass er dort vorbeigeschaut hatte. Damals hatte er dort den Koch bestraft, erinnerte er sich.

Es war ein strammer Fußmarsch. Er würde durch die Keller gehen. So gegen zwölf würde er dort eintreffen.

♦

Die Hauptverwaltung hatte eine eigene Kantine. Der Koch wusste, wie von Kessel sein Frühstück mochte: echter Bohnenkaffee, dazu geröstetes Weißbrot mit Butter und Kirschmarmelade. Das Omelett war schon ein bisschen zu kalt, aber immer noch ganz passabel. Den Abschluss bildete ein schönes Stück echter französischer Käse. Wenn man gute Beziehungen hatte, dann war das Leben auch in Kriegszeiten gut zu ertragen, dachte sich von Kessel.

In einer Stunde würde die Konrady zur Besprechung kommen. Dann würde er all seine Kraft brauchen. Er rief in der Kantine an, bestellte sich noch eine Portion Rührei mit Schinken.

♦

Krucks Leben war alles andere als einfach. Schon bei seiner Geburt war klar, dass etwas mit ihm nicht stimmte: Er war viel kleiner als die anderen Säuglinge. Fast wäre er gestorben, aber mit zusätzlicher Milch von zwei Ammen päppelten sie ihn so weit auf, dass er seinen ersten Geburtstag überlebte.

Als Kind war er kleinwüchsig und schwächlich. Er wurde viel gehänselt, konnte sich mangels Kraft jedoch nicht gegen die Angriffe der gleichaltrigen, aber oft schon doppelt so großen Jungs wehren.

Ein beliebtes Spiel war, „wir nehmen den Kruck mit". Dann legte sich einer der Jungs Kruck wie eine Puppe oder einen Teddy über die Schulter. Sie trugen ihn durch die Gegend, reichten ihn herum. Es war erniedrigend, beschämend.

Beim Sport durfte er nur zugucken. Er konnte nicht schwimmen, schaffte weder einen Liegestütz noch Klimmzug. Zu allem Unglück war er auch geistig kein großes Licht. Er kam in der Schule nicht mit, seine Eltern nahmen ihn nach der fünften Klasse von der Schule. Seine Mutter unterrichtete ihn zu Hause weiter. Einen Schulabschluss erreichte er nie.

Sein Vater suchte für ihn eine Lehrstelle. Aber selbst in der Meierei wollten sie ihn nicht haben: Er war zu schwach, einen Sack mit Hühnerfutter vom Lkw zu heben. Der Bauer witzelte damals, dass sie ihn höchstens selbst als Hühnerfutter verwenden könnten.

Seine Mutter, die ihn trotz allem sehr liebte, versuchte ihn zu trösten: Wen Gott liebt, dem schenkt er ein Leiden, sagte sie ihm oft. Sie behauptete, dass er irgendwann etwas großes leisten würde, vielleicht sogar ein Wunder vollbrachte.

Schließlich, mit fünfzehn, stellten sie ihn beim Werkschutz ein. Die Kollegen nannten ihn schnell Schutzmännchen, behandelten ihn sonst jedoch gut. Sie brachten ihm Autofahren bei. Obwohl er keinen Führerschein hatte, erlaubte man ihm, auf dem Werksgelände zu fahren. Sie schafften für ihn ein Kinderfahrrad an, ließen ihn einfache Botengänge erledigen.

Als Schöppke sein Chef wurde, gab ihm dieser die Arbeit am Tresen. Er durfte jetzt Bücher führen, Papiere abstempeln, sogar Lieferscheine unterschreiben. Es war eine richtige Arbeit, die ihn mit Stolz erfüllte. Es dauerte fast dreißig Jahre, bis er das erste Mal in seinem Leben so etwas wie Achtung erfuhr. Er liebte Schöppke dafür.

Auch wenn dieser ihn oft verspottete, eigentlich immer, war es nicht so wie früher. Schöppke verspottete alle, ohne Ausnahme. Er war der einzige Mensch, der sogar über sich selbst spottete und darüber auch lachen konnte.

Heute würde er eher Feierabend machen. Um zwölf würde er das Büro abschließen und sich an der Suche nach Hansen beteiligen. Wenn er ein Mörder wäre, dachte er, auf welchem Kran würde er sich dann wohl verstecken? Kruck glaubte zu wissen, wo man Hansen finden würde.

♦

Vorsichtig verließ Hansen den Keller. Es kam vor dass er dabei auf Arbeiter an der Maschine traf. Diese blickten oft verdutzt, wenn da jemand Unbekanntes aus dem Untergrund hervortrat. Aber heute verlief alles glatt: Niemand nahm von ihm Notiz. Zielstrebig ging er zum Treppenaufgang an der Hallenwand.

Als er die Treppe zur Hälfte erklommen hatte, machte er halt und sah sich das Treiben am Boden an. In dieser Halle wurden ausschließlich Stahlträger hergestellt. Dazu wurden zunächst Rohlinge, die einen Durchmesser von zehn Zentimeter hatten und rund fünf Meter lang waren, erhitzt, bis sie rotglühend leuchteten.

Anschließend wurden sie über Förderanlagen zu Walz- und Presswerken geleitet. Da die Träger in verschiedenen Formen und Stärken benötigt wurden, gab es in der Halle mehrere dieser imposanten Anlagen.

Es war ein faszinierendes Schauspiel. Durch die halbdunkle Halle glitten überall rotglühende Metallstreben. Von rechts nach links, von oben nach unten, überall wurde glühendes Eisen transportiert. An den Walzanlagen zischte und rauchte es, rot illuminierter Nebel zog nach oben.

Nach oben, da zog es auch Hansen hin. Er blickte unter die Hallendecke. Der Kran war in der Mitte der Halle am Arbeiten. Hier stand der Ofen, in dem die Rohlinge erhitzt wurden. Er setzte seinen Weg fort.

◆

Die Anstrengungen der letzten Tage machten sich bei Schöppke bemerkbar. Er fühlte sich ausgelaugt, kaputt. Als Leiter des Werkschutzes war er körperliche Arbeit nicht gewohnt. Die Bedingungen, die oben auf den Kränen vorherrschten, waren hart. Die letzten Nächte hatte er auf seinem Feldbett im Büro verbracht, mehr schlecht als recht.

Er musste kurz eingenickt sein. Hätte er die Möglichkeit gehabt, sich anzulehnen oder sogar hinzulegen, wäre er sicher eingeschlafen. So aber fiel ihm nur der Kopf nach vorn, sein Oberkörper sackte zusammen. Als er zur Seite zu kippen drohte, wurde er ruckartig wieder wach. „Verdammt", dachte er, „auf Posten einpennen, das geht gar nicht."

Plötzlich sah er im Dämmerlicht eine Gestalt auf sich zukommen. Er hatte nicht bemerkt, dass der Kran an der Hallenwand stoppte, um jemanden aufzunehmen. Wie lange hatte er geschlafen?

Hastig suchte er neben sich nach der Pistole. Er ergriff sie, dann stand er auf. Er richtete die Waffe auf die Gestalt, die ihm bis auf wenige Meter nahegekommen war: „Halt! Stehenbleiben! Wer sind Sie?"

Durch das schnelle Aufstehen wurde ihm leicht schwindelig. Die Gestalt blieb stehen, hob die Hände auf Schulterhöhe. Wer immer es war, er antwortete nicht. Wäre es Jarek, hätte dieser mit der Parole geantwortet.

Schöppkes Gedanken rasten. War es Hansen? Der Mann war groß und schlank, aber das waren viele Männer im Werk. Jarek hatte den Gestank beschrieben, er selbst hatte den nach Verwesung riechenden Raum betreten. Der Mann, der da zwei, drei Meter von ihm entfernt stand, roch nicht.

Die Gestalt trug einen Helm, den sie tief in das Gesicht heruntergezogen hatte. Der Kragen der Arbeitsjacke war aufgestellt. Schöppke konnte das Gesicht, welches im Schatten lag, nicht erkennen. Noch immer schwieg die Gestalt.

Auch der Mann, den er vorgestern mit der Waffe bedroht hatte, war zunächst sprachlos gewesen. Wer rechnete schon damit, an seinem Arbeitsplatz plötzlich in den Lauf eine Pistole zu blicken?

Er senkte die Waffe ein kleines Stück, sprach den Mann an: „Sind Sie Kranführer? Wie heißen Sie?" Die Gestalt nickte langsam, aber es kam keine Antwort.

Der Kran fuhr ganz behutsam rückwärts. Über ihnen in der Hallendecke befand sich eine der Luken. Etwas Licht fiel hinein, beleuchtete die Szenerie. Sie standen sich wortlos gegenüber. Der Mann hatte nach wie vor die Hände erhoben. Als das Licht den Mann erreichte, konnte Schöppke dessen Handgelenke und Unterarme erkennen: Sie waren von einem roten Ausschlag überzogen.

◆

Mit gehetztem Blick eilte Jarek durch die Halle. Überall bewegte sich rotglühendes Eisen, rauchte, dampfte es. Er hatte keine Ahnung, wo genau er sich befand. In den vergangenen Tagen hatte er nahezu alle größeren Hallen des Werks aufgesucht, viele davon mehrfach. Diese hier lag in der Nähe der Botzki-Kantine. Aber war es die Halle, in der er heute Schöppke treffen wollte?

Hunger und Durst trübten seine Leistungsfähigkeit und sein Urteilsvermögen. Es war nur noch das Adrenalin, das ihn auf den Beinen hielt. Die letzte Stunde im Keller hatte ihn aufgeputscht. Einmal dachte er, er hätte vor sich, am Ende eines Ganges, jemanden gesehen. Er beeilte sich, rannte, aber er traf dort niemanden mehr an.

Zwei Arbeiter, die vorbeikamen, blickten ihn schräg an. Gesicht und Kleidung verdreckt, unrasiert, in der Hand die zugespitzte Eisenstange. Er machte keinen vertrauenerweckenden Eindruck.

Er versuchte, sich zu beruhigen, klar zu denken. Langsam ging er Richtung Treppe. Er kontrollierte seine Atmung, entspannte seine Muskeln.

Plötzlich, irgendwo von oben: ein Knall. Er blickte hinauf. Genau über ihm, weit oben unter der Hallendecke, stand der Kran. In diesem Moment vernahm er erneut einen leisen Knall, dazu blitzte es. Jareks Herz raste: Schüsse. Schöppke und Hansen waren auf dem Kran.

◆

Sie kniete vor ihm auf dem Sofa, das Gesicht auf ein Kissen gelegt. Bekleidet war sie nur noch mit einem schwarzen BH, einem schwarzen Strumpfhalter sowie schwarzen Seidenstrümpfen. Ihre sonstige Kleidung hatte sie ausgezogen und fein säuberlich zusammengelegt.

Von Kessel machte sich nicht so viel Mühe. Er stand hinter ihr, Hose und Unterhose heruntergelassen. Immerhin hatte er sein Jackett ausgezogen, es hing über der Stuhllehne an seinem Schreibtisch.

Langsam drang er in sie ein. Sie stöhnte lustvoll, presste ihr Gesicht in das Kissen. Von Kessel mochte es, wenn die Frauen beim Sex etwas lauter waren. Aber nicht im Büro. Er war sich sicher, dass der Soldat vor der Tür lauschte.

Niemals wäre er auf die Idee gekommen, der Konrady irgendwelche Avancen zu machen. Sie war erst seit einem Jahr Witwe, zudem eine Angestellte des Stahlwerks. Es ging alles von ihr aus. Vor einigen Wochen hatte sie erwähnt, dass sie gern bereit wäre, die Zusammenarbeit mit ihm „zu vertiefen".

Er liebte seine Frau, war ihr bis dahin immer treu gewesen. Aber der Krieg hatte alles verändert. Bereits seit Monaten weigerte sich Jacqueline, ihn in Deutschland zu besuchen. Seit den Morden kam er aus Duisburg nicht mehr heraus. In dieser Situation nach Frankreich zu reisen, unmöglich. Da kam ihm die Gelegenheit mit der Konrady gerade recht.

Irgendwie, kam er nicht in seinen Rhythmus. Sie war heute einfach etwas zu trocken. Er zog sich zurück, benetzte sie und sich mit etwas Speichel. Besser, viel besser.

♦

Hansen hatte nicht damit gerechnet, hier oben auf jemanden zu treffen. Aber plötzlich stand dieser dicke, große Mann vor ihm. Er glaubte, sich an die Statur zu erinnern: richtig, unten im Keller, an der Wasserfalle.

Der Mann richtete eine Waffe auf ihn. Die Silhouette einer Pistole war unverkennbar. Aber der Dicke wirkte unsicher, zögerlich. Er senkte die Waffe, sprach ihn an: „Sind Sie Kranführer? Wie heißen Sie?" Er nickte, gab aber keine Antwort.

Der Kran bewegte sich langsam. Plötzlich spürte Hansen, dass der Dicke sich anspannte, die Waffe wieder anhob. Er hatte ihn erkannt. „Zurück, Hansen, oder ich schieße!", brüllte er ihm aufgeregt entgegen.

Die Körpersprache und die Stimme des Dicken verrieten ihn: Er hatte Angst. Hansen ging einen Schritt auf ihn zu, die Hände noch immer etwas angehoben. Der Dicke streckte den Arm mit der Waffe drohend aus, wollte gerade noch eine Warnung aussprechen, da sprang Hansen.

♦

Er stand in etwa in der Mitte der Halle. Um auf den Kran zu kommen, müsste er bis ans Ende der Halle rennen, dann die Treppe hochlaufen. Anschließend müsste er sich über den Notweg zum Kran bewegen, das alles dauerte viel zu lange.

Jarek erinnerte sich an die Notleiter, die in der Mitte der Halle zum Kran hochführte. Schnell legte er seine Tasche und die Stange ab, rannte zur Leiter. Er blickte nach oben. Die Leiter führte über dreißig Meter an der Hallenwand empor.

Seit Jahren hatte niemand mehr diese Leiter benutzt. Auf den Sprossen lag eine dicke Schicht Staub, eine Mischung aus Ruß und Rost. Die Sprossen lagen weit auseinander, seine Oberschenkel brannten bereits nach wenigen Metern.

Er hatte in etwa die Hälfte der Leiter erklommen, als er hinter sich einen entsetzlichen Schrei vernahm.

♦

Alles, was Jarek ihm über Serienmörder erzählt hatte, raste durch seinen Verstand. Er wusste, dass er Hansen am besten sofort in die Brust schießen sollte. Aber er war wie gelähmt. Nie zuvor hatte er einen Menschen getötet. Er war mit der Situation überfordert, zögerte. Er überlegte, ob er einfach abdrücken oder Hansen befehlen sollte, sich hinzulegen.

Urplötzlich sprang Hansen ihn an. Unglaublich schnell war er bei ihm. Schöppke drückte hastig ab, er erschrak über den unerwartet lauten Knall und den Rückstoß der Waffe. Er war sich sicher, dass der Schuss danebengegangen war.

Die Männer prallten zusammen, dabei fiel Hansen der Helm vom Kopf. Jetzt konnte Schöppke sein vom Ausschlag entstelltes Gesicht erkennen. In seiner Wut hatte Hansen es zur Fratze verzogen.

Hansen griff ihm mit der rechten Hand ins Gesicht, versuchte, ihn zu blenden. Mit der linken Hand drückte er Schöppkes Arm mit der Waffe beiseite. Dennoch gelang es Schöppke, den Arm anzuwinkeln und erneut abzudrücken. Hansen zuckte, ob vor Schmerz oder vor Schreck, war schwer zu sagen.

Ein Finger Hansens drang Schöppke ins rechte Auge. Ein entsetzlicher Schmerz erfasste ihn, er schrie auf. Hansen schaffte es zudem, Schöppkes rechtes Handgelenk zu umfassen. Beide Männer taumelten rückwärts in Richtung der Kranbahn.

Hansen spürte, dass der massige Körper seines Gegners sich stolpernd zurückbewegte. Er nutzte den Moment und warf sich mit aller Kraft gegen Schöppke. Der strauchelte, fiel nach hinten um. Hart schlug er mit dem Hinterkopf auf, die Waffe entglitt ihm.

Hansen lag auf Schöppkes Unterkörper, er hielt noch immer dessen Handgelenk fest umklammert. Mit seiner freien Hand griff er zu Schöppkes Kopf, die Finger krallten sich in sein Gesicht.

In Panik versuchte Schöppke, sein Springmesser mit der rechten Hand aus der Tasche zu ziehen. Aber Hansen hielt sein Handgelenk fest. Schöppke strampelte und trat mit den Beinen, aber es gelang ihm nicht, Hansen von sich abzuschütteln. Mit der linken Hand schlug er Hansens Arm beiseite und griff seinerseits zu dessen Kopf. Er bekam ein Ohr zu fassen, zog ruckartig daran. Er konnte spüren, wie etwas abriss.

Hansen schrie vor Schmerz. Rasend vor Wut ließ er das Handgelenk seines Gegners los, krallte sich mit beiden Händen in Schöppkes Gesicht. Er schaffte es, ihm zwei Finger in das rechte Auge zu rammen.

Schöppke glaubte kurz, vor Schmerz ohnmächtig zu werden. Er stöhnte, warf seinen Kopf in den Nacken. Reflexartig zuckte er mit dem Oberkörper, drehte sich schützend zur Seite. Er schlug unkontrolliert nach Hansen, traf ihn hart am Kopf. Hansen ließ von ihm ab.

Er drehte sich auf den Bauch, versuchte sich aufzurichten. Auf die Knie und Ellbogen gestützt, rang er nach Luft. Flüssigkeit tropfte aus seinem verletzten Auge, er konnte damit nichts mehr sehen. In seinem gesunden Auge blendeten ihn Tränen.

Plötzlich traf ihn ein harter Schlag in die Seite: Hansen trat ihm mit voller Wucht in die Rippen. Er fiel zur Seite, kam dabei der Kante des Krans gefährlich nah.

Ehe er in der Lage war zu reagieren, schob ihn Hansen weiter an die Kante heran. Seine Beine glitten über den Rand hinweg, zogen ihn nach unten. In Panik tastete er blind nach einer Möglichkeit, um sich festzuhalten. Er klammerte sich schließlich mit der rechten Hand an einen armdicken Kabelkanal.

Er blickte auf. Mit dem unversehrten Auge konnte er eine verschwommene, dunkle Gestalt erkennen. In diesem Moment traf ihn der Tritt ins Gesicht. Sein Kopf wurde zurückgeschleudert, er konnte sich nicht mehr halten. Es dauerte nur eine Sekunde, dann stürzte Paul Schöppke in den Tod.

◆

Als er sich umblickte sah er nicht weit von sich, einen massigen Körper vom Kran herabstürzen. Er war sich sicher, dass es sein Freund war, der da schreiend in den Tod stürzte.

Jarek wollte sein Ende nicht mit ansehen. Er wandte den Blick ab, presste seine Stirn gegen eine Sprosse. Abrupt endete der Schrei. Er glaubte zu hören, wie beim Aufprall die Knochen in Schöppkes Körper brachen, sein Schädel platzte. Aber das spielte sich nur in seinem Kopf ab. Auch glaubte er zu spüren, wie sich in dem Moment, in dem er am Hallenboden aufschlug, eine Erschütterung ausbreitete. Aber auch das spielte sich nur in seiner Fantasie ab.

Dennoch wusste er, dass beides Realität war. Schöppkes Körper war zerschmettert, etliche Knochen und auch der Schädel barsten beim Aufprall. Er konnte es nicht sehen, aber als Schöppkes massiger Körper aufschlug, wirbelte er eine riesige Staubwolke auf, die langsam nach oben aufstieg.

Jarek wollte schreien, so laut er konnte. Doch er beherrschte sich, nur ein verkrampftes Würgen drang aus seinem Mund. Tränen schossen ihm in die Augen.

Paul war tot. Er, Jarek, hatte ihn auf den Kran gedrängt, ihm Druck gemacht. Es war Hansen, der Schöppke ermordet hatte, aber Jarek traf eine Mitschuld.

Hansen! Er war oben auf dem Kran. Schüsse waren gefallen, es hatte einen Kampf gegeben. War es Schöppke gelungen, Hansen zu verwunden? Jarek riss sich zusammen. So schnell er konnte, stieg er die Leiter hinauf.

♦

Der Fettsack hatte ihn mit dem zweiten Schuss erwischt. Aber es war nur ein Streifschuss, der ihn am Oberarm getroffen hatte. Dennoch spürte er, wie mit jedem Herzschlag etwas Blut aus der Wunde gepumpt wurde. Er musste die Verletzung schnell verbinden.

Schmerzhafter als der Streifschuss war die Verletzung am Kopf. Hansen tastete danach. Das Ohrläppchen und ein Stück der Ohrmuschel fehlten. Schweiß drang in die Wunde ein, ließ sie wie Feuer brennen.

Am Boden, wo er gegen den Dicken gekämpft hatte, entdeckte er einen länglichen, schwarzen Gegenstand. Er hob ihn auf: ein Springmesser. Er steckte es ein, machte sich auf die Suche nach der Pistole. Sein Herz raste, hektisch blickte er umher: nichts.

Seit den Schüssen hatte der Kran sich nicht mehr bewegt, unten am Hallenboden wurde es unruhig. Er musste verschwinden. Schnell ging er rüber zum Notweg, stieg vom Kran herunter. Er hatte erst ein paar Meter geschafft, als er hinter sich eine Stimme hörte: „Hansen!"

◆

Den Dolch kampfbereit in der rechten Hand, lief Jarek über den Kran. Da, am anderen Ende, sah er eine dunkle Gestalt. Sie sprang vom Kran herunter, wollte über den Notweg fliehen. Er lief hinterher, dann stieg er ebenfalls auf den Notweg. Hansen schien überhaupt keine Höhenangst zu haben. Wie ein Schlafwandler ging er sicheren Schrittes den dreißig Zentimeter schmalen Weg am Abgrund entlang. Jarek musste ihn aufhalten. Er schrie: „Hansen!"

◆

Als Hansen sich umdrehte, sah er den Messermann, wie er ihn mittlerweile nannte. Und tatsächlich hatte der seinen Kampfdolch auch wieder in der Hand. Unsicher kam er näher, vorsichtig setzte er einen Fuß vor den anderen.

Hansen hatte keine Angst. Die Höhe machte ihm nichts aus. Er zog sein Küchenmesser hervor, ging seinem Gegner entschlossen entgegen. Doch dann hielt er inne. Er erinnerte sich, wie gekonnt und ruhig der Messermann ihn im Keller attackiert hatte. Er war zudem verletzt, verlor Blut. Er würde sich zunächst in die Keller zurückziehen. Dort war sein Revier. Er drehte sich um, ging zügig in Richtung der Treppe. Der Messermann würde ihm folgen.

Als Hansen sich plötzlich umdrehte und auf ihn zukam, machte sich Panik in seinem Verstand breit. Er stand auf einem nur wenige Zentimeter breiten Sims, rechts von ihm ging es dreißig Meter in die Tiefe. Er war wie erstarrt, wusste zunächst nicht, wie er sich verhalten sollte. Ein Kampf auf dem Notweg war das Letzte, was er wollte.

Er beschloss, sich wieder zum Kran zurückzuziehen, in der Hoffnung, dass Hansen ihm dorthin folgen würde. Aber es war Hansen, der sich auf einmal umdrehte und sich von ihm entfernte.

Jarek saß in der Falle. Er musste Hansen auf den Notweg folgen, wollte er ihn nicht wieder verlieren. Vorsichtig und unsicher lief er Hansen hinterher. Der bewegte sich in etwa doppelt so schnell wie er selbst.

Als er die Hälfte des Weges hinter sich hatte, blickte er nach vorn. Hansen war bereits an der Treppe. Er sah sich kurz um, dann rannte er die Treppe hinab. Jarek folgte ihm so schnell wie er konnte.

Schließlich erreichte auch er die Treppe. Immer mehrere Stufen gleichzeitig nehmend, sprang er Absatz für Absatz die Treppe hinunter. Unten angekommen, orientierte er sich. Der nächste Kellereingang lag in unmittelbarer Nähe hinter einem Presswerk.

Hansen hatte einen Vorsprung von vielleicht sechzig, höchstens neunzig Sekunden, schätzte Jarek. Noch war der Kampf nicht verloren. Unten im Maschinenkeller stand die Tür in den Tunnel offen. Den Kampfdolch in der rechten Hand betrat Jarek die Kellerwelt.

Er hielt inne. Sein Herz und sein Puls rasten. Was, wenn Hansen einen anderen Zugang gewählt hatte? Vor sich auf dem Boden sah er im schwachen Schein der Tunnelbeleuchtung einen dunklen Fleck. Er ging in die Hocke, strich mit dem Finger darüber: Es war Blut, frisches Blut. Hansen war direkt vor ihm.

Er setzte seine Verfolgung fort. Würde er Hansen verlieren, wäre Paul umsonst gestorben, und auch sein Leben wäre verwirkt.

Der Tunnel war einer der typischen Versorgungstunnel. Links an der Wand ein Sammelsurium von Rohren und Kabeln, alle zehn Meter eine schwache Glühbirne. Jarek rannte, so schnell es in dem engen Tunnel möglich war.

Vor ihm lag einer der Gitterroste, die Schöppke als Gasfalle bezeichnet hatte. Er hatte die Breite des Tunnels, war etwa zwei Meter lang. Auf seinen Erkundungszügen der letzten Tage hatte er etliche solcher Gasfallen passiert.

Kaum hatte er im Laufen seinen rechten Fuß auf den Gitterrost gesetzt, brach dieser unter ihm weg. Wäre er mit normaler Geschwindigkeit gegangen, hätte es ihn in den Abgrund gerissen. Durch den Schwung jedoch, den er im Laufen nach vorn hin hatte, schaffte er es noch bis an die andere Seite.

Schmerzhaft prallte er mit der Brust auf die Kante. Seine Beine und sein Unterkörper hingen in den Schacht hinein. Seine Arme und sein Oberkörper ragten über den Rand des Schachtes hinaus. Er schrie vor Schreck, aber auch vor Schmerz kurz auf. Sein Schrei mischte sich mit dem lauten Krachen, das das Gitter verursachte, als es unten im Schacht aufschlug.

Wie ein Schwimmer, der aus einem Becken steigt, stemmte er sich aus dem Schacht heraus. Dabei schrie er erneut vor Schmerz auf. Eine oder mehrere seiner Rippen waren vermutlich geprellt. Tränen schossen ihm in die Augen.

Er saß zusammengekrümmt am Rande des Schachtes, versuchte zu atmen. Hansen hatte ihm eine Falle gestellt, da war er sich sicher. Plötzlich erschrak er: der Dolch! Hastig blickte er sich um, aber da war nichts. Der Dolch musste in den Schacht hinabgestürzt sein.

„Verdammt!", fluchte Jarek. Außer dem Springmesser blieb ihm nun keine Waffe mehr. Er rappelte sich auf, zog das Messer aus der Tasche. Fast hatte Hansen ihn erledigt, zum dritten Mal. Aber ein Boxer gab sich so schnell nicht geschlagen. Er setzte seine Verfolgung fort.

◆

Hansen konnte hören, wie das Gitter in den Schacht hinabstürzte. Er überlegte kurz, zurückzugehen, sich zu vergewissern, ob es den Messermann erwischt hatte. Aber die Blutung zu stillen, hatte Vorrang.

Auf dem Boden sitzend, hatte er sich ein Stück Stoff aus der Vorderseite seiner Jacke herausgeschnitten. Er wickelte den Streifen zweimal um seinen Oberarm, versuchte so, die Blutung zu stillen. Es gelang ihm mehr schlecht als recht.

Er hatte noch eine weitere Falle vorbereitet, oben, am Ende der Treppe. Dort würde er eine Pause machen, den Verband noch etwas nachbessern. Sollte der verdammte Messermann ihm immer noch folgen, er würde ihn dort erwarten.

◆

Der Schmerz in der Brust legte sich etwas, zumindest hatte er sich nichts gebrochen. Aber so schnell wie zuvor konnte er Hansen nicht mehr folgen. Zu seiner Freude jedoch hatte Hansen ihm eine schöne Fährte gelegt: Alle zwei, drei Meter fand sich ein Blutstropfen auf dem Boden.

An einer Gabelung folgte die Spur dem Gang nach links. Jarek überlegte, wo unter dem Werk er sich nun befand. Er ging jetzt Richtung Westen, in Richtung der Hochöfen.

Der Gang endete an einer Tür. Jarek zog das Messer aus der Tasche, ließ die Klinge herausschnellen. Er horchte an der Tür:

Stille. Langsam öffnete er sie. Eine steile Treppe führte hinauf. Oben, am Ende, konnte er eine weitere Tür erkennen, die nur angelehnt war. Scheinbar hatte Hansen die Kellerwelt wieder verlassen. Er folgte ihm.

◆

Vorsichtig spähte Hansen durch den Türspalt. Als sich unten die Tür öffnete, zog er seinen Kopf schnell zurück. Unfassbar. Der Scheißkerl hatte die Falle überlebt. Hastig drehte er die Kappe von dem Feuerzeug herunter.

◆

Jarek hatte in etwa ein Drittel der Treppe zurückgelegt, da öffnete sich oben mit einem quietschenden Geräusch die Tür. Helles, gelbes Licht strömte von oben in den Treppenschacht. Plötzlich bewegte sich dieses Licht auf ihn zu.

Jarek erkannte einen Feuerball, eine Kugel aus brennenden Lumpen. Hansen hatte ihm erneut eine Falle gestellt. Die Feuerkugel mit einem halben Meter Durchmesser stürzte die Treppe hinunter.

Ihm blieb keine Zeit, umzukehren. Jarek warf sich mit dem Gesicht nach unten auf die Treppe, er ließ das Messer fallen und zog die Arme schützend über den Kopf. Schon hatte die Feuerkugel ihn erreicht und rollte über ihn hinweg.

Die steile Neigung der Treppe rettete ihn. Die Kugel war dadurch sehr schnell, berührte ihn nur kurz. Er spürte einen brennenden Schmerz an der linken Hand, wo das Feuer ihn erwischt hatte.

Er richtete sich wieder auf, drehte sich um. Die Kugel blieb am Fuß der Treppe liegen, brannte dort weiter. Jarek erkannte eine weitere Gefahr: Der Treppenschacht füllte sich mit Rauch. Würde Hansen die Tür oben verschließen, würde er ersticken.

Er griff sich das Messer, als er einen stechenden Schmerz am Rücken spürte. Er brannte! Panisch drückte Jarek seinen Rücken gegen die Wand, in der Hoffnung, das Feuer so zu ersticken.

Er hatte keine Zeit zu überprüfen, ob seine Bemühungen Erfolg hatten. Der Schacht füllte sich zusehends mit Qualm. Geduckt rannte Jarek nach oben. Er stieß die Tür auf und stand im Freien.

Der Treppenschacht endete in einem Häuschen, das Teil einer Gruppe verfallener Gebäude zwischen den Hallen war. Gleise verliefen in der Nähe, offenbar war dies hier einmal so etwas wie ein kleiner Rangierbahnhof gewesen.

Aus dunklen Wolken fiel kalter Schneeregen auf ihn und das Werk hinab. Er pumpte die frische Luft in seine Lungen. Der Schmerz am Rücken war noch da, aber scheinbar war es ihm gelungen, die Flammen zu löschen.

Sein Blick folgte den Gleisen. Da, in vielleicht einhundert Metern Entfernung, lief eine Gestalt. Sie war groß, dünn, kahlköpfig. Den Oberkörper hatte sie leicht zur Seite geneigt, so, als hätte sie Schmerzen. Es war Hansen. Jarek nahm die Verfolgung auf.

♦

Als sein Körper kein Adrenalin mehr ausschüttete, kamen die Schmerzen. Die Kugel, die ihm der Fettsack verpasst hatte, hatte ein daumengroßes Stück Fleisch aus seinem Oberarm gerissen. Der Verband drückte nun auf die offene Wunde.

Vor Jahren war ihm im Studium einmal Salpetersäure auf den Oberschenkel getropft. Die Schmerzen von heute waren die gleichen wie damals.

Als er sich umdrehte, traute er seinen Augen nicht: der Messermann. Wer war dieser Mensch, der ihn unablässig wie ein hungriges Raubtier verfolgte? Warum hatte ihn die Feuerkugel nicht verbrannt?

Vor ihm lag die große Stahlkocherei. Die Halle war riesig, dunkel, weitläufig. An den Seitenwänden gab es ein Labyrinth aus Treppen und Leitern, die bis unter die Hallendecke reichten. Hier irgendwo würde er sich verstecken, dem Messermann auflauern.

Sie waren gerade fertig, als das Telefon klingelte. Ein Mann war in der Trägerhalle vom Kran gestürzt. Der Körper war beim Aufprall aus der großen Höhe völlig zerstört worden. Aber oben auf dem Kran hatte man eine Tasche gefunden, die wohl Schöppke gehörte.

Von Kessel wurde blass, atmete tief durch. Er veranlasste, dass der Leichnam zunächst zur Krankenstation gebracht wurde. Ein normaler Arbeitsunfall, kein Wort zur Polizei.

Außerdem sollten sich zwei Wehrmachtssoldaten bereithalten. Eventuell musste eine Verhaftung durchgeführt werden.

Als Jarek die Stahlkocherei erreichte, musste er seinen Augen zunächst etwas Zeit gönnen, sich an die Dunkelheit zu gewöhnen. Nach und nach traten die Details aus dem Dämmerlicht hervor.

Rechts und links an den Wänden der Halle sah er die Aufbauten und Gerüste, in denen die Versorgungsleitungen untergebracht waren. Er erinnerte sich, wie er vor knapp zwei Wochen mit Schöppke hier gestanden hatte.

Die Wege durch die Seitenwände der Halle dienten der Versorgung, Kontrolle und Wartung. Unten am Boden gab es zahlreiche Öfen, die mit Gas oder Strom betrieben wurden. Heiße, giftige Gase, die beim Schmelzprozess entstanden, konnten nicht einfach in die Halle abgelassen werden. Sie wurden aufgefangen und in dicken Rohren nach außen abgeleitet.

Der Hallenboden war mit einer dicken Schicht aus Ruß und Metallstaub überzogen. Es waren keinerlei Blutspuren zu erkennen.

Links in der Halle stand ein fertig gekoppelter Zug aus mit Brammen beladenen Güterwagen, der scheinbar auf seine Abholung wartete. Nur die Lok fehlte noch.

Weiter hinten in der Halle konnte Jarek eine Gruppe von Arbeitern erkennen, die mehrere große Gussformen vorbereiteten. So wie es aussah, sollte alsbald mit dem Guss einer Bramme begonnen werden.

Keine Spur von Hansen. Er hatte nur eine Minute vor Jarek die Halle erreicht. Wo war er? Wo versteckte er sich? Jarek zwang sich, ruhig und analytisch nachzudenken.

Wäre er weiter in die Halle hineingelaufen, hätte er die Arbeiter passieren müssen. Er blutete, trug keinen Helm, keine Schutzkleidung. Dazu der Ausschlag im Gesicht. Er wäre aufgefallen. Blieb die Möglichkeit, sich nach rechts und links zu den Wänden zu begeben. Hier boten die zahlreichen Treppen und Leitern, zum Teil schwach beleuchtet, sicher gute Versteckmöglichkeiten.

Er blickte nach links. Direkt hinter dem Tor gab es eine Treppe, die nach oben in das Labyrinth aus Rohren führte. Jarek lief hinüber.

◆

Nach rechts konnte Hansen in die Halle hinabsehen. Der Weg bestand aus einem Gitterrost, zur rechten Hand ein Geländer. Über ihm verlief ein Rohr mit rund einem Meter Durchmesser. Er musste den Kopf etwas einziehen, um nicht gegen die Sparren zu stoßen, auf denen das Rohr auflag.

Überall gab es Absperrhähne und Ventile. An einigen Stellen entwich kochend heißer Dampf. Man musste aufpassen, dass man sich nicht verbrühte.

Schließlich fand er eine geeignete Stelle. Hier gab es eine Art Balkon, der in die Halle hineinragte. Von hier aus konnten Arbeiter den Gussvorgang beobachten, dem Kranführer Zeichen und Anweisungen geben, damit dieser seine tonnenschwere Fracht sicher bewegen konnte.

Hansen blickte hinunter in die Halle, es ging rund fünfzehn Meter hinab. Hansen stieg über das Geländer und kletterte außen am Gerüst nach oben.

♦

Die Treppe endete oben in einem schmalen Gang, der zwischen und unter Rohren entlanglief. Jarek folgte ihm. Rechts konnte er in die Halle hinabsehen. Gerade eben bewegte sich der große Kran in die Hallenmitte, wo die Gussformen bereitstanden. Er transportierte einen riesigen Topf mit flüssigem Metall.

Jarek beugte sich über das Geländer. Unten wurde soeben eine Lok vor die Wagen gespannt. Sie stand draußen, dennoch drang Rauch in die Halle, zog unter das Dach.

Er lief weiter, seine Brust schmerzte. Auf seiner linken Hand hatten sich Blasen gebildet, an einigen Stellen trat Wundflüssigkeit hervor.

Schließlich erreichte er einen Balkon, von dem aus man den Gussvorgang beobachten konnte. Der Kran war gerade dabei, den Topf zu neigen. Flüssiges Metall ergoss sich in die Form, ein gigantischer Funkenregen spritzte empor.

Jarek stand am Rand des Balkons, er hielt inne, unfreiwillig fasziniert von dem Schauspiel, welches sich ihm bot. Wie bei einer Wunderkerze glitzerte und funkelte es, nur in anderen Dimensionen. Die gesamte Halle leuchtete im hellroten Schein.

Plötzlich fiel etwas Großes, Schweres auf ihn herab. Er wurde mit voller Wucht zu Boden geschleudert, die Luft wurde aus seiner Lunge gepresst. Er lag auf der Seite, auf seinem rechten Arm, wo seine Hand krampfhaft das Messer umklammerte.

Hansen kniete auf ihm, sein Messer zum Stoß erhoben. Er hatte irgendwo über dem Balkon gelauert. Wie eine Spinne musste er außen am Geländer nach oben geklettert sein. Von dort aus hatte er sich auf Jarek herabfallen lassen.

Hansen stach zu. Er versuchte, Jareks Hals zu treffen. Aber Jarek zog die Schulter hoch, sodass diese den Stich abfing. Dennoch drang die Klinge bis auf den Knochen in den Arm ein. Jarek schrie vor Schmerz, Hansen vor Wut.

Hansen erhob das Messer zum nächsten Hieb. Sein Gesicht war vor Wut und Hass verzerrt, es lag nichts Menschliches mehr darin.

Jarek hatte dem Hieb nichts entgegenzusetzen. Er blickte in Hansens geweitete Augen, erwartete seinen Tod. In diesem Moment jedoch traf, scheinbar aus dem Nichts, ein silberner, schwerer Gegenstand Hansens linke Schulter. Die Wucht war so groß, dass Hansen davon zur Seite geschleudert wurde.

◆

Kruck hatte Freudentränen in den Augen. Er hatte sich seit dem Mittag unter Lebensgefahr auf dem größten Kran des Stahlwerks versteckt. Er hatte hier eine offene Werkzeugkiste vorgefunden, sich mit mehreren, großen Schraubenschlüsseln bewaffnet. Er sah in die Halle hinunter. Es war finster, doch hell genug, um die zwei Männer zu erkennen, die kurz nacheinander die Halle betraten. Beide begaben sich nach rechts, stiegen in die Wand ein.

Irgendwann konnte er einen Mann erkennen, der außen am Gerüst hing. Er vermutete, dass es sich dabei um Hansen handeln musste. Der Kran war jedoch viel zu weit entfernt, als dass er ihn hätte erreichen können. Doch plötzlich bewegte sich der Kran in Richtung Hallenmitte.

Im hellroten Licht des Gussvorgangs konnte Kruck das Drama, das sich unter ihm ereignete, beobachten. Er sah, wie Kruppa den Balkon betrat. Er wollte schreien, rufen, aber da war es schon zu spät. Hansen ließ sich auf Kruppa herabfallen.

Er lief an den Rand des Krans, hier stand er zehn Meter über dem Balkon. Dann warf er den größten Schraubenschlüssel, den er hatte, auf Hansen herab.

♦

Jarek richtete seinen Oberkörper auf. Hansen, scheinbar benommen, lag auf dem Rücken. Auf dem Boden sah Jarek einen großen Schraubenschlüssel liegen. Irgendjemand musste ihn von oben, vom Kran herab, auf Hansen heruntergeworfen haben. Irgendwer hatte ihm das Leben gerettet.

Sein Brustkorb schmerzte, aus seiner Wunde floss Blut. Er war schwer verletzt. Aber er umklammerte noch immer das Springmesser. Er versuchte, auf die Knie zu kommen, dabei hielt er sich am Gerüst des Balkons fest.

Auch Hansen richtete sich langsam auf. Sein Messer war ihm entglitten. Was immer ihn an der Schulter getroffen hatte, es hatte ihm das Schlüsselbein gebrochen. Unter großen Schmerzen gelang es ihm, aufzustehen.

Vor ihm stand der Messermann. Er blutete stark, aber er hatte immer noch ein Messer in der Hand. Hansen wich zurück. Auch er hatte noch das Springmesser, das er auf dem Kran gefunden hatte, in der Tasche. Er griff danach, da sprang der Messermann vor und stach ihm in die Brust.

Jarek hatte auf das Herz gezielt. Aber der Stich traf oberhalb in die Schulter. Bevor er sich zurückziehen konnte, hatte Hansen seinerseits plötzlich ein Messer in der rechten Hand. „Ein Springmesser!", durchfuhr es Jarek. Wie kam Hansen dazu? Stammte es von Schöppke?

Hansen griff an und versuchte, Jarek mit einem seitlich geführten Schnitt zu verletzen, aber der konnte die kraftlos geführte Bewegung abwehren. Er führte seinerseits einen schnellen Stich aus, die Klinge drang tief in Hansens verletzten Oberarm ein.

Hansen stöhnte vor Schmerz und wankte einen Schritt zurück. Er schaffte es nicht mehr, seinen linken Arm zu bewegen. Erst die Schussverletzung, dann der Treffer auf das Schulterblatt, jetzt die zwei Stichwunden. Er richtete drohend das Messer auf Jarek, ging langsam rückwärts. Er bleckte dabei wie ein wildes Tier sein Gebiss, zog zischend Luft durch die Zähne. Sein Atem ging ruckartig, seine Brust zuckte.

Jarek wartete auf den richtigen Moment. Hansens linker Arm hing schlaff herab, bewegungslos. Hansen wich von ihm zurück. Plötzlich drehte er sich um und flüchtete.

Jarek folgte ihm. Beide Männer waren geschwächt und verletzt, was hatte Hansen vor? Es war nahezu ausgeschlossen, dass er sich kampflos retten konnte.

Nach einigen Metern führte eine Treppe hinab. Hansen stolperte sie hinunter. Das Messer ließ er fallen, damit er sich mit der rechten Hand am Geländer festhalten konnte. Er konnte hören, dass sein Verfolger direkt hinter ihm war.

Schließlich blickte Hansen in die Halle hinunter. Unten wurde gerade ein Waggon aus der Halle gezogen. Wenn es ihm gelang, aufzuspringen, konnte ihm die Flucht gelingen. Es waren nur wenige Meter, die er springen musste. Er kletterte über das Geländer.

Jarek sah, wie Hansen absprang. Instinktiv schrie er eine Warnung heraus: „Hansen! Nein!" Aber es war zu spät.

Einen Sekundenbruchteil, nachdem er sich vom Geländer gelöst hatte, wurde Hansen sein Fehler bewusst. Noch in der Luft, drei Meter über den Brammen, spürte er deren enorme Hitze. Er überlegte, ob es ihm gelingen würde, nach dem Aufprall noch von dem Wagen herunterzuspringen. Doch schon war da der Schmerz in den Augen und im Gesicht: Die Strahlung verbrannte ihn bereits in der Luft. Er kam auf den Brammen auf – und begann zu schreien.

Von oben aus konnte Jarek mitansehen, was nun geschah. Hansen schaffte es, mit den Füßen zuerst aufzukommen. Dann fiel er der Länge nach hin, stützte sich dabei mit der gesunden rechten Hand ab. Er begann sofort zu schreien.

Seine Kleidung rauchte kurz, dann fing sie Feuer. Immer noch schrie Hansen, er brüllte wie von Sinnen. Sein Körper zuckte unkontrolliert. Aber nach einigen Sekunden war es vorbei. Die Flammen loderten gut drei Meter hoch, als die enorme Strahlungshitze Hansens Körper in Brand setzte.

Jarek dachte an Schöppke, der ihm vor wenigen Tagen dieses grausame Schauspiel beschrieben hatte. Jetzt sah er es mit eigenen Augen.

Der Lokführer bemerkte das Drama hinter sich nicht. Die Lok gab einen Pfiff ab und fuhr schnaufend weiter. Langsam entfernte sich der Zug in Richtung Tor. Dennoch konnte Jarek das Prasseln und Knacken hören, als Hansens Körper auf den Platinen geröstet wurde, die Knochen platzten. Der Qualm verteilte sich, man konnte verbranntes Fleisch riechen.

Hansen war längst tot. Seine Überreste waren nicht mehr als menschlich erkennbar. Die Flammen zuckten über den länglichen Haufen, der da auf den Brammen lag. Er hatte nicht lange leiden müssen, dachte Jarek. Aber vielleicht hatte er im Voraus für seine Taten gezahlt: die dunklen Wochen und Monate im Keller, der Hunger, die Einsamkeit, die Angst, die Verzweiflung.

Jarek kamen in diesem Moment Hansens Opfer in den Sinn. Schöppke mit eingerechnet hatte Hansen dreizehn Menschen ermordet. Die Familien und Freunde der Toten würden wohl niemals erfahren, wer hinter den Taten steckte. Aber das war auch gut so, dachte Jarek. Es wäre unverantwortlich, den Angehörigen die Wahrheit mitzuteilen: Alles, was Hansen von seinen Opfern gewollt hatte, war ihre Nahrung, etwas Geld, Zigaretten. Sie mussten sterben, damit er im Keller überleben konnte.

Es war vorbei. Jarek blickte vom Balkon herab auf den Zug, der langsam Fahrt aufnahm. Draußen würde der Schneeregen sich mit der Asche vermischen, sie von der Bramme herunterspülen. Nichts, gar nichts, würde zurückbleiben.

Schließlich verließ der Zug mit den verkohlten Überresten von Doktor Carl Hansen die Halle.

Jarek brauchte dringend medizinische Hilfe. Durch die Stichwunde verlor er viel Blut, beim Atmen hatte er starke Schmerzen. Vielleicht waren doch eine oder mehrere Rippen gebrochen. Die Verbrennungen an der Hand und am Rücken mussten versorgt werden. Er hatte seit Stunden nichts getrunken, seit Tagen fast nichts gegessen.

Er stieg die Treppe hinunter, taumelte langsam und erschöpft in Richtung Ausgang. Hinter dem Zug hatte man das Tor noch nicht wieder geschlossen. Es erschien ihm wie ein großes Viereck aus Licht. Er freute sich darauf, hindurchzugehen.

Er überlegte, sich zunächst an den Duttsche zu wenden, sich von ihm verarzten zu lassen. Aber dann verwarf er den Gedanken. Er presste die Hand auf die Wunde, setzte seinen Weg zum Tor fort.

Schöppke war tot, Hansen auch. Aber auch er würde vielleicht sterben. An Flucht war nicht mehr zu denken, seine Verletzungen waren zu schwerwiegend. Würde von Kessel sein Wort halten? Oder war es bereits zu spät? Wusste Schreiter bereits, was Jarek wusste?

Jarek dachte darüber nach, ebenfalls in die Kellerwelt zu flüchten. Aber dann kamen ihm die Bilder von Hansens Räumen ins Gedächtnis. Er sah die Lager aus verdreckten Lumpen. Er erinnerte sich an die verwesenden Kadaver der Ratten. Er dachte an den stinkenden, von Krätze entstellten Körper Hansens. Nein, so wollte er nicht enden.

Nach kurzer Zeit erreichte er das Tor. Er ging langsamer, nahm sich Zeit. Nach der Finsternis in der Halle brauchten seine Augen einen Moment, um sich an das Licht zu gewöhnen. Er atmete tief ein, die kalte, frische Luft tat ihm gut. Schließlich gab er sich einen Ruck und schritt durch das Tor.

Draußen vor der Halle warteten sie bereits auf ihn. Ein grüner Kübelwagen, zwei bewaffnete Wehrmachtssoldaten. Dieses Mal hatte von Kessel keinen Mercedes geschickt.

Auszug aus einem Brief an das Reichsministerium für Bewaffnung und Munition, kurz Rüstungsministerium

Sehr geehrter Herr Minister!

Wir freuen uns, Ihnen mitteilen zu können, dass die Mordserie im Stahlwerk Germania Metall Union nunmehr geklärt ist.

Hinter den Morden steckt der aus Polen stammende Kriegsgefangene Jarek Kruppa, ein ehemaliger Kriminalkommissar und Ausbilder beim polnischen Militär.

Kruppa hatte in seiner Stellung als Übersetzer und Dolmetscher weitreichende Freiheiten. So konnte er sich an vielen Orten im Werk aufhalten, ohne dass dies als ungewöhnlich aufgefallen wäre. Vor den Morden hatte er sich über zwei Jahre überaus gewissenhaft verhalten und genoss das Vertrauen der Vorarbeiter und Wachmannschaften.

Wir gehen aufgrund seiner Akte davon aus, dass er mit den Morden, wie bereits vermutet, die Produktion von Rüstungsgütern behindern wollte. Kruppa war überzeugter Kommunist. Er wurde in Polen wegen Verbreitung kommunistischer Hetzschriften zu fünfzehn Jahren Arbeitslager verurteilt.

Es ist dem Leiter unseres Werkschutzes, Paul Schöppke, mit viel kriminalistischem Spürsinn gelungen, Kruppa zu überführen. Leider kam Schöppke bei der Verhaftung ums Leben, wie auch Kruppa selbst. Beide stürzten im Kampf von einem Kran. Kruppas Leiche verbrannte bis zur Unkenntlichkeit.

Die Nachricht, dass die brutale Mordserie nunmehr beendet ist, hat sich unter der Belegschaft wie ein Lauffeuer verbreitet. Die Arbeitsmoral hat sich erheblich verbessert. Viele Männer melden sich zu freiwilligen Zusatzschichten.

Wir sind uns nunmehr sicher, dass dem Ziel, die Produktionszahlen in den kommenden Wochen deutlich zu erhöhen, nichts mehr im Wege steht.

Ich danke Ihnen persönlich, dass Sie in dieser schwierigen Zeit an meiner Seite gestanden haben.

Der Generaldirektor – Hermann von Kessel

Epilog

Die letzten zwei Monate hatte ununterbrochen graues Schmuddelwetter über der Stadt gelegen. Kurz nach Weihnachten kam eine Kaltfront, die Temperatur sank schlagartig auf minus zehn Grad.

Heute, am 1. Januar 1943, herrschte wunderbares Winterwetter. Die Sonne schien, über ihm erstrahlte ein blauer, wolkenloser Himmel. Es war windstill, der weiße Rauch über den Kühltürmen stieg fast kerzengerade empor.

Die letzten drei Tage hatte es fast ununterbrochen geschneit. Das gesamte Stahlwerk lag unter einer weißen Decke. Ein seltener, kurzer Anblick, denn schnell würden die ewig rauchenden Schornsteine alles wieder mit grauem Staub bedecken.

Vor dem Hafengebäude hatten sich große Schneewehen gebildet. Er war schon seit gut einer halben Stunde dabei, diese mit der Schaufel zu beseitigen.

Hinnerk Boomgart stellte die Schaufel neben der Tür ab. Als Hafenmeister war es eigentlich nicht seine Aufgabe, Schnee zu schippen. Aber er war froh, wenn er aus Duisburg herauskam. Auch heute war er wieder lange vor seinen Männern am Hafen.

Über Nacht erlosch das Feuer im Ofen, es war dementsprechend kalt im Gebäude. Er prüfte, ob noch etwas Glut im Ofen war, legte schnell ein paar Scheite Holz nach. Bald würde die Temperatur wieder steigen.

Hinnerk war Hamburger mit Leib und Seele. Als ihn vor zwei Jahren der Brief mit der Dienstverpflichtung erreicht hatte, weinten er und seine Frau Jantje Rotz und Wasser.

Sie waren beide schon fast sechzig, hatten ihr ganzes Leben im hohen Norden gelebt. Jantje hatte bis zur Hochzeit in einem kleinen Kaff an der dänischen Grenze gelebt. Sie sprach fast kein Hochdeutsch, nur Platt.

Sie liebten das Meer, die Weite des Ozeans. Hinnerks älterer Bruder war Kapitän, der jüngere Bootsbauer. Er selbst hatte, bevor er Hafenmeister wurde, als Seemann und Fischer sein Geld verdient. Auch Jantje hatte zeitlebens im Hamburger Hafen gearbeitet.

Duisburg war für beide ein Schock. Die Gegend war geprägt von Industrie und Bergbau. Die Menschen waren genauso grau wie die Stadt. Hinnerk kam mit den Kollegen nur schwer klar, Jantje fand gar keinen Anschluss.

Bereits nach einem Jahr wurde sie krank. Sie verließ die Wohnung nicht mehr, weinte viel. Sie verlor in kurzer Zeit zehn Kilo Gewicht. Schließlich schickte sie Hinnerk zurück nach Hamburg. Sie lebte jetzt bei seinem Bruder Gunnar.

Ihm machte die Arbeit im Hafen des Stahlwerks schwer zu schaffen. In Hamburg landeten täglich Schiffe aus aller Welt an. Er hatte es mit Kolonialwaren zu tun, exotischen Früchten. Täglich gab es frischen Fisch. Hier waren es Frachtkähne mit Erz, Koks, Sand und Kalk.

Die Binnenschiffer waren zudem ganz andere Menschen als die Hochseeschiffer. Mit der Eroberung und Besetzung vieler Ostgebiete kamen Sprachprobleme dazu. Er sprach weder Polnisch noch Russisch, es gab viele Missverständnisse.

Bereits vor Monaten hatte er daher um Unterstützung gebeten. Er brauchte dringend einen fähigen Übersetzer und Dolmetscher. Aber in der Lohnbuchhaltung lachte man ihn aus. Wo bitte sollte man in Kriegszeiten jemanden hernehmen, der mehrere Sprachen in Wort und Schrift fließend beherrschte, und dazu noch kaufmännisch versiert war?

Um so erstaunter war er, als eine Frau Konrady von der Lohnbuchhaltung ihn vor einer Woche anrief. Man hätte einen geeigneten Mitarbeiter gefunden. Er würde am Morgen des 1. Januar 1943 seinen Dienst bei der Hafenmeisterei beginnen.

Gespannt blickte Hinnerk aus dem Fenster. In einiger Entfernung konnte er jemanden erkennen, der, ein Fahrrad schiebend, auf den Hafen zuging. Der Mann war nicht allzu groß, dafür breitschultrig.

Der Ofen knisterte jetzt, er legte zwei Briketts hinein. Er füllte etwas Wasser in einen Kessel, stellte ihn auf den Ofen.
Der Mann stellte sein Fahrrad vor dem Hafengebäude ab. Am Rahmen war ein Schild angebracht: Werkschutz. War es doch nicht sein neuer Mitarbeiter?

Der Mann trat ein, stellte sich vor: „Guten Morgen. Mein Name ist Gustav Glaser. Ich soll mich hier zum Dienst als Dolmetscher melden."

Hinnerk sah sich den Mann an. Er hatte eisblaue Augen, die Nase eines Boxers. Kurze, dunkelblonde Haare, an den Seiten grau meliert. Am Kinn hatte er eine frische Narbe, um die linke Hand trug er einen Verband.

Er reichte dem Mann die Hand: „Moin! Ich bin Hinnerk Boomgart, der Hafenmeister. Schön, dass Sie da sind. Welche Sprachen sprechen Sie denn?"

Langsam und vorsichtig zog Glaser sich den Mantel aus, so, als ob ihn dabei etwas schmerzen würde. Er antwortete: „Ich spreche Polnisch, Russisch, Englisch und Französisch."

Hinnerk war erstaunt, der Mann war wie für ihn gemacht. „Wo haben Sie denn so viele Sprachen gelernt?"

Glaser hatte die Frage scheinbar erwartet: „Mein Vater war Deutscher, meine Mutter Polin. Wer zweisprachig aufwächst, der lernt auch andere Sprachen schnell. Mein Vater konnte zudem sehr gut Englisch, meine Mutter perfekt Französisch."

Der Glaser machte einen guten Eindruck auf Hinnerk. Ein intelligenter, selbstbewusster und ruhiger Typ. Dazu ein offener Blick, er schaute Hinnerk direkt in die Augen.

Hinnerk zeigte auf seine verbundene Hand. Bevor er die Frage aussprechen konnte, antwortete Glaser schon: „Ich hatte einen schweren Arbeitsunfall. Schulter kaputt, Verbrennungen an der Hand und am Rücken. Aber es geht schon wieder."

Der Wasserkessel kochte. Hinnerk ging hinüber: „Möchten Sie einen Tee? Ich habe auch Kandiszucker da."

So begann Jareks erster Arbeitstag.